U0237124

谨以此书献给中山大学百年华诞

纳米热力学理论

杨国伟　著

科 学 出 版 社
北　京

内 容 简 介

本书介绍纳米尺度下材料生长与相变及纳米材料表（界）面能的热力学理论，统称为“纳米热力学理论”，主要包括：发展了普适性的纳米结构表（界）面能的热力学解析表达，揭示了由表（界）面诱导的系列纳米尺度效应；发展了普适性的纳米尺度下亚稳相生长与相变的热力学理论并应用于典型亚稳相如金刚石合成，澄清了若干在亚稳材料制备中长期有争议的基本科学问题；将发展的纳米热力学理论拓展到多种维数纳米结构生长并应用于纳米材料生长的理论设计，为材料科学家跨过“炒菜”方式的制备研究，有目的地探索新纳米材料提供了理论工具。

本书可供高等院校的本科生、研究生阅读，以及从事纳米材料研究的科研人员参考。

图书在版编目（CIP）数据

纳米热力学理论 / 杨国伟著. -- 北京 ：科学出版社，2024. 7.
ISBN 978-7-03-079114-6

Ⅰ. TB383.13

中国国家版本馆 CIP 数据核字第 2024BS3825 号

责任编辑：郭勇斌　邓新平　常诗尧 / 责任校对：高辰雷
责任印制：徐晓晨 / 封面设计：义和文创

科学出版社出版
北京东黄城根北街 16 号
邮政编码：100717
http://www.sciencep.com

中煤（北京）印务有限公司印刷
科学出版社发行　各地新华书店经销
*
2024 年 7 月第　一　版　开本：720 × 1000　1/16
2024 年 7 月第一次印刷　印张：17　插页：3
字数：333 000

定价：138.00 元

（如有印装质量问题，我社负责调换）

序

在20世纪和21世纪相交之际，国际上纳米材料的研究进行得如火如荼，来自材料科学、化学、物理学、生物医学等领域的研究人员争先恐后地投入其中，先后发明化学的、物理的及生物学等的五花八门的材料组装、合成、制备技术，研发出令人眼花缭乱、目不暇接的各类纳米材料与纳米结构，发现数不胜数的纳米尺度效应，并且迫不及待地将这些新效应应用于几乎所有的技术领域，期待着纳米材料能够表现出传统材料无法比拟的优越性。与此同时，作为原子层次与其相应的宏观尺度之间鸿沟的桥梁，纳米材料由于在基础科学如物理学和化学等方面展现出一系列独特的性能而成为材料科学、凝聚态物理、材料物理与化学、生物医用材料等学科的交叉活跃领域。我们的研究组就是在纳米科技热火朝天的年代加入纳米材料研究的大军。我们在研究中发现，无论是在纳米材料制备，还是结构与物性及应用等研究方面，都存在一些重要的、尚未解决的科学问题。例如，纳米材料与纳米结构的组装、合成及制备技术基本上“炒菜”方式的，纳米材料与纳米结构表现出的尺度效应或奇异物性无法给予物理本质的理解，纳米材料的潜在应用基本上就是“试错”，很难根据需求功能在原理上进行材料设计。显然，这些科学问题的解决会极大地推动纳米材料的工业化应用进程。我们把这些科学问题的产生归结为人们对纳米尺度下材料生长、结构和物性的物理认知的部分缺失。事实上，与实验制备相比，纳米材料合成或生长的理论研究则显得较为匮乏，制约了对新纳米材料及相关物性的探索。此外，纳米尺度下材料生长的物理基础本身也是一个亟待研究的领域，因为其涉及的尺度（几纳米到十几纳米）处于宏观经典热力学和微观量子力学之间的“空隙”，因此，亟须发展新理论工具来处理纳米尺度下材料生长、结构和物性的基本物理问题。基于上述思考，我们在中山大学开启了纳米热力学理论研究之旅。

实际上，关于纳米热力学理论的思考源于20世纪90年代初期，那个时候我硕士研究生毕业，从事化学气相生长金刚石薄膜的成核热力学和生长动力学理论研究。虽然取得了一些有意义的进展，但是始终有一个困惑在我脑海里挥之不去：为什么作为高温高压相的金刚石能够在温和热力学环境中形成？因为这是有悖于经典热力学理论的。1997年，我进入清华大学跟随柳百新先生从事金属合金相研究，系统学习了亚稳相及相关的热力学理论，极大地丰富了我对材料生长热力学的理解。2000年博士毕业后，我到美国伊利诺伊大学厄巴纳-香槟分校（UIUC）

物理系和能源部 Frederick Seitz 材料研究实验室（MRL）做博士后研究，开始感受到材料科学研究中层出不穷的、奇异的纳米尺度效应，并且注意到除了金刚石之外，越来越多的亚稳相纳米材料可以在温和条件下合成。渐渐地我就产生了一个想法：也许是某种纳米尺度效应提供了热力学驱动力导致亚稳相在常态下形成。2002 年 8 月，我到中山大学工作，开始了纳米材料制备实验室的筹建，同时，决定将在 UIUC 一直思考的纳米尺度下材料生长、结构和相变的热力学理论问题，以“纳米尺度下亚稳相成核”作为切入点开展研究。2002 年 9 月，王成新作为我在中山大学的第一个博士后进站。成新的博士论文是关于化学气相沉积金刚石薄膜及相关器件研究的，需要一定的实验设备条件才能开展工作。我就问成新在实验室建好前是否愿意开展一些金刚石这类材料的亚稳相生长的热力学理论研究，因为他有很好的化学气相沉积金刚石薄膜的实验基础和扎实的固体物理理论功底。让人高兴的是，他欣然同意了。这样，我们就开始了对“温和热力学环境中亚稳相形成”这个在亚稳相研究中让材料科学家困惑多年的科学问题进行研究。我们通过诸如拉普拉斯方程等，将纳米相的相关尺度如临界成核尺寸和生长面曲率等作为热力学参数引入纳米相成核与相变的热力学中，建立了普适性的基于吉布斯自由能的纳米尺度下亚稳相生长的热力学理论，即纳米热力学成核理论，并且应用于不同环境下典型亚稳相如金刚石及相关材料的实验合成，澄清了一些在亚稳材料制备中长期有争议的基本问题，例如，第一次回答了“为什么金刚石相能够在低压水热法提供的热力学环境中形成”这个困扰科学家多年的问题；而且首次预测此法合成金刚石所必需的热力学参数等。当我在中山大学的第一个博士欧阳钢来到研究组之后，基于前期的纳米热力学成核理论研究，我建议他开展纳米结构表（界）面能热力学理论研究，因为它涉及纳米热力学理论中的更基本的东西。我们根据纳米材料体系的结构特点，将其表（界）面的构成分为两部分：源于表（界）面化学键的化学项（热力学项）、源于表（界）面应力和缺陷的结构项（力学项）。分别采用纳米热力学理论和连续介质力学理论处理化学项和结构项，得到一个普适性的纳米结构表（界）面能的解析表达，进而揭示由表（界）面诱导的系列纳米尺度效应。例如，我们提出了负曲率纳米结构概念；首次建立了如纳米空洞这类具用负曲率纳米结构的表面能理论，并且指出纳米空洞内表面负曲率导致其表面能随尺度的减小而增大，这种尺寸依赖行为正好与纳米晶的相反；揭示了物质世界中正负的对称和谐；发现了负曲率纳米结构系列奇异的尺度效应。在此基础上，我开始考虑如何将我们发展的纳米热力学理论应用到更为宽泛的纳米材料生长中去。所以，当李心磊博士来到研究组时，我建议他将我们发展的纳米热力学理论拓展到量子结构生长的热力学和动力学理论描述；当曹媛媛博士来到研究组时，我建议她发展统计力学和量子力学框架内的纳米热力学理论，以此发展普适性的纳米结构生长的热力学和动力学理论。这些纳米热力学理论和方法被国际同行称为纳米热力学（nanothermodynamics）、纳米热力学方法（nanoscale thermodynamic approach）、纳米热力学模型（nanothermodynamics model）等，并应用于纳米材料生长的理论设计，为材料科学家跨过传统“炒菜”方式的制备研究，有目的地探索新纳米材料提供了理论工具。

综上所述，我们发展的纳米热力学理论主要由三部分组成，我们分别以第一篇纳米结构表（界）面能的热力学理论、第二篇亚稳纳米相成核与相变的热力学理论及第三篇纳米材料生长的热力学理论进行介绍。

目录

第二篇 亚稳纳米相成核与相变的热力学理论

第三篇　纳米材料生长的热力学理论

第一篇　纳米结构表（界）面能的热力学理论

第1章 引 言

材料的表面与界面是凝聚态物理和材料物理研究的经典问题，纳米材料与纳米结构也不例外，而纳米材料与纳米结构的表面能与界面能是两个决定其相关物性的重要因素。随着材料尺度的减小，其表面与界面原子（与体积内原子相比）所占的组分就会越来越大。当表面与界面原子数和体内原子数相比拟的时候，材料的相关物性将有可能发生从宏观的体材料向介观的纳米尺度材料转变，从而引发一系列纳米尺度效应。正是这些纳米尺度效应使得纳米材料与纳米结构表现出许多奇异的物性和潜在的应用。

从热力学理论角度来看，纳米材料与纳米结构的表面能与界面能分别是其表面与界面物理特性的充分描述。首先，根据纳米材料体系的结构特点，我们将其表面能与界面能的构成分为两部分，一部分是源于表面与界面化学键的化学项（也称热力学项），另一部分是源于表面与界面应力和缺陷的结构项（也称力学项）。然后，分别采用纳米尺度下的热力学理论和连续介质力学理论来处理化学项和结构项。最后，得到一个普适性的纳米结构的表面能与界面能的解析表达，进而揭示纳米材料与纳米结构中由尺寸依赖的表（界）面能诱导的系列纳米尺度效应。显然，这些新纳米尺度效应为纳米材料与纳米结构在应用中的功能设计提供了重要的理论基础。

一般来说，基于几何曲率的概念，我们可以把纳米材料与纳米结构分为两类：一类是具有正/零曲率表（界）面的纳米结构如零曲率的纳米多层膜、正曲率的纳米晶和纳米线等，另一类是具有负曲率表（界）面的纳米结构如负曲率内表面的纳米空洞、纳米管、壳-核纳米结构等。在纳米材料研究早期，纳米晶和纳米线这两类正曲率纳米结构不仅在物理上展现出许多人们未曾预料到的新奇物性，而且在工业应用上表现出传统材料所无法比拟的优越性，在相关工业领域中占据越来越重要的位置。受此启发，研究人员开始探索负曲率纳米结构，并期待着能够看到更为奇妙的物理景象和更加优越的器件应用。我们在国际上率先提出了“负曲率纳米结构”的概念，并且对负曲率纳米结构表（界）面能所涉及的基本物理和化学机制给出了清晰且普适的解释，发展了负曲率纳米结构表（界）面能的热力学理论，并且揭示了负曲率纳米结构中丰富的新纳米尺度效应。本篇介绍具有正曲率和负曲率纳米结构的表（界）面能，并重点论述负曲率纳米结构的表（界）面能的热力学理论及相关尺度效应。

第 2 章　具有正曲率纳米结构的表（界）面能

2.1　纳米多层膜的表（界）面能

表（界）面能是表征固体薄膜结构和物性的重要物理量，特别是对于纳米尺度的固体薄膜器件。因为随着固体薄膜器件尺寸的减小，表面积与体积之比会增加，因而表（界）面能对固体薄膜性能及相关器件的稳定性有很大的影响[1, 2]。Kwon 等在纳米多层膜研究中发现纳米尺寸的界面非晶化会发生在若干互不相溶二元合金系统的界面层中[3, 4]，这表明纳米多层膜的界面稳定性实际上取决于界面能的大小，而界面能与多层膜的膜厚有关[5]。因此，二元多层膜的尺寸相关界面能的定量描述对于纳米尺寸的固体薄膜器件研究具有重要意义。Langmuir 早在 1916 年就考虑了固体表面能的温度依赖[6]，但其热力学上的尺寸依赖在 30 年后才被考虑[7-9]。此外，对于固-液界面能和固-固界面能的尺寸依赖，人们在微米尺度上推导出了类似温度依赖的形式，但是该表达式中包含了可调参数[10]。近年来，Jiang 等[11]建立了一个有关纳米晶体尺寸依赖的固-液界面能和固-固界面能的无可调参数模型。然而，对于纳米尺寸的二元金属多层膜的界面能，还少有能够解析的热力学模型[12]。针对这个问题，我们考虑了尺寸效应、界面取向和界面失配，建立了纳米多层膜界面能的解析热力学模型。

图 2-1 给出了一个二元双层膜结构示意图及组分 A 和 B 界面处的原子位置排布。众所周知，在热力学上，两固体之间的界面能 γ 被定义为形成一个新的固体表面单位面积的可逆功，并且这个功包含形成应变界面所需要的功[13]。实际上，我们通常会假设由组分 A 和组分 B 组成的双层膜界面是半相干的。因此，相应的界面能可以表示为

$$\gamma = \gamma^{\text{chemical}} + \gamma^{\text{structure}} \tag{2-1}$$

化学项 γ^{chemical} 与双层膜界面上相邻原子之间的键能有关。根据吉布斯-汤姆孙（Gibbs-Thomson）方程，单位体积固-液界面能 γ_{i0} 为

$$\gamma_{i0} = \frac{2hS_m H_m}{3V_s R}, (i = \text{A, B}) \tag{2-2}$$

式中，h 为原子直径；$S_m = H_m / T_m$ 为熔化熵；H_m 为熔化焓；T_m 为熔化温度；V_s 为晶体摩尔体积；R 为理想气体常数[14]。考虑到块体材料与单组分固-固界

面能的关系为 $\gamma_{ii0}=2\gamma_{i0}\ (i=\mathrm{A,B})$ [15]，我们假设 γ^{chemical} 是组分 A 和组分 B 的固-固界面能的化学项 γ_{AA} 和 γ_{BB} 的平均值，则

$$\gamma^{\text{chemical}}=(\gamma_{\mathrm{AA}}+\gamma_{\mathrm{BB}})/2 \tag{2-3}$$

式中，固-固界面能的化学项 γ_{ii}（$i=\mathrm{A,B}$）取决于尺寸并且可以表示为 $\gamma_{ii}=\gamma_{ii0}\cdot[1-D_{ci}/(4D)]$[11]，这里 D 是薄膜的厚度，其中，$D=t_{\mathrm{A}}+t_{\mathrm{B}}$，而 t_i（$i=\mathrm{A,B}$）表示多层膜中每一层的厚度，$D_{ci}=2h_i$ 是原子直径为 h_i 的固体薄膜的临界厚度，可以通过计算机模拟来确定[11]。我们将这些关系式代入到式（2-2），可以得到 $\gamma_{\mathrm{AB}}=\left\{\gamma_{\mathrm{AA0}}\left[1-h_{\mathrm{A}}/(2D)\right]+\gamma_{\mathrm{BB0}}\left[1-h_{\mathrm{B}}/(2D)\right]\right\}/2$。这里需要注意的是，这里的 D 对应着不同组分双层膜的厚度。因此，可以获得组分 A 和 B 之间界面能的化学项 γ^{chemical}：

$$\gamma^{\text{chemical}}=2\left\{h_{\mathrm{A}}S_{m\mathrm{A}}H_{m\mathrm{A}}\left[1-h_{\mathrm{A}}/2D\right]/V_{s\mathrm{A}}+h_{\mathrm{B}}S_{m\mathrm{B}}H_{m\mathrm{B}}\left[1-h_{\mathrm{B}}/2D\right]/V_{s\mathrm{B}}\right\}/(3R) \tag{2-4}$$

结构项 $\gamma^{\text{structure}}$ 与界面层的不同取向和晶格失配引起的弹性应变能有关，因此，它可以写成

$$\gamma^{\text{structure}}=U_e^{\mathrm{A}}+U_e^{\mathrm{B}}, \tag{2-5}$$

式中，$U_e^i\ (i=\mathrm{A,B})$ 是具有组分 A 和 B 的双层膜结构的弹性应变能。

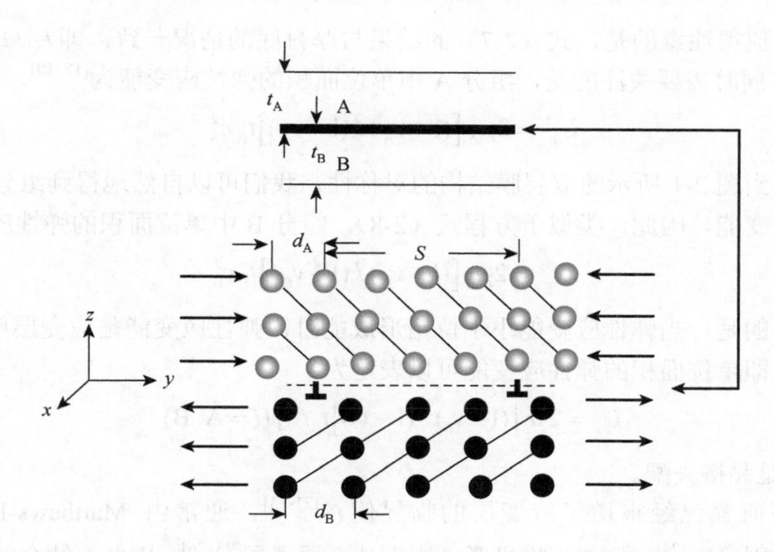

图 2-1　二元双层膜结构示意图及组分 A 和 B 界面处的原子位置排布

通常，双层膜的界面由两个不同的平面组成，其中 d_{A} 和 d_{B} 的每个晶格距离随着层的不同方向而变化。例如，{111}上相邻原子行的几何排列的单位距离是 $(\sqrt{6}/4)a_{\mathrm{A}}$，其中 a_{A} 是面心立方晶体结构的晶格常数[16]。需要注意的是，双层膜的界面与组分 A 和 B 的晶格失配 f 定义为 $f=(d_{\mathrm{B}}-d_{\mathrm{A}})/d_{\mathrm{A}}$，因此，晶格失配 f 是界

面处晶面取向的函数，我们可以采用二维近重合位点晶格方法进行计算[17]。近似地，二元多层膜结构可以视为是各向同性的弹性材料并且受到抗弯曲约束。所以，二元多层膜结构需要关注的情况仅限于两种：$d_A > d_B$和$d_A < d_B$，其中，组分A的x轴和y轴代表压缩力，z轴代表界面处的拉力；组分B反之。因此，可以产生由晶格失配引起的弹性应变能。

但是，当弹性应变能大于位错形成能的临界值时，就会出现失配位错，这是由Matthews等[18]、Van der Merwe和Van der Berg[19]的平衡理论确定的。所以，组分A的晶格应变与厚度的关系在外延系统中可以表示为

$$\varepsilon_A = \left[\mu_B / (\mu_A + \mu_B)\right]\left[b / 4\pi(1+\nu_A)t_A\right]\left[\ln(t_A / b) + 1\right] \tag{2-6}$$

式中，$\mu_i\ (i = A, B)$表示具有组分A和B的剪切模量；b、ν及t分别表示伯格斯矢量、泊松比及薄膜厚度。特别是，b可以近似表示为$b = \bar{h} = (h_A + h_B)/2$。按照Freund和Nix[20]的描述，双层膜结构是受到抗弯曲约束的，即任何内平面上垂直于界面的净力必须为零。假设双层膜的两个组分具有相同的剪切模量，那么，组分B和A中晶格应变的关系应该是[20]

$$\varepsilon_B = -\varepsilon_A t_A / t_B \tag{2-7}$$

这里值得注意的是，式（2-7）的结果与厚衬底的情况一致，即$t_A / t_B \to 0$，$\varepsilon_B \to 0$。同时需要关注的是，组分A中单位面积的弹性应变能为[18, 19]

$$U_e^A = 2\mu_A\left[(1+\nu_A)/(1-\nu_A)\right]t_A\varepsilon_A^2 \tag{2-8}$$

考虑到图2-1所示的双层膜结构的对称性，我们可以自然地得到组分B相应的弹性应变能。因此，类似于方程式（2-8），组分B中单位面积的弹性应变能为

$$U_e^B = 2\mu_B\left[(1+\nu_B)/(1-\nu_B)\right]t_B\varepsilon_B^2 \tag{2-9}$$

重要的是，当弹性应变能小于位错形成能时，弹性应变能是应变层厚度的线性函数，即单位面积的弹性应变能可以表达为

$$U_e^i = 2\mu_i\left[(1+\nu_i)/(1-\nu_i)\right]t_i f^2, (i = A, B) \tag{2-10}$$

式中，f是晶格失配。

许多研究已经报道了应变层的临界值t_i^c[21-23]，通常由Matthews-Blakeslee（MB）准则确定[24]。例如，临界厚度约为几个原子层[25, 26]。因此，结合式（2-4）、式（2-8）、式（2-9）及式（2-10），我们可以计算二元多层膜结构中的界面能。当$t_i < t_i^c, (i = A, B)$时，

$$\begin{aligned}\gamma = {} & 2\left\{h_A S_{mA} H_{mA}\left[1 - h_A/(2D)\right]/V_{sA} + h_B S_{mB} H_{mB}\left[1 - h_B/2D\right]/V_{sB}\right\}/(3R) \\ & + 2f^2\left\{\mu_A\left[(1+\nu_A)/(1-\nu_A)\right]t_A + \mu_B\left[(1+\nu_B)/(1-\nu_B)\right]t_B\right\}\end{aligned} \tag{2-11}$$

当 $t_i > t_i^c, (i = \mathrm{A, B})$ 时，

$$\gamma = 2\left\{h_{\mathrm{A}} S_{m\mathrm{A}} H_{m\mathrm{A}}\left[1 - h_{\mathrm{A}} / (2D)\right] / V_{s\mathrm{A}} + h_{\mathrm{B}} S_{m\mathrm{B}} H_{m\mathrm{B}}\left[1 - h_{\mathrm{B}} / 2D\right] / V_{s\mathrm{B}}\right\} / (3R) + 2\left\{\mu_{\mathrm{A}}\left[(1 + \nu_{\mathrm{A}}) / (1 - \nu_{\mathrm{A}})\right] t_{\mathrm{A}} \varepsilon_{\mathrm{A}}^2 + \mu_{\mathrm{B}}\left[(1 + \nu_{\mathrm{B}}) / (1 - \nu_{\mathrm{B}})\right] t_{\mathrm{B}} \varepsilon_{\mathrm{B}}^2\right\} \quad (2\text{-}12)$$

下面我们以典型的 Ag/Ni 体系为例来验证所建立模型的有效性。表 2-1 列出了我们在计算中使用的相关参数，这些参数来自文献[27]。

表 2-1　计算使用的参数[27]

元素	h/nm	H_m/(kJ·mol^{-1})	T_m/K	ν	V_s/(cm^3·mol^{-1})	E/GPa
Ag	0.2889	11.3	1234.93	0.37	10.30	83
Ni	0.2492	17.2	1728.00	0.31	6.59	200

根据方程式（2-4），双层膜界面能的化学项部分会随着薄膜厚度的减小而减小。图 2-2 显示了 Ag/Ni 双层膜中界面能的尺寸相关的界面能。显然，当 $(t_{\mathrm{A}} + t_{\mathrm{B}}) \to \infty$ 时，$\gamma^{\text{chemical}} \to \gamma_{\mathrm{A0}} + \gamma_{\mathrm{B0}}$，对应的是相应块体材料的值。然而，对于纳米尺寸的外延膜，尤其是在逐层生长模式（Frank-van der Merwe 模式）条件下，晶格失配引起的弹性应变能在双层膜的界面形成中起着至关重要的作用。根据 MB 标准[24]，Ag/Ni 双层膜的临界厚度约为 1 nm。依据方程式（2-5），图 2-3 显示了当厚度超过临界厚度时 Ag/Ni 双层膜中尺寸相关的弹性应变能。我们可以看到，当双层膜厚度增加到 10 nm 时，弹性应变能会变得非常小。因此，根据方程式（2-12），当厚度超过临界厚度时，结合化学项和弹性项的界面能是双层膜厚度的函数，如图 2-4（a）所示。显然，这里的界面能是尺寸依赖的。更重要的是，我们的理论结果与 Ag/Ni 体系界面能的实验结果 0.76 J·m^{-2} 是一致的[28]。

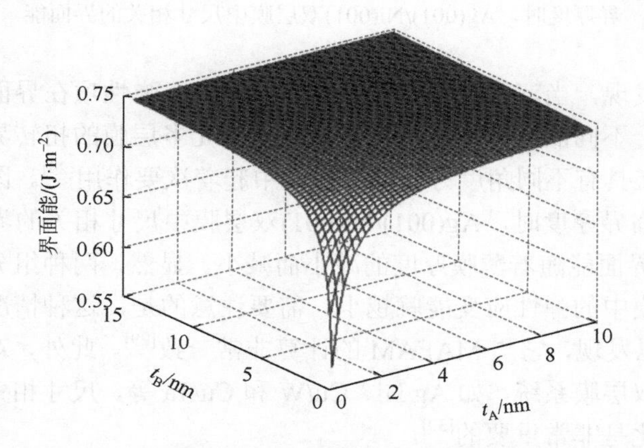

图 2-2　Ag/Ni 双层膜中界面能的尺寸相关的界面能

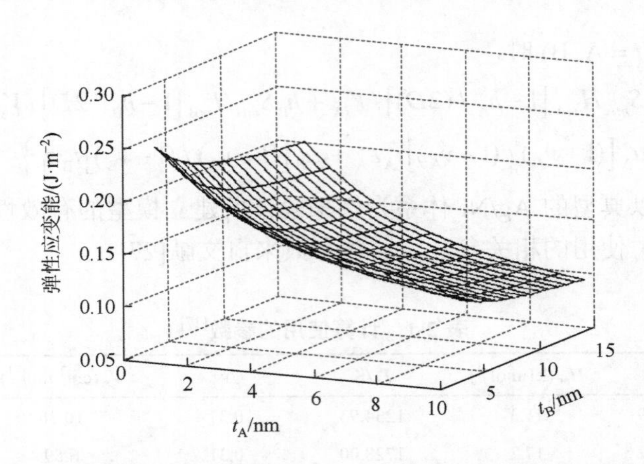

图 2-3　当厚度超过临界厚度时，Ag/Ni 双层膜中尺寸相关的弹性应变能

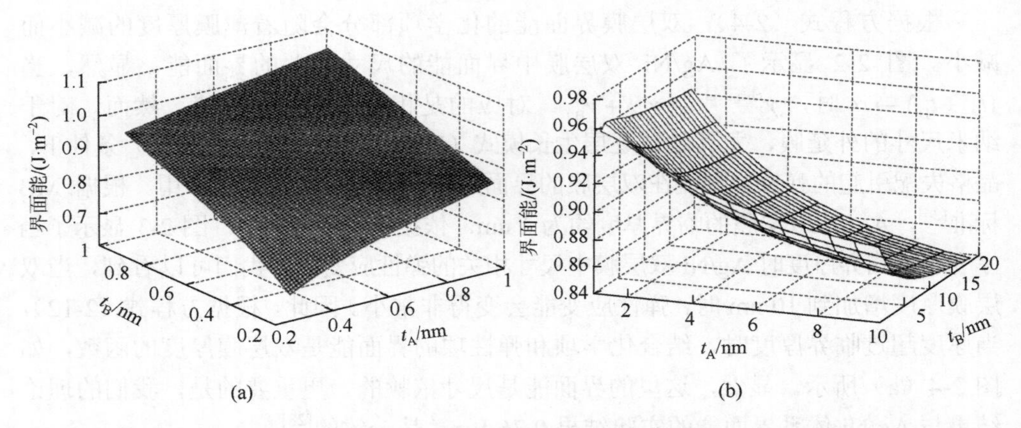

图 2-4　（a）当厚度大于临界厚度时，Ag/Ni 双层膜中尺寸相关的界面能和（b）当厚度小于临界厚度时，Ag(001)/Ni(001)双层膜中尺寸相关的界面能

我们可以发现，当双层膜厚度低于临界厚度时，弹性项在界面能中起主要作用。一般来说，不同晶面的扭转角可能出现在二元多层膜的扭转界面边界处。尽管如此，它仍在具有不同角度方向的界面能中起着次要作用[29]。图 2-4（b）显示了当厚度小于临界厚度时，Ag(001)/Ni(001)双层膜中尺寸相关的界面能。根据方程式（2-11），界面能随着薄膜厚度的减小而减小。显然，两种组分之间的晶格失配越小，双层膜中的弹性应变能就越小。需要注意的是，这种情况对应于超晶格系统。我们可以发现，它与 MAEAM 的计算非常一致[29]。此外，对于具有互不相溶元素的二元双层膜系统，如 Ag/Ni、Cu/W 和 Cu/Ta 等，尺寸相关的界面能对于理解界面合金化是非常重要的[30]。

2.2　二元互不相溶金属多层膜的界面异常扩散

近年来，二元互不相溶金属多层膜的界面热稳定性引起科研人员的极大兴趣[3, 31]，因为随着固体薄膜器件尺寸的减小和集成电路元器件密度的增加，扩散阻挡层的制备及器件连接显得越来越重要[32, 33]。这些扩散阻挡层都是采用高熔点金属且它们与电极之间是互不相溶的。根据平衡热力学，二元互不相溶金属多层膜的界面热稳定性应该是良好的，因为体系处于互不相溶状态，在块体材料的情况下不可能形成界面合金相。然而，近年来有很多相关的实验报道了在纳米尺度下二元互不相溶金属多层膜体系可以形成界面合金相[34]。但是，关于这种界面合金相形成的物理机制并不清楚。我们应用前文建立的纳米多层膜界面能的热力学理论研究了二元互不相溶金属多层膜的界面扩散动力学行为，揭示界面合金化现象背后的物理过程。

A/B 二元互不相溶金属多层膜的界面扩散示意图如图 2-5 所示。我们在界面处取一个底为单位面积、高为 L 的矩形区域。那么，界面处的接触原子数量为 h/V_0，h 和 V_0 分别是原子直径和该区域体积。Shi[35]在 1994 年提出了自由纳米粒子的尺寸依赖的原子振动振幅方程

$$\sigma^2(r)/\sigma_\infty^2 = \exp\left[(\alpha-1)x\right] = \exp\left[(\alpha-1)n_s/n_v\right] \tag{2-13}$$

式中，r 为球状纳米粒子的半径；n_s 和 n_v 分别表示纳米粒子的表面原子数和芯部原子数；σ_∞^2 是相应块体材料的原子振幅均方位移；α 是表面与芯部的原子振幅均方位移的比率；$x = n_s/n_v$。在图 2-5 所示的界面扩散模型中，我们可以得到

$$x = n_s/n_v = (h/V_0)/(L/V_0 - h/V_0) = h/(L-h) \tag{2-14}$$

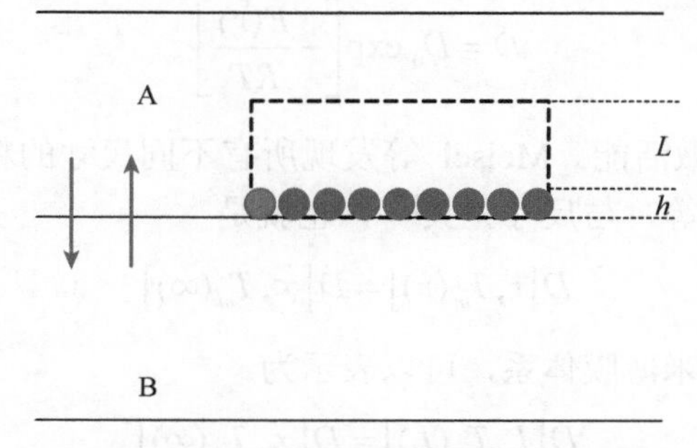

图 2-5　A/B 二元互不相溶金属多层膜的界面扩散示意图

根据方程（2-13）和方程（2-14），我们可以很容易得到两个极限条件

$$L \to h,\ \sigma^2(L)/\sigma_\infty^2 \to \infty;\ L \to \infty,\ \sigma^2(L)/\sigma_\infty^2 \to 1 \tag{2-15}$$

根据林德曼熔化判据[35, 36]，当原子的振幅均方位移达到原子间距离的某一数值时，晶体将会熔化，此时温度为熔点，即$\sigma / a = c$，a 和 c 是依赖于晶格结构的常数。Frenked 等[37]利用分子动力学模拟了小体系在熔点附近的情况，发现原子的均方振幅满足林德曼熔化判据，具有普适性的特征。基于德拜（Debye）模型，晶体的熔化温度远远高于其德拜温度，即$T_m(\infty) > \Theta(\infty)$。在高温近似条件下，$\sigma^2(r) = f(r)T$，$f(r)$是尺寸依赖的函数，与温度无关[35]。类似的，对于纳米薄膜来说

$$\sigma^2(L) = f(L)T \tag{2-16}$$

因此，在任何温度下，有$\sigma^2(L)/\sigma_\infty^2 = f(L)/f(\infty)$。特别地，在温度达到熔点温度时，$f(L)/f(\infty) = \left[\sigma^2(L)/T_m(L)\right]/\left[\sigma^2(\infty)/T_m(\infty)\right] = T_m(\infty)/T_m(L)$。这样，纳米薄膜的尺寸依赖的熔化温度可以推导出来，为

$$\frac{T_m(L)}{T_m(\infty)} = \exp\left[-(a-1)h/(L-h)\right] \tag{2-17}$$

一般认为在纳米薄膜体系中，缺陷对原子扩散过程起着相当重要的作用。根据点缺陷机理，立方结构晶体的扩散系数可以表示为

$$D = \frac{1}{6}a^2 Z P_V \nu \exp\left(\frac{\Delta S_m}{R}\right)\exp\left(-\frac{\Delta H_m}{RT}\right) = D_0 \exp\left(-\frac{\Delta H_m}{RT}\right) \tag{2-18}$$

式中，$D_0 = \frac{1}{6}a^2 Z P_V \nu \exp\left(\frac{\Delta S_m}{R}\right)$表示扩散前指数因子。然而，相关研究表明，即使在 2～50 nm 的范围内，原子振动频率仅漂移 1%～5%[38]，所以 D_0 是尺寸依赖的弱函数。我们可以将 D_0 近似看成常数。根据 Boltzmann-Arrhenius 方程[39]

$$D = D_0 \exp\left[-\frac{E(r)}{RT}\right] \tag{2-19}$$

式中，$E(r)$表示扩散激活能。Meisel 等发现所有不同尺寸的粒子，在温度达到熔点时的扩散系数都相等，与尺寸无关[39]，也就是

$$D\left[r, T_m(r)\right] = D\left[\infty, T_m(\infty)\right] \tag{2-20}$$

类似地，对于纳米薄膜体系，可以表示为

$$D\left[L, T_m(L)\right] = D\left[\infty, T_m(\infty)\right] \tag{2-21}$$

因此，不同温度下的扩散系数可以推导出来，为

$$D_0 \exp\left\{-E(L)/\left[RT_m(L)\right]\right\} = D_0\left\{-E_\infty/\left[RT_m(\infty)\right]\right\} \tag{2-22}$$

从而有 $E(L)=E_\infty \dfrac{T_m(L)}{T_m(\infty)}$。我们可以得到尺寸依赖的纳米薄膜界面扩散方程为

$$D(L)=D_0\exp\left\{-\frac{E_\infty}{RT}\exp\left[-(\alpha-1)h/(L-h)\right]\right\} \tag{2-23}$$

对于纳米尺度的薄膜体系，其表面原子的均方振幅大于芯部原子，即 $\alpha>1$。根据 Mott 关于振动熵的表达[40]，$\alpha=\left[2S_\infty/3R+1\right]$。综合式（2-22）和式（2-23），我们就能够计算纳米薄膜尺寸依赖的界面扩散系数。

根据菲克（Fick）定律，在 t 时间内，组分 A 和 B 扩散的距离可以通过扩散方程联系起来

$$\frac{\partial C_i}{\partial t}=\tilde{D}(L)\frac{\partial^2 C_i}{\partial x^2},(i=\mathrm{A},\mathrm{B}) \tag{2-24}$$

但是界面处是两种原子的相对扩散，其相对扩散系数是 $\tilde{D}(L)=C_\mathrm{A}D_\mathrm{B}+C_\mathrm{B}D_\mathrm{A}$。而总的浓度是 $C_\mathrm{A}+C_\mathrm{B}=1$。它的严格解一般采取 Matano 方法得到[41]。不过，相对于纳米薄膜的内部扩散来说，当 $C_i\approx 0\,(i=\mathrm{A},\mathrm{B})$ 时，其相对扩散系数近似等于 $\tilde{D}(L)\approx D_j\,(j=\mathrm{B},\mathrm{A})$。对于原子从界面向两边组分（无限空间）扩散的情况，其初始条件和边界条件分别是

$$t=0,\ C_\mathrm{A}=0\,(x>0),\ C_\mathrm{A}=1\,(x\leqslant 0) \tag{2-25}$$

$$t\geqslant 0,\ x=\infty,\ C=C_\mathrm{A};\ \ x=-\infty,\ C=C_\mathrm{B} \tag{2-26}$$

该方程的解为

$$C=\frac{C_\mathrm{A}}{2}\left[1-\mathrm{erf}\left(\frac{x}{2\sqrt{\tilde{D}(L)t}}\right)\right] \tag{2-27}$$

式中，$\mathrm{erf}\left(x/2\sqrt{\tilde{D}(L)t}\right)$ 是一个误差函数，其值可以查相关的数值表。一般认为，当扩散的原子浓度不足 1%时，可以认为扩散实际上已经停止，即

$$C_\mathrm{A}\approx 0.01,\ \tilde{D}\approx D_\mathrm{A} \tag{2-28}$$

所以，根据理论推导，该体系中扩散时间和扩散距离的关系是

$$t=\frac{L^2}{10.24D(L)}=\frac{L^2}{10.24D_0\exp\left[\dfrac{-E(\infty)}{RT}\exp\left(\dfrac{-2S_\infty}{3R}\times\dfrac{h}{L-h}\right)\right]} \tag{2-29}$$

我们将上述理论应用于二元互不相溶金属多层膜的界面扩散研究。众所周知，在大规模集成电路（VLSI）和超大规模集成电路（ULSI）中，Cu 比 Al 更稳定，其化学活性更强，因此应用更广泛。为了防止 Cu 与基底如 Si 的界面原子混合，一般

在 Cu 和 Si 之间设置阻挡层如高熔点金属 Ta 层，因为 Ta 与 Cu 是互不相溶体系。所以，我们以 Cu/Ta 二元体系为例，根据方程（2-23）计算了尺寸依赖的界面扩散系数。如图 2-6 所示，其中图 2-6（a）表示 Cu 向 Ta 扩散，而图 2-6（b）表示 Ta 向 Cu 扩散。图 2-6（a）中相关的计算参数为：$h_{\mathrm{Ta}} = 0.3252\ \mathrm{nm}$，$S_\infty = 9.614\ \mathrm{J \cdot mol^{-1} \cdot K^{-1}}$，$T_m(\infty) = 3287\ \mathrm{K}$，$D_0 = 2.7 \times 10^{-9}\ \mathrm{m^2 \cdot s^{-1}}$，$E_\infty = 117\ \mathrm{kJ \cdot mol^{-1}}$[42]；图 2-6（b）中相关的计算参数为：$h_{\mathrm{Cu}} = 0.2826\ \mathrm{nm}$，$S_\infty = 9.613\ \mathrm{J \cdot mol^{-1} \cdot K^{-1}}$，$T_m(\infty) = 1357.6\ \mathrm{K}$，$D_0 = 2.02 \times 10^{-7}\ \mathrm{m^2 \cdot s^{-1}}$，$E_\infty = 370\ \mathrm{kJ \cdot mol^{-1}}$[2, 32]。

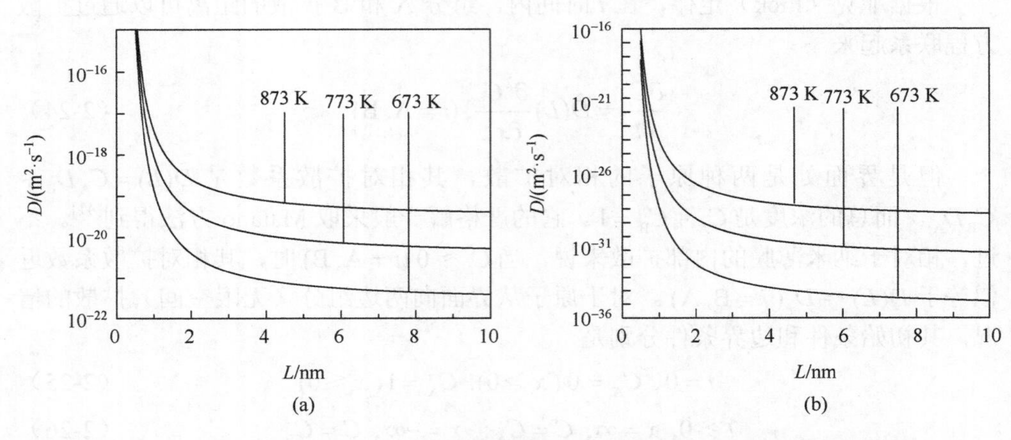

图 2-6　Cu/Ta 二元体系中尺寸依赖的界面原子扩散距离与扩散系数的关系

（a）Cu 向 Ta 扩散；（b）Ta 向 Cu 扩散

从图 2-6 中我们可以看出，扩散系数在整个尺度范围内呈现明显的尺寸依赖。当双层膜的厚度处于 2 nm 以下时，界面间的扩散系数呈指数急剧增长，并且随着温度的升高而变大。此外，Cu 原子比 Ta 原子的扩散系数更大，激活能更低。Kwon 等[3]发现在 Cu/Ta 二元体系处于静态退火条件下，界面形成非晶层的厚度为 4 nm 左右。根据以上结果，我们发现单层膜的厚度为 2 nm 是界面合金化的一个阈值。

同时，在 Cu/Ta 二元体系中，根据方程（2-29），我们还计算了在不同的温度下，扩散距离与扩散时间的关系，如图 2-7 所示，相应的实验数据来源于 Cu/Ta 界面经过 30 min 的静态退火，即 $L_{773\,\mathrm{K}} = 14\ \mathrm{nm}$［图 2-7（a）中黑色圆点］、$L_{923\,\mathrm{K}} = 29.3\ \mathrm{nm}$［图 2-7（a）中菱形块］和 $L_{973\,\mathrm{K}} = 48\ \mathrm{nm}$［图 2-7（a）中三角形］[43]。我们可以看到理论结果与实验数据符合得很好，Liu 等[32]根据第一性原理计算了 Cu/Ta 界面的原子扩散情况，也得出了相似的结论。综合图 2-6 和图 2-7，我们可以发现 Ta 比 Cu 具有更强的化学扩散惰性。因此，可以作为良好的 Si 基 Cu 层薄膜的扩散阻挡层材料。

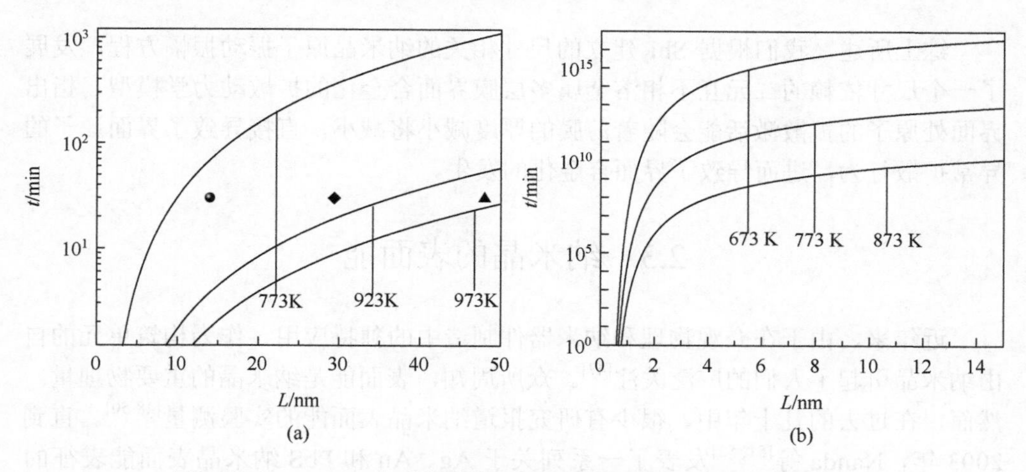

图 2-7　Cu/Ta 二元体系中尺寸依赖的扩散距离与扩散时间的关系

此外，我们还讨论了 Cu/W 二元体系界面合金化情况。在动力学上，Cu/W 二元体系的界面也存在原子异常扩散现象。根据理论分析，Cu/W 二元体系的界面扩散系数也与薄膜厚度相关，其结果如图 2-8 所示。计算中采用的相关参数如下：$D_0^{W\to Cu}=1.69\times10^{-4}\ m^2\cdot s^{-1}$ 和 $E_\infty=225.7\ kJ\cdot mol^{-1}$[44]；$D_0^{Cu\to W}=1.4\times10^{-7}\ m^2\cdot s^{-1}$ 和 $E_\infty=96.6\ kJ\cdot mol^{-1}$[45]。从图 2-8（a）中我们可以清楚地看到 Cu 扩散到 W 的速度比 W 扩散到 Cu 的速度大很多，扩散系数也是如此。由此可见，这种界面扩散行为显示出明显的尺度效应。需要注意的是，从图 2-8（b）可以看出，W 扩散到 Cu 的时间比 Cu 扩散到 W 的长，根据相关实验的表征，Cu/W 二元体系能够在膜厚为 3 nm、温度为 340 K 以下时退火形成[46]。

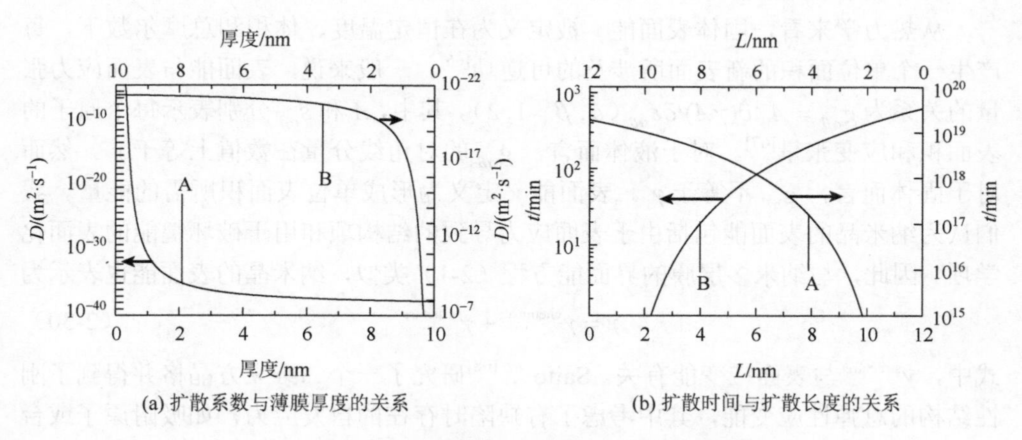

图 2-8　Cu/W 二元体系的界面原子异常扩散现象

A 和 B 分别表示 W 扩散到 Cu 和 Cu 扩散到 W

综上所述，我们根据 Shi 建立的尺寸相关的纳米晶原子振动振幅方程，发展了一个尺寸依赖的二元互不相溶金属多层膜界面合金化的扩散动力学模型，指出界面处原子的扩散激活能会随着薄膜的厚度减小将减小，直接导致了界面原子的异常扩散行为，进而导致了界面合金化的发生。

2.3　纳米晶的表面能

近年来，由于在介观物理和纳米器件制造中的独特应用，作为构筑单元的自由纳米晶引起了人们的广泛关注[47]。众所周知，表面能是纳米晶的重要物理量。然而，在过去的几十年中，很少有研究报道纳米晶表面能的实验测量[48-50]。直到 2003 年，Nanda 等[51, 52]发表了一系列关于 Ag、Au 和 PbS 纳米晶表面能表征的实验数据。此外，已经有多种理论方法可以计算纳米晶的表面能，例如，紧束缚方法[53]、从头计算法[54-56]、断键规则法[57-59]、改进的嵌入原子法[60]、等效晶体理论[61]、热力学模型[62]和分子动力学模拟[63]等。有趣的是，从上述所有理论的计算结果可以得出两个共同的结论[64]：一个是纳米晶的表面能与尺寸有关，另一个是纳米晶的表面能通常远小于其对应块体材料的表面能。然而，这里存在一个巨大的困惑就是 Nanda 等的实验与上述理论结果相矛盾[65]，实验数据表明纳米晶的表面能与相应块体材料的值相似，并且基本上与尺寸无关。

针对这个问题，我们基于纳米尺度的热力学理论和连续介质力学理论，建立了一个具有普适性的解析热力学模型来阐明纳米晶的表面能。重要的是，我们的研究不仅首次提供了与 Nanda 等的实验数据吻合良好的纳米晶表面能的理论预测，还解决了理论计算与实验测量之间的争议。

从热力学来看，固体表面能 γ 被定义为在恒定温度、体积和总摩尔数下，每产生一个单位面积的新表面所涉及的可逆功[66]。一般来说，表面能与表面应力张量的关系为 $g_{\alpha\beta} = A^{-1}\partial(\gamma A)/\partial\varepsilon_{\alpha\beta}$（$\alpha, \beta = 1, 2$），其中，$A$ 和 $\varepsilon_{\alpha\beta}$ 分别表示每个原子的表面积和应变张量[67]。对于液体而言，$g_{\alpha\beta}$ 的对角线分量在数值上等于 γ。然而对于固体而言，$g_{\alpha\beta}$ 不等于 γ。表面能 γ 定义为形成单位表面积所需的能量。我们认为纳米晶的表面能包括由于表面应力导致的结构项和用于破坏键能的表面化学项。因此，与纳米多层膜的界面能方程（2-1）类似，纳米晶的表面能也表示为

$$\gamma = \gamma^{\text{chemical}} + \gamma^{\text{structure}} \tag{2-30}$$

式中，$\gamma^{\text{structure}}$ 与表面应变能有关。Saito 等[68]研究了一个二维立方晶格并得到了刚性结构的总弹性应变能，其中考虑了有缺陷时存在的自发应力，如吸附原子或台阶，且可以达到能量最小值。同样，我们通过考虑表面的重构和弛豫来分析纳米晶的球面精细结构[68]。$\gamma^{\text{structure}}$ 也能表示表面应变能的密度。图 2-9（a）是纳米晶

表面晶胞的示意图。对于具有立方结构的纳米晶，我们采用具有 4 个原子的表面晶胞，其坐标分别为：①(x_i, y_i)，②(x_{i+1}, y_i)，③(x_i, y_{i+1})及④(x_{i+1}, y_{i+1})。原子(x_i, y_j)在表面的位移可以分别表示为$u(x_i, y_j)$和$v(x_i, y_j)$。每个原子与其最近邻原子和下一个最近邻原子相互作用，并且相互作用由弹性常数α_1和α_2表示。受表面弛豫的影响，表面上两个原子之间的距离由环境温度决定[69, 70]。换言之，弹性系数也与温度有关，即$\alpha(T)$。在表面重构情况下可以将其视为四边形，两个原子之间的距离记为ξ。由于表面弛豫，ξ等于λa^s，其中，λ和a^s分别是表面晶胞的弛豫参数和晶格常数。位于②、③和④的原子位置移动到②*、③*和④*以实现晶格弛豫。表面晶胞中的弹性应变能可以写成

$$U_{(i,\, j)}^{s} = U_{1-2}^{s} + U_{1-3}^{s} + U_{1-4}^{s} + U_{2-3}^{s} \tag{2-31}$$

式中，$U_{(i,\, j)}^{s}$表示由于弹簧的拉伸，原子i和j产生的形变能。根据半连续介质模型[71, 72]，表面晶胞中的弹性应变能可以写为

$$\begin{aligned} U_{(i,\, j)}^{s} = {} & \frac{1}{2}\alpha_1(\lambda a^s)^2 \left\{ \left[\left. \frac{\partial u(x, y)}{\partial x} \right|_{(x_i,\, y_j)} \right]^2 + \left[\left. \frac{\partial v(x, y)}{\partial x} \right|_{(x_i,\, y_j)} \right]^2 \right\} \\ & + \frac{1}{2}\alpha_2(\lambda a^s)^2 \left\{ \left[\frac{\sqrt{2}}{2}\left(\frac{\partial u}{\partial x} + \frac{\partial u}{\partial y} \right) + \frac{\sqrt{2}}{2}\left(\frac{\partial v}{\partial x} + \frac{\partial v}{\partial y} \right) \right]_{(x_i,\, y_j)}^2 \right. \\ & \left. + \left[\frac{\sqrt{2}}{2}\left(\frac{\partial u}{\partial x} - \frac{\partial u}{\partial y} \right) - \frac{\sqrt{2}}{2}\left(\frac{\partial v}{\partial x} - \frac{\partial v}{\partial y} \right) \right]_{(x_i,\, y_j)}^2 \right\} \end{aligned} \tag{2-32}$$

假设形变很小，我们可以将表面晶胞中的弹性应变定义为：$\varepsilon_x^s = \dfrac{\partial u}{\partial x}$，$\varepsilon_y^s = \dfrac{\partial v}{\partial y}$，$\varepsilon_{xy}^s = \dfrac{1}{2}\left(\dfrac{\partial u}{\partial y} + \dfrac{\partial v}{\partial x} \right)$。因此，我们可以得到表面晶胞中的弹性应变能为

$$U_{(i,\, j)}^{s} = \frac{1}{2}(\lambda a^s)^2 \left[\alpha_1\left(\varepsilon_x^{s2} + \varepsilon_y^{s2} \right) + \alpha_2\left(\varepsilon_x^s + \varepsilon_y^s \right)^2 + 4\varepsilon_{xy}^{s2} \right] \tag{2-33}$$

因此，表面应变能密度可以推导为

$$\gamma^{\text{structure}} = \frac{U_{i,\, j}}{S} = \frac{1}{2}\left[\alpha_1\left(\varepsilon_x^{s2} + \varepsilon_y^{s2} \right) + \alpha_2\left(\varepsilon_x^s + \varepsilon_y^s \right)^2 + 4\varepsilon_{xy}^{s2} \right] \tag{2-34}$$

这里，球体的表面应变$\varepsilon_{\alpha\beta}^s$通过坐标变换为$\varepsilon_{\alpha\beta}^s = t_{\alpha i} t_{\beta j} \varepsilon_{ij}$，与颗粒内的绝对体应变$\varepsilon_{ij}^s$相关，其中，$\alpha$，$\beta$的取值范围为 1～2；$i$，$j$的取值范围为 1～3。$t_{\alpha i}$是变换张量，变换矩阵表示为[66]

$$[t_{\alpha i}]=\begin{bmatrix}\cos\theta\cos\phi & \sin\theta\cos\phi & -\sin\theta\\ -\sin\theta & \cos\theta & 0\\ \sin\phi\cos\theta & \sin\phi\sin\theta & \cos\phi\end{bmatrix} \tag{2-35}$$

因此，球形颗粒的表面应变分别为 $\varepsilon_{11}^s=t_{11}t_{11}\varepsilon_{11}+t_{12}t_{12}\varepsilon_{22}+t_{13}t_{13}\varepsilon_{33}$， $\varepsilon_{12}^s=\varepsilon_{21}^s=t_{11}t_{21}\varepsilon_{11}+t_{12}t_{22}\varepsilon_{22}$， 以及 $\varepsilon_{22}^s=t_{21}t_{21}\varepsilon_{11}+t_{22}t_{22}\varepsilon_{22}$。

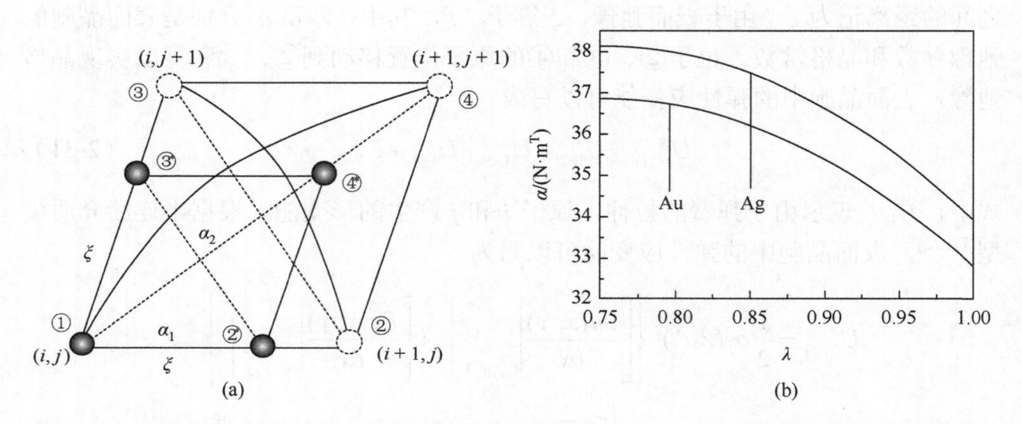

图 2-9 （a）表面重构情况下纳米晶粒子表面晶胞和（b）Au 和 Ag 的表面弹性系数 α 对弛豫参数的依赖

根据推导，立方结构晶格的表面能的结构项部分为

$$\gamma^{\text{structure}}=\varepsilon^2(\alpha_1+2\alpha_2) \tag{2-36}$$

根据胡克（Hooker）定律和 Gibbs-Thomson 方程，体应变 ε 在立方晶格中为 $\varepsilon=-\frac{2k}{3D}\sqrt{\frac{D_0hS_{mb}H_{mb}}{kV_sR}}$ [73, 74]，其中，k、D、h、S_{mb}、H_{mb}、V_s、R 分别表示块状晶体的压缩系数、颗粒的平均直径、原子直径、熔化熵、熔化焓、晶体的摩尔体积、理想气体常数。需要注意的是，D_0 是球形颗粒的最小尺寸，且 $D_0=3h$[74]，负号表示晶格收缩。根据式（2-36），我们可以计算球形粒子的表面应变能。

γ^{chemical} 与表面悬挂键键能有关。Galanakis 等[57]应用基于 Green 函数全势能筛选 Korringa-Kohn-Rostoker 方法结合局域密度近似（local density approximation，LDA）研究了贵金属、面心立方（fcc）过渡金属及 sp 金属的表面自由能。实际上，Galanakis 等的计算结果正是我们模型中的表面化学能的系数 $\Gamma_{(hkl)}$。因此，$\Gamma_{(hkl)}=\left(1-\sqrt{Z_s/Z_b}\right)E_b$，其中，$Z_s$、$Z_b$ 和 E_b 分别是配位数、体积配位数和内聚能。这样，纳米晶的尺寸相关的内聚能 $E(D)$ 表示为[75]

$$E(D) = E_b\left[1 - \frac{1}{(D/D_0)-1}\right]\exp\left[-\frac{2S_{mb}}{3R}\frac{1}{(D/D_0)-1}\right] \tag{2-37}$$

因此，我们可以得到纳米晶表面能中具有尺寸依赖的化学项部分为

$$\gamma^{\text{chemical}} = \Gamma_{(hkl)}\left[1 - \frac{1}{(D/D_0)-1}\right]\exp\left[-\frac{2S_{mb}}{3R}\frac{1}{(D/D_0)-1}\right] \tag{2-38}$$

这样，我们就得到了纳米晶表面能的完整热力学表达式。

在我们的热力学模型中，弹性常数 $\alpha_i\,(i=1,2)$ 可以通过以下方法计算：根据连续介质力学，两个原子之间的弹性系数 α 可以表示为 $\alpha = Ea$，其中，E 是纳米晶的杨氏模量。至于纳米晶的表面，表面弹性系数可以很容易地表达为

$$\alpha = E_s a_s^* \tag{2-39}$$

式中，E_s 和 a_s^* 是表面杨氏模量和表面晶胞中两个原子的距离。此外，基于 Sun[76]的研究，表面杨氏模量 E_s 和晶格形变的相关性可以表示为 $\frac{E_s}{E_0} = \left(\frac{a_s}{a_0}\right)^m - 3\frac{a_s}{a_0} + 3$，其中 m 是用来描述结合能变化的参数。需要注意，合金和化合物的 $m \approx -4$，金属元素的 $m \approx 1$。因此，我们可以得到弹性系数和弛豫参数的关系

$$\alpha = E_0 a_0(\lambda^{m+1} + 3\lambda - 3\lambda^2) \tag{2-40}$$

我们计算了 Au 和 Ag 的表面弹性系数，如图 2-9（b）所示。显然，我们可以看到 α 的增加属于小幅变形。从物理上讲，表面晶格的弛豫是由环境温度激活的，这会导致表面弹性系数的变化。

以 Au 纳米晶为例，我们可以通过方程式（2-30）、式（2-36）和式（2-38）计算弹性应变能、化学能和表面能，如图 2-10 所示。我们计算中的相应参数列于表 2-2。如图 2-10（a）所示，我们可以清楚地看到 Au 纳米晶表面的弹性应变能随着尺寸的减小而增大，这个结论与纳米晶的体应变（ε_{ij}）随着尺寸减小而增大是一致的[73, 77-79]。然而，表面的化学能随着尺寸的减小而减小［图 2-10（a）插图］。此外，自由球形 Au 纳米晶的表面能如图 2-10（b）所示。显然，Au 纳米晶的表面能随着尺寸的减小而减小。

表 2-2　计算 Ag、Au、PbS、Na、Al 纳米晶表面能所需参数

纳米晶	h/nm	S_b/(J·mol^{-1}·K^{-1})	H_m/(kJ·mol^{-1})	V_s/(cm^3·mol^{-1})	k/(10^{-12}Pa^{-1})	a/nm
Ag	0.2889	9.160	11.30	10.30	9.6225	0.4180
Au	0.2884	9.380	12.55	10.20	5.8480	0.4200
PbS	0.2970	4.960	18.40	15.70	15.1000	0.5940
Na	0.3970	7.000	2.60	23.78	158.7000	0.4291
Al	0.2860	11.463	10.70	10.00	13.1600	0.4050

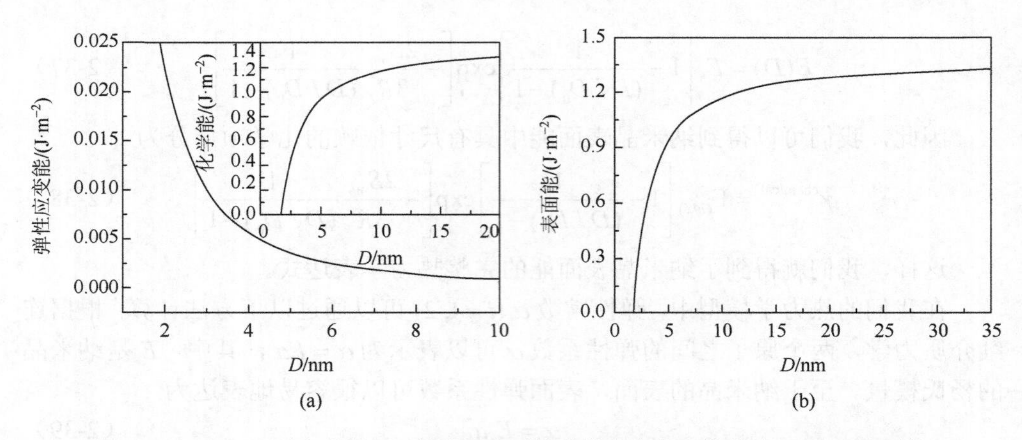

图 2-10　（a）尺寸相关的 Au 纳米晶表面的弹性应变能和化学能及（b）表面能

为了避免概念混淆，在将理论结果与实验测量进行比较之前，我们需要讨论 Nanda 等[51, 52]实验数据的物理解释。事实上，Nanda 等的实验数据源于纳米颗粒的尺寸依赖蒸发。例如，面心立方（fcc）单元的（111）表面键或悬挂键示意图如图 2-11 所示，分别表示自然分割面［图 2-11（a）］和蒸发情况［图 2-11（b）］。当然，两种情况的主要区别在于原子的配位数（z）。对于面心立方、体心立方（bcc）和 NaCl 晶体结构，配位数分别为 12、8 和 6。与自然分割面相比，蒸发情况下每个原子的内聚能必须乘以 $z/2$（每个原子键的内聚能由两个原子共享）。

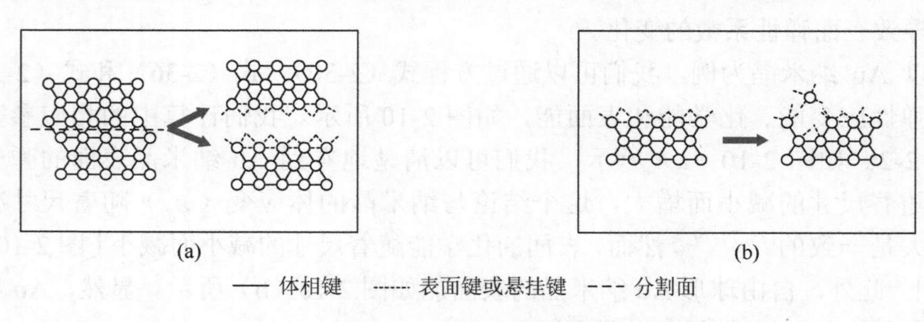

图 2-11　fcc（111）表面键和悬挂键示意图

（a）自然分割面；（b）蒸发情况

自然地，不同的物理过程会导致对纳米晶表面能的不同诠释。需要注意的是，包括我们的模型在内的所有理论计算都是基于如图 2-11（a）所示的自然分割面的情况。然而，Nanda 等的实验是基于图 2-11（b）中的蒸发情况。因此，物理过程的差异导致了上述矛盾即理论结果与实验数据的差异。因此，在蒸发情况下，通过开尔文方程实验测量的纳米晶的表面能可以通过 $\gamma_n = \gamma^{\text{structure}} + \frac{z}{2}\gamma^{\text{chemical}}$ 计算，其

中 γ_n 是自由纳米晶的表面能。根据实验结果，Ag 的 $\gamma_n = 7.2\ \mathrm{J{\cdot}m^{-2}}$，而块体材料的 $\gamma_n = 1.065\ \mathrm{J{\cdot}m^{-2}}$ 或 $1.363\ \mathrm{J{\cdot}m^{-2}}$。主要原因是纳米晶所处的环境不同。通常，在液滴模型（liquid-drop model，LDM）中使用 γ 来理解纳米晶的尺寸依赖熔化，而 γ_n 是通过分析尺寸依赖蒸发数据获得的[80, 81]。根据上述讨论，如果已知 γ_n，则可以直接计算 γ。根据这个方法，Ag 和 PbS 纳米晶的尺寸依赖表面能如图 2-12（a）所示。显然，我们的理论结果与实验数据非常吻合，所有比较的偏差都非常小。同时，我们还可以清楚地看到，当尺寸超过 10 nm 时，纳米晶的表面能对尺寸的依赖非常弱，正如 Nanda 等报道的那样。需要注意是，液体的表面张力和表面应力与液体的表面能相同。然而，固体纳米晶的表面应力和表面能存在显著差异[64, 65]。自由纳米晶的表面能可以由表面张力表征（对于 Ag，$\gamma_n = 7.2\ \mathrm{J{\cdot}m^{-2}}$）。事实上，根据液滴模型，自由纳米晶的表面张力（表面能）/表面应力高于块体材料。同时，自由纳米晶的表面能不同于覆盖或嵌入的纳米晶体。

值得注意的是，在低温条件下，平衡晶体形状通常是多面体而不是完美的球体[82]。为了简化，在上述讨论中我们只考虑围绕纳米晶的相同类型的晶面低温的情况。根据我们的理论，Na(110)和 Al(110)纳米晶在自由和无蒸发情况下的尺寸依赖表面能，如图 2-12（b）所示。有趣的是，相应的实验结果与理论预测完全一致。

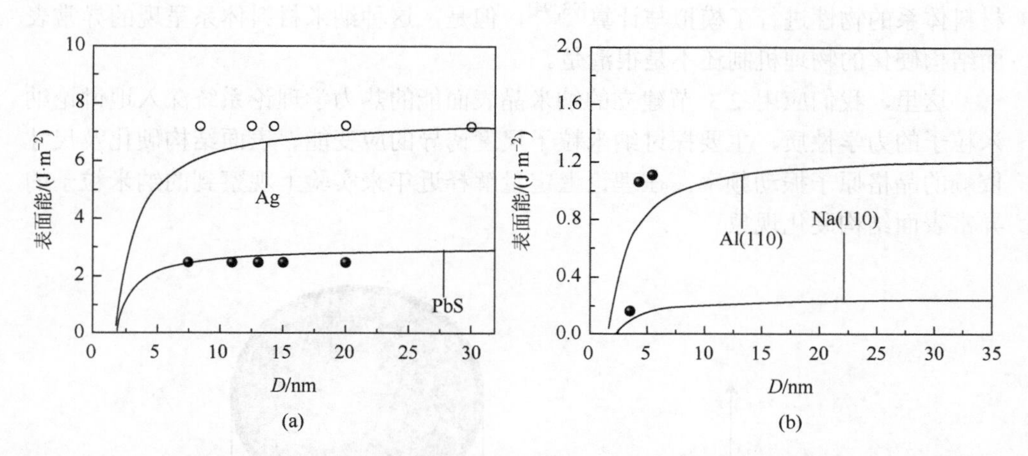

图 2-12　（a）考虑到每个原子的配位数，Ag 和 PbS 纳米粒子的尺寸依赖表面能，实验数据取自文献[51]、[52]、[88]；（b）Na(110)和 Al(110)的尺寸依赖表面能，实验数据取自文献[89]、[90]。理论计算参数取自文献[27]、[28]

实际上，纳米材料的许多物理性质诸如相互作用结合能等方面表现出明显的尺寸效应[83]。根据液滴模型，每个原子的内聚能表示为 $a_{v,d} = a_v - 6v_0\gamma/d$，其中，$v_0$、$d$、$a_{v,d}$ 和 a_v 表示原子体积、纳米晶体的尺寸（球形原子的半径）、每个原子的内聚能和相应的体积[84, 85]。从上面的理论结果来看，纳米晶表面自由能的大小也取决于尺寸。这些理论预测与最近的结果非常吻合[63]。

为了对纳米晶的表面能的物理原理有一个清晰的理解，我们从纳米热力学和连续介质力学的角度系统地研究了纳米晶表面能的组成，推导出尺寸依赖表面能的一般解析热力学表达式，并且发现表面能随着纳米晶尺寸的减小而降低，这与实验测量非常一致。所以，我们认为所建立的理论模型能够成为理解纳米结构表（界）面能的普适性理论工具。

2.4 纳米晶的异常表面硬化

Gilbert 等[91]的研究发现纳米晶具有因应变诱导的表面结构硬化现象，这种奇异的物性可以通过晶格原子振动频率（爱因斯坦频率）来表征。例如，3 nm 的 ZnS 纳米颗粒的爱因斯坦频率达到 11.6 ± 0.4 THz，远远高于相应的块体材料（7.12 ± 1.2）THz。Chen 等[92]利用电场诱导的共振技术发现单根 ZnO 纳米线轴向的杨氏模量随纳米线直径的减小而增大，其纳米线的表面杨氏模量比芯部即块体材料的高，也表现出一种表面结构硬化的现象。尽管近年来人们通过第一性原理方法、分子动力学模拟、蒙特卡罗模拟及热力学理论等对纳米晶、纳米线等纳米材料体系的物性进行了模拟与计算[93, 94]，但是，这种纳米材料体系呈现的异常表面结构硬化的物理机制还不是很清楚。

这里，我们应用 2.3 节建立的纳米晶表面能的热力学理论系统深入地讨论纳米粒子的力学性质，主要探讨纳米粒子尺度诱导的应变能、表面结构硬化及尺寸依赖的晶格原子振动频率，在理论上定量解释近年来实验上观察到的纳米粒子的异常表面结构硬化现象。

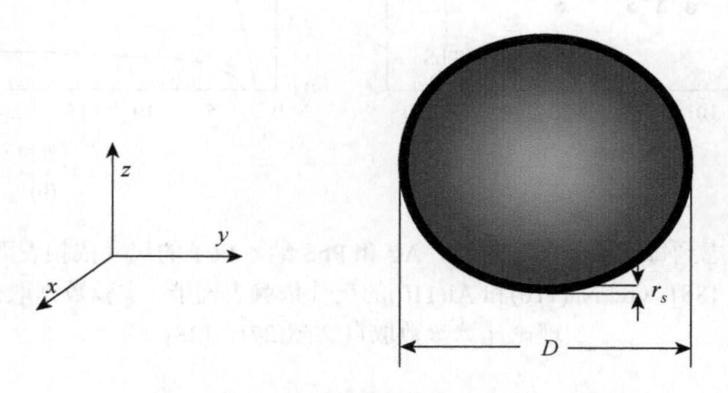

图 2-13　核-壳结构的纳米晶示意图

黑色的球壳表示纳米晶的表面相

图 2-13 为核-壳结构的纳米晶示意图。我们假设纳米粒子（纳米晶）的形状是理想的球形，且具有不同状态的表面相和体相，即表面原子和芯部原子可以用核-壳结构来表示。D 和 r_s 分别表示纳米粒子的直径和表层的厚度。在上述体系中，为了处理方便，作为第一近似，我们仅考虑具有单原子层的表面相，即 $r_s = h$，其中 h 为单原子的直径。

对于图 2-13 中所示的纳米晶，其总的应变能可以表示为体相的应变能 U_b 和表面相的应变能 U_s 之和：

$$U = U_b + U_s \tag{2-41}$$

体相的应变能和表面相的应变能分别写为 $U_b = \int_{V_0}\int_0^{\varepsilon_{ij}} \frac{\partial \Phi}{\partial e_{ij}} \mathrm{d}e_{ij}\mathrm{d}V_0$ 和 $U_s = \int_{S_0}\int_0^{\varepsilon_{\alpha\beta}^s} \frac{\partial \gamma}{\partial e_{\alpha\beta}} \mathrm{d}e_{\alpha\beta}\mathrm{d}S_0$。其中，忽略高阶项的影响，体相的弹性势 $\Phi = \frac{1}{2}C_{ijkl}\varepsilon_{ij}\varepsilon_{kl}$ [66]；C_{ijkl} 为弹性常数；γ 是表面自由能密度；$\varepsilon_{ij}(i, j = 1, 2, 3)$ 和 $\varepsilon_{\alpha\beta}^s(\alpha, \beta = 1, 2)$ 分别为体相和表面相的弹性应变；$e_{ij}(i, j = 1, 2, 3)$ 和 $e_{\alpha\beta}(\alpha, \beta = 1, 2)$ 分别是体相和表面相应变的积分变量。球体的表面相应变可以通过坐标转换 $\varepsilon_{\alpha\beta}^s = t_{\alpha i}t_{\beta j}\varepsilon_{ij}\big|_s$ 由粒子中体应变得出，转换矩阵为方程（2-35）。因此，纳米晶总的应变能为

$$U = \frac{V_0}{2}C_{ijkl}\varepsilon_{ij}\varepsilon_{kl} + \int_{S_0}\gamma_{\alpha\beta}t_{\alpha i}t_{\beta j}\varepsilon_{ij}\mathrm{d}S_0 \tag{2-42}$$

众所周知，纳米晶表面原子的弛豫、重构及表面应力，将导致纳米晶处于自平衡态。自平衡态下体系的弹性应变应该满足：

$$\left.\frac{\partial U}{V_0\partial \varepsilon_{ij}}\right|_{\varepsilon_{ij}=\hat{\varepsilon}_{ij}} = 0 \tag{2-43}$$

根据推理，自平衡态下体相的弹性应变可以写为 $\hat{\varepsilon}_{ij} = -\frac{1}{V_0}C_{ijkl}^{-1}\int_{S_0}\gamma t_{\alpha i}t_{\beta j}\mathrm{d}S_0$。假设纳米晶处于各向同性[66]，那么自平衡态下的体相应变为

$$\hat{\varepsilon}_{ij} = -\frac{4\gamma}{3DK}\delta_{ij} \tag{2-44}$$

式中，K 是纳米晶的体积弹性模量。对于各向同性的球形纳米晶，在笛卡儿坐标系中体相晶格应变在三个方向上的关系是 $\hat{\varepsilon}_{11} = \hat{\varepsilon}_{22} = \hat{\varepsilon}_{33}$。纳米晶体晶格变形引起的应变为 $\hat{\varepsilon}_{11} = \hat{\varepsilon}_{22} = \hat{\varepsilon}_{33} = \frac{a_i - a_0}{a_0} = \frac{\Delta a}{a}$，其中，$a_i$ 与 a_0 分别表示纳米晶与块体材料中的晶格常量。这样，纳米晶的晶格常量可以表示为关于尺度的函数

$$a_i = a_0\left(1 - \frac{4\gamma}{3DK}\right) \tag{2-45}$$

根据上面的讨论，在各向同性的固体条件下，我们可以得到表面原子层的应变，与上面讨论的纳米晶的表面能情形类似，表面原子的应变满足$\varepsilon_{11}^{s}=\varepsilon_{22}^{s}=\hat{\varepsilon}_{11}$和$\varepsilon_{12}^{s}=\varepsilon_{21}^{s}=0$，$\varepsilon^{s}=(a_s-a_0^{*})/a_0^{*}$，其中，$a_s$和$a_0^{*}$分别是表面原子层发生形变前和形变后的键长。

在 2.3 节中，我们知道纳米晶的表面能γ可以看作是由表面结构能与表面化学能组成的，即分别来自于表面原子键能和原子间弹性应变能：$\gamma=\gamma^{\text{structure}}+\gamma^{\text{chemical}}$。当纳米晶处于固-气状态时，其固-气相变熵$S_b\approx 12R$，利用$\exp(-x)\approx 1-x$（$x$足够小），$\gamma$可以近似地表示为[95, 96]

$$\gamma\approx(\varepsilon^{s})^{2}\bar{\alpha}+\gamma_0^{\text{chemical}}(1-4h/D) \tag{2-46}$$

式中，$\bar{\alpha}$代表纳米晶体表面的平均弹性力系数；$\gamma_0^{\text{chemical}}$为块体材料的表面化学能系数。

根据键序-键长-键强（BOLS）关系[76, 96]，纳米晶的表面杨氏模量与晶格形变的关系是$\dfrac{E_s}{E_0}=\left(\dfrac{a_s}{a_0}\right)^{m}-3\dfrac{a_s}{a_0}+3$，其中，$m$是一个描述结合能变化的参数，对于合金$m\approx-4$。Chen 等定义$EI$为描述纳米线轴向形变的有效抗挠刚度参量，其中$E$为轴向有效杨氏模量[97]。在纳米晶体系中，其径向的有效抗挠刚度为

$$EI=E_0I_0+E_sI_s \tag{2-47}$$

式中，I_0和I_s分别为体相球核和表面相外壳的转动惯量。将I_0和I_s代入方程(2-47)，我们可以得到尺寸相关的纳米晶杨氏模量

$$\frac{E}{E_0}=\left(1-\frac{2h}{D}\right)^{5}+\frac{E_s}{E_0}\frac{5}{3}\left(\frac{6h}{D}-\frac{12h^2}{D^2}+\frac{8h^3}{D^3}\right) \tag{2-48}$$

根据连续介质力学理论，如果两相邻原子局限于直线运动，且原子间作用力与位移成比例，那么纳米晶的杨氏模量与爱因斯坦频率的关系为$\omega=\dfrac{1}{2\pi}\sqrt{\dfrac{Ea}{\bar{M}}}$[98]，其中$\bar{M}$为约化质量，$\dfrac{1}{\bar{M}}=\dfrac{1}{M_A}+\dfrac{1}{M_B}$，$M_A$和$M_B$分别是两相邻原子的质量。需要注意的是，纳米晶的杨氏模量为E，晶格常数为a_i，而相应块体材料的杨氏模量、晶格常数与晶格振动频率分别为E_0、a_0与ω_0。根据上面的讨论，在纳米尺度下，晶格振动频率为

$$\omega_i=\omega_0\sqrt{\frac{Ea_i}{E_0a_0}} \tag{2-49}$$

这样，我们就建立了计算纳米晶表面（体）的杨氏模量方程及晶格振动频率方程。下面，我们将应用这些方程式来讨论纳米晶的异常表面结构硬化现象。

虽然 Chen 等[92]的方法已经可以测量单根 ZnO 纳米线的杨氏模量，但是，

总的来说纳米晶杨氏模量的实验测量还是比较困难的且实验数据较少。根据上述讨论，我们可以通过 X 射线衍射确定纳米晶的爱因斯坦频率，进而分析表面结构硬化现象。这里，我们以一个闪锌矿结构的 ZnS 纳米晶为例，根据上面的讨论计算表面杨氏模量及有效杨氏模量，结果如图 2-14 所示。计算中所用的参数[99-101]：平均原子直径 $h = 0.2303$ nm，$\gamma_0^{\text{chemical}} = 0.79\ \text{J·m}^{-2}$，$\omega_0 = 7.12$ THz，体杨氏模量 $E = 74.5$ GPa，$a = 0.54$ nm。根据图 2-14，我们可以看到，纳米晶表面杨氏模量和有效杨氏模量都是随着纳米晶尺寸的减小而增大的，且 E_s/E_0 也随着尺度的减小而增大。这些结果充分说明在此情形下将产生表面结构硬化。当纳米晶的直径大于 10 nm 时，其杨氏模量会随着尺寸的增加而迅速减小，最终趋向相应块体材料的情形。这表明对于各向同性的 ZnS 纳米晶而言，10 nm 是其尺寸依赖的表面结构硬化效应的临界值。纳米晶有效杨氏模量随尺寸的减小而增大的主要原因是随着纳米颗粒尺寸的缩小，其表面相所占的比例增大，进而导致其表面杨氏模量增大。另外，这里理论预测的纳米晶有效杨氏模量与 Chen 等[92]在图 2-14（b）中所示的尺寸依赖的纳米晶有效杨氏模量的拟合值相吻合，当 $D<10$ nm 时有效杨氏模量 E 展现出强烈的尺寸效应。为了和实验数据直接进行比较，我们根据方程（2-49）得到 ZnS 纳米晶的爱因斯坦频率，如图 2-15 所示。如前所述，Gilbert 等[91]报道的 ZnS 纳米晶的爱因斯坦频率是（11.6±0.4）THz，而块体材料的 ZnS 的爱因斯坦频率是（7.12±1.2）THz。所以，ZnS 纳米晶的振动频率远大于相应块体材料，爱因斯坦频率的增大也说明了表面结构硬化的产生。重要的是，理论计算与图 2-15 给出的实验数据点非常吻合。因此，从上面的讨论中我们可以发现，爱因斯坦频率的变化可以直接反映出杨氏模量和晶格常数的变化。这样，结合方程式（2-45）、式（2-48）和式（2-49），我们就可以利用尺寸依赖的晶格振动频率来分析各向同性的纳米晶的结构硬化现象。

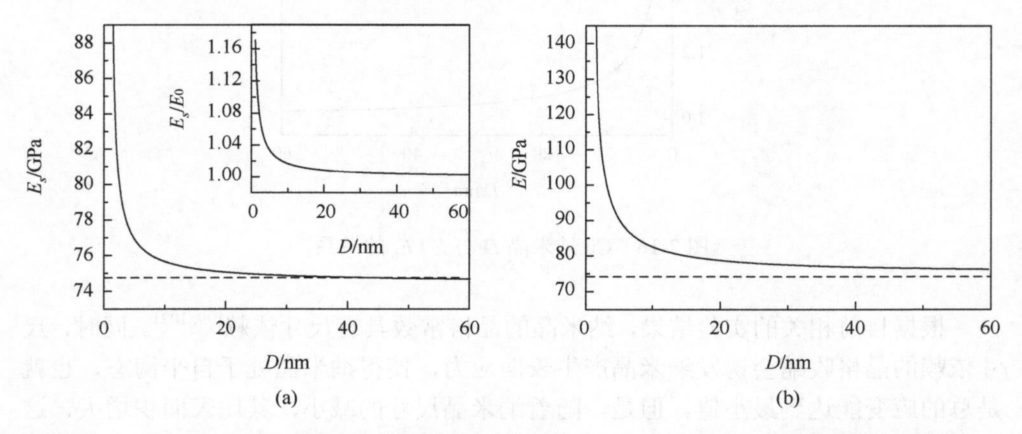

图 2-14　（a）纳米晶表面杨氏模量随尺寸的变化；（b）纳米晶有效杨氏模量随尺寸的变化

虚线表示相应块体材料，（a）中的插图表示 E_s / E_0 与尺寸的依赖关系

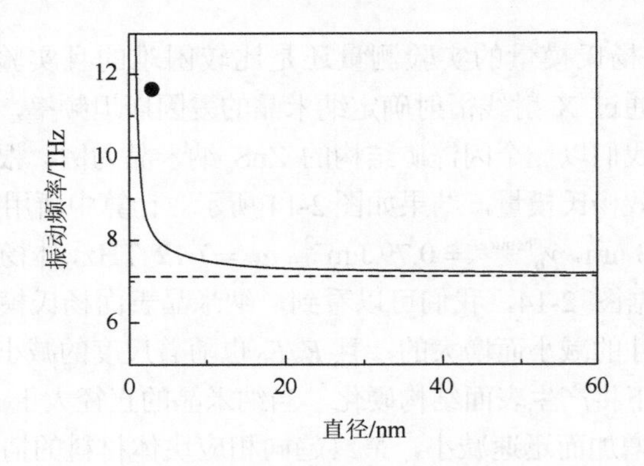

图 2-15 尺寸依赖的纳米晶振动频率

虚线表示体材料的数值，黑色圆点为实验值。实线表示根据方程（2-49）所做的理论上的预测

Dingreville 等[66]曾预测 Cu 纳米晶会出现表面结构硬化现象。根据我们的理论模型，我们对 Cu 纳米晶进行讨论，结果如图 2-16 所示。显然，随着纳米晶直径的减小，有效杨氏模量逐渐变大，且其具有的尺寸依赖是以 10 nm 为临界值的。同样，在 Cu 纳米晶中也会出现表面结构硬化现象。所以，我们的理论预测与文献所报道的结果完全一致。

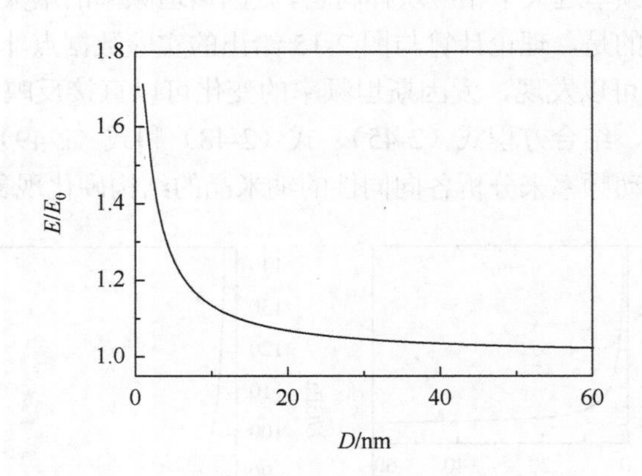

图 2-16 Cu 纳米晶 D 与 E / E_0 的关系

根据目前相关的实验结果，纳米晶的晶格常数具有尺寸依赖[99, 102]。同时，尺寸依赖的晶格收缩会诱发纳米晶产生表面应力，使得纳米晶处于自平衡态，也就是总的应变能达到最小值。但是，随着纳米晶尺寸的减小，其比表面积增大，这就导致表面杨氏模量的增大及纳米晶的有效杨氏模量大于块体材料。所以，根据以上分析，我们可以看出纳米晶表面结构硬化的原因主要是其表面相与相应体相

的物性不同，其尺寸依赖的表面能是导致相关物性产生尺度效应的主要因素，而且，纳米晶高的比表面积也将诱导晶格结构的无序度地增加[91]。

2.5　纳米线的表面能与熔化

一维纳米结构如纳米线是一种重要的纳米材料，也是低维物理学重点关注的对象[103]。同纳米晶一样，纳米线的表面能是决定其结构和物性的重要参数[104-106]。许多研究人员通过热力学模型和分子动力学（MD）模拟发现了纳米线的异常熔化行为[107-110]。例如，Gülseren 等[107]使用 MD 模拟表明了 Pb 纳米线的熔化温度 $T_m(d)$ 低于相应块体材料的熔化温度。Liu 等[109]通过实验发现直径为 3 nm 的无支撑 Pt 纳米线在 673 K 时不稳定，而其相应块体材料的熔点则为 2045 K。此外，Sn 纳米线阵列的熔化温度表现出对纳米线直径的强烈依赖[111]。我们知道，纳米线的表面能不同于对应块体材料的表面能，这在纳米线的熔化行为中起着重要作用[107-110]。然而，涉及纳米线表面能的理论和实验的研究文献较少[107-111]。

本节我们基于发展的纳米结构表（界）面能的热力学理论，建立了一个纳米线表面能的热力学模型。有趣的是，我们发现纳米线的表面能随着直径的减小而降低，即纳米线的表面能表现出很强的尺寸依赖。同时，纳米线的尺寸依赖表面能会导致纳米线的熔点下降。具体而言，我们的理论结果表明，纳米线的熔点低于相应块体材料，这与实验测量和理论模拟的结果非常吻合。

一般来说，当材料的尺寸不断减小时，材料表面相的作用会变强。因此，纳米线的表面能在相变过程中起着重要作用并影响其相关物性。所以，为了更好地理解纳米线的物性，我们有必要建立其表面能的理论模型。自由无支撑纳米线的表面能可以写成表面结构能和表面化学能的总和[66, 95, 112]：$\gamma=\gamma^{\text{chemical}}+\gamma^{\text{structure}}$，其中 $\gamma^{\text{structure}}$ 与表面应变能密度有关。我们注意到，研究表明纳米线可以表达为一种特殊的核-壳结构[113]。所以，我们建立了直径为 d 和无限长度的纳米线的核-壳结构模型，如图 2-17（a）所示。

通常情况下，最外层的原子对纳米线的表面能有主要贡献。考虑到原子在第一层和第二层之间的相对运动，我们可以认为与相应块体材料中的其他原子层相比，外部原子对表面特性的影响最大。因此，在这种情况下，为了简化，我们只考虑具有表面相的第一层原子。这里，我们考虑具有立方晶格结构的纳米线的表面晶胞，取具有 4 个原子的表面晶胞，其坐标可表示为：①(x_i, y_j)，②(x_{i+1}, y_j)，③(x_i, y_{j+1})和④(x_{i+1}, y_{j+1})。图 2-17（b）显示了纳米线的表面晶胞。原子(x_i, y_i)在表面的位移分别表示为 x 方向上的 $u(x_i, y_j)$ 和 y 方向上的 $v(x_i, y_j)$。每个原子与其最近邻原子及下一个最近邻原子相互作用，并且相互作用由表面弹性系数 K_1 和 K_2 表示。由于表面弛豫，表面上两个原子的距离由环境温度决定。即在重构条件

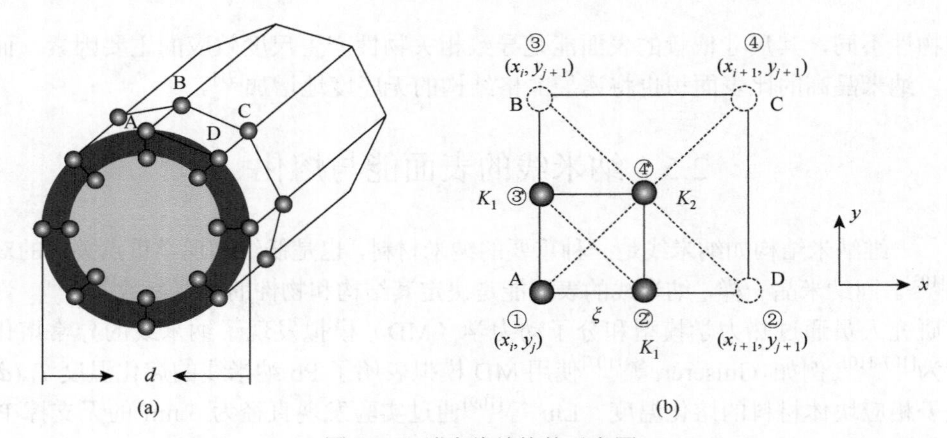

图 2-17　纳米线结构的示意图

(a) 核-壳结构模型；(b) 弛豫条件下的方形表面晶胞

下，两个原子的距离表示为 ξ。因此，由于表面弛豫，ξ 等于 λa^s，其中，λ 和 a^s 分别是表面晶胞的弛豫参数和晶格常数。在晶格弛豫条件下，原子位置②、③、④移动到②*、③*、④*。表面单元中的弹性应变能可写为 $U^s_{(i,j)}=U^s_{1-2}+U^s_{1-3}+U^s_{1-4}+U^s_{2-3}$，其中，$U^s_{(i,j)}$ 表示由于弹簧的拉伸，原子 i 和 j 之间的弹性应变能。根据半连续体模型[68, 72, 114]，表面晶胞中的弹性应变能可写为

$$
\begin{aligned}
U^s_{(i,j)}=&\frac{1}{2}K_1(\lambda a^s)^2\left\{\left[\left.\frac{\partial u(x,y)}{\partial x}\right|_{(x_i,y_i)}\right]^2+\left[\left.\frac{\partial v(x,y)}{\partial y}\right|_{(x_i,y_i)}\right]^2\right\}\\
&+\frac{1}{2}K_2(\lambda a^s)^2\times\left\{\left[\frac{\sqrt{2}}{2}\left(\frac{\partial u}{\partial x}+\frac{\partial u}{\partial y}\right)+\frac{\sqrt{2}}{2}\left(\frac{\partial v}{\partial x}+\frac{\partial v}{\partial y}\right)\right]^2_{(x_i,y_i)}\right.\\
&\left.+\left[\frac{\sqrt{2}}{2}\left(\frac{\partial u}{\partial x}-\frac{\partial u}{\partial y}\right)-\frac{\sqrt{2}}{2}\left(\frac{\partial v}{\partial x}-\frac{\partial v}{\partial y}\right)\right]^2_{(x_i,y_i)}\right\}
\end{aligned}
\tag{2-50}
$$

假设形变很小，我们可以将表面单元中的弹性应变能定义为 $\varepsilon^s_x=\dfrac{\partial u}{\partial x}$、$\varepsilon^s_y=\dfrac{\partial v}{\partial x}$，$\varepsilon^s_{xy}=\dfrac{1}{2}\left(\dfrac{\partial u}{\partial y}+\dfrac{\partial v}{\partial x}\right)$。因此，我们可以得到表面晶胞中的弹性应变能为 $U^s_{(i,j)}=\dfrac{1}{2}(\lambda a^s)^2\left\{K_1\left(\varepsilon^{s2}_x+\varepsilon^{s2}_y\right)+K_2\left[\left(\varepsilon^s_x+\varepsilon^s_y\right)^2+4\varepsilon^{s2}_{xy}\right]\right\}$。这样，表面应变能的表达式为

$$
\gamma^{\text{structure}}=\frac{U_{i,j}}{S}=\frac{1}{2}\left\{K_1\left(\varepsilon^{s2}_x+\varepsilon^{s2}_y\right)+K_2\left[\left(\varepsilon^s_x+\varepsilon^s_y\right)^2+4\varepsilon^{s2}_{xy}\right]\right\}
\tag{2-51}
$$

这里，表面弹性系数可以很容易地写成$K=E_s a_s^*$，其中，E_s和a_s^*分别是表面晶胞中两个原子的表面杨氏模量和距离。因此，我们可以得到金属纳米线的弹性系数与弛豫参数的关系，如$K=E_0 a_0(3\lambda-2\lambda^2)$，其中，$\lambda$是弛豫参数[95]。众所周知，可以通过坐标变换，在各向同性条件下，球体的表面应变$\left[\varepsilon_{\alpha\beta}^s(\alpha,\beta=1,2)\right]$等于体积应变$\left[\varepsilon_{ij}^s(i,j=1,2)\right]$。同样，我们假设纳米线是各向同性的，即$\varepsilon_x=\varepsilon_x^s$，$\varepsilon_y=\varepsilon_y^s$和$\varepsilon_{xy}=0$。需要注意的是，轴向应变与径向应变明显不同（$y$方向为轴向方向，而$x$方向为径向方向）。当纳米线的轴向为立方结构的[100]方向时，$\varepsilon_y=\vartheta\varepsilon_x=\dfrac{2C_{11}}{C_{11}-2C_{12}}\varepsilon_x$，其中，$\vartheta$为比率常数，$C_{11}$和$C_{12}$为弹性常数[66]。径向应变类似于基于液滴模型的球形情况[68, 72]，即$\varepsilon_x=\mp\dfrac{2kh}{3d}\sqrt{\dfrac{3S_{mb}H_{mb}}{kV_sR}}$，其中，$k$和$h$分别表示块状晶体的可压缩系数和纳米线的原子直径，$S_{mb}$、$H_{mb}$、$V_s$和$R$分别代表熔化熵、熔化焓、晶体摩尔体积和理想气体常数。

化学项γ^{chemical}与表面原子悬挂键键能有关，贵金属和过渡金属的表面能可以通过计算得到[74, 115]。实际上，这些计算结果是我们模型中表面化学能的系数。因此，$\Gamma_{(hkl)}=\left(1-\sqrt{\dfrac{Z_s}{Z_b}}\right)E_b$，其中，$Z_s$、$Z_b$和$E_b$分别是配位数、体积配位数和内聚能。这样，纳米线的尺寸依赖内聚能可表示为$E(d)=E_b\left(1-\dfrac{3h}{d-3h}\right)\exp\left(-\dfrac{2S_{mb}}{3R}\dfrac{3h}{d-3h}\right)$[116]，其中，$d$、$h$和$R$分别表示纳米线的直径、原子直径和理想气体常数。因此，我们可以得到纳米线表面能的尺寸依赖的化学项为

$$\gamma^{\text{chemical}}=\Gamma_{(hkl)}\left(1-\frac{3h}{d-3h}\right)\exp\left(-\frac{2S_{mb}}{3R}\frac{3h}{d-3h}\right) \tag{2-52}$$

所以，当我们将方程（2-51）和方程（2-52）代入方程（2-30）时，我们就得到了纳米线表面能的解析表达式。通过上述讨论，我们可以看出纳米线的表面能明显表现出尺寸依赖。

在过去的几十年里，熔化被认为是低维材料加工中最重要的相变之一。纳米材料的表面或界面在熔化行为中起着主导作用，这与对应的块体材料不同。例如，研究人员通过实验或模拟揭示了纳米线的熔化行为有明显的尺寸效应[111, 117-122]。在理论上，经典方法[122]和基于内聚能大小依赖的经验模型[120, 121]被用来研究这个问题。然而，纳米材料的内部结构和外部结构存在很大差异[95]，纳米线内外原子结构的差异对熔化行为具有重要影响。我们进一步研究纳米线的熔化过程是否会

明显受到尺寸依赖表面能的影响。基于上述建立的纳米线尺寸相关的表面能，我们发展了一个纳米线熔化的热力学模型。

根据热力学理论，图 2-17 中纳米线的固液相平衡必须满足三个条件

$$\mu^s = \mu^l; T^s = T^l; P^s = P^l + 2\gamma / d \tag{2-53}$$

式中，μ、T 和 P 分别是化学势、温度和压力。上角标 s 和 l 分别表示固相和液相。我们可以根据热力学函数获得熔点降低与纳米线直径的关系：

$$\frac{\Delta T}{T_{mb}} = \frac{2\gamma(d)V_s}{dH_{mb}} \tag{2-54}$$

式中，T_{mb} 是相应块体的熔点。因此，方程（2-54）给出了纳米线熔化温度与纳米线表面能的定量关系。从方程（2-54）中，我们可以清楚地看到，由于尺寸相关的表面能，纳米线的熔点显示出尺寸效应。

在纳米晶和纳米线的熔化行为研究中，已经建立了几种针对纳米材料熔点下降的热力学模型[120-124]。这些模型中纳米材料的熔点通常可以表示为$T_m(d) = T_{mb} - \delta / d$，其中，$\delta$ 是材料参数。例如，Nanda 等通过尺寸相关的内聚能提出了纳米线的熔化模型[120, 121]。然而，在这些理论研究中，研究人员并没有给出纳米线表面能的定量理论，也没有建立纳米线表面能与熔点的任何定量关系[120-124]。所以，与已有模型相比，我们的热力学模型明确指出了纳米线的尺寸依赖表面能在纳米线的熔化行为中起着至关重要的作用，并且对纳米线的熔化温度有决定性作用。

根据上述建立的纳米线熔化的热力学理论，我们以 Zn、Ni、Pd 和 Si 纳米线为例，计算它们的表面能，如图 2-18（a）～（c）所示。我们可以清楚地看到纳米线的表面能 γ 随着尺寸的减小而降低。这些情况类似于纳米晶。当纳米线的直径大于 10 nm 时，表面能随着尺寸的增加而平稳增加，最终达到相应块体材料的值。然而，当纳米线的直径小于 10 nm 时，表面能随着尺寸的减小而显著降低。

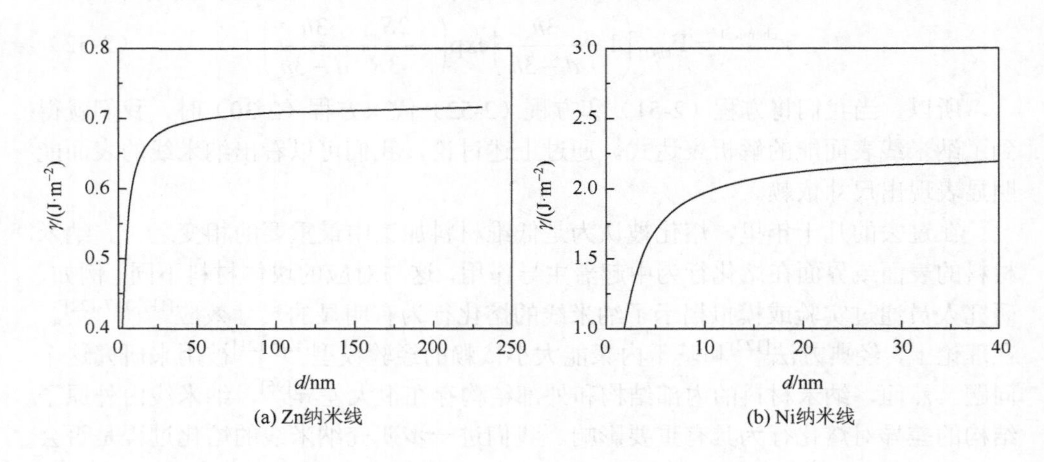

(a) Zn纳米线　(b) Ni纳米线

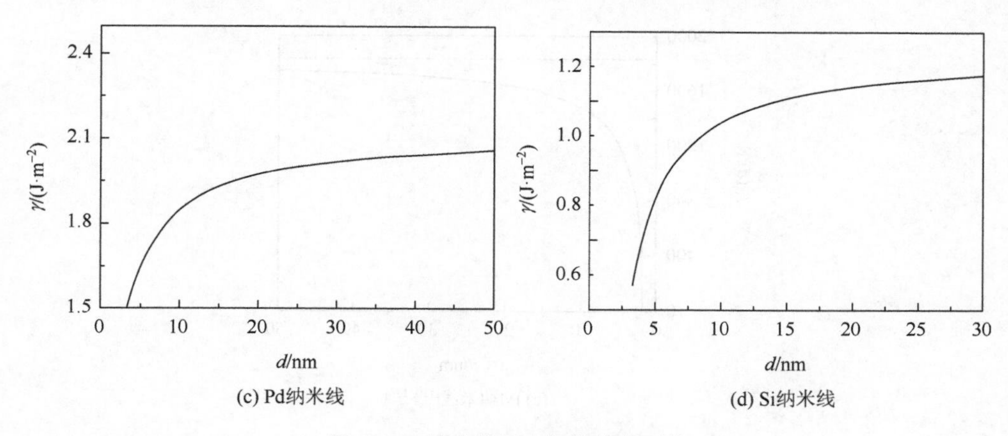

(c) Pd纳米线　(d) Si纳米线

图 2-18　纳米线尺寸相关的表面能

用于计算Zn、Ni和Pb的必要参数来自文献[27]、[110]、[121]、[135]：(a)Zn纳米线：$h_{Zn}=0.2665\ nm$，$T_{mb}=692.68\ K$，$H_{mb}=7.35\ kJ\cdot mol^{-1}$，$S_{mb}=10.61\ J\cdot mol^{-1}\cdot K^{-1}$，$k=14.3\times10^{-12}\ Pa$，$V_s=9.16\ cm^3\cdot mol^{-1}$，$\Gamma=0.72\ J\cdot m^{-2}$，$C_{11}=127.6\ GPa$，$C_{12}=41.2\ GPa$；（b）Ni纳米线：$h_{Ni}=0.2492\ nm$，$T_{mb}=1728\ K$，$H_{mb}=17.43\ kJ\cdot mol^{-1}$，$S_{mb}=10.12\ J\cdot mol^{-1}\cdot K^{-1}$，$k=5.64\times10^{-12}\ Pa$，$V_s=6.59\ cm^3\cdot mol^{-1}$，$\Gamma=2.27\ J\cdot m^{-2}$，$C_{11}=281.8\ GPa$，$C_{12}=129.11\ GPa$；(c)Pd纳米线：$h_{Pd}=0.2751\ nm$，$T_{mb}=1828.05\ K$，$H_{mb}=16.7\ kJ\cdot mol^{-1}$，$S_{mb}=9.14\ J\cdot mol^{-1}\cdot K^{-1}$，$k=5.6\times10^{-12}\ Pa$，$V_S=8.56\ cm^3\cdot mol^{-1}$，$\Gamma=2.117\ J\cdot m^{-2}$，$C_{11}=234.1\ GPa$，$C_{12}=176.1\ GPa$；（d）Si纳米线：计算中使用的参数取自文献[27]、[86]

因此，这些结果表明 10 nm 似乎是各向同性纳米线尺寸依赖的阈值。遗憾的是，相关实验技术还无法对纳米线表面能进行可靠的实验测量[107-110]。因此，我们希望未来的实验能够验证我们上述的理论预测。

为了直接与实验数据进行比较，我们根据方程（2-54）计算了 Zn、Ni 和 Pd 纳米线的熔化温度，如图 2-19 所示。我们可以看到纳米线的熔化行为与块体材料不同，熔点会随着尺寸的减小而降低，具体而言，也就是纳米线的熔点是尺寸依赖的，随着尺寸的减小而降低。

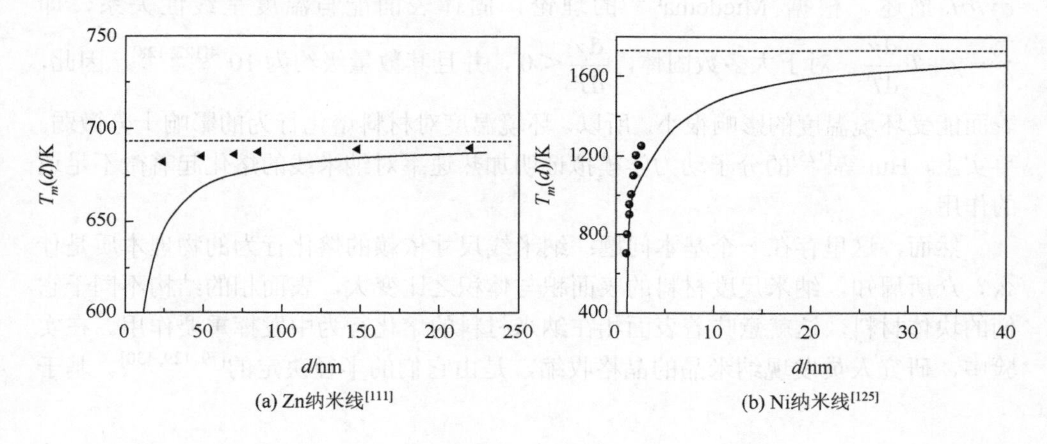

(a) Zn纳米线[111]　(b) Ni纳米线[125]

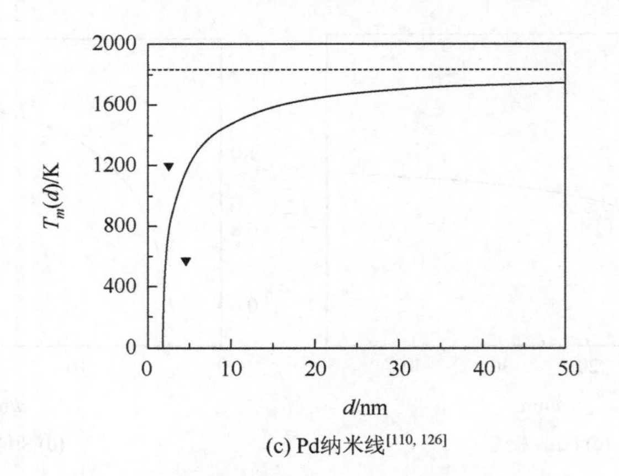

(c) Pd纳米线[110, 126]

图 2-19　纳米线的熔化温度作为直径的函数

三条虚线分别代表 Zn、Ni 和 Pd 块体材料的熔点，三条实线分别表示 Zn、Ni 和 Pd 纳米线的熔点，分图中的图例点分别表示对应纳米线的实验数据点

Miao 等[110]通过分子动力学模拟的结果发现 Pd 纳米线的熔化温度低于相应块体材料。Hui 等[125]研究了 Ni 纳米线的热稳定性，发现熔化行为与尺寸密切相关。此外，Lee 等[126]通过实验研究了直径为 4.6 nm 的 Pd 纳米线的热稳定性，并通过透射电子显微镜（TEM）发现其熔化温度为 573 K。所以，我们的理论模型可以用来描绘纳米线的熔化过程。

实际上，纳米线的熔化是一个复杂的问题，一些动力学因素也会影响纳米线的熔化。例如，Hui 等[125]通过具有紧密结合势的分子动力学模拟表明加热速率对纳米线的熔化温度有影响。然而，动力学因素可部分归因于纳米线的表面相。在纳米线表面能的讨论中，我们知道纳米线的表面能是由结构项和化学项共同贡献的。结构项源于表面弹性能，与表面弛豫有关，而表面弛豫可以由环境温度引起。所以，环境温度导致的表面弛豫自然会影响到材料的熔化行为，这种现象可以由 $\partial\gamma/\partial T$ 描述。根据 Miedema[127]的理论，固体表面能与温度呈线性关系，即 $\gamma'=\gamma+T\dfrac{\mathrm{d}\gamma}{\mathrm{d}T}$。对于大多数固体，$\dfrac{\mathrm{d}\gamma}{\mathrm{d}T}<0$，并且其数量级约为 10^{-4}[122, 128]。因此，表面能受环境温度的影响很小。所以，环境温度对材料熔化行为的影响十分微弱。事实上，Hui 等[125]的分子动力学模拟证明加热速率对纳米线的熔化起着微不足道的作用。

然而，这里存在一个基本问题：纳米线尺寸依赖的熔化行为的物理本质是什么？众所周知，纳米尺度材料的表面积与体积之比变大，表面相的结构不同于它们的块体材料，这就意味着表面相在纳米材料的熔化行为中发挥重要作用。在实验中，研究人员发现纳米晶的晶格收缩，是由它们的半径决定的[79, 129, 130]。基于液滴模型，每个原子的内聚能可写为$a_{v,d} = a_v - 6v_0\gamma / d$，其中，$v_0$、$d$、$a_{v,d}$和$a_v$分别表示原子体积、纳米晶体的尺寸（球形粒子的半径）、每个原子的内聚能和对应块体材料的内聚能[121]。同样，纳米线表面能的结构项和化学项也会随着尺寸的变化而变化。然后，纳米线表面和芯部原子在熔化过程中扮演不同的角色。根据我们的研究，对于热稳定性而言，纳米线的表面原子似乎比芯部原子更重要。换句话说，是纳米线的尺寸依赖表面能导致其异常的熔化行为。例如，杆状纳米颗粒表现出不稳定现象，由于毛细现象引起的表面扩散和预熔化而导致有限长度的球状化[131, 132]。通过这些研究，我们可以发现，纳米尺度材料的表面能将极大地影响其包括结构和形状稳定性在内的众多物理和化学性质[133, 134]。因此，纳米材料的表面相在纳米尺度的相（结构和形状）转变中起着关键作用。

我们从热力学和连续介质力学的角度提出了一个纳米线表面能的热力学模型，并推导出纳米线尺寸依赖表面能的解析表达式。此外，为了更好地了解纳米线的熔化的物理机制，我们建立了纳米线熔化行为的热力学模型，揭示了纳米线熔化行为的基本物理过程，并且理论结果与实验测量及分子动力学模拟的结果一致。我们可以期待本节发展的纳米线熔化行为的热力学理论能够成为研究其他纳米结构熔化行为的有效理论工具。

参 考 文 献

[1] Lewis A C，Josell D，Weihs T P. Stability in thin film multilayers and microlaminates：The role of free energy，structure，and orientation at interfaces and grain boundaries[J]. Scripta Materialia，2003，48（8）：1079-1085.

[2] Chen C Y，Chang L，Chang E Y，et al. Thermal stability of Cu/Ta/GaAs multilayers[J]. Applied Physics Letters，2000，77（21）：3367-3369.

[3] Kwon K W，Lee H J，Sinclair R. Solid-state amorphization at tetragonal-Ta/Cu interfaces[J]. Applied Physics Letters，1999，75（7）：935-937.

[4] Lin C，Yang G W，Liu B X. Prediction of solid-state amorphization in binary metal systems[J]. Physical Review B，2000，61（23）：15649.

[5] Gong H R，Liu B X. Interface stability and solid-state amorphization in an immiscible Cu-Ta system[J]. Applied Physics Letters，2003，83（22）：4515-4517.

[6] Langmuir I. The constitution and fundamental properties of solids and liquids. Part I. Solids[J]. Journal of the American Chemical Society，1916，38（11）：2221-2295.

[7] Tolman R C. The effect of droplet size on surface tension[J]. The Journal of Chemical Physics，1949，17（3）：333-337.

[8] Kirkwood J G，Buff F P. The statistical mechanical theory of surface tension[J]. The Journal of Chemical Physics，1949，17（3）：338-343.

[9] Buff F P. The spherical interface. I. Thermodynamics[J]. The Journal of Chemical Physics，1951，19（12）：1591-1594.

[10] Von Müller H，Opitz C h，Strickert K，et al. Abschätzung von Eigenschaften der Materie im hochdispersen ZustandiPraktische Anwendungen des analytischen Clustermodells（ACM）[J]. Zeitschrift für Physikalische

Chemie，1987，268（1）：625-646.

[11] Jiang Q, Liang L H, Zhao D S. Lattice contraction and surface stress of fcc nanocrystals[J]. The Journal of Physical Chemistry B，2001，105（27）：6275-6277.

[12] Ma E. Alloys created between immiscible elements[J]. Progress in Materials Science，2005，50（4）：413-509.

[13] Ruud J A，Witvrouw A，Spaepen F. Bulk and interface stresses in silver-nickel multilayered thin films[J]. Journal of Applied Physics，1993，74（4）：2517-2523.

[14] Wen Z H，Zhao M L，Jiang Q. Size range of solid-liquid interface energy of organic crystals[J]. The Journal of Physical Chemistry B，2002，106（16）：4266-4268.

[15] Kotze I A，Kuhlmann-Wilsdorf D. A theory of the interfacial energy between a crystal and the melt[J]. Applied Physics Letters，1966，9（2）：96-98.

[16] Ogawa K，Kajiwara S. High-resolution electron microscopy study of ledge structures and transition lattices at the austenite-martensite interface in Fe-based alloys[J]. Philosophical Magazine，2004，84（27）：2919-2947.

[17] Gao Y，Shewmon P G，Dregia S A. Investigation of low energy interphase boundaries in Ag/Ni by computer simulation and crystallite rotation[J]. Acta Metallurgica，1989，37（12）：3165-3175.

[18] Matthews J W，Mader S，Light T B. Accommodation of misfit across the interface between crystals of semiconducting elements or compounds[J]. Journal of Applied Physics，1970，41（9）：3800-3804.

[19] Van Der Merwe J H，Van der Berg N G. Misfit dislocation energy in epitaxial overgrowths of finite thickness[J]. Surface Science，1972，32（1）：1-15.

[20] Freund L B，Nix W D. A critical thickness condition for a strained compliant substrate/epitaxial film system[J]. Applied Physics Letters，1996，69（2）：173-175.

[21] Lee S R，Koleske D D，Cross K C，et al. In situ measurements of the critical thickness for strain relaxation in AlGaN/GaN heterostructures[J]. Applied Physics Letters，2004，85（25）：6164-6166.

[22] Liang Y，Nix W D，Griffin P B，et al. Critical thickness enhancement of epitaxial SiGe films grown on small structures[J]. Journal of Applied Physics，2005，97（4）：043519.

[23] Li J C，Liu W，Jiang Q. The critical layer number of epitaxially grown Cu and Ni films with strained structure[J]. Applied Surface Science，2005，239（3-4）：259-261.

[24] Matthews J W，Blakeslee A E. Defects in epitaxial multilayers：I. Misfit dislocations[J]. Journal of Crystal Growth，1974，27：118-125.

[25] Sambi M，Pin E，Granozzi G. Photoelectron diffraction study of ultrathin film growth of Ni on Pt（111）[J]. Surface Science，1995，340（3）：215-223.

[26] Rizzi G A，Petukhov M，Sambi M，et al. Structure of highly strained ultrathin Ni films on Pd（100）[J]. Surface Science，2003，522（1-3）：1-7.

[27] Ptable. The periodic table of the elements[EB/OL].（2022-10-12）[2023-11-13]. https://ptable.com/#.

[28] Josell D，Spaepen F. Determination of the interfacial tension by zero creep experiments on multilayers-II. Experiment[J]. Acta Metallurgica et Materialia，1993，41（10）：3017-3027.

[29] Ma F，Zhang J M，Xu K W. Theoretical analysis of interface energy for unrelaxed Ag（001）/Ni（001）twist interface boundaries with MAEAM[J]. Surface and Interface Analysis，2004，36（4）：355-359.

[30] Ouyang G，Wang C X，Yang G W. Anomalous interfacial diffusion in immiscible metallic multilayers：A size-dependent kinetic approach[J]. Applied Physics Letters，2005，86（17）：171914.

[31] Clemens B M，Hufnagel T C. Comment on “Amorphous films formed by solid-state reaction in an immiscible Y-Mo system and their structural relaxation”[Appl. Phys. Lett. 68，3096（1996）][J]. Applied Physics Letters，

1996，69（19）：2938-2939.

[32] Liu C L. Modelling Cu diffusion into a Ta barrier[J]. Defect and Diffusion Forum，2001，200-202：219-224.

[33] Jiang Q，Zhang S H，Li J C. The critical thickness of liners of Cu interconnects[J]. Journal of Physics D：Applied Physics，2004，37（1）：102.

[34] Liu B X，Lai W S，Zhang Z J. Solid-state crystal-to-amorphous transition in metal-metal multilayers and its thermodynamic and atomistic modelling[J]. Advances in Physics，2001，50（4）：367-429.

[35] Shi F G. Size dependent thermal vibrations and melting in nanocrystals[J]. Journal of Materials Research，1994，9：1307-1313.

[36] Stillinger F H. A topographic view of supercooled liquids and glass formation[J]. Science，1995，267（5206）：1935-1939.

[37] Frenkel A，Shasha E，Gorodetsky O，et al. Structural disorder within computer-simulated crystalline clusters of alkali halides[J]. Physical Review B，1993，48（2）：1283.

[38] Liang L H，Shen C M，Chen X P，et al. The size-dependent phonon frequency of semiconductor nanocrystals[J]. Journal of Physics：Condensed Matter，2004，16（3）：267.

[39] Dick K，Dhanasekaran T，Zhang Z Y，et al. Size-dependent melting of silica-encapsulated gold nanoparticles[J]. Journal of the American Chemical Society，2002，124（10）：2312-2317.

[40] Jiang Q，Shi H X，Zhao M. Melting thermodynamics of organic nanocrystals[J]. The Journal of Chemical Physics，1999，111（5）：2176-2180.

[41] Schwarz S M，Kempshall B W，Giannuzzi L A. Effects of diffusion induced recrystallization on volume diffusion in the copper-nickel system[J]. Acta Materialia，2003，51（10）：2765-2776.

[42] Hauser J J. Amorphous ferromagnetic Ag-X（X = Ni，Co，Gd）alloys[J]. Physical Review B，1975，12（11）：5160.

[43] Moshfegh A Z，Akhavan O. A calculation of diffusion parameters for Cu/Ta and Ta/Si interfaces in Cu/Ta/Si（111）structure[J]. Materials Science in Semiconductor Processing，2003，6（4）：165-170.

[44] Brandes E A，Brook G B. Smithells metals reference book[M]. Oxford：Butterworth-Heinemann，1992.

[45] Melmed A J. Adsorption and surface diffusion of copper on tungsten[J]. The Journal of Chemical Physics，1965，43（9）：3057-3062.

[46] Villain P，Goudeau P，Badawi F，et al. Physical origin of spontaneous interfacial alloying in immiscible W/Cu multilayers[J]. Journal of Materials Science，2007，42：7446-7450.

[47] Mokari T，Rothenberg E，Popov I，et al. Selective growth of metal tips onto semiconductor quantum rods and tetrapods[J]. Science，2004，304（5678）：1787-1790.

[48] Tyson W R，Miller W A. Surface free energies of solid metals：Estimation from liquid surface tension measurements[J]. Surface Science，1977，62（1）：267-276.

[49] Boer F R D，Mattens W C M，Boom R，et al. Cohesion in metals，transition metal alloys[M]. Amsterdan：North-Holland，1988.

[50] Dabrowski J，Müssig H J，Wolff G. Atomic structure of clean Si（113）surfaces：Theory and experiment[J]. Physical Review Letters，1994，73（12）：1660.

[51] Nanda K K，Kruis F E，Fissan H. Evaporation of free PbS nanoparticles：Evidence of the Kelvin effect[J]. Physical Review Letters，2002，89（25）：256103.

[52] Nanda K K，Maisels A，Kruis F E，et al. Higher surface energy of free nanoparticles[J]. Physical Review Letters，2003，91（10）：106102.

[53] Mehl M J，Papaconstantopoulos D A. Applications of a tight-binding total-energy method for transition and noble metals：Elastic constants，vacancies，and surfaces of monatomic metals[J]. Physical Review B，1996，54（7）：4519.

[54] Feibelman P J. First-principles calculation of the geometric and electronic structure of the Be（0001）surface[J]. Physical Review B，1992，46（4）：2532.

[55] Morrison I，Bylander D M，Kleinman L. Ferromagnetism of the Rh（001）surface[J]. Physical Review Letters，1993，71（7）：1083.

[56] Kollár J，Vitos L，Skriver H L. Surface energy and work function of the light actinides[J]. Physical Review B，1994，49（16）：11288.

[57] Galanakis I，Papanikolaou N，Dederichs P H. Applicability of the broken-bond rule to the surface energy of the fcc metals[J]. Surface Science，2002，511（1-3）：1-12.

[58] Jiang Q，Lu H M，Zhao M. Modelling of surface energies of elemental crystals[J]. Journal of Physics：Condensed Matter，2004，16（4）：521.

[59] Zhang S B，Wei S H. Surface energy and the common dangling bond rule for semiconductors[J]. Physical Review Letters，2004，92（8）：086102.

[60] Van Beurden P，Kramer G J. Parametrization of modified embedded-atom-method potentials for Rh，Pd，Ir，and Pt based on density functional theory calculations，with applications to surface properties[J]. Physical Review B，2001，63（16）：165106.

[61] Rodríguez A M，Bozzolo G，Ferrante J. Multilayer relaxation and surface energies of fcc and bcc metals using equivalent crystal theory[J]. Surface Science，1993，289（1-2）：100-126.

[62] Lu H M，Jiang Q. Size-dependent surface energies of nanocrystals[J]. The Journal of Physical Chemistry B，2004，108（18）：5617-5619.

[63] Naicker P K，Cummings P T，Zhang H，et al. Characterization of titanium dioxide nanoparticles using molecular dynamics simulations[J]. The Journal of Physical Chemistry B，2005，109（32）：15243-15249.

[64] Lu H M，Jiang Q. Comment on “Higher surface energy of free nanoparticles”[J]. Physical Review Letters，2004，92（17）：179601.

[65] Nanda K K，Maisels A，Kruis F E，et al. Reply：Comment on “higher surface energy of free nanoparticles”[J]. Physical Review Letters，2004，92（17）：179602.

[66] Dingreville R，Qu J M，Cherkaoui M. Surface free energy and its effect on the elastic behavior of nano-sized particles，wires and films[J]. Journal of the Mechanics and Physics of Solids，2005，53（8）：1827-1854.

[67] Needs R J. Calculations of the surface stress tensor at aluminum（111）and（110）surfaces[J]. Physical Review Letters，1987，58（1）：53.

[68] Saito Y，Uemura H，Uwaha M. Two-dimensional elastic lattice model with spontaneous stress[J]. Physical Review B，2001，63（4）：045422.

[69] Demuth J E，Persson B N J，Schell-Sorokin A J. Temperature-dependent surface states and transitions of Si（111）-7×7[J]. Physical Review letters，1983，51（24）：2214.

[70] Xie J J，de Gironcoli S，Baroni S，et al. Temperature-dependent surface relaxations of Ag（111）[J]. Physical Review B，1999，59（2）：970.

[71] Sun C T，Zhang H. Size-dependent elastic moduli of platelike nanomaterials[J]. Journal of Applied Physics，2003，93（2）：1212-1218.

[72] Guo J G，Zhao Y P. The size-dependent elastic properties of nanofilms with surface effects[J]. Journal of Applied

Physics，2005，98（7）：074306.

[73] Lamber R，Wetjen S，Jaeger N I. Size dependence of the lattice parameter of small palladium particles[J]. Physical Review B，1995，51（16）：10968.

[74] Liang L H，Li J C，Jiang Q. Size-dependent melting depression and lattice contraction of Bi nanocrystals[J]. Physica B：Condensed Matter，2003，334（1-2）：49-53.

[75] Jiang Q，Li J C，Chi B Q. Size-dependent cohesive energy of nanocrystals[J]. Chemical Physics Letters，2002，366（5-6）：551-554.

[76] Sun C Q. Oxidation electronics：Bond-band-barrier correlation and its applications[J]. Progress in Materials Science，2003，48（6）：521-685.

[77] Wasserman H J，Vermaak J S. On the determination of the surface stress of copper and platinum[J]. Surface Science，1972，32（1）：168-174.

[78] Woltersdorf J，Nepijko A S，Pippel E. Dependence of lattice parameters of small particles on the size of the nuclei[J]. Surface Science，1981，106（1-3）：64-69.

[79] Yu X F，Liu X，Zhang K，et al. The lattice contraction of nanometre-sized Sn and Bi particles produced by an electrohydrodynamic technique[J]. Journal of Physics：Condensed Matter，1999，11（4）：937.

[80] Nanda K K. Bulk cohesive energy and surface tension from the size-dependent evaporation study of nanoparticles[J]. Applied Physics Letters，2005，87（2）：021909.

[81] Vanithakumari S C，Nanda K K. Phenomenological predictions of cohesive energy and structural transition of nanoparticles[J]. The Journal of Physical Chemistry B，2006，110（2）：1033-1037.

[82] Rottman C，Wortis M. Statistical mechanics of equilibrium crystal shapes：Interfacial phase diagrams and phase transitions[J]. Physics Reports，1984，103（1-4）：59-79.

[83] Seifert G，Vietze K，Schmidt R. Ionization energies of fullerenes-size and charge dependence[J]. Journal of Physics B：Atomic，Molecular and Optical Physics，1996，29（21）：5183.

[84] Bréchignac C，Busch H，Cahuzac P，et al. Dissociation pathways and binding energies of lithium clusters from evaporation experiments[J]. The Journal of Chemical Physics，1994，101（8）：6992-7002.

[85] Nanda K K，Sahu S N，Behera S N. Liquid-drop model for the size-dependent melting of low-dimensional systems[J]. Physical Review A，2002，66（1）：013208.

[86] Karimi M，Yates H，Ray J R，et al. Elastic constants of silicon using Monte Carlo simulations[J]. Physical Review B，1998，58（10）：6019.

[87] Perdew J P，Wang Y，Engel E. Liquid-drop model for crystalline metals：Vacancy-formation，cohesive，and face-dependent surface energies[J]. Physical Review Letters，1991，66（4）：508.

[88] Ramachandran G N，Wooster W A. Determination of elastic constants from diffuse reflexion of X-rays[J]. Nature，1949，164（4176）：839-840.

[89] Plieth W J. The work function of small metal particles and its relation to electrochemical properties[J]. Surface Science，1985，156：530-535.

[90] Kiejna A，Peisert J，Scharoch P. Quantum-size effect in thin Al（110）slabs[J]. Surface Science，1999，432（1-2）：54-60.

[91] Gilbert B，Huang F，Zhang H Z，et al. Nanoparticles：Strained and stiff[J]. Science，2004，305（5684）：651-654.

[92] Chen C Q，Shi Y，Zhang Y S，et al. Size dependence of Young's modulus in ZnO nanowires[J]，Physical Review Letters，2006，96（7）：075505.

[93] Ru C Q. Elastic buckling of single-walled carbon nanotube ropes under high pressure[J]，Physical Review B，

2000，62（15）：10405.

[94] Ivanova E A，Krivtsov A M，Morozov N F. Bending stiffness calculation for nanosize structures[J]. Fatigue and Fracture of Engineering Materials and Structures，2002，26（8）：715-718.

[95] Ouyang G，Tan X，Yang G W. Thermodynamic model of the surface energy of nanocrystals[J]. Physical Review B，2006，74（19）：195408.

[96] Sun C Q，Li S，Li C M. Impact of bond order loss on surface and nanosolid mechanics[J]. The Journal of Physical Chemistry B，2005，109（1）：415-423.

[97] Nanda K K，Behera S N，Sahu S N. The lattice contraction of nanometre-sized Sn and Bi particles produced by an electrohydrodynamic technique[J]. Journal of Physics：Condensed Matter，2001，13（12）：2861.

[98] Yates R C. The elastic character of the homopolar chemical bond[J]. Physical Review，1930，36（3）：555.

[99] Wang Z W，Daemen L L，Zhao Y S，et al. Morphology-tuned wurtzite-type ZnS nanobelts[J]. Nature Materials，2005，4（12）：922-927.

[100] Crystal techno. InS（ZincSulfide）[EB/OL]. [2023-11-13]. http://www.crystaltechno.com/materials.htm.

[101] Chelikowsky J R. High-pressure phase transitions in diamond and zinc-blende semiconductors[J]. Physical Review B，1987，35（3）：1174.

[102] Wasserman H J，Vermaak J S. On the determination of a lattice contraction in very small silver particles[J]. Surface Science，1970，22（1）：164-172.

[103] Xia Y，Yang P，Sun Y，et al. One-dimensional nanostructures：Synthesis，characterization，and applications[J]. Advanced Materials，2003，15（5）：353-389.

[104] Lu H M，Jiang Q. Size-dependent surface energies of nanocrystals[J]. The Journal of Physical Chemistry B，2004，108（18）：5617-5619.

[105] Goldstein A N，Echer C M，Alivisatos A P. Melting in semiconductor nanocrystals[J]. Science，1992，256（5062）：1425-1427.

[106] Ouyang G，Tan X，Yang G W. Thermodynamic model of the surface energy of nanocrystals[J]. Physical Review B，2006，74（19）：195408.

[107] Gülseren O，Ercolessi F，Tosatti E. Premelting of thin wires[J]. Physical Review B，1995，51（11）：7377.

[108] Bilalbegović G. Structures and melting in infinite gold nanowires[J]. Solid State Communications，2000，115（2）：73-76.

[109] Liu Z，Sakamoto Y，Ohsuna T，et al. TEM studies of platinum nanowires fabricated in mesoporous silica MCM-41[J]. Angewandte Chemie International Edition，2000，39（17）：3107-3110.

[110] Miao L，Bhethanabotla V R，Joseph B. Melting of Pd clusters and nanowires：A comparison study using molecular dynamics simulation[J]. Physical Review B，2005，72（13）：134109.

[111] Wang X W，Fei G T，Zheng K，et al. Size-dependent melting behavior of Zn nanowire arrays[J]. Applied Physics Letters，2006，88（17）：173114.

[112] Ouyang G，Liang L H，Wang C X，et al. Size-dependent interface energy[J]. Applied Physics Letters，2006，88（9）：091914.

[113] Wu Y Y，Cheng G S，Katsov K，et al. Composite mesostructures by nano-confinement[J]. Nature Materials，2004，3（11）：816-822.

[114] Sun C T，Zhang H. Size-dependent elastic moduli of platelike nanomaterials[J]. Journal of Applied Physics，2003，93（2）：1212-1218.

[115] Galanakis I，Papanikolaou N，Dederichs P H. Applicability of the broken-bond rule to the surface energy of the fcc

metals[J]. Surface Science，2002，511（1-3）：1-12.

[116] Jiang Q，Li J C，Chi B Q. Size-dependent cohesive energy of nanocrystals[J]. Chemical Physics Letters，2002，366（5-6）：551-554.

[117] Branício P S，Rino J P. Large deformation and amorphization of Ni nanowires under uniaxial strain：A molecular dynamics study[J]. Physical Review B，2000，62（24）：16950.

[118] Link S，Wang Z L，El-Sayed M A. How does a gold nanorod melt？[J]. The Journal of Physical Chemistry B，2000，104（33）：7867-7870.

[119] Gao Y，Bando Y，Golberg D. Melting and expansion behavior of indium in carbon nanotubes[J]. Applied Physics Letters，2002，81（22）：4133-4135.

[120] Nanda K K. A simple classical approach for the melting temperature of inert-gas nanoparticles[J]. Chemical Physics Letters，2006，419（1-3）：195-200.

[121] Nanda K K，Sahu S N，Behera S N. Liquid-drop model for the size-dependent melting of low-dimensional systems[J]. Physical Review A，2002，66（1）：013208.

[122] Buffat P，Borel J P. Size effect on the melting temperature of gold particles[J]. Physical Review A，1976，13（6）：2287.

[123] Couchman P R，Jesser W A. Thermodynamic theory of size dependence of melting temperature in metals[J]. Nature，1977，269：481-483.

[124] Baletto F，Ferrando R. Structural properties of nanoclusters：Energetic，thermodynamic，and kinetic effects[J]. Reviews of Modern Physics，2005，77（1）：371.

[125] Hui L，Pederiva F，Wang B L，et al. How does the nickel nanowire melt？[J]. Applied Physics Letters，2005，86（1）：011913.

[126] Lee K B，Lee S M，Cheon J. Size-controlled synthesis of Pd nanowires using a mesoporous silica template via chemical vapor infiltration[J]. Advanced Materials，2001，13（7）：517-520.

[127] Miedema A R. Surface energies of solid metals[J]. International Journal of Materials Research，1978，69（5）：287-292.

[128] Buttner F H，Udin H，Wulff J. Surface tension of solid gold[J]. The Minerals，Metals & Materials Society，1951，3：1209-1211.

[129] Wasserman H J，Vermaak J S. On the determination of the surface stress of copper and platinum[J]. Surface Science，1972，32（1）：168-174.

[130] Woltersdorf J，Nepijko A S，Pippel E. Dependence of lattice parameters of small particles on the size of the nuclei[J]. Surface Science，1981，106（1-3）：64-69.

[131] Nichols F A. On the spheroidization of rod-shaped particles of finite length[J]. Journal of Materials Science，1976，11（6）：1077-1082.

[132] Trayanov A，Tosatti E. Lattice theory of surface melting[J]. Physical Review B，1988，38（10）：6961.

[133] Ouyang G，Li X L，Tan X，et al. Size-induced strain and stiffness of nanocrystals[J]. Applied Physics Letters，2006，89（3）：031904.

[134] Ouyang G，Tan X，Wang C X，et al. Physical and chemical origin of size-dependent spontaneous interfacial alloying of core-shell nanostructures[J]. Chemical Physics Letters，2006，420（1-3）：65-70.

[135] Vitos L，Ruban A V，Skriver H L，et al. The surface energy of metals[J]. Surface Science，1998，411（1-2）：186-202.

第3章 具有负曲率纳米结构的表（界）面能

3.1 负曲率纳米结构的概念

纳米材料的许多物理量不仅表现出显著的尺度效应，而且与形貌密切相关。尺寸和曲率是描述纳米材料形貌的两个重要维度。所以，一般来说，纳米材料可以分为两类：具有正曲率纳米结构的材料和具有负曲率纳米结构的材料。与正曲率纳米结构相比，负曲率纳米结构（例如，纳米空洞、纳米管、中空纳米球和壳-核结构的纳米颗粒等）材料因其在介观物理和纳米器件制造中的独特作用而受到更多关注，这一类纳米材料不仅为研究纳米尺度内的电输运和热输运提供了一种独特的模型系统，而且有望在纳米光电和磁性存储设备、芯片的连接和功能单元等方面发挥重要作用[1-8]。例如，许多实验和计算都已经证明，凹槽结构和具有负曲率的纳米管内部成核的吉布斯自由能比较小[9, 10]，纳米管内壁因负曲率引起的额外功应基于拉普拉斯-杨方程（Laplace-Young equation）来考虑。此外，与具有正曲率纳米结构相比，负曲率纳米结构具有相反的物理化学性质，如密度电荷的官能团、单键能、表面应力或表面自由能等[11-16]。已经有许多学者尝试使用热处理、配位聚合物方法、柯肯达尔（Kirkendall）效应等方法，对具有负曲率的纳米结构进行实验研究[17-19]。同时，这些实验也发现了许多需要用新的理论解释的新现象。

众所周知，表面能和界面能是描述纳米结构与物性最重要的两个物理参数，因为表面积与体积的比值会随着尺寸的减小而增加，所以，表面能和界面能将极大地影响纳米结构的物理化学性质。重要的是，纳米结构异常的表面能总是引起许多新的纳米尺寸效应，这就为潜在的技术应用打开了许多窗口。然而，有一个关键的科学问题，对于负曲率纳米结构材料，我们无法像对于正曲率纳米结构材料那样，对其表（界）面能给出一个清晰且详细的物理图像。换言之，我们对负曲率纳米结构材料的表（界）面能所涉及的基本物理和化学机制没有清晰且普遍的理解。因此，我们需要发展新的理论工具来计算负曲率纳米结构材料的表（界）面能。

我们在国际上首先提出了曲率纳米结构材料的概念，并且发展了计算负曲率纳米结构材料表（界）面能的热力学理论。首先，我们介绍所提出的纳米尺度热力学方法的基本概念和方法，包括我们对负曲率纳米结构表面能的研究。其次，以纳米空洞、纳米管和纳米孔等典型的负曲率纳米结构的材料为例，阐述了为解决表面能和相关尺寸效应而发展的理论工具的应用。重要的是，负曲率纳米结构表（界）面能的热力学理论不仅能揭示纳米尺度表面能所涉及的新物理化学效应，而且为计算表（界）面能提供了普适性的理论工具。

3.2 负曲率纳米结构材料

一般来说，宏观系统的物理化学性质可以用经典热力学或连续介质力学进行很好地描述，因为它们将可观测量直接与施加的作用（如压力、温度和外场）联系起来。量子效应是原子尺度微观系统的重要现象，量子的物理化学行为可以通过求解相关的薛定谔方程来描述。然而，对于纳米尺度的系统而言，经典方法和量子方法都会遇到一些困难。例如，对于纳米系统，需要考虑边缘态、终端态、表面或界面缺陷、断键等因素。所以，寻找解决这些困难的有效理论方法一直是该领域的一项挑战。因此，纳米尺度的热力学理论成为一种越来越受到关注的方法。

材料表面层或界面层的配位缺陷和原子键收缩使纳米系统在结构与物性上与其相应的体相系统不同。例如，电子内聚衍射实验证实了 Au—Au 键收缩只会发生在金纳米颗粒最外侧的两个原子层[20]；通过理论计算和扫描隧道显微镜测量证实了沉积在 Cu 上的 Co 纳米岛的平均晶格常数与相应体相值相比收缩了 6%[21]。换句话说，表面相或界面相随着材料尺寸的减小而起着重要作用。因此，表（界）面能是纳米系统的一个重要物理量。在热力学上，表面能 γ 被定义为在恒定的温度、体积和总摩尔数下产生新表面所涉及的单位面积的可逆功。这里需要指出的是，“表面能”、“表面应力”及“表面张力”这三个术语经常被混淆。总体来说，表面能和表面应力的关系是 $g_{\alpha\beta} = A_0^{-1}\partial(\gamma A_0)/\partial\varepsilon_{\alpha\beta}$（$\alpha, \beta = 1, 2$），其中，$A_0$ 和 $\varepsilon_{\alpha\beta}$ 分别指单位原子的表面积和表面张量[22]。对于液体而言，$g_{\alpha\beta}$ 的对角线分量数值上等于 γ，然而，固体的 $g_{\alpha\beta}$ 并不等于 γ。表面能、表面应力和表面张力的定义在 Fischer 等[23]的综述论文中被清晰阐明。

众所周知，当材料的尺寸进入纳米尺度时，许多物理量，如熔点、表面能、相互作用能及键长等都会产生尺寸效应[24-26]，负曲率纳米结构材料也不例外。例如，组分表面偏析会发生在典型的负曲率纳米结构材料即具有壳-核结构的纳米颗粒 Pd-Ag 合金体系中，而在其体相中组分可混溶[27]。此外，还有一系列这样的体系如 Au-Ag[28-30]、Au-Pt[31]及 Ag-Pd[32]。有趣的是，Meisei 等证明了在环境温度下壳-核纳米结构中自发界面合金化的异常尺寸依赖，从而表明尺寸效应在这些具有负曲率纳米结构的二元金属体系中是显著的[28]。同样，壳-核结构纳米颗粒中的弹性振动模式也显示出依赖于整体尺寸和壳厚度的可控行为，布里渊散射测量和数值计算证实了这一点[33]。

另外，具有负曲率纳米结构材料如微孔材料等具有惊人的表面积，可以大幅度提高孔内化学反应速率并产生高附加值产物[34-37]。这种纳米结构只允许特定形状大小的单个分子或团簇通过孔径[38]。例如，Lee 等[39]发现在室温下，具有周期性排列纳米孔的 n 型晶体 Si 相比于块状 Si，热导率低了 2～4 个数量级，而电导率不发生改变，其中，热导率的降低程度取决于纳米孔的大小和间距。这个结果表明，特定孔径分布的纳米孔半导体材料可作为一种比传统材料更易操作的新型热电材料。Zhu[40]发现晶体 Si 中的纳米空洞在电子束辐照过程中极不稳定，会发生非线性收缩直至空洞半径达 4 nm 左右为止，此后，空洞会继续收缩但收缩速度缓慢降低，在空洞半径收缩至 2 nm 左右稳定，即便是继续电子束辐照，空洞尺寸也无明显变化。此外，附近原子的原子空位或配位数不完整的点缺陷都会对材料的机械强度产生很大影响，如空位可以作为钉扎中心抑制位错，从而增强机械强度。Smmalkorpi 等[41]采用连续介质力学理论研究了具有空位及相关缺陷的碳纳米管机械强度，发现原子缺陷在决定机械性能方面起着主导作用。还有就是碳纳米管比大块石墨硬得多[42, 43]，并且，随着碳纳米管壁厚的减小，其杨氏模量会增加[44]。

事实上，与正曲率纳米结构相比，负曲率纳米结构带来了更多新奇的物理化学现象，负曲率纳米结构材料的表（界）面和尺寸对物性影响的例子不胜枚举[40, 45]，这也引起许多理论和实验的研究人员对负曲率纳米结构材料的关注。

3.3 表（界）面能的经典理论

对于一个表面相或界面相处于热力学平衡的单相体系，其内能 U 为

$$U = TS - pV + \mu N + \gamma A \tag{3-1}$$

式中，T、S、p、V、μ、N 和 A 分别是温度、熵、压强、体积、化学势、粒子数和面积。整个系统的内能和其他热力学量的微分表达为

$$\mathrm{d}U = T\mathrm{d}S - p\mathrm{d}V + \mu\mathrm{d}N + \gamma\mathrm{d}A \tag{3-2}$$

$$\mathrm{d}F = -S\mathrm{d}T - p\mathrm{d}V + \mu\mathrm{d}N + \gamma\mathrm{d}A \tag{3-3}$$

$$\mathrm{d}G = -S\mathrm{d}T + V\mathrm{d}p + \mu\mathrm{d}N + \gamma\mathrm{d}A \tag{3-4}$$

$$\mathrm{d}H = T\mathrm{d}S + V\mathrm{d}p + \mu\mathrm{d}N + \gamma\mathrm{d}A \tag{3-5}$$

$$\mathrm{d}\Omega = -S\mathrm{d}T - p\mathrm{d}V - N\mathrm{d}\mu + \gamma\mathrm{d}A \tag{3-6}$$

式中，F、G、H 和 Ω 分别表示亥姆霍兹自由能、吉布斯自由能、焓和巨正则势。因此，表面张力可以表达为

$$\gamma = \left(\frac{\partial U}{\partial A}\right)_{S,V,N} = \left(\frac{\partial F}{\partial A}\right)_{T,V,N} = \left(\frac{\partial G}{\partial A}\right)_{T,p,N} = \left(\frac{\partial H}{\partial A}\right)_{S,p,N} = \left(\frac{\partial \Omega}{\partial A}\right)_{T,V,\mu} \tag{3-7}$$

因此，由式（3-7）可知，表面张力是在恒温恒压粒子数不变的条件下单位面积的吉布斯自由能，也可以分别用热力学能、亥姆霍兹自由能、焓和巨正则势等表示为其他热力学函数。可以推导出表面熵、表面焓、表面能系数为

$$s^s = -\frac{\partial \gamma}{\partial T} \tag{3-8}$$

$$h^s = \gamma + Ts = \gamma - T\frac{\partial \gamma}{\partial T} \tag{3-9}$$

$$u^s = \gamma - T\frac{\partial \gamma}{\partial T} - p\frac{\partial \gamma}{\partial p} \tag{3-10}$$

需要注意的是，$\frac{\partial \gamma}{\partial T} < 0$ 及 $\frac{\partial \gamma}{\partial p} > 0$ 是成立的[46]。表面能可以用基于断键规则的半经验方法来计算，即表面能由为了形成单位面积的表面而必须断裂的化学键的数量决定[47]，可以用方程（3-11）表示

$$\gamma_{hkl} = \frac{W_{hkl}}{2A_{hkl}} \tag{3-11}$$

式中，W 指生成新表面的可逆功，下标 h、k 和 l 分别表示指定平面方向的米勒指数。因此，表面能等于表面原子的总结合能

$$\gamma_{hkl} = \frac{n_{hkl}E_b}{2} \tag{3-12}$$

式中，n_{hkl} 和 E_b 分别为一对原子的键断数和结合能。由于这里的界面被定义为两个连接相相接的区域，因此，界面的内能满足

$$\mathrm{d}U^I = T\mathrm{d}S^I + \sum_i \mu_i \mathrm{d}n_i^I + \gamma^I \mathrm{d}A \tag{3-13}$$

式中，上标 I 表示界面相位。由于平衡态的亥姆霍兹自由能为 $F^I = U^I - TS^I$，所以，界面能可以表达为

$$\gamma^I = \left(\frac{\partial F^I}{\partial A}\right)_{T,n_i^I} \tag{3-14}$$

3.4　表（界）面能的纳米热力学

当系统的维度降低（尺度减小）时，一些问题可能会出现。这个时候，传统的理论方法，包括经典热力学和量子理论，皆不适用于解决低维系统的独特物理和化学问题（包括力学、热学、声学、光学、电子和磁学等）。纳米固体的许多物性，例如，熔点和杨氏模量，不再随尺寸变化保持不变，而是可以随尺寸变化而变化。因此，研究人员发展了一些新的理论方法来探索这个迷人的新领域。例如，就液滴模型而言，包含 N 个原子的纳米粒子的总内聚能（E_c）为

$$E_c = a_v N - 4\pi r_a^2 N^{\frac{2}{3}} \gamma \tag{3-15}$$

$$a_{v,R} = a_v - 3v_0 \gamma / r \tag{3-16}$$

式中，v_0、r_a、r、$a_{v,R}$和a_v分别表示原子体积、球形原子的半径、纳米粒子的半径、每个原子的内聚能和每个原子的体积[48-50]。此外，Rose 等[51, 52]的研究表明，每个原子的内聚能与表面能都存在一个普适的关系

$$a_{v,R} = a_v - a_s (r_0 / r) \tag{3-17}$$

式中，$a_s = 4\pi r_a^2 \gamma$。需要注意的是，根据有效配位法[53]，fcc 和 bcc 晶体对应于方程（3-17）的平均斜率为 5.75，这对大多数材料都适用[54]。因此，大多数其他物理量如熔化温度、德拜温度、热容量等，都与尺寸相关的内聚能有关。

在低维（小尺寸）系统中，表面效应不仅仅在确定原子的结合能方面起着重要作用，而且对于许多其他物理化学性质，亦可观察到表面效应。例如，在纳米结构材料的最外三个原子层中未完全配位的原子之间的键长会自发收缩[55]；纳米尺度二元合金体系的固溶度极限、相互作用结合能、熔化焓和熔化熵等都与尺寸有关[26, 56]。因此，式（3-11）不再适用于小尺寸系统。此外，表面效应、边缘效应、系统旋转和平移等都会影响小尺寸系统的物性。

键序-键长-键强（BOLS）理论中的相关物理机制适用于对低维系统的奇异物理化学性质的理解。根据 Goldschmidt、Pauling 和 Feibelman 等的研究，由于配位数不完整，键长会自发缩短，使键能比理想块体材料更高[58-60]。因此，更短的键长、更高的成键强度及更低的配位能是导致低维材料可调控奇异物理化学性质的重要原因。所以，从基本的 BOLS 理论来看，平均相对变化为一个可测量值（Q）的、涉及N_j个原子的纳米固体可以表述为

$$\frac{\Delta Q(K_j)}{Q(\infty)} = \sum_{i\leqslant 3} \gamma_{ij} \frac{\Delta q_i(z_i, E_i, d_i)}{q(z, E_b, d)}\ \gamma_{ij} = \frac{\Delta V_i}{V_j} \approx \frac{\tau c_i}{K_j} \leqslant 1,\ K_j = R_j / d_0 \tag{3-18}$$

$$Q(\infty) = N_j q_0 \tag{3-19}$$

式中，K_j指固体大小的量纲一形式，它是沿球形点或棒的半径排列的原子数或沿薄板厚度排列的原子数；R_j和d_0分别表示纳米固体和原子的半径；τ是薄板（$\tau=1$）、杆（$\tau=2$）和球形点（$\tau=3$）的维数；q_0和q_i分别对应于块体和第i个原子层内的局部密度；γ_{ij}为某一原子层的体积比，记为i；c_i是配位数有关的键收缩系数。此时，键长d将移动到d_i，且$d_i = c_i d$，而键强度将根据$E_i = E_i^{-m} E_b$，从E_b变为E_i，以E_i / d_i^3的比例影响电荷的分布和密度。因此，由断裂键或量子捕获引起的键应变和键强度的增加会导致能量的局域化和致密化，进而导致过多的能量储存在外层表面或原子缺陷周围，这不仅影响到与此有直接关联的物理化学性质，而且还会扰乱系统哈密顿量和其他相关效应，例如，带隙扩展、拉曼声子

硬化或软化、核心能级偏移、电亲和力增强（即真空能级和导带边缘的分离）。重要的是，尺寸依赖的表面能和纳米晶、纳米线、纳米空洞的相关物理化学性质皆证实了由断裂的化学键引起的表面应变仅延伸到几个原子层[61-63]。

最引人注目的是，Hill 在 20 世纪 60 年代初的开创性工作中发展了平衡态小系统的热力学理论[64-68]，是处理介观系统有效的理论工具。Hill 等的一系列出版物详细阐述了这一有趣的主题[69-74]。

Hill 曾经通过考虑整体而不是单个系统来推广经典方法。他的核心思想是基于经典热力学提出的“分势能”。由此，内能可描述为

$$\mathrm{d}U_t = T\mathrm{d}S_t - p\mathrm{d}V_t + \sum_i \mu_i \mathrm{d}N_{it} + \Xi \mathrm{d}\xi \tag{3-20}$$

式中，t 是小尺寸系统的整体；$\Xi = (\partial U_t / \partial \xi)_{S_t, V_t, N_{it}}$ 是一种系统化学势，定义为分势能。$\Xi \mathrm{d}\xi$ 对具有 $\Xi = 0$ 的宏观系统没有明显贡献，Ξ 可被视为关于 T、p 和 μ_i 的函数，在系统层次起重要作用。

将式（3-20）从 0 积分并保持所有小尺寸系统属性不变，我们得到

$$U_t = TS_t - pV_t + \sum_i \mu_i N_{it} + \Xi \xi \tag{3-21}$$

对于一个独立的小尺寸系统而言

$$U = TS - pV + \sum_i \mu_i N_i + \Xi \tag{3-22}$$

或

$$\Xi = U - TS + pV - \sum_i \mu_i N_i \tag{3-23}$$

式中，Ξ 是纳米热力学的一个新定义。进一步对式（3-23）微分可以得到

$$\mathrm{d}\Xi = -S\mathrm{d}T + V\mathrm{d}p - \sum_i N_i \mathrm{d}\mu_i \tag{3-24}$$

实际上，在宏观热力学中，式（3-24）左侧为零。此外，式（3-24）右侧为零的情况就是 Gibbs-Duhem 关系式。另外，S、V、N_i、T、p 及分势能 Ξ 满足以下关系：

$$-S = \left(\frac{\partial \Xi}{\partial T}\right)_{p,\,\mu_i} \tag{3-25}$$

$$V = \left(\frac{\partial \Xi}{\partial p}\right)_{T,\,\mu_i} \tag{3-26}$$

$$N_i = \left(\frac{\partial \Xi}{\partial \mu_i}\right)_{T,\,p,\,\mu_j} \tag{3-27}$$

值得注意的是，Chamberlin 等通过考虑块体材料内部的独立热波动，发展了 Hill 理论[75-84]。在 Hill 理论的基础上，他们获得了介观平均场模型，该模型可以

为磁性、相变等许多重要物性提供共同的物理基础。第 4 章我们将以纳米空洞为例，从纳米热力学和连续介质力学的角度提出一种普适性的热力学分析方法，以阐明具有负曲率纳米结构的纳米空洞的表面能，并重点讨论由尺寸依赖的表面能引起的纳米空洞奇异的物理化学性质。

参 考 文 献

[1] Yasuda H，Tanaka A，Matsumoto K，et al. Formation of porous GaSb compound nanoparticles by electronic-excitation-induced vacancy clustering[J]. Physical Review Letters，2008，100（10）：105506.

[2] Dil H，Lobo-Checa J，Laskowski R，et al. Surface trapping of atoms and molecules with dipole rings[J]. Science，2008，319（5871）：1824-1826.

[3] Mercier L，Pinnavaia T J. Access in mesoporous materials：Advantages of a uniform pore structure in the design of a heavy metal ion adsorbent for environmental remediation[J]. Advanced Materials，1997，9（6）：500-503.

[4] De Vos D E，Dams M，Sels B F，et al. Ordered mesoporous and microporous molecular sieves functionalized with transition metal complexes as catalysts for selective organic transformations[J]. Chemical Reviews，2002，102（10）：3615-3640.

[5] Sen T，Sebastianelli A，Bruce I J. Mesoporous silica-magnetite nanocomposite：Fabrication and applications in magnetic bioseparations[J]. Journal of the American Chemical Society，2006，128（22）：7130-7131.

[6] Yu C C，Zhang L X，Shi J L，et al. A simple template-free strategy to synthesize nanoporous manganese and nickel oxides with narrow pore size distribution，and their electrochemical properties[J]. Advanced Functional Materials，2008，18（10）：1544-1554.

[7] Mohadjeri B，Williams J S，Wong-Leung J. Gettering of nickel to cavities in silicon introduced by hydrogen implantation[J]. Applied Physics Letters，1995，66（15）：1889-1891.

[8] Wong-Leung J，Ascheron C E，Petravic M，et al. Gettering of copper to hydrogen-induced cavities in silicon[J]. Applied Physics Letters，1995，66（10）：1231-1233.

[9] Yang G W，Liu B X. Nucleation thermodynamics of quantum-dot formation in V-groove structures[J]. Physical Review B，2000，61（7）：4500.

[10] Wang C X，Yang G W. Thermodynamics of metastable phase nucleation at the nanoscale[J]. Materials Science and Engineering：R：Reports，2005，49（6）：157-202.

[11] Sun C Q. Thermo-mechanical behavior of low-dimensional systems：The local bond average approach[J]. Progress in Materials Science，2009，54（2）：179-307.

[12] Ouyang G，Tan X，Yang G W. Thermodynamic model of the surface energy of nanocrystals[J]. Physical Review B，2006，74（19）：195408.

[13] Ouyang G，Tan X，Cai M Q，et al. Surface energy and shrinkage of a nanocavity[J]. Applied Physics Letters，2006，89（18）：183104.

[14] Caruso F，Caruso R A，Mohwald H. Nanoengineering of inorganic and hybrid hollow spheres by colloidal templating[J]. Science，1998，282（5391）：1111-1114.

[15] Sun Y G，Xia Y N. Shape-controlled synthesis of gold and silver nanoparticles[J]. Science，2002，298（5601）：2176-2179.

[16] Zeng H B，Cai W P，Liu P S，et al. ZnO-based hollow nanoparticles by selective etching：Elimination and reconstruction of metal-semiconductor interface，improvement of blue emission and photocatalysis[J]. ACS Nano，

2008，2（8）：1661-1670.

[17] Chen Z T，Gao L. A new route toward ZnO hollow spheres by a base-erosion mechanism[J]. Crystal Growth and Design，2008，8（2）：460-464.

[18] Li Z Q，Xie Y，Xiong Y L，et al. A novel non-template solution approach to fabricate ZnO hollow spheres with a coordination polymer as a reactant[J]. New Journal of Chemistry，2003，27（10）：1518-1521.

[19] Tu K N，Gösele U. Hollow nanostructures based on the Kirkendall effect：Design and stability considerations[J]. Applied Physics Letters，2005，86（9）：093111.

[20] Huang W J，Sun R，Tao J，et al. Coordination-dependent surface atomic contraction in nanocrystals revealed by coherent diffraction[J]. Nature Materials，2008，7（4）：308-313.

[21] Mironets O，Meyerheim H L，Tusche C，et al. Direct evidence for mesoscopic relaxations in cobalt nanoislands on Cu（001）[J]. Physical Review Letters，2008，100（9）：096103.

[22] Needs R J. Calculations of the surface stress tensor at aluminum（111）and（110）surfaces[J]. Physical Review Letters，1987，58（1）：53.

[23] Fischer F D，Waitz T，Vollath D，et al. On the role of surface energy and surface stress in phase-transforming nanoparticles[J]. Progress in Materials Science，2008，53（3）：481-527.

[24] Nanda K K，Kruis F E，Fissan H. Evaporation of free PbS nanoparticles：Evidence of the Kelvin effect[J]. Physical Review Letters，2002，89（25）：256103.

[25] Nanda K K，Maisels A，Kruis F E，et al. Higher surface energy of free nanoparticles[J]. Physical Review Letters，2003，91（10）：106102.

[26] Ouyang G，Tan X，Wang C X，et al. Solid solubility limit in alloying nanoparticles[J]. Nanotechnology，2006，17（16）：4257.

[27] Giorgio S，Henry C R. Core-shell bimetallic particles，prepared by sequential impregnations[J]. The European Physical Journal-Applied Physics，2002，20（1）：23-27.

[28] Shibata T，Bunker B A，Zhang Z，et al. Size-dependent spontaneous alloying of Au-Ag nanoparticles[J]. Journal of the American Chemical Society，2002，124（40）：11989-11996.

[29] Srnová-Šloufová I，Vlcková B，Bastl Z，et al. Bimetallic（Ag）Au nanoparticles prepared by the seed growth method：Two-dimensional assembling，characterization by energy dispersive X-ray analysis，X-ray photoelectron spectroscopy，and surface enhanced Raman spectroscopy，and proposed mechanism of growth[J]. Langmuir，2004，20（8）：3407-3415.

[30] Selvakannan P R，Swami A，Srisathiyanarayanan D，et al. Synthesis of aqueous Au core-Ag shell nanoparticles using tyrosine as a pH-dependent reducing agent and assembling phase-transferred silver nanoparticles at the air-water interface[J]. Langmuir，2004，20（18）：7825-7836.

[31] Damle C，Biswas K，Sastry M. Synthesis of Au-core/Pt-shell nanoparticles within thermally evaporated fatty amine films and their low-temperature alloying[J]. Langmuir，2001，17（22）：7156-7159.

[32] Doudna C M，Bertino M F，Blum F D，et al. Radiolytic synthesis of bimetallic Ag-Pt nanoparticles with a high aspect ratio[J]. The Journal of Physical Chemistry B，2003，107（13）：2966-2970.

[33] Still T，Sainidou R，Retsch M，et al. The "Music" of core-shell spheres and hollow capsules：Influence of the architecture on the mechanical properties at the nanoscale[J]. Nano Letters，2008，8（10）：3194-3199.

[34] Férey G，Mellot-Draznieks C，Serre C，et al. A chromium terephthalate-based solid with unusually large pore volumes and surface area[J]. Science，2005，309（5743）：2040-2042.

[35] Li R，Sieradzki K. Ductile-brittle transition in random porous Au[J]. Physical Review Letters，1992，68（8）：1168.

[36]　Biener J，Hodge A M，Hayes J R，et al. Size effects on the mechanical behavior of nanoporous Au[J]. Nano Letters，2006，6（10）：2379-2382.

[37]　Mathur A，Erlebacher J. Size dependence of effective Young's modulus of nanoporous gold[J]. Applied Physics Letters，2007，90（6）：061910.

[38]　Rowsell J L C，Millward A R，Park K S，et al. Hydrogen sorption in functionalized metal-organic frameworks[J]. Journal of the American Chemical Society，2004，126（18）：5666-5667.

[39]　Lee J H，Galli G A，Grossman J C. Nanoporous Si as an efficient thermoelectric material[J]. Nano Letters，2008，8（11）：3750-3754.

[40]　Zhu X F. Shrinkage of nanocavities in silicon during electron beam irradiation[J]. Journal of Applied Physics，2006，100：034304.

[41]　Sammalkorpi M，Krasheninnikov A，Kuronen A，et al. Mechanical properties of carbon nanotubes with vacancies and related defects[J]. Physical Review B，2004，70（24）：245416.

[42]　Wong E W，Sheehan P E，Lieber C M. Nanobeam mechanics：Elasticity，strength，and toughness of nanorods and nanotubes[J]. Science，1997，277（5334）：1971-1975.

[43]　Ren Y，Fu Y Q，Liao K，et al. Fatigue failure mechanisms of single-walled carbon nanotube ropes embedded in epoxy[J]. Applied Physics Letters，2004，84（15）：2811-2813.

[44]　Tu Z C，Ouyang Z C. Single-walled and multiwalled carbon nanotubes viewed as elastic tubes with the effective Young's moduli dependent on layer number[J]. Physical Review B，2002，65（23）：233407.

[45]　Feng X Q，Xia R，Li X D，et al. Surface effects on the elastic modulus of nanoporous materials[J]. Applied Physics Letters，2009，94（1）：011916.

[46]　Adamson A W，Gast A P. Physical chemistry of surfaces[M]. New York：Wiley-Interscience，1997.

[47]　Shuttleworth R. The surface tension of solids[J]. Physical Society. Section A，1950，63（5）：444-457.

[48]　Näher U，Bjørnholm S，Frauendorf S，et al. Fission of metal clusters[J]. Physics Reports，1997，285（6）：245-320.

[49]　Bréchignac C，Busch H，Cahuzac P，et al. Dissociation pathways and binding energies of lithium clusters from evaporation experiments[J]. The Journal of Chemical Physics，1994，101（8）：6992-7002.

[50]　Nanda K K，Sahu S N，Behera S N. Liquid-drop model for the size-dependent melting of low-dimensional systems[J]. Physical Review A，2002，66（1）：013208.

[51]　Rose J H，Vary J P，Smith J R. Nuclear equation of state from scaling relations for solids[J]. Physical Review Letters，1984，53（4）：344.

[52]　Rose J H，Smith J R，Ferrante J. Universal features of bonding in metals[J]. Physical Review B，1983，28（4）：1835.

[53]　Tománek D，Mukherjee S，Bennemann K H. Simple theory for the electronic and atomic structure of small clusters[J]. Physical Review B，1983，28（2）：665.

[54]　Vanithakumari S C，Nanda K K. A universal relation for the cohesive energy of nanoparticles[J]. Physics Letters A，2008，372（46）：6930-6934.

[55]　Sun C Q，Tay B K，Lau S P，et al. Bond contraction and lone pair interaction at nitride surfaces[J]. Journal of Applied Physics，2001，90（5）：2615-2617.

[56]　Seifert G，Vietze K，Schmidt R. Ionization energies of fullerenes-size and charge dependence[J]. Journal of Physics B：Atomic，Molecular and Optical Physics，1996，29（21）：5183.

[57]　Sun C Q. Size dependence of nanostructures：Impact of bond order deficiency[J]. Progress in Solid State Chemistry，2007，35（1）：1-159.

[58] Deutsche Chemische Gesellschaft. Berichte der Deutschen Chemischen Gesellschaft[M]. Berlin：Verlag Chemie, 1888.

[59] Pauling L. Atomic radii and interatomic distances in metals[J]. Journal of the American Chemical Society，1947，69（3）：542-553.

[60] Feibelman P J. Relaxation of hcp（0001）surfaces：A chemical view[J]. Physical Review B，1996，53（20）：13740.

[61] Ouyang G，Gu M X，Fu S Y，et al. Determination of the Si-Si bond energy from the temperature dependence of elastic modulus and surface tension[J]. Europhysics Letters，2008，84（6）：66005.

[62] Ouyang G，Li X L，Yang G W. Sink-effect of nanocavities：Thermodynamic and kinetic approach[J]. Applied Physics Letters，2007，91（5）：051901.

[63] Ouyang G，Li X L，Tan X，et al. Surface energy of nanowires[J]. Nanotechnology，2008，19（4）：045709.

[64] Hill T L. Thermodynamics of small systems Vol.I.[M]. New York：W A Benjamin Inc，1963.

[65] Hill T L. Thermodynamics of small systems Vol.II.[M]. New York：W A Benjamin Inc，1964.

[66] Hill T L. Thermodynamics of small systems[J]. The Journal of Chemical Physics，1962，36（12）：3182-3197.

[67] Hill T L. Theory of solutions. III. Thermodynamics of aggregation or polymerization[J]. The Journal of Chemical Physics，1961，34（6）：1974-1982.

[68] Hill T L. Effect of intermolecular forces on macromolecular configurational changes and on other isomeric equilibria[J]. The Journal of Chemical Physics，1961，35（1）：303-305.

[69] Hill T L. Adsorption from a one-dimensional lattice gas and the Brunauer-Emmett-Teller equation[J]. National Academy of Sciences，1996，93（25）：14328-14332.

[70] Hill T L，Chamberlin R V. Extension of the thermodynamics of small systems to open metastable states：An example[J]. National Academy of Sciences of the United States of America，1998，95（22）：12779-12782.

[71] Hill T L. A different approach to nanothermodynamics[J]. Nano Letters，2001，1（5）：273-275.

[72] Hill T L. Extension of nanothermodynamics to include a one-dimensional surface excess[J]. Nano Letters，2001，1（3）：159-160.

[73] Hill T L. Perspective：Nanothermodynamics[J]. Nano Letters，2001，1（3）：111-112.

[74] Hill T L，Chamberlin R V. Fluctuations in energy in completely open small systems[J]. Nano Letters，2002，2（6）：609-613.

[75] Chamberlin R V. Mesoscopic mean-field theory for supercooled liquids and the glass transition[J]. Physical Review Letters，1999，82（12）：2520.

[76] Chamberlin R V. Experiments and theory of the nonexponential relaxation in liquids，glasses，polymers and crystals[J]. Phase Transitions：A Multinational Journal，1998，65（1-4）：169-209.

[77] Chamberlin R V. Nonresonant spectral hole burning in a spin glass[J]. Physical Review Letters，1999，83（24）：5134.

[78] Chamberlin R V. Mean-field cluster model for the critical behaviour of ferromagnets[J]. Nature，2000，408（6810）：337-339.

[79] Chamberlin R V，Richert R. Comment on “hole-burning experiments within glassy models with infinite range interactions”[J]. Physical Review Letters，2001，87（12）：129601.

[80] Chamberlin R V，Humfeld K D，Farrell D，et al. Magnetic relaxation of iron nanoparticles[J]. Journal of Applied Physics，2002，91（10）：6961-6963.

[81] Chamberlin R V. Corrections and clarifications[J]. Science，2002，298（5596）：1172.

[82] Chamberlin R V，Hemberger J，Loidl A，et al. Percolation，relaxation halt，and retarded van der Waals interaction in dilute systems of iron nanoparticles[J]. Physical Review B，2002，66（17）：172403.

[83] Chamberlin R V. Critical behavior from Landau theory in nanothermodynamic equilibrium[J]. Physics Letters A，2003，315（3-4）：313-318.

[84] Chamberlin R V. Nanoscopic heterogeneities in the thermal and dynamic properties of supercooled liquids[J]. ACS Symposium Series，2002，820：228-248.

第4章 纳米空洞的表面能

4.1 纳米空洞的定义

纳米空洞作为一种典型的负曲率纳米结构，被定义为晶格中的空穴团簇，如同反蛋白石。纳米空洞由于在介观物理、生物学、医学、纳米微电子和光电子器件中的巨大潜在应用价值，近年来引起了广泛关注[1-4]。一般情况下，纳米空洞可以在Si[5-7]、Ni[8]、非晶Ge[9, 10]和Al[11]等材料中通过离子辐照后在惰性气体中热退火产生。显然，纳米晶体和纳米空洞的最大区别在于后者具有负曲率的内表面。纳米空洞负曲率内表面上的悬挂键带来的不稳定性使其具有独特的物理化学性质。有趣的是，在对纳米空洞施加诸如热退火等外来作用时会发生一些奇异的物理现象。例如，纳米空洞在电子束辐照过程中，主体基质中的纳米空洞会收缩，但是，随着孔径的减小，收缩速度会减慢，直到2 nm时收缩速率为零，此后纳米空洞尺寸便保持不变[12, 13]；相关实验研究表明，非晶相的成核会发生在纳米空洞的内表面上[14]。根据正曲率纳米结构材料的研究经验，我们知道纳米空洞的表面能对于上述奇异的物理现象起着重要作用。此外，表面能对于理解负曲率表面的介观和微观过程如润湿性、黏附性、扩散和化学反应性等行为也是非常重要的。然而，我们对于纳米空洞的表面能的理解仍在起步阶段[15]。结合纳米尺度的热力学和连续介质力学，我们发展了一种可自由调节参数的纳米空洞表面能的解析热力学理论[16]，它能够将理论计算结果与实验测量数据进行直接比较。令人高兴的是，我们的理论结果与实验观测是一致。

事实上，我们在研究凝聚相表面能时，表面原子结构和原子间的相互作用都应该被考虑进去。现代的理论方法已经提高了对纳米结构表面应变与原子键能态的关系的认识。例如，Dingreville等[17]发展了将表面能纳入连续介质力学的方法，研究结果表明，纳米粒子、纳米线和纳米薄膜的表面能对弹性性能有很大影响。由于表层原子的能量和块体材料不同，其弹性性能亦不同，因此，表面原子结构和原子间的相互作用应该计入表面能。在Fried和Gurtin[18]的研究基础上，Fischer等建立了包含力学部分和化学部分的表面能的本构定律[19]。重要的是，这些结果与我们的结论是一致的[16, 20, 21]。

4.2　纳米空洞表面能的热力学理论

如同正曲率纳米结构如纳米晶［方程（2-30）］的表面能构成一样，主体基质中纳米空洞内表面的表面能可以由两个部分组成：化学项部分γ^{chemical}和结构项部分$\gamma^{\text{structure}}$。

$$\gamma = \gamma^{\text{chemical}} + \gamma^{\text{structure}} \tag{4-1}$$

在这里，表面能的化学项部分来源于纳米空洞内表面的悬挂键键能，而结构项部分则来源于纳米空洞内表面的一个原子层厚度的弹性应变能。

根据相关实验研究[13, 14]，我们建立了主体基质中的纳米空洞模型，如图 4-1 所示。需要注意的是，纳米空洞优先形成原子键序损失的非取向有序相β[13, 14, 22]。因此，我们可以将纳米空洞看作两个独立的组成部分，即液态基质相和气态空洞相α。Lu 和 Jiang[23]的研究曾提出过，与固气相或液气相的表面能差相比，固液之间的表面能差非常小。这样的话，液相（l）和气相（v）或固相（s）和气相（v）之间的界面能可以近似地表示为$\dfrac{\gamma_{lv}(D)}{\gamma_{lv0}} \approx \dfrac{\gamma_{sv}(D)}{\gamma_{sv0}}$，其中，$\gamma_0$为零曲率平面内的值；$D$为纳米固体的直径。同时，系统总能量的微分应遵循关系：

$$\begin{aligned} \mathrm{d}E &= \mathrm{d}E^{\alpha} + \mathrm{d}E^{\beta} + \mathrm{d}E^{S} \\ &= T\mathrm{d}S^{\alpha} - p^{\alpha}\mathrm{d}V^{\alpha} + \mu^{\alpha}\mathrm{d}N^{\alpha} + T\mathrm{d}S^{\beta} - p^{\beta}\mathrm{d}V^{\beta} + \mu^{\beta}\mathrm{d}N^{\beta} + T\mathrm{d}S^{S} + \mu^{S}\mathrm{d}N^{S} \\ &\quad + \gamma^{\text{chemical}}\mathrm{d}s - C\mathrm{d}c \end{aligned} \tag{4-2}$$

式中，E、S、V、N和T分别表示系统中的能量、熵、体积、摩尔数和绝对温度；C、μ、s和c分别是外力作用下的曲率项、化学势、界面面积和曲率[24]；N^S是实际超出计算量的摩尔数，它对α和β之间的分界线起支撑作用，由于表面相S的体积可以忽略不计，因此N^S也可以忽略不计；上标α、β和S分别表示与α、β和S相关的量。它们的关系为

$$V = V^{\alpha} + V^{\beta},\ E = E^{\alpha} + E^{\beta} + E^{S},\ S = S^{\alpha} + S^{\beta} + S^{S},\ N = N^{\alpha} + N^{\beta} + N^{S} \tag{4-3}$$

在平衡态下，它们的化学势相同，即$\mu = \mu^{\alpha} = \mu^{\beta} = \mu^{S}$。综上可得

$$\mathrm{d}E = T\mathrm{d}S - p^{\alpha}\mathrm{d}V^{\alpha} + \mu\mathrm{d}N - p^{\beta}\mathrm{d}V^{\beta} + \gamma^{\text{chemical}}\mathrm{d}s - C\mathrm{d}c \tag{4-4}$$

在曲率不变条件下，对积分方程进行微分，可以得到曲率相关的表面能为

$$(\partial\gamma^{\text{chemical}} / \partial c)_T = -C / s \tag{4-5}$$

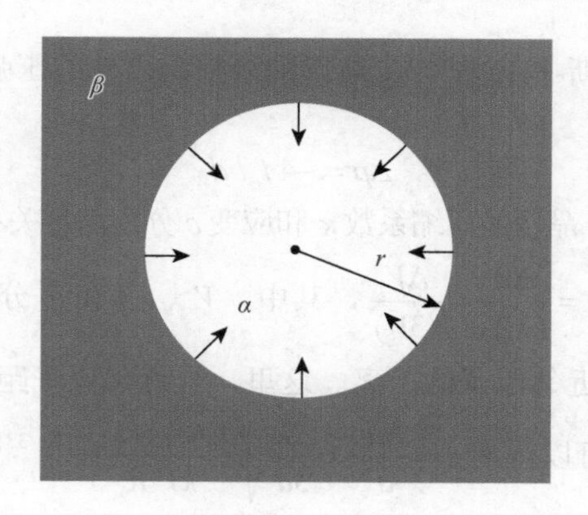

图 4-1　气态纳米空洞相 α 和液态基质相 β 的两相结构示意图

箭头表示对纳米空洞施加外部作用导致的内表面层发生的收缩。请注意，这里的“外部作用”包括高能电子束辐照、离子辐照和热退火等

参照 Tolman[25] 和 Koenig[26] 根据表面张力提出的方程 $\left(\dfrac{\partial\gamma^{\text{chemical}}}{\partial c}\right)_T = \dfrac{-2\delta\gamma^{\text{chemical}}\left[1+\delta c+(\delta c)^2/3\right]}{1+2\delta c\left[1+\delta c+(\delta c)^2/3\right]}$，将曲率 c 替换为 $-r^{-1}$，我们可以得到

$$\left(\frac{\partial\gamma^{\text{chemical}}}{\partial r}\right)_T = \frac{\gamma^{\text{chemical}}}{r} = \frac{1}{\dfrac{r}{2\delta\left[1-\dfrac{\delta}{r}+\left(\dfrac{\delta}{r}\right)^2/3\right]}-1} \tag{4-6}$$

式中，δ 指托尔曼长度。对于内壁厚度为 h，在直径 $d=2r$ 的球形空洞的特殊情况下，我们可以得到方程

$$\frac{\gamma_{sv}^{\text{chemical}}(d)}{\gamma_{sv0}^{\text{chemical}}} \approx \frac{\gamma_{lv}^{\text{chemical}}}{\gamma_{lv0}^{\text{chemical}}} = 1+\frac{4h}{d} \tag{4-7}$$

重要的是，方程（4-7）与 Kirkwood 和 Buff 提出的类似公式[27-29]相比，其区别是式中的正号。

类似地，对于方程（4-1）中表面能的结构项 $\gamma^{\text{structure}}$，Saito 等[30]研究了具有方形晶格的二维晶体并获得了刚性结构的总弹性应变能，他们的研究结果表明，表面晶胞中的弹性应变能对总能量有着重要的贡献。我们知道，表面自发应力是由于表面吸附原子或台阶等缺陷导致系统尚未达到能量最小而引起的。所以，在这里，我们将主体基质中的纳米空洞当作一个球面，并进一步考虑了表面原子的重建和弛豫。同时，负曲率所导致的弹性应变能也被纳入了纳米空洞内表面的表

面能中。根据拉普拉斯-杨方程[31]，球形纳米空洞内外的压强差（Δp）可以用内表面直径（d）来表示

$$\Delta p = -4f/d \tag{4-8}$$

式中，f 是表面应力。晶格的压缩系数 κ 和应变 ε 分别满足关系式 $\kappa = -\Delta V/(V\Delta p) = \Delta Vd/2fV$，且 $\varepsilon = \dfrac{\Delta a^*}{a^*} = \dfrac{\Delta A}{(2A)} = \dfrac{\Delta V}{(3V)}$，其中，$V$、$A$ 和 a^* 分别表示球形纳米空洞的体积、表面积和最近邻原子的距离。这里，最近邻原子距离大致等于晶体相的晶格常数。由此我们可以得到 $\varepsilon = \dfrac{\Delta a^*}{a^*} = \dfrac{2k}{3d}\sqrt{\dfrac{d_0 hS_{mb}H_{mb}}{kV_sR}}$ [32, 33]，其中，d_0、h、S_{mb}、H_{mb}、V_s 和 R 分别表示纳米空洞的临界值[34]、原子直径、熔化熵、熔化焓、摩尔体积和理想气体常数。类似地，纳米粒子中的球体的表面应变（$\varepsilon^s_{\alpha\beta}$）与粒子内的体应变（$\varepsilon_{ij}$）满足坐标变换关系式 $\varepsilon^s_{\alpha\beta} = t_{\alpha i}t_{\beta j}\varepsilon_{ij}$，其中，$\alpha$，$\beta$ 的取值范围为 1～2；i 和 j 的取值范围为 1～3；且 $t_{\alpha i}$ 为变换张量。因此，由上述关系就可以得到纳米空洞表面能的结构项：

$$\gamma^{\text{structure}} = \varepsilon^2\overline{\alpha} \tag{4-9}$$

式中，$\overline{\alpha}$ 是空洞内壁形变的晶格中原子对的平均弹性系数。这样，通过方程（4-7）和方程（4-9），我们就得到了纳米空洞表面能的热力学解析表达。

4.3　表面能诱导的尺寸效应

在本节的理论推导中，我们使用相对于纳米空洞球中心的球坐标 (r, θ, φ) 系统来推导，其中，主体基质晶格中纳米空洞的形变可以通过线性弹性理论推导出来。对于球对称的特殊情况，应变分量、应力分量和位移值取决于径向坐标 r，而与 θ 和 φ 无关。这样的话，平衡方程和体积应变 ε 可写为

$$\frac{\partial \sigma_r}{\partial r} + \frac{2}{r}(\sigma_r - \sigma_T) = 0 \tag{4-10}$$

$$\varepsilon = \frac{1}{r^2}\frac{\partial}{\partial r}(r^2 u_r) \tag{4-11}$$

式中，σ_r 和 σ_T 分别指的是径向应力和切向应力。

根据胡克定律，式（4-10）的径向应力和切向应力与应变的关系分别为

$$\sigma_r = \lambda\Theta + 2G'\varepsilon_r \tag{4-12}$$

$$\sigma_T = \lambda\Theta + 2G'\varepsilon_T \tag{4-13}$$

式中，λ、G' 为拉梅参量；Θ 为体积应变。此外，结合几何方程（如 $\varepsilon_r = \partial u_r/\partial r$，$\varepsilon_T = u_r/r$），位移 u_r 的分量用 $u_r = Ar + B/r^2$ 表示，其中，A 和 B 是系数。

与主体基质晶格内的纳米空洞的情况相似，主体基质内表面悬挂键附近的纳米尺度曲面结构会对纳米空洞的内部产生压力。实验研究已经证实这个压力就是导致纳米空洞收缩的驱动力[13, 14]。纳米空洞在收缩前的参考状态处于亚稳态，考虑到曲面的曲率效应，我们使用的边界条件为

$$\sigma_r = -\left(-2\gamma(a)/a + p_0\right), r = a \tag{4-14}$$

$$\sigma_r = -p_0,\ r \to \infty \tag{4-15}$$

式中，a 和 p_0 分别是纳米空洞的初始半径和法向压力。因此，我们可以推导出系数 $A = \dfrac{-p_0}{3\lambda + 2G'}$，$B = -\dfrac{a^2\gamma(a)}{2G'}$。此外，$u_r$ 可以由式（4-16）计算：

$$u_r = -rp_0/(3\lambda + 2G') - a^2\gamma(a)/(2G'r^2) \tag{4-16}$$

式中，$\lambda = E\nu/\left[(1+\nu)(1-2\nu)\right]$ 和 $G' = E/\left[2(1+\nu)\right]$；$\nu$ 和 E 分别为泊松比和杨氏模量。另外，根据 Yang[35]对固有体积模量 $[K]$ 的定义，我们可以得到

$$[K] = \frac{-3(1-\nu)}{2(1-2\nu)}\left[1 - \frac{2\gamma(r)}{3a\chi K}\right] \tag{4-17}$$

式中，χ 和 K 分别是最大应变和弹性矩阵的体积模量。

接下来，我们分析纳米空洞收缩过程中的表面能的变化。以晶体 Si 中的纳米空洞为例，首先，我们计算纳米空洞的化学能、弹性应变能和表面能，如图 4-2 所示。我们可以清楚地看到，纳米空洞的化学能和弹性应变能均随着空洞尺寸的减小而增加，同时，纳米空洞的表面能亦随着空洞尺寸减小而增加。

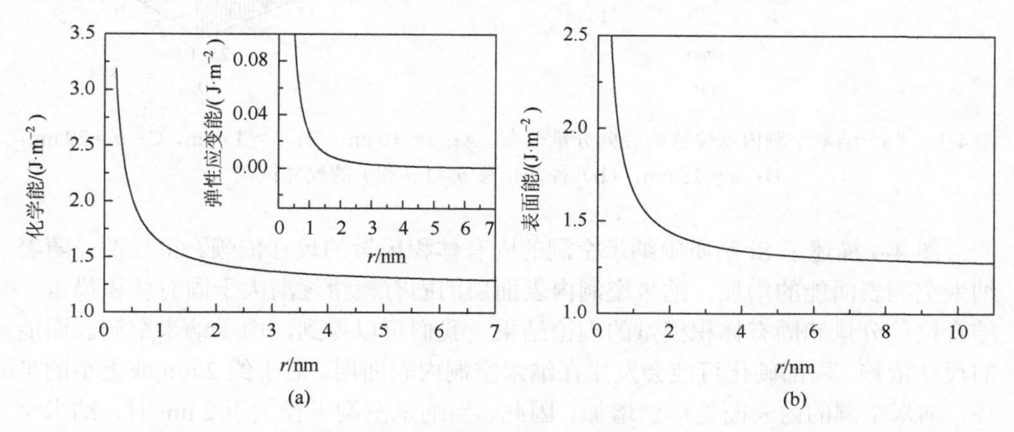

图 4-2　（a）纳米空洞表面能的化学能（插图为弹性应变能）和（b）表面能与半径的关系

从图 4-2 可以看出，纳米空洞表面能曲线表现出了显著的尺寸依赖，而 2 nm 是尺寸依赖的阈值。换句话说，当纳米空洞的半径大于 2 nm 时，其表面能变得稳

定且不再随着半径的增大而变化。这里需要指出的是，纳米结构的表面能并不等于系统的总能量，因为总能量涉及体积能、熵和表面能或界面能等。一般来说，当总能量达到最小值时系统则达到了稳定状态。而根据我们基于理论模型的计算，2 nm 为使纳米空洞表面能稳定的半径尺寸。

根据方程（4-16），位移分量为纳米空洞半径的函数，如图 4-3（a）所示。有趣的是，从图 4-3（a）中，我们可以看到理论计算的位移分量随着纳米空洞半径的减小而增加。此外，u_r 在纳米空洞内表面中的分布与空洞的初始尺寸有关。需要注意的是，对于半径为 25 nm 的纳米空洞，$u_r = 400$ nm 属于极限情况。这意味着受表面能的影响，较大的组分位移将导致纳米空洞周围的局部硬化，也就是说，纳米空洞内表面较高的表面能将诱导出较大的硬化区，如图 4-3（a）中的曲线变化趋势。此外，u_r 对 a 和 r 的尺寸依赖如图 4-3（b）所示，纳米空洞表面能的尺寸依赖是导致纳米空洞收缩和位移的径向分量小于体积效应的主要原因。

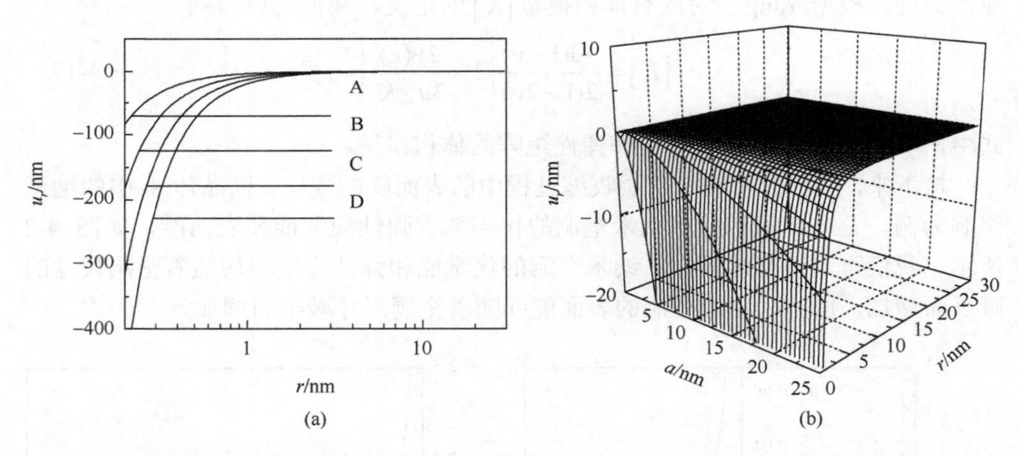

图 4-3　（a）纳米空洞内壁位移的径向分量分布，A：$a = 10$ nm，B：$a = 15$ nm，C：$a = 20$ nm，D：$a = 25$ nm；（b）径向位移 u_r 对 a 和 r 的尺寸依赖

图 4-4 描述了 Si 基质中纳米空洞的固有体积模量的尺寸依赖。很显然，随着纳米空洞表面能的增加，纳米空洞内表面层的固有模量逐渐大于固有体积模量。结合位移分量和固有体积模量的理论结果，我们可以得到，由于纳米空洞表面能的尺寸依赖，局部硬化可能会发生在纳米空洞内表面层。对于约 2 nm 或更小的半径，纳米空洞的内表面能单调增加。因此，当纳米空洞半径大于 2 nm 时，纳米空洞收缩速率较高；相反，当纳米空洞内表面能较大时，由于表面硬化，纳米空洞收缩会减慢。

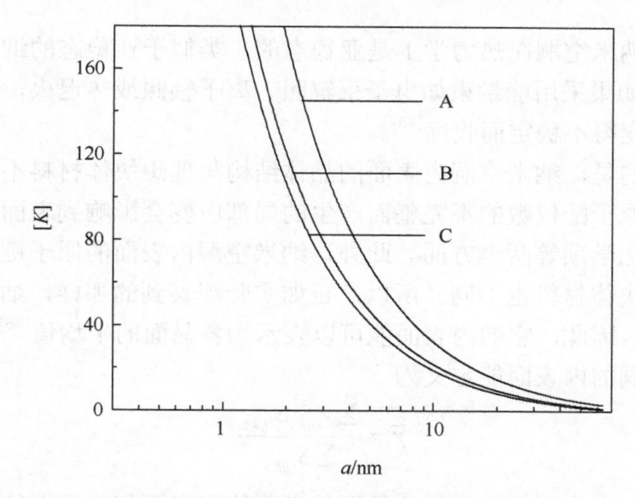

图 4-4　Si 基质中纳米空洞的固有体积模量的尺寸依赖（$\chi=10^{-4}$）

A：$\gamma=2\ \mathrm{J\cdot m^{-2}}$；B：$\gamma=1.4\ \mathrm{J\cdot m^{-2}}$；C：$\gamma=1.24\ \mathrm{J\cdot m^{-2}}$

4.4　纳米空洞非线性收缩

研究人员发现许多有趣的现象，与零曲率和正曲率纳米结构相比，负曲率纳米结构因更高的内表面能而产生一些奇异的物理化学性质[4, 36, 37]。例如，一些实验[5, 14, 38]和理论[21]研究均发现在外部作用过程中纳米空洞的不稳定行为。Zhu[39]通过实验研究表明纳米空洞的收缩过程表现出明显的非线性。Bai 和 Li[40]通过分子动力学模拟发现纳米空洞的熔化行为与块体材料及纳米晶大不相同。众所周知，具有正曲率纳米结构的纳米晶的熔化温度随材料尺寸的减小而降低[41, 42]，而具有负曲率纳米结构的纳米空洞则不然。但是，人们对纳米空洞的研究还很初步，有许多基本的问题尚未解决。例如，当主体基质晶体开始熔化时，其中的纳米空洞会发生变化？在物理上对基质中纳米空洞的熔化行为进行探索的研究较少[40]。基于前文建立的纳米空洞表面能的热力学理论，我们通过动力学过程分析和热力学方法来讨论在外部作用下主体基质晶体中纳米空洞的收缩行为，以及当温度高于基质晶体熔点时的纳米空洞的熔化行为[20, 21]。

如上所述，纳米空洞表面能的热力学来源于纳米空洞内表面的原子键能和弹性应变能[20, 21]。纳米空洞的负曲率导致原子键能密度随半径尺寸的减小而增大。类似地，纳米空洞的弹性应变能密度随着空洞尺寸的减小而增加。因此，纳米空洞的内表面能 (γ) 为[43]

$$\gamma(d)=\gamma_0(1+4h/d)+\overline{\alpha}\varepsilon^2 \tag{4-18}$$

式中，γ_0 和 ε 分别是零曲率平面的表面能和空穴内表面晶格的应变。我们知道，基质晶体中的纳米空洞在热力学上是亚稳态的，类似于亚稳态的纳米金刚石和稳态的石墨[44]。如果采用能量束如电子束辐照、离子辐照或热退火，激活纳米空洞的话，它们会变得不稳定而收缩[45]。

值得注意的是，纳米空洞内表面的晶体结构与理想块体材料不同。由于纳米空洞内表面层原子配位数的不完整而产生的局部应变会影响到表面能，这个影响包括结构项和化学项等两个方面。此外，纳米空洞内表面的原子键的键长、强度和顺序与同类块体材料也不同。所以，正如实验观察到的那样，纳米空洞通常不是完美的球形。因此，它的内表面能可以表示为各晶面的平均值[46]。因此，我们可以把纳米空洞的内表面能定义为

$$\overline{\gamma}=\frac{\sum\gamma_{(ijk)}S_{(ijk)}}{\sum S_{(ijk)}} \tag{4-19}$$

式中，$\gamma_{(ijk)}$ 和 $S_{(ijk)}$ 分别表示（*ijk*）晶面的表面能和表面积。根据纳米空洞周围的无定形晶格（短程有序结构），我们将纳米空洞视为球形。

基于经典动力学理论，我们假设以下条件在纳米空洞的收缩中占主导地位：

$$r\big|_{t=0}=r_0\,,\,r=r(t) \tag{4-20}$$

在这些条件下，我们进一步假设纳米空洞的收缩是由拉普拉斯-杨方程描述的负曲率引起的毛细管力驱动的。所以，这里考虑在纳米空洞成核过程中空洞中也有气体存在的可能性。在物理上，高的内部压强会影响纳米空洞的收缩，因为内部压强的增加会抵消表面张力的增长。但是，当基质晶体的温度高于 650℃时，没有气体能留在纳米空洞中。所以，在这些条件下，纳米空洞实际上就是一个纳米气泡。

据此，我们可以得到纳米气泡的收缩速率

$$\frac{\mathrm{d}V}{\mathrm{d}t}=K_{in}S_{nc}\left[\frac{2\overline{\gamma(r)}}{r}-p_{in}(r)\right] \tag{4-21}$$

式中，V 是收缩过程中的体积 $V(r)=\frac{4}{3}\pi\left(r_0^3-r^3\right)$；$t$ 是收缩时间；S_{nc} 是内表面积，$S_{nc}(r)=4\pi r^2$；K_{in} 是动力学常数，$K_{in}=K_{in0}\exp(-\Delta G_c/RT)$，其中，$\Delta G_c$ 是收缩的活化能；$p_{in}(r)$ 为内部气体压强，其中 $p_{in}(r)=p_0(r_0/r)^3$；p_0 和 r_0 分别为初始气体压强和半径。由于内部气体压强 p_0 小于 $2\overline{\gamma(r)}/r$ [47]，假设 $p_{in}(r)=0$，则纳米空洞的收缩速率可以表达为

$$\frac{\mathrm{d}V}{\mathrm{d}t}=K_{in}S_{nc}\frac{2\overline{\gamma(r)}}{r} \tag{4-22}$$

对比方程（4-19），我们可以看出在收缩过程中，纳米空洞的内表面能比块体材料的更大。结合方程（4-19）和方程（4-21），我们可以得到

$$\frac{\mathrm{d}r}{\mathrm{d}t}=-2K_{in}\left[\overline{\gamma_0}\left(\frac{1}{r}+\frac{2h}{r^2}\right)+\frac{\Theta}{4r^3}\right]\tag{4-23}$$

式中，$\Theta=\dfrac{4kd_0hS_{mb}H_{mb}\overline{\alpha}}{9V_sR}$为材料参数。对方程（4-23）积分，我们可以得到纳米空洞收缩过程的动力学行为：

$$\int_{r_0}^{r}f(r)\mathrm{d}r=-2K_{in}t\tag{4-24}$$

式中，$f(r)=1/\left[\overline{\gamma_0}(1/r+2h/r^2)+\Theta/(4r^3)\right]$。

4.5　纳米空洞的相变：过热现象

一个热力学系统中的固-液相变必须满足三个平衡条件：力平衡、热平衡和相平衡。因此，纳米空洞的固-液相平衡中的各项可以表述为

$$\mu^{\alpha}=\mu^{\beta}\tag{4-25}$$

$$T^{\alpha}=T^{\beta}\tag{4-26}$$

$$P^{\alpha}=P^{\beta}-\frac{2\overline{\gamma}}{r}\tag{4-27}$$

式中，μ 和 T 分别为化学势和温度；P 为压强；r 为纳米空洞的半径（$d=2r$）；上标 α 和 β 分别指固相和液相。需要注意的是对于一个平面，力学平衡条件为 $P^{\alpha}=P^{\beta}$。因此，考虑热力学关系 $\mathrm{d}\mu=-S\mathrm{d}T+V\mathrm{d}P$，我们可以得到：

$$S_{mb}\mathrm{d}T=V\mathrm{d}\left(\frac{2\overline{\gamma}}{r}\right)\tag{4-28}$$

式中，$S_{mb}=S^{\beta}-S^{\alpha}$。对方程（4-28）进行积分，我们可得基质晶格中纳米空洞的热力学关系式为

$$\frac{\Delta T}{T_{mb}}=\frac{4\overline{\gamma(d)}V_s}{\mathrm{d}H_{mb}}\tag{4-29}$$

式中，T_{mb} 为块体（晶体）材料的熔点。我们知道，$\Delta T=T-T_{mb}>0$ 表示纳米空洞过热。将方程（4-18）代入方程（4-29），我们可以得到纳米空洞在基质晶格中的融化模型

$$\Delta T=\frac{4V_s\left[\overline{\gamma_0}\left(1+\frac{4h}{d}\right)+\frac{\Theta}{d^2}\right]}{\mathrm{d}H_{mb}}T_{mb}\tag{4-30}$$

我们需要知道的是，初始纳米空洞是由基质晶格中原子空位形成的。通常情况下，材料中的原子空位或点缺陷对其物理化学性能如机械强度和热稳定性等有

重要影响。众所周知，材料中原子空位形成能的定义是破坏特定原子与其周围的所有化学键所需要的能量。1950 年，Brooks[48]建立了一个半经验模型来计算具有各向同性的块体材料的原子空位形成能 $E_v = 8\pi d_0^3\gamma(\gamma + 2G'd_0')^{-1}$，其中 d_0' 是原子的半径。这样，我们可以通过引入 d_0' 、γ 和 G' 的尺寸效应给出纳米空洞的形成能 E_v。

结合方程（4-23）和方程（4-30），我们计算了 Si 晶体基质中纳米空洞的收缩动力学和熔化行为。图 4-5（a）显示了纳米空洞在电子束辐照下的非线性收缩行为。可以看到，当纳米空洞的半径在 2～4 nm 时，收缩速度（ $\mathrm{d}r/\mathrm{d}t$ ）变大。据离子束实验报道，纳米空洞的收缩是由离子辐照引起的，纳米空洞的收缩与离子辐照时间呈线性相关[49-51]。但是，纳米空洞的电子束辐照的收缩机制与离子辐照的不同，因为电子束辐照的热力学驱动力是基质中空位的化学势与纳米空洞内表面空位的化学势之差，而离子辐照的收缩机制是注入原子（离子）的外部吸收和离子级联效应。重要的是，我们的理论模型给出了与实验相同的非线性收缩趋势[39]。

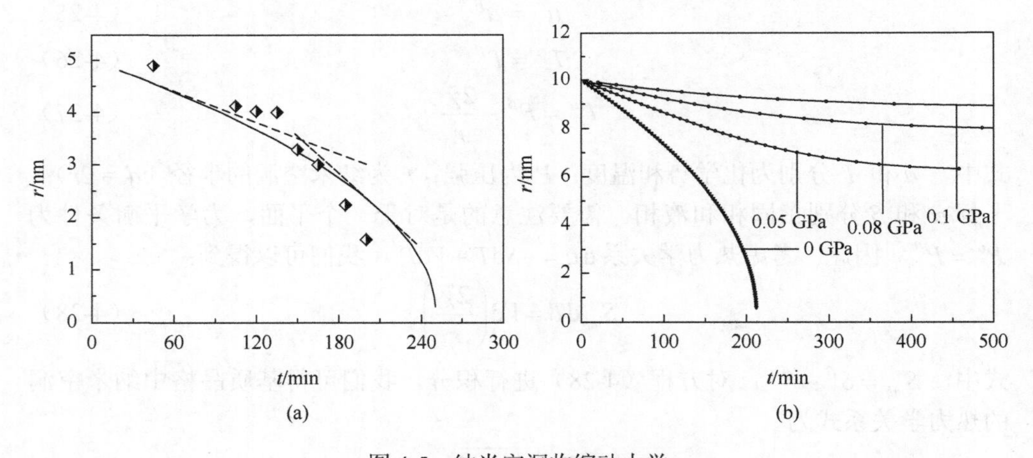

图 4-5　纳米空洞收缩动力学

（a）纳米空洞尺寸与热激活时间的关系，两条虚线代表两个不同收缩速度的曲线的斜率，菱形为实验数据[39]；（b）纳米气泡尺寸、外部活化时间和内部气体压强的关系

Zhu[39]的研究发现，纳米空洞在 1～2 nm（临界尺寸）处停止收缩，这个现象可以归因于纳米空洞内表面层在收缩过程中的局部硬化[21, 35]。由于球壳变硬，收缩的活化能 ΔG_c 会逐渐增大，从而导致 K_{in} 减小。根据方程（4-24），纳米空洞尺寸越小，收缩时间越长。这可以归因于纳米空洞尺寸越小，纳米空洞内表面层越硬，从而导致收缩时间变得更长。

根据相关实验报道[52]，纳米空洞收缩率在非晶相中会明显增强。事实上，晶相中纳米空洞收缩的活化能要远远大于非晶相中纳米空洞收缩的活化能[53, 54]。较大的收缩活化能会导致动力学常数 K_{in} 变小，所以，收缩时间较长，从而导致非晶相中的纳米空洞收缩速度比晶相中快。另外，纳米气泡内部气体压强抵抗外力对纳米气泡收缩的影响如图 4-5（b）所示。显然，随着纳米气泡尺寸的减小，内部气体压强可以显著减缓收缩速度。因此，纳米空洞的收缩可以看成是三种作用的互相竞争的过程，三种作用分别为由负曲率引起的毛细管力、由表面能引起的局部硬化及内部气体压强。

方程（4-30）描述了纳米空洞熔化温度与纳米空洞尺寸的相关性，如图 4-6 所示。当 $d<5$ nm 时，纳米空洞的过热温度随着尺寸的减小而迅速增加；然而，当 $d>5$ nm 时，纳米空洞仅表现出微弱的过热，最终纳米空洞和基质晶体的熔化温度变得相同（$\Delta T=0$）。

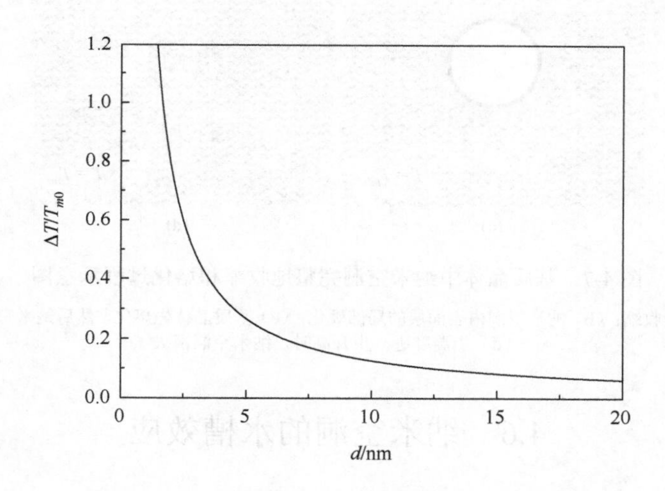

图 4-6　纳米空洞熔化温度的尺寸依赖

有意义的是，我们的这些理论结果与分子动力学模拟非常一致[40]。因此，如图 4-7 所示，我们对基质晶体中纳米空洞的熔化给出了清晰的物理图像。具体而言，当施加外部热激活时，晶体中的纳米空洞开始发生收缩，收缩动力学表现出非线性特征。由于纳米空洞表面能的尺寸效应，纳米空洞内表面层会形成局部硬化［图 4-7（b）］。同时，当纳米空洞的尺寸接近临界值时，收缩停止。低于该临界值的纳米空洞在热力学上是稳定的，并且其尺寸在热退火下不会发生变化。当温度升高到基质晶体熔点 $T=T_{mb}$ 时，基质晶体熔化为液体，但由于过热效应，纳米空洞仍在熔化基质中稳定存在，就像液体中的气泡一样［图 4-7（c）］。最后，当温度升高到纳米空洞熔化温度 $T=T_{nc}$ 时，纳米空洞坍塌，基质晶体最终转变为均匀液体。

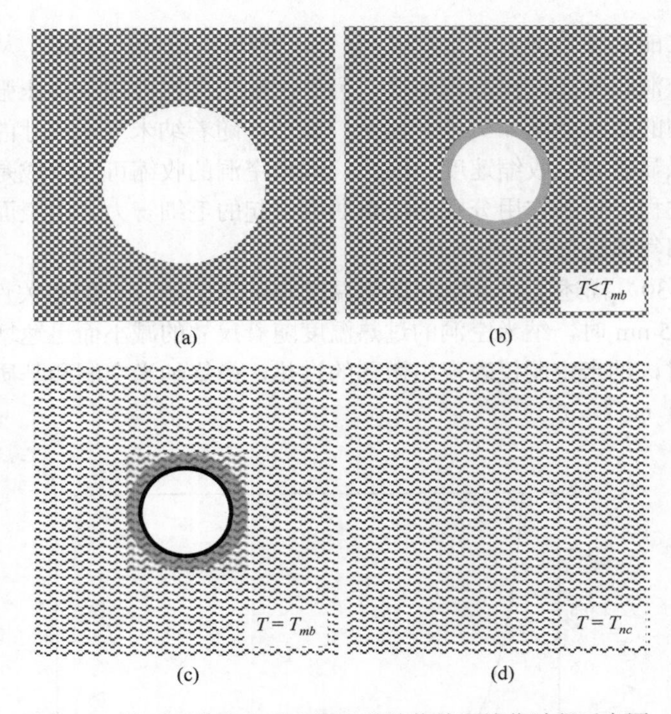

图 4-7　基质晶体中纳米空洞完整地收缩和熔化过程示意图

（a）纳米空洞开始收缩；（b）纳米空洞内表面层的局部硬化；（c）基质晶体先熔化，然后纳米空洞内表面层变硬；（d）当温度进一步升高时，纳米空洞消失

4.6　纳米空洞的水槽效应

众所周知，半导体材料中的金属杂质原子如金、银和铜等会在半导体中形成深能级中心，从而降低少数载流子的寿命，最终降低器件性能[4, 55]。有趣的是，已经有实验证实，纳米空洞能有效地捕获 Si 晶体中的金属杂质原子[37, 56-61]。此外，具有纳米空洞的人造细胞可以有效隔离人体中的重金属原子等有毒元素[12]。这些研究表明，基质晶体中的纳米空洞似乎是高效的杂质捕获中心[47, 62, 63]。因此，负曲率纳米结构的这种杂质捕获作用在微米/纳米器件中有着重要的潜在应用价值。例如，半导体材料与器件中金属杂质原子的去除[55, 58, 64, 65]。

这里有一个重要的科学问题：为什么基质晶体中的纳米空洞可以捕获外来杂质原子？到目前为止，人们对这个基本的科学问题尚没有一个清晰的答案[21]。一般来说，由于纳米空洞内表面的负曲率，纳米空洞的物理性质与纳米晶截然不同[66]。因此，基于我们建立纳米空洞表面能的热力学理论，提出基质晶体中纳米空洞捕获外来杂质原子的水槽（Sink）效应[44]。我们的理论结果不仅揭示了基质晶体中纳米空洞捕获金属杂质原子的物理机制，而且还得到了与实验结果一致的理论预言。

纳米空洞的成核热力学。首先，我们建立一个基质晶体中球形纳米空洞捕获外来杂质原子的理论模型，如图 4-8 所示。根据相关实验研究[57]，纳米空洞周围的金属杂质原子可以在退火过程中被纳米空洞捕获。这就意味着纳米空洞周围的杂质原子可以进入纳米空洞并被吸附在纳米空洞的内表面上。事实上，这一过程可以作为纳米尺度的热力学成核过程[36]，即杂质原子在纳米空洞的内表面上成核。一般情况下，吉布斯自由能是竞争相相变中状态能量变化的度量。从热力学成核理论的角度来看，气相成核过程中球状团簇形成所产生的吉布斯自由能差为[67-71]

$$\Delta G=\left[\gamma_3(R')-\gamma_2(R')\right]S_1+\gamma_1(r)S_2+\Delta gV \tag{4-31}$$

式中，$\gamma_1(r)$、$\gamma_2(R')$ 及 $\gamma_3(R')$ 分别是尺寸依赖的核-气的内表面能、纳米空洞-气的内表面能及去除纳米空洞-核界面的内表面能；R'和 r 分别是纳米空洞和核的半径；S_1 和 S_2 分别是核-气和核-纳米空洞界面的接触面积；V 是核的体积；Δg 是单位体积的吉布斯自由能差，即：

$$\Delta g=-\frac{RT}{V_s}\ln\left(\frac{p}{p_e}\right) \tag{4-32}$$

式中，p_e 是平衡态核的蒸气压；V_s 是核的摩尔体积。考虑到在成核过程中核和纳米空洞的负曲率曲面引起的附加表面张力，应用拉普拉斯-杨方程和 Kelvin 方程[63]，我们可以得到

$$\Delta g=-\frac{1}{2}\left[\frac{RT}{V_s}\ln\left(\frac{p}{p_e}\right)+\frac{2\gamma_1(r)}{r}+\frac{2\gamma'(R')}{R'}\right] \tag{4-33}$$

式中，γ' 是曲率为 R' 的核的表面能。此外，考虑到具有负曲率的纳米空洞内表面的表面能尺寸效应[21]，如图 4-8 所示，我们可以计算得到界面的接触面积、体积及核的半径分别为

$$S_1=2\pi R'\left(R'-\sqrt{R'^2-r_0^2}\right) \tag{4-34}$$

$$S_2=2\pi r\left(r-\sqrt{r^2-r_0^2}\right) \tag{4-35}$$

$$V=\frac{\pi}{3}\left[r^3\left(2+\sqrt{1-r_0^2/r^2}\right)\left(1-\sqrt{1-r_0^2/r^2}\right)^2+R'^3\left(2+\sqrt{1-r_0^2/R'^2}\right)\left(1-\sqrt{1-r_0^2/R'^2}\right)^2\right] \tag{4-36}$$

及

$$r_0 = r\sqrt{1-\frac{(r+R'\zeta)^2}{R'^2+r^2+2R'r\zeta}} \tag{4-37}$$

式中，$\zeta=\cos\theta=\frac{\gamma_2-\gamma_3}{\gamma_1}$，其中，$\theta$ 为球形团簇与纳米空洞内壁的接触角。因此，结合方程式（4-33）、式（4-34）、式（4-35）和式（4-36），我们可以计算出单位体积的核的吉布斯自由能差。

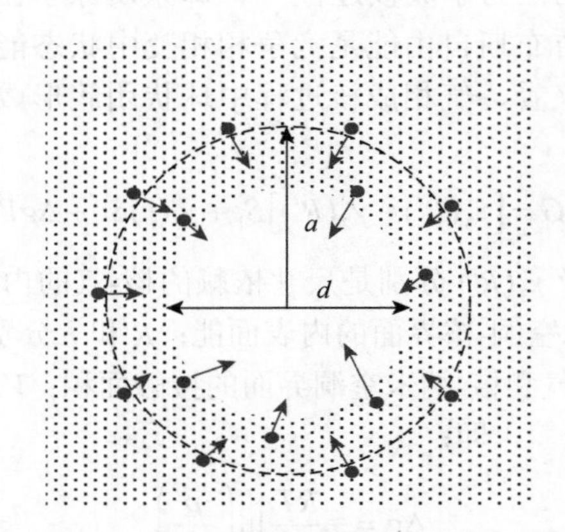

图 4-8　基质晶体中纳米空洞捕获外来杂质原子理论模型示意图

d 是纳米空洞的直径（$d=2R'$），虚线圆表示捕获区域，圆点表示基质晶格中的杂质原子被纳米空洞捕获

扩散动力学。杂质原子在基质晶体中的动力学扩散行为在纳米空洞的捕获过程中起着关键作用。我们首先假设在纳米空洞的内表面上存在一个由外来杂质原子成核而产生的捕获区，如图 4-8 所示。因此，动力学扩散被定义为杂质原子在基质晶体中从高浓度向低浓度的随机移动过程。根据 Fick 定律，我们可以用球坐标系来描述杂质原子的扩散

$$\frac{\partial C}{\partial t}=D_{iff}\frac{\partial^2 C}{\partial L_0^2} \tag{4-38}$$

式中，C 为杂质浓度；t 为扩散时间；L_0 为扩散距离；D_{iff} 为扩散系数。为了求解，我们假设纳米空洞内表面上的杂质原子浓度为零，而在扩散过程中，捕获区域边缘的杂质原子浓度保持不变（c_0）。依据以上假设，我们可以得到扩散过程的一个初始条件和一个边界条件

$$C|L_0=a=c_0 \quad (t\geqslant 0, 0\leqslant\theta\leqslant\pi, 0\leqslant\phi\leqslant 2\pi)$$

$$C|t=0=0 \quad (R'\leqslant L_0\leqslant a, 0\leqslant\theta\leqslant\pi, 0\leqslant\phi\leqslant 2\pi) \tag{4-39}$$

式中，a 和 R'分别是捕获区域和纳米空洞的半径。在上述条件下求解方程（4-38），我们可以得到

$$C(L_0,t)=c_0+2c_0\sum_{n=1}^{\infty}(-1)^n\frac{\sin\dfrac{n\pi L_0}{a}}{\dfrac{n\pi L_0}{a}}\exp\left[-\left(\frac{n\pi}{a}\right)^2 D_{iff}t\right] \tag{4-40}$$

我们以 Ren 等[45]研究报道的 Ag 纳米团簇在 Si 晶体中的纳米空洞中形成为例，以建立的纳米空洞内外来杂质原子的成核热力学及扩散动力学为基础，研究纳米空洞对杂质原子的捕获行为[20]。首先，我们计算了 Ag 纳米晶的表面能及 Si 晶体中纳米空洞的表面能，如图 4-9 所示。可以看出，Ag 纳米晶的表面能随着尺寸的减小而降低，而纳米空洞表面能则表现出相反的行为。图 4-10 展示了基于方程（4-31）的纳米空洞内杂质原子成核的吉布斯自由能对纳米空洞尺寸的依赖，其中 Ag 的 p/p_e 蒸发的比率是基于开尔文方程的实验结果得到的[72]。令人惊讶的是，纳米空洞内表面上杂质原子成核的吉布斯自由能竟然是负数。这就意味着，与不考虑表面能尺寸效应影响的纳米空洞内表面相比，杂质原子在负曲率纳米结构的纳米空洞内表面成核在热力学上是优先进行的，如图 4-10（b）的插图所示。事实上，负的成核吉布斯自由能意味着杂质原子在纳米空洞内表面实现自发的外延生长（接触外延）。因此，杂质原子在纳米空洞内表面的接触外延会导致纳米空洞对其周围杂质原子的捕获效应。更进一步地，纳米空洞对外来杂质原子捕获行为的物理本质是纳米空洞内表面大量不饱和化学键诱导的尺寸依赖的表面能，这个表面能赋予了纳米空洞对周围的杂质原子的吸杂能力。因此，在热力学上，杂质原子在纳米空洞内表面上的优先成核会诱导纳米空洞周围的杂质原子进入纳米空洞内。

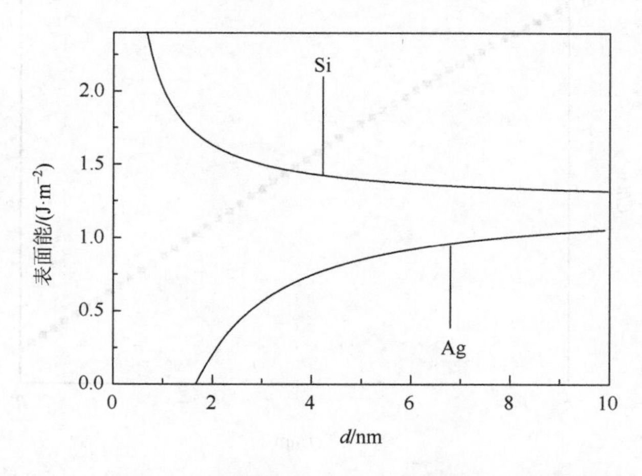

图 4-9　球形 Ag 纳米晶和 Si 纳米空洞的尺寸依赖表面能

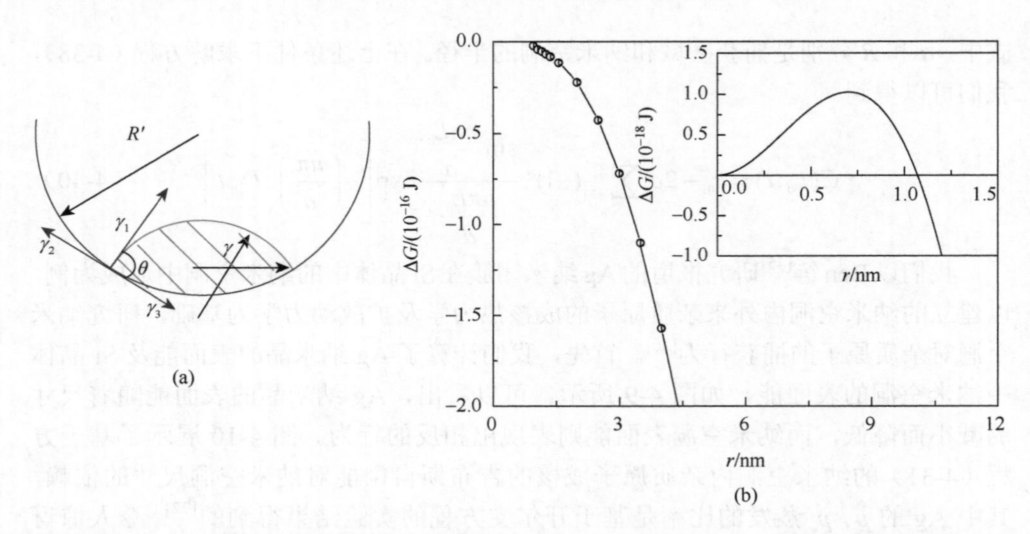

图 4-10　（a）纳米空洞内表面上的 Ag 成核示意图；（b）Ag 在 10 nm 纳米空洞内表面的成核吉布斯自由能

（a）中 R'和 r 分别是纳米空洞和 Ag 成核的半径，θ 是接触角；（b）中插图显示为未考虑负曲率纳米结构表面能的纳米空洞内外来杂质原子的成核吉布斯自由能

方程（4-40）描述了杂质原子在扩散过程中杂质浓度与扩散距离的关系，如图 4-11 所示。显然，在捕获区域中，杂质原子的浓度随着扩散距离的减小而降低。这个结果意味着在捕获区域中，杂质原子扩散通量存在朝向纳米空洞的浓度梯度。换句话说，就是基质晶体中的纳米空洞如同一个水槽（Sink），杂质原子在退火过程中自发地流入纳米空洞[45, 58-61]。

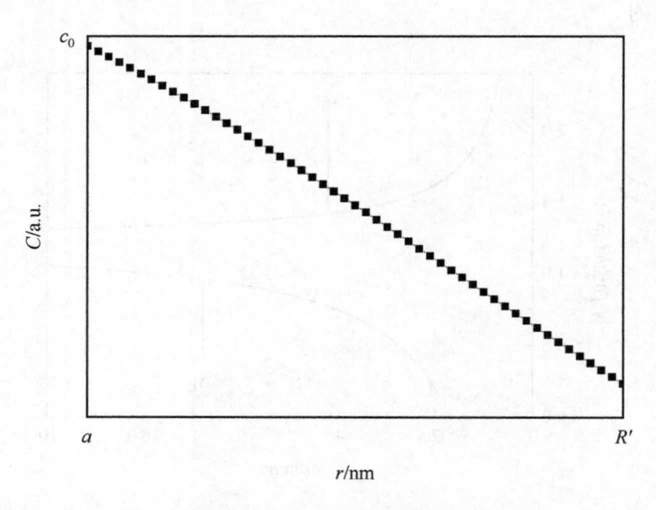

图 4-11　杂质原子浓度与扩散距离的关系

此外，粒子在负曲率纳米结构中的扩散行为在化学催化等领域中有着重要的潜在应用价值[73]。有研究报道纳米管内的 Rh 粒子对 CO 和 H_2 转化为乙醇具有非常显著的催化活性，而这归因于纳米管内壁异常的电荷密度及纳米管内外层截然不同的原子能态[74]。

本章我们从纳米尺度的热力学、动力学和连续介质力学的角度探讨了基质晶体中纳米空洞负曲率纳米结构内表面能，以及其由此产生的系列奇异纳米尺度效应如内表面层硬化、非线性收缩、过热、熔化等现象。基于所建立的纳米热力学理论，我们在理论上验证了在外部热激活的情况下纳米空洞的非线性收缩和极端过热现象，这些现象期待未来实验的验证。更有趣的是，我们发现了杂质原子可以被纳米空洞捕获的 Sink 效应。因此，可以推断，将一定数量的纳米空洞引入晶体中是提高纳米器件性能的一种有效途径。

参 考 文 献

[1] Fahey P M，Griffin P B，Plummer J D. Point defects and dopant diffusion in silicon[J]. Reviews of Modern Physics，1989，61（2）：289.

[2] Kyllesbech Larsen K，Privitera V，Coffa S，et al. Trap-limited migration of Si self-interstitials at room temperature[J]. Physical Review Letters，1996，76（9）：1493.

[3] Coyle S，Netti M C，Baumberg J J，et al. Confined plasmons in metallic nanocavities[J]. Physical Review Letters，2001，87（17）：176801.

[4] Gu L Q，Cheley S，Bayley H. Capture of a single molecule in a nanocavity[J]. Science，2001，291（5504）：636-640.

[5] Ruault M O，Fortuna F，Bernas H，et al. How nanocavities in amorphous Si shrink under ion beam irradiation：An in situ study[J]. Applied Physics Letters，2002，81（14）：2617-2619.

[6] Brusa R S，Macchi C，Mariazzi S，et al. Absence of positronium formation in clean buried nanocavities in p-type silicon[J]. Physical Review B，2005，71（24）：245320.

[7] Seager C H，Myers S M，Anderson R A，et al. Electrical properties of He-implantation-produced nanocavities in silicon[J]. Physical Review B，1994，50（4）：2458.

[8] Rest J，Birtcher R C. Precipitation kinetics of rare gases implanted into metals[J]. Journal of Nuclear Materials，1989，168（3）：312-325.

[9] Wang L M，Birtcher R C. Radiation-induced formation of cavities in amorphous germanium[J]. Applied Physics Letters，1989，55（24）：2494-2496.

[10] Kim J C，Cahill D G，Averback R S. Formation and annihilation of nanocavities during keV ion irradiation of Ge[J]. Physical Review B，2003，68（9）：094109.

[11] Ishikawa N，Awaji M，Furuya K，et al. HRTEM analysis of solid precipitates in Xe-implanted aluminum[J]. Nuclear Instruments and Methods in Physics Research Section B，1997，127：123-126.

[12] Zhu X F. Evidence of an antisymmetry relation between a nanocavity and a nanoparticle：A novel nanosize effect[J]. Journal of Physics：Condensed Matter，2003，15（17）：L253.

[13] Williams J S，Zhu X F，Ridgway M C，et al. Preferential amorphization and defect annihilation at nanocavities in silicon during ion irradiation[J]. Applied Physics Letters，2000，77（26）：4280-4282.

[14] Zhu X F, Williams J S, Ridway M C, et al. Direct observation of irradiation-induced nanocavity shrinkage in Si[J]. Applied Physics Letters, 2001, 79（21）: 3416-3418.

[15] Moody M P, Attard P. Curvature-dependent surface tension of a growing droplet[J]. Physical review letters, 2003, 91（5）: 056104.

[16] Ouyang G, Liang L H, Wang C X, et al. Size-dependent interface energy[J]. Applied Physics Letters, 2006, 88（9）: 091914.

[17] Dingreville R, Qu J M, Cherkaoui M. Surface free energy and its effect on the elastic behavior of nano-sized particles, wires and films[J]. Journal of the Mechanics and Physics of Solids, 2005, 53（8）: 1827-1854.

[18] Fried E, Gurtin M E. A unified treatment of evolving interfaces accounting for small deformations and atomic transport with emphasis on grain-boundaries and epitaxy[J]. Advances in Applied Mechanics, 2004, 40: 1-177.

[19] Needs R J. Calculations of the surface stress tensor at Aluminum（111）and（110）surfaces[J]. Physical Review Letters, 1987, 58（1）: 53.

[20] Ouyang G, Tan X, Yang G W. Thermodynamic model of the surface energy of nanocrystals[J]. Physical Review B, 2006, 74（19）: 195408.

[21] Ouyang G, Tan X, Cai M Q, et al. Surface energy and shrinkage of a nanocavity[J]. Applied Physics Letters, 2006, 89（18）: 183104.

[22] Sun C Q, Shi Y, Li C M, et al. Size-induced undercooling and overheating in phase transitions in bare and embedded clusters[J]. Physical Review B, 2006, 73（7）: 075408.

[23] Lu H M, Jiang Q. Size-dependent surface energies of nanocrystals[J]. The Journal of Physical Chemistry B, 2004, 108（18）: 5617-5619.

[24] Buff F P. The spherical interface. I. Thermodynamics[J]. The Journal of Chemical Physics, 1951, 19（12）: 1591-1594.

[25] Tolman R C. The effect of droplet size on surface tension[J]. The Journal of Chemical Physics, 1949, 17（3）: 333-337.

[26] Koenig F O. On the thermodynamic relation between surface tension and curvature[J]. The Journal of Chemical Physics, 1950, 18（4）: 449-459.

[27] Kirkwood J G, Buff F P. The statistical mechanical theory of surface tension[J]. The Journal of Chemical Physics, 1949, 17（3）: 338-343.

[28] Nijmeijer M J P, Bruin C, Van Woerkom A B, et al. Molecular dynamics of the surface tension of a drop[J]. The Journal of Chemical Physics, 1992, 96（1）: 565-576.

[29] Moody M P, Attard P. Curvature dependent surface tension from a simulation of a cavity in a Lennard-Jones liquid close to coexistence[J]. The Journal of Chemical Physics, 2001, 115（19）: 8967-8977.

[30] Saito Y, Uemura H, Uwaha M. Two-dimensional elastic lattice model with spontaneous stress[J]. Physical Review B, 2001, 63（4）: 045422.

[31] Weissmüller J, Cahn J W. Mean stresses in microstructures due to interface stresses: A generalization of a capillary equation for solids[J]. Acta Materialia, 1997, 45（5）: 1899-1906.

[32] Lamber R, Wetjen S, Jaeger N I. Size dependence of the lattice parameter of small palladium particles[J]. Physical Review B, 1995, 51（16）: 10968.

[33] Liang L H, Li J C, Jiang Q. Size-dependent melting depression and lattice contraction of Bi nanocrystals[J]. Physica B: Condensed Matter, 2003, 334（1-2）: 49-53.

[34] Chaudhari P, Spaepen F, Steinhardt P J. Defects and atomic transport in metallic glasses[M]//Glassy metal Ⅱ:

Atomic structure and dynamics，electronic structure，magnetic properties，1983，53：127.

[35] Yang F Q. Size-dependent effective modulus of elastic composite materials：Spherical nanocavities at dilute concentrations[J]. Journal of Applied Physics，2004，95（7）：3516-3520.

[36] Ouyang G，Li X L，Tan X，et al. Surface energy of nanowires[J]. Nanotechnology，2008，19（4）：045709.

[37] Brett D A，Llewellyn D J，Ridgway M C. Trapping of Pd，Au，and Cu by implantation-induced nanocavities and dislocations in Si[J]. Applied Physics Letters，2006，88（22）：222107.

[38] Ruault M O，Ridgway M C，Fortuna F，et al. In-situ microscopy study of nanocavity shrinkage in Si under ion beam irradiation[J]. The European Physical Journal：Applied Physics，2003，23（1）：39-40.

[39] Zhu X F. Shrinkage of nanocavities in silicon during electron beam irradiation[J]. Journal of Applied Physics，2006，100（3）：034304.

[40] Bai X M，Li M. Nucleation and melting from nanovoids[J]. Nano Letters，2006，6（10）：2284-2289.

[41] Sun C Q. Size dependence of nanostructures：Impact of bond order deficiency[J]. Progress in Solid State Chemistry，2007，35（1）：1-159.

[42] Goldstein A N，Echer C M，Alivisatos A P. Melting in semiconductor nanocrystals[J]. Science，1992，256（5062）：1425-1427.

[43] Ouyang G，Li X L，Tan X，et al. Size-induced strain and stiffness of nanocrystals[J]. Applied Physics Letters，2006，89（3）：031904.

[44] Wang C X，Yang G W. Thermodynamics of metastable phase nucleation at the nanoscale[J]. Materials Science and Engineering：R：Reports，2005，49（6）：157-202.

[45] Ren F，Jiang C Z，Liu C，et al. Controlling the morphology of Ag nanoclusters by ion implantation to different doses and subsequent annealing[J]. Physical Review Letters，2006，97（16）：165501.

[46] Eaglesham D J，White A E，Feldman L C，et al. Equilibrium shape of Si[J]. Physical Review Letters，1993，70（11）：1643.

[47] Cerofolini G F，Corni F，Frabboni S，et al. Hydrogen and helium bubbles in silicon[J]. Materials Science and Engineering：R：Reports，2000，27（1-2）：1-52.

[48] Brooks H. Impurities and imperfections[J]. Cleveland：American Society for Metals，1955：107-133.

[49] Qi W H，Wang M P. Size dependence of vacancy formation energy of metallic nanoparticles[J]. Physica B：Condensed Matter，2003，334（3-4）：432-435.

[50] Zhu X F，Wang Z G. Nanocavity shrinkage and preferential amorphization during irradiation in silicon[J]. Chinese Physics Letters，2005，22（3）：657.

[51] Kovač D，Otto G，Hobler G. Modeling of amorphous pocket formation in silicon by numerical solution of the heat transport equation[J]. Nuclear Instruments and Methods in Physics Research Section B，2005，228（1-4）：226-229.

[52] Ruault M O，Ridgway M C，Fortuna F，et al. Shrinkage mechanism of nanocavities in amorphous Si under ion irradiation：An in situ study[J]. Nuclear Instruments and Methods in Physics Research Section B，2003，206：912-915.

[53] Schmidt H，Borchardt G，Rudolphi M，et al. Nitrogen self-diffusion in silicon nitride thin films probed with isotope heterostructures[J]. Applied Physics Letters，2004，85（4）：582-584.

[54] Schmidt H，Gupta M，Bruns M. Nitrogen diffusion in amorphous silicon nitride isotope multilayers probed by neutron reflectometry[J]. Physical Review Letters，2006，96（5）：055901.

[55] Altug H，Englund D，Vučković J. Ultrafast photonic crystal nanocavity laser[J]. Nature Physics，2006，2（7）：484-488.

[56] Perichaud I，Yakimov E，Martinuzzi S，et al. Trapping of gold by nanocavities induced by H^+ or He^{++} implantation in float zone and Czochralski grown silicon wafers[J]. Journal of Applied Physics，2001，90（6）：2806-2812.

[57] Brett D A，de M. Azevedo G，Llewellyn D J，et al. Gettering of Pd to implantation-induced nanocavities in Si[J]. Applied Physics Letters，2003，83（5）：946-947.

[58] Raineri V，Fallica P G，Percolla G，et al. Gettering of metals by voids in silicon[J]. Journal of Applied Physics，1995，78（6）：3727-3735.

[59] Myers S M，Petersen G A，Seager C H. Binding of cobalt and iron to cavities in silicon[J]. Journal of Applied Physics，1996，80（7）：3717-3726.

[60] Roqueta F，Ventura L，Grob J J，et al. Lateral gettering of iron by cavities induced by helium implantation in silicon[J]. Journal of Applied Physics，2000，88（9）：5000-5003.

[61] Brett D A，Llewellyn D J，Ridgway M C. Gettering of Pd and Cu by nanocavities and dislocations in Si[J]. Nuclear Instruments and Methods in Physics Research Section B，2006，242（1-2）：576-579.

[62] Ou X，Kögler R，Mücklich A，et al. Efficient oxygen gettering in Si by coimplantation of hydrogen and helium[J]. Applied Physics Letters，2008，93（16）：161907.

[63] Ogura A. Formation of patterned buried insulating layer in Si substrates by He^+ implantation and annealing in oxidation atmosphere[J]. Applied Physics Letters，2003，82（25）：4480-4482.

[64] Deweerd W，Barancira T，Langouche G，et al. Study of the trapping of Co Fe impurities at the internal wall of nanosized Si voids[J]. Nuclear Instruments and Methods in Physics Research Section B，1996，120（1-4）：51-55.

[65] Kinomura A，Williams J S，Wong-Leung J，et al. Gettering of platinum and silver to cavities formed by hydrogen implantation in silicon[J]. Nuclear Instruments and Methods in Physics Research Section B，1997，127：297-300.

[66] Ouyang G，Li X L，Yang G W. Superheating and melting of nanocavities[J]. Applied Physics Letters，2008，92（5）：051902.

[67] Volmer M，Weber A Z. Keimbildung in übersättigten gebilden[J]. Zeitschrift für Physikalische Chemie，1926，119（1）：277-301.

[68] Farkas L. Keimbildungsgeschwindigkeit in übersättigten dämpfen[J]. Zeitschrift für Physikalische Chemie，1927，125（1）：236-242.

[69] Turnbull D，Fisher J C. Rate of nucleation in condensed systems[J]. The Journal of Chemical Physics，1949，17（1）：71-73.

[70] Turnbull D. Kinetics of heterogeneous nucleation[J]. The Journal of Chemical Physics，1950，18（2）：198-203.

[71] Turnbull D. Kinetics of solidification of supercooled liquid mercury droplets[J]. The Journal of Chemical Physics，1952，20（3）：411-424.

[72] Nanda K K，Maisels A，Kruis F E，et al. Higher surface energy of free nanoparticles[J]. Physical Review Letters，2003，91（10）：106102.

[73] Defay R，Prigogine I，Bellemans A，et al. Surface tension and adsorption[M]. New York：John Wiley & Sons，1951.

[74] Pan X L，Fan Z L，Chen W，et al. Enhanced ethanol production inside carbon-nanotube reactors containing catalytic particles[J]. Nature Materials，2007，6（7）：507-511.

第 5 章　纳米管的表面能

5.1　纳米管的定义

作为微电子和光电子纳米器件的基本构筑单元，一维纳米结构（如纳米线和纳米管）已经成为介观物理、材料化学和材料物理等学科重点关注的对象。由于其一维结构，它们不仅为研究电、磁、光和热传输特性提供了独特的模型系统，而且有望作为连接器和功能单元在纳米器件应用中发挥重要作用[1-3]。实验上，人们已经发展了许多方法来合成一维纳米结构并表征它们的相关物性[4]；理论上，人们已经开始用纳米热力学理论[5]、半经验方法[6]、分子动力学模拟[7]、从头（ab-initio）计算[8]等方法来研究其力学、热学、磁学和电学等特性。

与正曲率纳米结构的纳米线相比，负曲率纳米结构的纳米管具有独特的物理化学性能和巨大的潜在应用价值。例如，纳米管既可以作为制造纳米线的模板，也可以在其中填充各种材料组装出一维复合纳米结构。Sun 等[9]的研究展示了纳米管可用作坚固的纳米级夹具，用于挤压和成形硬质纳米材料。Wang 等在理论上提出了在纳米管中生长金刚石纳米线的思想，并给出了纳米线在纳米管内成核的热力学模型[10]。值得注意的是，碳纳米管的杨氏模量等力学性能已经引起了许多研究人员在理论上[10-15]和实验上[16-18]的兴趣。例如，Cai 和 Wang[14]根据各向异性连续介质理论和有限元数值计算研究发现，随着碳纳米管直径的增加，它的杨氏模量显著降低。Hsieh 等[15]通过分子动力学模拟和其他计算方法研究了单壁碳纳米管的杨氏模量，发现它的杨氏模量与纳米管长度无关，但是，随着纳米管半径的增加而减小。上述理论研究结果表明，单壁碳纳米管的杨氏模量具有明显的尺寸效应，这与相应的实验结果是一致的[15]。但是，Lu[19]的理论研究表明了碳纳米管的杨氏模量对纳米管尺寸完全不敏感。Hernandez 等[13]根据纳米结构与尺寸相关的弹性应变能理论也预言了碳纳米管杨氏模量对纳米管尺寸的依赖较弱。事实上，Lu[12]的计算采用了经验对势，并没有考虑与曲率相关的纳米管键合特性。此外，Chang 和 Gao[20]及 Shen 和 Li[21]在理论上系统地研究了单壁碳纳米管的弹性模量。然而，对于具有确定壁厚的纳米管的杨氏模量之类的力学性能的研究，目前还没有任何合适的理论工具。

由于纳米材料的表面积与体积之比较大，其性能与块体材料不同[22-24]。表面和界面对于一维纳米结构的物性有重要影响。物理学上，与表面原子相关的能量会显著影响纳米结构的力学行为[25]。所以，纳米管的力学性能不仅受弹性应变能的影响，还受尺寸依赖的原子键能的影响，这反映在纳米管表面能上。Dingrevill等[25]基于连续介质力学，建立了针对具有正曲率纳米结构的纳米颗粒、纳米线和纳米薄膜的表面能与力学性能的关系，发现当纳米结构的尺寸小于 10 nm 时，表面能对其力学性能的影响大于相应的块体材料。重要的是，纳米结构表面能具有显著的尺寸效应[26, 27]。然而，文献中很少看到有关具有一定厚度的纳米管的表面（包括内表面和外表面）能研究。

我们基于纳米热力学和连续介质力学建立纳米管表面能的解析表达，并且指出纳米管的异常杨氏模量是由尺寸相关的表面能引起的。

5.2　纳米管内外表面能的热力学理论

我们建立的具有一定厚度的纳米管内外表面能的热力学模型如下。基于纳米热力学考虑[22]，纳米管的表面能也分为结构项和化学项，如方程式（4-10）所示。考虑到纳米管具有不同曲率的内表面和外表面，我们可以将纳米管内表面和外表面的尺寸依赖表面能分别表示为

$$\gamma_{\text{inner}} = \gamma_{\text{inner}}^{\text{structure}}(d) + \gamma_{\text{inner}}^{\text{chemical}}(d) \tag{5-1}$$

$$\gamma_{\text{outer}} = \gamma_{\text{outer}}^{\text{structure}}(D) + \gamma_{\text{outer}}^{\text{chemical}}(D) \tag{5-2}$$

一般来说，最外原子层是表面能的主要贡献者[28]。因此，我们假设晶胞表面具有 4 个原子，并以此来计算纳米管的表面应变能[29]。图 5-1（a）为纳米管结构示意图，其内径为 d，外径为 D，长度为无穷大。为了简化，在我们的例子中只考虑了一层具有表面相的原子，图 5-1（b）所示为具有立方晶格结构的纳米管的壳-核-壳结构模型。我们采用具有 4 个原子的表面晶胞，其坐标可以分别表示为：①（x_i, y_j）、②（x_{i+1}, y_j）、③（x_i, y_{j+1}）及④（x_{i+1}, y_{j+1}），如图 5-1（c）所示。这样，纳米管表面晶胞中的弹性应变能就可以写为$U_{(i,j)}^s = U_{1,2}^s + U_{1,3}^s + U_{1,4}^s + U_{2,3}^s$，其中，$U_{(i,j)}^s$ 表示由于弹簧的拉伸而在原子 i 和 j 之间产生的形变能。假设纳米管表层原子处于弛豫重构状态，那么，将②、③、④的原子位置移动到②'、③'、④'进行晶格弛豫。这样的话，纳米管表面晶胞中的总弹性应变能为

$$U_{(i,j)}^s = \frac{1}{2}(\omega a^s)^2 \left\{ K_1\left(\varepsilon_x^{s2} + \varepsilon_y^{s2}\right) + K_2\left[\left(\varepsilon_x^s + \varepsilon_y^s\right)^2 + 4\varepsilon_{xy}^{s2}\right] \right\} \tag{5-3}$$

式中，ω、a^s、$\varepsilon_i^s (i = x, y)$ 和 $K_j (j = 1, 2)$ 是晶格弛豫参数、表面晶胞的晶格常数、表面原子应变和弹簧系数。因此，单位面积（S_0）的表面应变能为

$$\gamma^{\text{structure}} = \frac{U_{(i,j)}}{S_0} = \frac{1}{2}\left\{ K_1\left(\varepsilon_x^{s2} + \varepsilon_y^{s2}\right) + K_2\left[\left(\varepsilon_x^s + \varepsilon_y^s\right)^2 + 4\varepsilon_{xy}^{s2}\right] \right\} \tag{5-4}$$

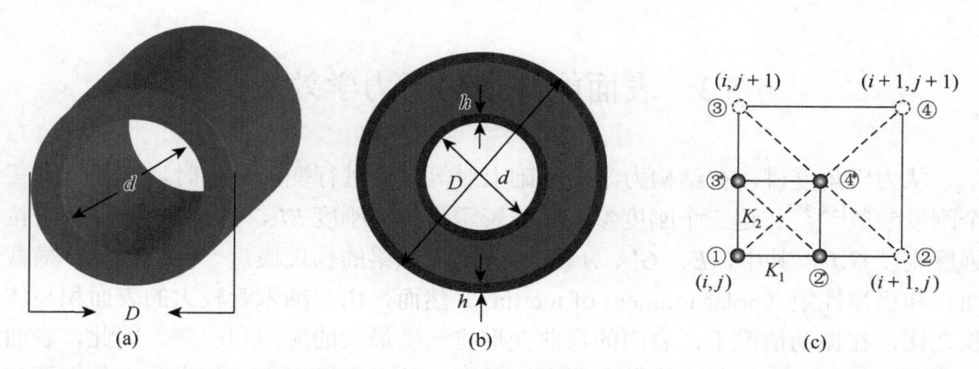

图5-1（a）纳米管结构示意图；（b）纳米管的壳-核-壳结构模型；（c）纳米管的表面晶胞

h 是原子的直径，d 和 D 是纳米管的内径和外径

这里需要注意的是，球体的表面应变 $\varepsilon_{\alpha\beta}^{s}$ $(\alpha, \beta=1,2)$ 在各向同性坐标变换条件下等于体积应变 ε_{ij} $(i, j=1,3)$。类似地，纳米管具有各向同性，即 $\varepsilon_x=\varepsilon_x^s$、$\varepsilon_y=\varepsilon_y^s$ 且 $\varepsilon_{xy}=0$。值得注意的是，轴向应变与径向应变不同（y 轴为轴向，x 轴为径向）。假设纳米管轴向为立方晶的 $\{100\}$ 面，则 $\varepsilon_y=\vartheta\varepsilon_x=\dfrac{2C_{11}}{C_{11}-2C_{12}}\varepsilon_x$，其中，$\vartheta$ 为比值常数，C_{11} 和 C_{12} 为弹性常数。径向应变类似于基于液滴模型的球形情况[30, 31]，即 $\varepsilon_x=\pm\dfrac{2k}{3d}\sqrt{\dfrac{d_0hS_{mb}H_{mb}}{kV_sR}}$，其中，$k$、$h$ 和 d_0 分别表示块状晶体的可压缩性、原子直径和纳米管 $3h$ 的临界直径。

纳米管内外表面的化学项 γ^{chemical} 与纳米空洞和纳米晶体的相似。物理上，表面能的化学项 γ^{chemical} 可以由 $\gamma_0^{\text{chemical}}=\left(1-\sqrt{z_s/z_b}\right)E_b$ 给出，其中，z_s、z_b 和 E_b 分别是表面配位数、体积配位数和内聚能[32, 33]。值得注意的是，原子内聚能具有明显的尺寸效应，相关实验和理论计算也证实了这一点[34-37]。例如，Kim 等[35]通过测量纳米晶的氧化焓发现 Mo 和 W 原子内聚能与尺寸有关。Sun 等[36]基于 BOLS 理论提出 E_b 随着尺寸减小而增加。此外，Jiang 等[37]提出了纳米晶内聚能的尺寸依赖。

总而言之，由于纳米结构较大的表面积与体积之比，其表面或界面的原子能态与相应的块状晶体非常不同。因此，我们可以推导出纳米管内外表面能的化学贡献为

$$\gamma_{\text{inner}}^{\text{chemical}}(d)=\gamma_0^{\text{chemical}}\left(1+\frac{4h}{d}\right) \tag{5-5}$$

$$\gamma_{\text{outer}}^{\text{chemical}}(D)=\gamma_0^{\text{chemical}}\left[1-\frac{1}{(D/D_0)-1}\right]\exp\left[-\frac{2S_{mb}}{3R}\frac{1}{(D/D_0)-1}\right] \tag{5-6}$$

式中，$\gamma_0^{\text{chemical}}$ 是零曲率的平面的值。

5.3　表面能导致的新力学效应

从力学角度讲，在结构力学的基础上对等效梁进行变形分析时，需要处理三个刚度参数[38, 39]。这三个刚度参数具体表示为抗弯刚度EI、抗拉强度EA和抗拉强度刚度$G'J$，其中，E、G'、A和J分别表示梁的杨氏模量、剪切模量、横截面积和极惯性矩（polar moment of inertia）。然而，由于纳米管较大的表面积与体积之比，在振动情况下，表面的弯曲变形将承受最大的应力和应变。因此，表面弹性在有效刚度中的作用比轴向形变更重要。基于上述考虑，作为与内外表面状态相关的重要量，抗弯刚度EI是最合适于表征纳米管轴向力学性能的物理量。

Chen 等[4]的研究中将EI定义为控制ZnO纳米线轴向形变的有效抗弯刚度参数，E是轴向有效杨氏模量，I是惯性矩。此外，对于球形纳米晶，沿直径的有效抗弯刚度可以表示为$EI = E_0I_0 + E_sI_s$，其中，下标 0 和 s 分别表示核和壳。球形纳米晶轴向的有效杨氏模量为$\dfrac{E}{E_0} = \left(1-\dfrac{2h}{D}\right)^5 + \dfrac{E_s}{E_0}\dfrac{5}{3}\left(\dfrac{6h}{D} - \dfrac{12h^2}{D^2} + \dfrac{8h^3}{D^3}\right)$[24]。

类似地，纳米管的尺寸依赖弹性特性可以用图 5-1（b）中所示的壳-核-壳结构来表示。因此，忽略剪切模量，纳米管轴向的有效抗弯刚度可以定义为

$$EI = E_0I_0 + E_s^{\text{in}}I_{\text{in}} + E_s^{\text{out}}I_{\text{out}} \tag{5-7}$$

式中，E_0、E_s^{in}和E_s^{out}分别表示纳米管的核心、内壳和外壳的杨氏模量；I_0、I_{in}和I_{out}是核心、内壳和外壳的惯性矩。将I_0、I_{in}和I_{out}代入方程（5-7），我们可以得到

$$\begin{aligned} E = E_0 \Bigg[& 1 + \frac{24h^2(D^2-d^2) - 8h(D^3+d^3) - 32h^3(D+d)}{D^4-d^4} \\ & + \frac{E_s^{\text{in}}}{E_0}\frac{(16h^4 + 24d^2h^2 + 8d^3h + 32dh^3)}{D^4-d^4} \\ & + \frac{E_s^{\text{out}}}{E_0}\frac{(-16h^4 - 24D^2h^2 + 8D^3h + 32Dh^3)}{D^4-d^4} \Bigg] \end{aligned} \tag{5-8}$$

根据发展的 BOLS 理论[40]，我们可以推导出纳米管内壳和外壳的表面杨氏模量(E_s)为

$$\Delta E / E_0 = (E_s - E_0)/E_0 = (a_s/a_0)^{-m} - 3a_s/a_0 + 2 \tag{5-9}$$

式中，m是键性质的表征参数。对于化合物和合金，$m=4$；对于金属，$m=1$。因此，对于金属和半导体，$\dfrac{E_s}{E_0} = 3 - 2\dfrac{a_s}{a_0}$。纳米管轴向的表面晶格常数$(a_s)$与块状晶体不同。所以，当纳米管将处于自平衡状态时，a_s的形式为

$$a_s = a_0\left(1-\frac{4\gamma}{d}\Xi'\right) \tag{5-10}$$

并且 $\Xi' = \dfrac{C_{11}}{(C_{11}+2C_{12})(C_{11}-C_{12})}$，其中 Ξ' 是纳米管的方向相关常数。根据以上理论分析，我们可得杨氏模量与表面能的关系为

$$\frac{E_s}{E_0} = 3-2\left(1-\frac{4\gamma}{d}\Xi'\right) \tag{5-11}$$

那么，我们可以得到纳米管的有效杨氏模量为

$$\begin{aligned} E = E_0\Bigg(&1+\frac{24h^2(D^2-d^2)-8h(D^3+d^3)-32h^3(D+d)}{D^4-d^4} \\ &+\frac{(16h^4+24d^2h^2+8d^3h+32dh^3)}{D^4-d^4}\left\{3-2\left[1-\frac{4\gamma^{\text{inner}}(d)}{d}\Xi'\right]\right\} \\ &+\frac{(-16h^4-24D^2h^2+8D^3h+32Dh^3)}{D^4-d^4}\left\{3-2\left[1-\frac{4\gamma^{\text{outer}}(D)}{D}\Xi'\right]\right\}\Bigg) \end{aligned} \tag{5-12}$$

基于上述建立的模型，我们计算了铜纳米管轴向的表面能和有效杨氏模量，如图 5-2 所示。显然，随着纳米管直径的减小，纳米管内表面的表面能增加，而外表面的表面能则是降低的。然而，当 $D>10$ nm 时，内表面和外表面的表面能都平滑地过渡到相应块体材料的表面能。从图 5-2 可以看出，5 nm 的尺寸似乎是铜纳米管尺寸依赖的阈值。

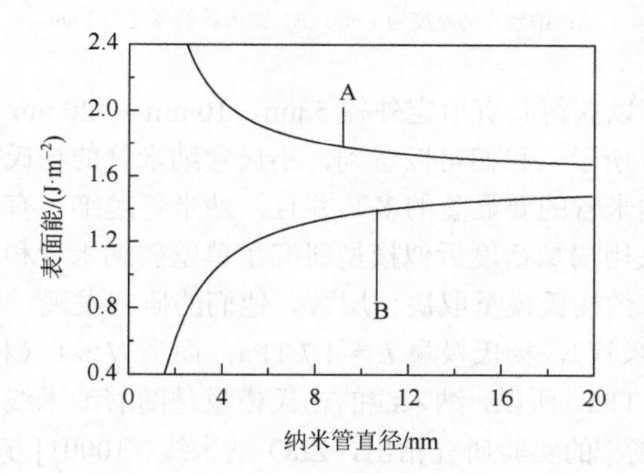

图 5-2　纳米管表面能与直径的关系

A：内表面；B：外表面。弹性参数分别为 $C_{11} = 167.38$ GPa 和 $C_{12} = 124.11$ GPa

我们需要注意，在纳米管的内表面上，晶格弛豫的弹性应变能密度和悬挂键密度都随着直径的减小而变大。此外，在纳米管的外表面，表面能的结构项和化

学项的贡献导致了表面能随着尺寸的减小而降低。重要的是，晶格决定了表面能随特定原子位点和原子配位数的变化。例如，在碳纳米管壁中，我们可以选择六边形晶胞来计算表面弹性能（$\gamma^{\text{strueture}}$）和表面化学能（$\gamma^{\text{chemical}}$）。

图 5-3 显示了分别在 1 nm 和 2 nm 的恒定厚度下，根据方程（5-12）计算出来的纳米管有效杨氏模量与体积的比率之间的关系。可以看出，E/E_0 的值随着纳米管内径的减小而平稳地增加。有趣的是，小厚度纳米管的有效杨氏模量大于大厚度纳米管的有效杨氏模量。当内径 $\to\infty$ 时，$E/E_0 \to 1.00$，这意味着纳米管的有效杨氏模量将等于相应体块材料的有效杨氏模量。有趣的是，上述结果与 Hsieh 等的分子动力学模拟的结果非常吻合[10]。

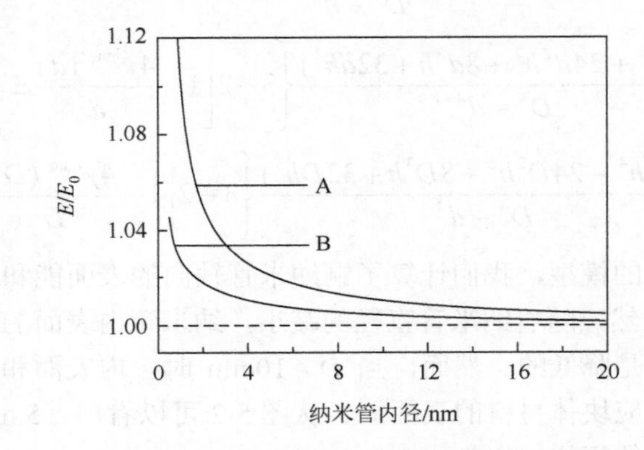

图 5-3　E/E_0 的比值与纳米管内径的关系

A：纳米管的厚度为 1 nm；B：纳米管的厚度为 2 nm

此外，我们可以获得具有恒定外径 5 nm、10 nm 和 20 nm 的纳米管的有效杨氏模量，如图 5-4 所示。我们可以看到，小尺寸纳米管的杨氏模量随纳米管尺寸的变化比大尺寸纳米管的要显著的多，并且，纳米管越细，有效杨氏模量越大。Tu 和 Ouyang[41]采用局域密度近似模型研究了单壁碳纳米管和多壁碳纳米管作为弹性管，发现其有效杨氏模量取决于层数。他们的研究发现，原子层数 $N=1$ 时（相当于单壁碳纳米管），杨氏模量 $E=4.7$ TPa；而当 $N\gg1$（相当于块状石墨），杨氏模量 $E=1.04$ TPa。所以，纳米线的杨氏模量是随着纳米线直径的减小而增加的。例如，Chen 等[4]的实验研究指出，ZnO 纳米线在[0001]方向的尺寸依赖杨氏模量随着直径的减小而显著增加。因此，我们的理论结果表明，对于相同的材料，纳米管的有效杨氏模量大于同尺寸的纳米线的有效杨氏模量，纳米管和纳米线的有效杨氏模量均高于相应块体材料。这种新力学效应的物理本质是不同曲率纳米结构的尺寸依赖表面能。

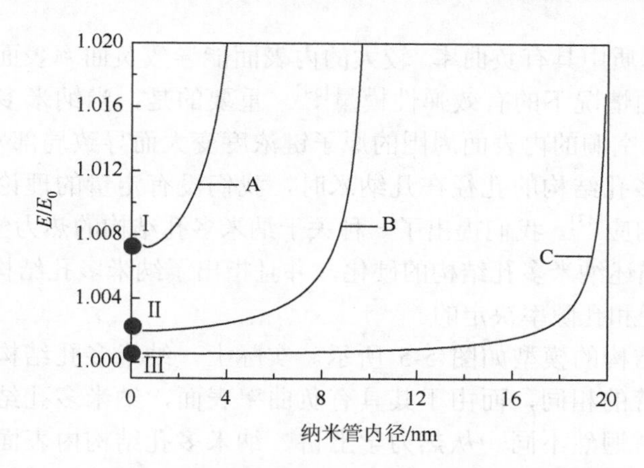

图 5-4　纳米管的杨氏模量与纳米管内径的关系

A：5 nm；B：10 nm；C：20 nm。图中带有Ⅰ、Ⅱ和Ⅲ的圆点表示纳米线的相应值

5.4　纳米多孔结构材料的力学特性

纳米多孔结构材料因其在介观物理和化学化工等方面的独特应用及在传感、催化和 DNA 易位等技术领域的潜在应用价值，成为近年来研究的热点[42-48]。同时，对纳米孔、纳米空洞和纳米通道阵列等纳米多孔结构材料的研究可以更深入地理解此类具有负曲率纳米结构材料的独特系统。由于纳米多孔结构中内表面附近的原子数与原子总数的比率非常大，因此表面效应对于其物理化学性质有决定作用。正如前面所提到的，纳米材料和纳米结构的许多物理化学性质，包括熔化温度、弹性模量和内聚能等都表现出了强烈的尺寸效应。与正曲率纳米结构的材料相比，具有较大内表面积的负曲率纳米结构的纳米多孔结构材料是一种优良的基体材料，并且在纳米技术中已经得到了广泛应用[46]。例如，纳米孔和纳米空洞在捕获外来杂质粒子时表现出的 Sink 效应，并且可以通过调整孔径和孔隙率来控制这种效应[43]。

由于纳米多孔结构原子的配位减少会导致电荷的重新分布并改变基体中单个原子的内聚能，因此，它们的力学响应不同于相应块体材料中原子的力学响应。我们知道，纳米多孔结构的各向同性弹性模量的孔隙率依赖的表达式已经在有效介质理论那里得到了发展[49, 50]。所以，有效弹性模量适用于描述纳米多孔结构的力学性能。通常，多孔结构材料的有效弹性模量是用基体和材料中的多孔夹杂物的弹性模量表示的。然而，纳米结构材料的表面弹性不同于相应块体材料，因此，纳米结构材料表面能的计算需要用到基于力学平衡原理的拉普拉斯-杨方程[51, 52]。Duan 等[53]的研究指出，通过特定的表面修饰手段，可以使纳米多孔结构材料的刚度超过相应的非多孔结构材料。事实上，纳米多孔结构与纳米空洞相似，因为它们的内表面在基质中具有负曲率。较大的内表面能导致负曲率表面的有效弹性模量大于相应平面情况下的有效弹性模量[54]。重要的是，当纳米多孔结构空隙尺寸变小时，纳米空洞的内表面周围的原子键浓度变大而导致局部发生硬化[27, 54]。然而，当纳米多孔结构的孔径在几纳米时，我们没有定量的理论来计算纳米多孔结构的力学响应[43]。我们提出了一种关于纳米多孔结构的热力学理论，该理论可以定量化地描述纳米多孔结构的硬化，并且指出了纳米多孔结构的有效体积弹性模量是由孔径和孔隙率决定的。

纳米多孔结构的模型如图 5-5 所示。实际上，纳米多孔结构的内表面的物理特性与纳米管的相同，而由于其具有负曲率表面，纳米多孔结构的内表面与相应的块体材料迥然不同。从热力学上讲，纳米多孔结构内表面的表面能源于原子结合能和弹性应变能，随着纳米多孔结构尺寸的减小，其负曲率会导致曲面原子键密度的稳定增加。

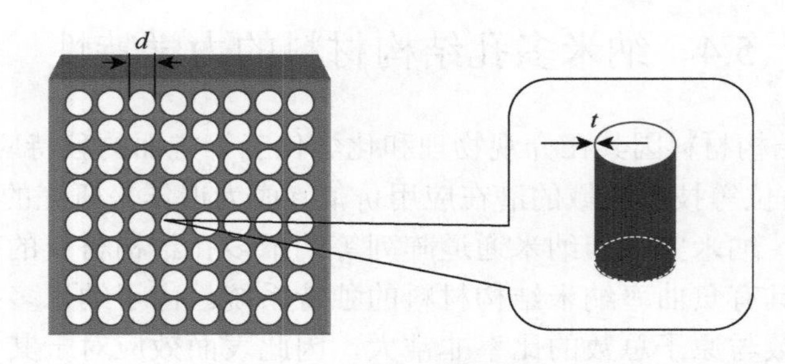

图 5-5 纳米多孔结构示意图

d 是圆柱形孔的直径，t 是内表面的厚度，放大图是纳米多孔结构中的任意圆柱形纳米孔

同样，弹性应变能密度也会随着孔径的减小而增加。因此，正如前面我们所研究的[29]，纳米多孔结构中圆柱形孔的内表面的表面能（γ）可以写成 $\gamma=\gamma^{\text{structure}}+\gamma^{\text{chemical}}$，其中，$\gamma^{\text{structure}}$ 是由内表面原子的弹性应变能引起的结构贡献；而 γ^{chemical} 是由基于断键规则的表面原子的内聚能产生的。我们可以推导出 $\gamma(d)=\gamma_0(1+4h/d)+\bar{\alpha}\varepsilon^2$，其中，$\gamma_0$ 和 d 分别为零曲率平面中的值和基体中圆柱形纳米孔的直径，ε 是内表面的晶格应变。因此，纳米多孔结构内表面原子的弛豫和重构可以使得内壳比初期更硬。

一般情况下，在纳米多孔结构的内表面断裂的键会导致未配位原子的剩余键自发收缩。同时，结合强度比相应块体材料强。因此，可根据方程（5-9）计算纳米多孔结构内表面的杨氏模量（E_{np}^{s}），即 $\Delta E/E_0=\left(E_{np}^{s}-E_0\right)/E_0=(a_s/a_0)^{-m}-3a_s/a_0+2$ [55]，其中，E_0 是杨氏体积模量。同时，在自平衡状态下的表面原子应变可以推导为 $\partial U_{tot}/V_0\partial\varepsilon\big|\varepsilon=\hat{\varepsilon}=0$，其中 U_{tot} 表示纳米多孔结构单位体积（V_0）的总应变能[56]。

假设我们的例子是在各向同性状态下，那么，在自平衡状态下纳米多孔结构的表面晶格常数和表面能的关系可以推导为

$$a_s = a_0\left[1 - \frac{4\gamma(d)}{d}\Xi'\right] \tag{5-13}$$

因此，纳米多孔结构内表面杨氏模量可以表示为尺寸相关的函数

$$E_{np}^s = E_0\left\{3 - 2\left[1 - \frac{4\gamma(d)}{d}\Xi'\right]\right\} \tag{5-14}$$

假设基质和圆柱形孔的内表面都是各向同性的[57]，那么，内表面的拉梅参数可以计算为

$$\lambda^s = E_0\left\{3 - 2\left[1 - \frac{4\gamma(d)}{d}\Xi'\right]\right\}\frac{\nu t'}{(1-\nu)(1-2\nu)} \tag{5-15}$$

$$\mu^s = E_0\left\{3 - 2\left[1 - \frac{4\gamma(d)}{d}\Xi'\right]\right\}\frac{t'}{2(1+\nu)} \tag{5-16}$$

式中，t' 是纳米多孔结构表面层的厚度；ν 是泊松比。此外，内表面本构方程可以基于胡克定律表达为

$$\sigma = \lambda_s(tr\varepsilon^s)l + 2\mu_s\varepsilon^s \tag{5-17}$$

式中，σ 是表面应力张量；l 是二维空间中的二阶单位张量；λ_s 和 μ_s 是各向同性表面的表面弹性常数。根据广义自洽方法（GSAM）[53, 58]，我们在圆柱坐标系中使用非零应变分量。那么，横向体积弹性模量 k_e 可由边界条件和位移解确定，表示为 $u_r^0 = \varepsilon_m^0 r$、$u_\varphi^0 = 0$、$u_z^0 = 0$ 和 $u_r^i = a_i r + \frac{b_i}{r}$、$u_z^i = 0$、$u_\varphi^i = 0$，其中，$r$ 是纳米孔的半径，$i(i = m, e)$分别表示基质和有效介质。这样的话，我们可以发现纳米多孔结构

$$\frac{k_e}{k} = \frac{(1-2\nu)\left\{2(1-p_{or}) + (1+p_{or}-2p_{or}\nu)\left[(2\lambda^s + 4\mu^s)/(d\mu_m)\right]\right\}}{2(1+p_{or}-2\nu) + (1-p_{or})(1-2\nu)\left[(2\lambda^s + 4\mu^s)/(d\mu_m)\right]} \tag{5-18}$$

式中，k、μ_m 和 p_{or} 分别是纳米多孔结构的体积弹性模量、剪切模量和孔隙率。结合方程式（5-15）、式（5-16）和式（5-18），我们就可以得到纳米多孔结构的孔隙率和尺寸相关的有效体积弹性模量。

基于上述建立的模型，我们计算了 Au 纳米多孔结构的纳米孔内表面的表面能、表面杨氏模量和有效体积弹性模量。显然，Au 纳米多孔结构的纳米孔内表面的表面能随着直径的减小而变大，如图 5-6（a）所示。有趣的是，当 d＞5 nm 时，

内表面的表面能平滑地变为基体的表面能。在物理上，这归因于弹性应变能的晶格弛豫密度和悬挂原子键的密度都随着孔径的减小而变大。此外，我们从 Au 纳米孔的 E_{np}^s / E_0 的变化［图 5-6（b）］可以看出，Au 纳米孔的内表面杨氏模量随着孔径的减小而增大。类似地，当 $d>5$ nm 时，纳米孔的 E_{np}^s / E_0 平滑地趋于相应块体材料。因此，5 nm 应该是 Au 纳米孔尺寸依赖的阈值。实际上，纳米多孔结构内表面配位不足的原子状态与相应块体材料中的原子状态十分不同，这与纳米线的情况类似[4]。纳米线的表面层可以看作是具有壳层的复合线芯结构也就是由块状的圆柱形芯和与芯同轴的表层壳组成。因此，纳米线表面的杨氏模量将高于核。在这种情况下，纳米多孔结构可以被视为内壳-外核结构。

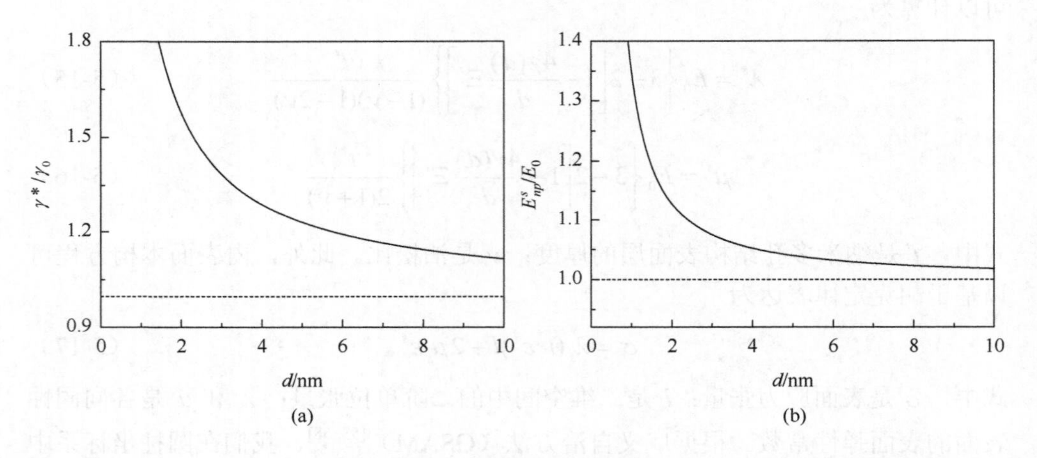

图 5-6　（a）Au 纳米多孔结构的尺寸依赖内表面能和（b）表面杨氏模量

根据方程（5-18），当孔隙率恒定为 0.1、0.2 和 0.3 时，纳米孔结构的圆柱形孔径、孔隙率和有效体积弹性模量的关系如图 5-7 所示。显然，k_e / k 的值随着纳米多孔结构直径的减小而稳定增加。重要的是，具有小圆柱形孔径的纳米多孔结构的有效体积弹性模量大于具有大圆柱形孔径的纳米多孔结构的有效体积弹性模量。Mathur 和 Erlebacher[59]的实验研究表明，叶片状 Au 纳米多孔结构的有效杨氏模量显示出强烈的尺寸效应，即有效杨氏模量随着尺寸在 3～40 nm 内减小而增加。因此，我们的理论准确地描述了纳米多孔结构力学响应的趋势。当 $p \to 1$ 时，k_e / k 变为 0。此外，在 1 nm、2 nm、5 nm 和 8 nm 的恒定圆柱形孔径下，我们可以获得具有不同孔隙率的 Au 纳米多孔结构的有效体积弹性模量，如图 5-8 所示。显然，具有小孔径的 Au 纳米多孔结构的弹性模量变化趋势强于具有大孔径的 Au 纳米多孔结构。令人惊讶的是，圆柱形孔径小于 2 nm 的纳米多孔结构的体积弹性模量表现出如图 5-8 所示的硬化效应，换句话说，孔径小于 2 nm

的纳米多孔结构的有效体积弹性模量大于相应块体材料。令人高兴的是，这些理论结果与研究是一致的[53]。

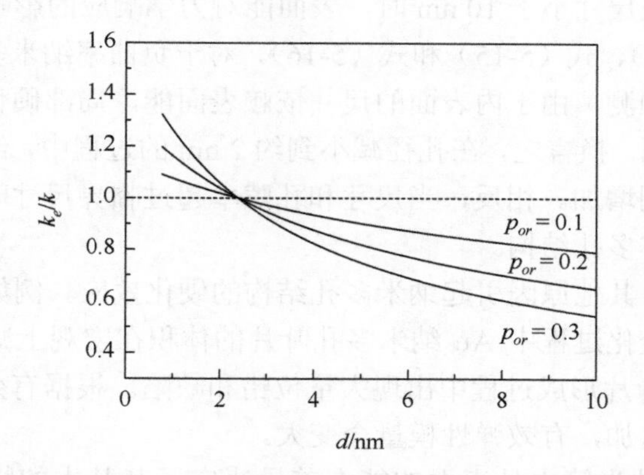

图 5-7　当孔隙率恒定时，Au 纳米多孔结构的有效体积弹性模量与直径和孔隙率的关系

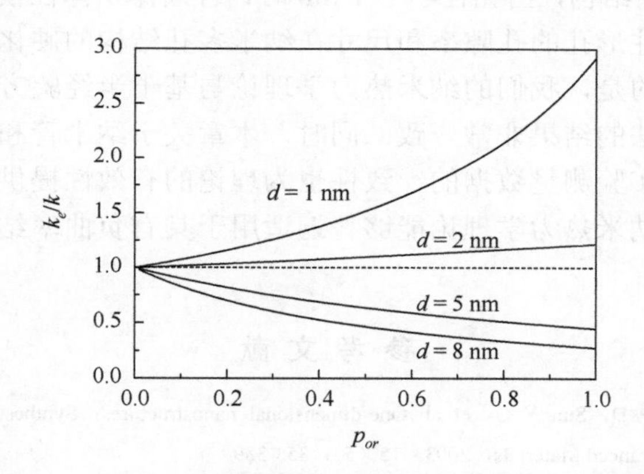

图 5-8　当圆柱形孔径恒定时，Au 纳米多孔结构的有效体积弹性模量与孔隙率和直径的关系

实际上，一定数量的缺陷如原子空位或点缺陷是可以提高固体材料的力学强度的[60]。Wu 和 Dzenis[61]的研究证明了中空聚合物纳米纤维表现出较大轴向刚度效应，并发现纤维直径对其力学响应有明显影响。类似的研究也发现 FeAlN 和 WAlC 的硬度与氮和碳空位的浓度直接相关[62, 63]。特别是，Biener 等[64]的研究证明了金属泡沫硬度的提高可以减少韧带和孔隙的长度尺度。此外，纳米多孔 Au 的强度是微米多孔 Au 的 10 倍左右[65]。因此，这些实验研究都表明了可以通过引入原子空位、纳米空洞或纳米孔来增强固体材料的力学强度。重要的是，这些实验结果与我们的理论描述非常一致。

在物理学上，纳米多孔结构的表面能对其力学性能起着重要作用。我们知道，纳米材料的弹性响应是一种基本的物理特性，可以从纳米材料力学性能中的尺寸效应来理解。在一般情况下，对于纳米颗粒、纳米线和纳米薄膜等正曲率纳米结构的材料，当特征尺寸小于 10 nm 时，表面能对力学响应的影响可能会增强[25]。结合方程式（5-14）、式（5-15）和式（5-16），对于负曲率纳米多孔结构材料，我们可以在理论上预测，由于内表面的尺寸依赖表面能，局部硬化将发生在圆柱形孔的内表面层周围。换言之，在孔径减小到约 2 nm 的过程中，纳米多孔结构的内表面的表面能单调增加。相反，当尺寸和孔隙率超过临界尺寸时，纳米多孔结构的硬化程度小于非多孔结构。

事实上，还有其他原因引起纳米多孔结构的硬化效应。例如，Parida 等[66]的研究发现在去合金化过程中 Au 纳米多孔叶片的体积在宏观上减少了 30%，因为在 Au 纳米多孔叶片形成过程中出现大量位错和缺陷。根据有效介质理论，由于相对密度的快速增加，有效弹性模量会变大。

综上所述，纳米管内外表面的能态差异决定了其基本的物理化学性质。此外，对于纳米多孔结构，当孔径小于 2 nm 时，有效体积弹性模量高于非多孔结构。在这里，圆柱形孔的孔隙率和尺寸在纳米多孔结构的硬化中起着最重要的作用。需要指出的是，我们的纳米热力学理论与基于半经验方法和从头计算法等已有的理论方法的结果非常一致。同时，本章关于纳米管和纳米孔的力学性能的理论预测和实验测量数据的一致性也为理论的有效性提供证据。因此，我们期望所建立的纳米热力学理论能够普遍适用于具有负曲率结构材料的物理化学性能探索。

参 考 文 献

[1] Xia Y N，Yang P D，Sun Y G，et al. One-dimensional nanostructures：Synthesis，characterization，and applications[J]. Advanced Materials，2003，15（5）：353-389.

[2] Murray C B，Kagan C R，Bawendi M G. Synthesis and characterization of monodisperse nanocrystals and close-packed nanocrystal assemblies[J]. Annual Review of Materials Science，2000，30（1）：545-610.

[3] Li R F，Luo Z T，Papadimitrakopoulos F. Redox-assisted asymmetric ostwald ripening of CdSe dots to rods[J]. Journal of the American Chemical Society，2006，128（19）：6280-6281.

[4] Chen C Q，Shi Y，Zhang Y S，et al. Size dependence of Young’s modulus in ZnO nanowires[J]. Physical Review Letters，2006，96（7）：075505.

[5] Ouyang G，Yang G W，Sun C Q，et al. Nanoporous structures：Smaller is stronger[J]. Small，2008，4（9）：1359-1362.

[6] Rodríguez A M，Bozzolo G，Ferrante J. Multilayer relaxation and surface energies of fcc and bcc metals using equivalent crystal theory[J]. Surface Science，1993，289（1-2）：100-126.

[7] Wang B L，Yin S Y，Wang G H，et al. Novel structures and properties of gold nanowires[J]. Physical Review Letters，2001，86（10）：2046.

[8] Zhao X Y，Wei C M，Yang L，et al. Quantum confinement and electronic properties of silicon nanowires[J].

Physical Review Letters，2004，92（23）：236805.

[9] Sun L，Banhart F，Krasheninnikov A V，et al. Carbon nanotubes as high-pressure cylinders and nanoextruders[J]. Science，2006，312（5777）：1199-1202.

[10] Robertson D H，Brenner D W，Mintmire J W. Energetics of nanoscale graphitic tubules[J]. Physical Review B，1992，45（21）：12592.

[11] Yakobson B I，Brabec C J，Bernholc J. Nanomechanics of carbon tubes：Instabilities beyond linear response[J]. Physical Review Letters，1996，76（14）：2511.

[12] Lu J P. Elastic properties of carbon nanotubes and nanoropes[J]. Physical Review Letters，1997，79（7）：1297.

[13] Hernandez E，Goze C，Bernier P，et al. Elastic properties of C and $B_xC_yN_z$ composite nanotubes[J]. Physical Review Letters，1998，80（20）：4502.

[14] Cai H，Wang X. Effects of initial stress on transverse wave propagation in carbon nanotubes based on Timoshenko laminated beam models[J]. Nanotechnology，2005，17（1）：45.

[15] Hsieh J Y，Lu J M，Huang M Y，et al. Theoretical variations in the Young's modulus of single-walled carbon nanotubes with tube radius and temperature：A molecular dynamics study[J]. Nanotechnology，2006，17（15）：3920.

[16] Wong E W，Sheehan P E，Lieber C M. Nanobeam mechanics：Elasticity，strength，and toughness of nanorods and nanotubes[J]. Science，1997，277（5334）：1971-1975.

[17] Treacy M M J，Ebbesen T W，Gibson J M. Exceptionally high Young's modulus observed for individual carbon nanotubes[J]. Nature，1996，381（6584）：678-680.

[18] Poncharal P，Wang Z L，Ugarte D，et al. Electrostatic deflections and electromechanical resonances of carbon nanotubes[J]. Science，1999，283（5407）：1513-1516.

[19] Lu J P. Elastic properties of single and multilayered nanotubes[J]. Journal of Physics and Chemistry of Solids，1997，58（11）：1649-1652.

[20] Chang T C，Gao H J. Size-dependent elastic properties of a single-walled carbon nanotube via a molecular mechanics model[J]. Journal of the Mechanics and Physics of Solids，2003，51（6）：1059-1074.

[21] Shen L X，Li J. Transversely isotropic elastic properties of single-walled carbon nanotubes[J]. Physical Review B，2004，69（4）：045414.

[22] Ouyang G，Liang L H，Wang C X，et al. Size-dependent interface energy[J]. Applied Physics Letters，2006，88（9）：091914.

[23] Goldstein A N，Echer C M，Alivisatos A P. Melting in semiconductor nanocrystals[J]. Science，1992，256（5062）：1425-1427.

[24] Ouyang G，Li X L，Tan X，et al. Size-induced strain and stiffness of nanocrystals[J]. Applied Physics Letters，2006，89（3）：031904.

[25] Dingreville R，Qu J M，Cherkaoui M. Surface free energy and its effect on the elastic behavior of nano-sized particles，wires and films[J]. Journal of the Mechanics and Physics of Solids，2005，53（8）：1827-1854.

[26] Ouyang G，Tan X，Yang G W. Thermodynamic model of the surface energy of nanocrystals[J]. Physical Review B，2006，74（19）：195408.

[27] Ouyang G，Tan X，Cai M Q，et al. Surface energy and shrinkage of a nanocavity[J]. Applied Physics Letters，2006，89（18）：183104.

[28] Ouyang G，Li X L，Yang G W. Sink-effect of nanocavities：Thermodynamic and kinetic approach[J]. Applied Physics Letters，2007，91（5）：051901.

[29] Ouyang G，Li X L，Tan X，et al. Anomalous Young’s modulus of a nanotube[J]. Physical Review B，2007，76（19）：193406.

[30] Lamber R，Wetjen S，Jaeger N I. Size dependence of the lattice parameter of small palladium particles[J]. Physical Review B，1995，51（16）：10968.

[31] Liang L H，Li J C，Jiang Q. Size-dependent melting depression and lattice contraction of Bi nanocrystals[J]. Physica B：Condensed Matter，2003，334（1-2）：49-53.

[32] Desjonqueres M C，Spanjaard D. Concepts in surface physics[M]. Heidelberg：Springer-Verlag，1993.

[33] Galanakis I，Papanikolaou N，Dederichs P H. Applicability of the broken-bond rule to the surface energy of the fcc metals[J]. Surface Science，2002，511（1-3）：1-12.

[34] Nanda K K，Sahu S N，Behera S N. Liquid-drop model for the size-dependent melting of low-dimensional systems[J]. Physical Review A，2002，66（1）：013208.

[35] Kim H K，Huh S H，Park J W，et al. The cluster size dependence of thermal stabilities of both molybdenum and tungsten nanoclusters[J]. Chemical Physics Letters，2002，354（1-2）：165-172.

[36] Sun C Q，Wang Y，Tay B K，et al. Correlation between the melting point of a nanosolid and the cohesive energy of a surface atom[J]. The Journal of Physical Chemistry B，2002，106（41）：10701-10705.

[37] Jiang Q，Li J C，Chi B Q. Size-dependent cohesive energy of nanocrystals[J]. Chemical Physics Letters，2002，366（5-6）：551-554.

[38] Sathyamoorthy M. Nonlinear analysis of structures[M]. Florida：CRC Press，1998.

[39] Li C，Chou T W. Elastic properties of single-walled carbon nanotubes in transverse directions[J]. Physical Review B，2004，69（7）：073401.

[40] Sun C Q. Oxidation electronics：Bond-band-barrier correlation and its applications[J]. Progress in Materials Science，2003，48（6）：521-685.

[41] Tu Z C，Ouyang Z C. Single-walled and multiwalled carbon nanotubes viewed as elastic tubes with the effective Young’s moduli dependent on layer number[J]. Physical Review B，2002，65（23）：233407.

[42] Gershow M，Golovchenko J A. Recapturing and trapping single molecules with a solid-state nanopore[J]. Nature Nanotechnology，2007，2（12）：775-779.

[43] Stein D. Molecular ping-pong[J]. Nature Nanotechnology，2007，2（12）：741-742.

[44] Buyukserin F，Kang M C，Martin C R. Plasma-etched nanopore polymer films and their use as templates to prepare “Nano Test Tubes”[J]. Small，2007，3（1）：106-110.

[45] Uram J D，Ke K，Hunt A J，et al. Submicrometer pore-based characterization and quantification of antibody-virus interactions[J]. Small，2006，2（8-9）：967-972.

[46] Lahav M，Sehayek T，Vaskevich A，et al. Nanoparticle nanotubes[J]. Angewandte Chemie，2003，115（45）：5734-5737.

[47] Chan S，Horner S R，Fauchet P M，et al. Identification of gram negative bacteria using nanoscale silicon microcavities[J]. Journal of the American Chemical Society，2001，123（47）：11797-11798.

[48] Gaburro Z，Daldosso N，Pavesi L，et al. Monitoring penetration of ethanol in a porous silicon microcavity by photoluminescence interferometry[J]. Applied Physics Letters，2001，78（23）：3744-3746.

[49] Ramakrishnan N，Arunachalam V S. Effective elastic moduli of porous ceramic materials[J]. Journal of the American Ceramic Society，1993，76（11）：2745-2752.

[50] Munro R G. Effective medium theory of the porosity dependence of bulk moduli[J]. Journal of the American Ceramic Society，2001，84（5）：1190-1192.

[51] Dean E A，Lopez J A. Empirical dependence of elastic moduli on porosity for ceramic materials[J]. Journal of the American Ceramic Society，1983，66（5）：366-370.

[52] Povstenko Y Z. Theoretical investigation of phenomena caused by heterogeneous surface tension in solids[J]. Journal of the Mechanics and Physics of Solids，1993，41（9）：1499-1514.

[53] Duan H L，Wang J，Karihaloo B L，et al. Nanoporous materials can be made stiffer than non-porous counterparts by surface modification[J]. Acta Materialia，2006，54（11）：2983-2990.

[54] Zhu X F. Shrinkage of nanocavities in silicon during electron beam irradiation[J]. Journal of Applied Physics，2006，100（3）：034304.

[55] Sun C Q. Size dependence of nanostructures：Impact of bond order deficiency[J]. Progress in Solid State Chemistry，2007，35（1）：1-159.

[56] Sun C Q，Tay B K，Zeng X T，et al. Bond-order–bond-length–bond-strength（bond-OLS）correlation mechanism for the shape-and-size dependence of a nanosolid[J]. Journal of Physics：Condensed Matter，2002，14（34）：7781.

[57] Wang J，Duan H L，Zhang Z，et al. An anti-interpenetration model and connections between interphase and interface models in particle-reinforced composites[J]. International Journal of Mechanical Sciences，2005，47（4-5）：701-718.

[58] Christensen R M，Lo K H. Solutions for effective shear properties in three phase sphere and cylinder models[J]. Journal of the Mechanics and Physics of Solids，1979，27（4）：315-330.

[59] Mathur A，Erlebacher J. Size dependence of effective Young's modulus of nanoporous gold[J]. Applied Physics Letters，2007，90（6）：061910.

[60] Kittel C. Introduction to solid state physics[M]. 6th ed. New York：Wiley，1986.

[61] Wu X F，Dzenis Y A. Size effect in polymer nanofibers under tension[J]. Journal of Applied Physics，2007，102（4）：044306.

[62] Chang Y A，Pike L M，Liu C T，et al. Correlation of the hardness and vacancy concentration in FeAl[J]. Intermetallics，1993，1（2）：107-115.

[63] Yan J，Ma X F，Zhao W，et al. Crystal structure and carbon vacancy hardening of（$W_{0.5}Al_{0.5}$）C_{1-x} prepared by a solid-state reaction[J]. ChemPhysChem，2005，6（10）：2099-2103.

[64] Biener J，Hodge A M，Hayes J R，et al. Size effects on the mechanical behavior of nanoporous Au[J]. Nano Letters，2006，6（10）：2379-2382.

[65] Biener J，Hodge A M，Hamza A V，et al. Nanoporous Au：A high yield strength material[J]. Journal of Applied Physics，2005，97（2）：024301

[66] Parida S，Kramer D，Volkert C A，et al. Volume change during the formation of nanoporous gold by dealloying[J]. Physical Review Letters，2006，97（3）：035504.

第6章 壳-核纳米结构的表面能

6.1 壳-核纳米结构的定义

壳-核双金属纳米结构因其独特的物理化学性质而在光电子器件和催化剂等多个领域中有着重要的应用，因而引起了人们的极大兴趣，例如，量子点的可控生长和纳米器件的制造[1-3]。近年来，已经发展了许多合成壳-核双金属纳米结构材料的方法。然而，在物理学上，与块体材料的晶格能相比，这些壳-核纳米结构材料所拥有的巨大的表面积与质量比会产生额外的自由能，这就会导致它们的界面或表面不稳定[4]。最引人注目的一个物理现象就是，在壳-核双金属纳米颗粒中，研究人员观察到由尺寸依赖的界面能和合金形成热引起的自发界面合金化[5-8]。这里需要指出的是，常温下壳-核纳米颗粒的自发界面合金化显著不同于 Schwarz 和 Johnson[9]于 1983 年报道的中等退火温度（约 500℃）下的固态反应合金化。固态反应是通过在适当温度下的热活化在热力学上实现的。换句话说，热退火驱动金属层之间的界面反应。因此，固态反应合金化实际上是由外部热驱动的，并不是自发的。然而，Meisei 等的实验清楚地表明，壳-核纳米颗粒的尺寸效应是自发界面合金化的主要原因[5]。由于这种自发界面合金化是在环境温度下发生的，没有任何外部热激活，因而界面合金化的热力学驱动力来自壳-核纳米结构中的纳米尺寸效应。此外，Lin 等建立了一个热力学模型来阐明在中等温度下通过热激活进行固态反应时互不相溶二元金属多层膜中的合金化[10, 11]。但是，壳-核双金属纳米结构的自发界面合金化机制目前还不清楚，尤其是对其基本物理和化学过程的理解少有报道。例如，Au-Ag 纳米颗粒界面合金化的尺寸依赖率机制是什么？为什么界面合金化会终止在界面之外而不是继续形成完全随机的合金[5]？为了解决这些关键的科学问题，我们发展了壳-核纳米颗粒中自发界面合金化的纳米热力学理论和动力学方法。在热力学方法中，我们建立了壳-核双金属纳米结构的混合焓和界面能的尺寸依赖模型，研究导致界面合金化的热力学驱动力。在动力学方法中，我们提出了尺寸依赖动力学扩散模型来阐释异常的界面扩散行为。需要说明的是，在这两种方法中，我们都是基于 Nanda 等[1]的实验，假设纳米颗粒是球形和各向同性的。然而，在原子尺度上，Baletto 和 Ferrando[12]的研究提到，纳米团簇的结构会随着尺寸的变化而变化，并且呈各向异性和多面体形状。此外，纳米团簇的不同尺寸和结构会产生内部应变[13, 14]。但是，Hudgins 等[15]的研究认为原子数大于 25 的团簇是准球形的，即使它们在这些尺寸下不形成晶体结构。所以，我们在这里假设球形纳米颗粒是合理的，也是为了理论上的简化。

从热力学上看，有着诸多应用的纳米层状结构的界面稳定性对于这些材料性能及相关应用是至关重要的。这是因为界面必须能够抵抗粗糙化和破坏（breaking），而界面合金化是破坏完美界面的一个重要途径，这是由界面的自由能作为热力学驱动力来实现的[10]。因此，我们需要具体了解导致纳米层状结构界面退化的热力学驱动力究竟来自何方。事实上，壳-核纳米颗粒是双层结构。对于相混系统而言，导致层状结构界面合金化的热力学驱动力应该包括负混合焓和界面能。此外，当壳-核双金属结构双层中的界面合金化厚度限制在几个纳米时，热力学驱动力主要来自系统的负混合焓和界面能[11, 16]。所以，我们首先来研究二元相溶金属壳-核结构中的界面合金化问题。图 6-1 显示了具有二元金属组分 A 和 B 的壳-核纳米结构示意图，其中我们定义了核 A 和壳 B 的结构及厚度为 L nm 的界面合金层。下面，我们将从理论上推导壳-核纳米结构界面合金化的尺寸依赖热力学驱动力的解析表达式。

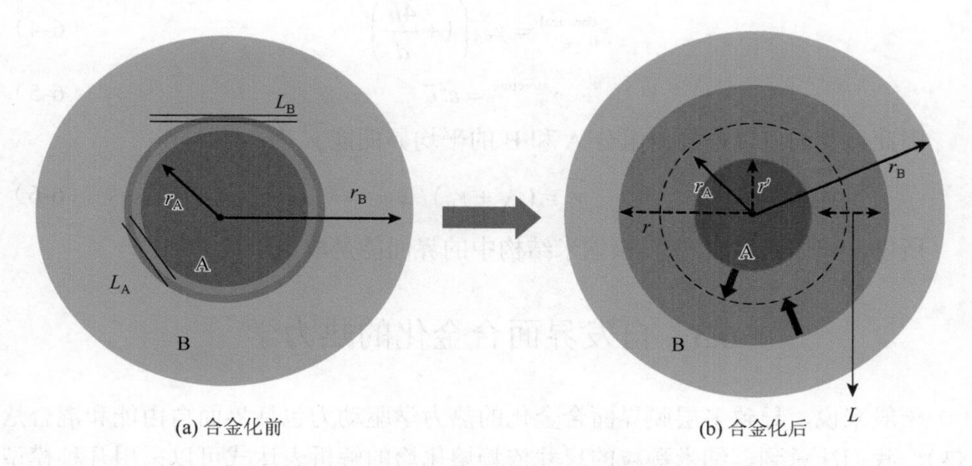

(a) 合金化前　(b) 合金化后

图 6-1　具有二元金属组分 A 和 B 的壳-核纳米结构示意图

6.2　壳-核纳米结构表面能的热力学理论

界面相互作用、对称性破缺、结构挫折、限制引起的熵损失等可以在确定的物理限制环境中纳米系统的原子组装方面发挥关键作用。因此，界面能是多层膜材料中的一个重要物理量。Buff[17]在 1951 年验证了液-气界面能与尺寸的关系。此外，Jiang 等报道了固-气界面能随纳米晶的尺寸而变化[18]。这里，我们建立二元壳-核结构中尺寸相关的固-固界面能的热力学模型。

对于具有球形粒径为 d 的壳-核界面，可以像纳米晶的情况一样推导出组分 A 的表面能。类似地，基于方程（3-1）可得 $\gamma_{\mathrm{A}} = \gamma_{\mathrm{A}}^{\text{chemical}} + \gamma_{\mathrm{A}}^{\text{structure}}$。因此，我们有

$$\gamma_{\mathrm{A}}^{\text{chemical}} = \gamma_{(hkl)}\left[1 - \frac{1}{(D_{\mathrm{A}}/D_{\mathrm{A0}})-1}\right]\exp\left[-\frac{2S_{mb}}{3R}\frac{1}{(D_{\mathrm{A}}/D_{\mathrm{A0}})-1}\right] \tag{6-1}$$

$$\gamma_{\mathrm{A}}^{\text{structure}} = \frac{1}{2}\left\{\alpha_1\left(\varepsilon_x^{s2}+\varepsilon_y^{s2}\right)+\alpha_2\left[\left(\varepsilon_x^{s}+\varepsilon_y^{s}\right)^2+4\varepsilon_{xy}^{s2}\right]\right\} \tag{6-2}$$

球体的表面应变（$\varepsilon_{\alpha\beta}^{s}$）与颗粒内的绝对体应变（$\varepsilon_{ij}$）有关，通过坐标变换 $\varepsilon_{\alpha\beta}^{s} = t_{\alpha i}t_{\beta j}\varepsilon_{ij}$ 得到，其中，α、β 的取值范围为 1～2，j 取值范围为 1～3，$t_{\alpha i}$ 为变换张量，对于立方结构金属的变换矩阵为

$$[t_{ij}] = \begin{bmatrix} \cos\theta\cos\varphi & \sin\theta\cos\varphi & -\sin\varphi \\ -\sin\theta & \cos\theta & 0 \\ \sin\varphi\cos\theta & \sin\varphi\sin\theta & \cos\varphi \end{bmatrix} \tag{6-3}$$

这里需要注意的是，对于球形颗粒，D_0 是 $D_0 = 3h$ 的最小尺寸。另外，可以很容易地证明，组分 B 内壁的表面能为

$$\gamma_{\mathrm{B}}^{\text{chemical}} = \gamma_{\mathrm{B0}}\left(1+\frac{4h}{d}\right) \tag{6-4}$$

$$\gamma_{\mathrm{B}}^{\text{structure}} = \varepsilon^2\overline{\alpha} \tag{6-5}$$

因此，我们可以推导出组分 A 和 B 的平均界面能 $\overline{\gamma'}$ 为

$$\overline{\gamma'} = (\gamma_{\mathrm{A}}+\gamma_{\mathrm{B}})/2 \tag{6-6}$$

所以，我们可以发现壳-核纳米结构中的界面能是取决于尺寸的。

6.3　自发界面合金化的热力学

一般来说，导致多层膜界面合金化的热力学驱动力包括界面自由能和混合焓（热）。我们注意到，纳米颗粒的尺寸依赖熔化焓的解析表达式可以采用几种模型推导出来[19]。所以，对于二元金属系统，尺寸依赖熔化焓 $H_m(L)$ 可以表示为 $H_m(L) = H_{mb}\exp\left[\frac{-2S_{mb}}{3R}\frac{1}{(L/L_0)-1}\right]\left[1-\frac{1}{(L/L_0)-1}\right]$，其中，$H_m(L)$ 为尺寸相关的熔化焓，H_{mb} 和 S_{mb} 分别是相应块体材料的熔化焓和熔化熵[20]。此外，形成焓或混合焓应该与尺寸有关，这里 L 是临界厚度为 L_0' 的混合层或合金化层的厚度。因此，对于二元金属系统的纳米化合物，尺寸依赖形成焓定义为

$$H_f(L) = H_{f_b}\exp\left[\frac{-2S_{f_b}}{3R}\frac{1}{(L/L_0')-1}\right]\left[1-\frac{1}{(L/L_0')-1}\right] \tag{6-7}$$

式中，S_{f_b} 是体积混合熵，且 $S_{f_b}=-R(X_{\rm A}\ln X_{\rm A}+X_{\rm B}\ln X_{\rm B})$，其中，$X_i(i={\rm A,B})$ 表示组分的原子百分比。我们需要注意的是，对于二元相溶金属系统，生成热为负，而在二元互不相溶金属系统中，生成热为正。结合方程（6-6）和方程（6-7），我们得到壳-核纳米结构中的界面合金化过程中与尺寸相关的热力学驱动力 ΔF

$$\Delta F=S_f\overline{\gamma}-H_f(L) \tag{6-8}$$

式中，S_f 是摩尔界面原子所占的表面积。因此，S_f 表示为 $S_f=\alpha_{\rm A}S_{f{\rm A}}+\alpha_{\rm B}S_{f{\rm B}}$，其中，$\alpha_{\rm A}$ 和 $\alpha_{\rm B}$ 分别是界面原子 A 和 B 相对于壳-核纳米结构中总原子数的分数。另外，$\alpha_{\rm A}=x_{\rm A}\dfrac{h_{\rm A}}{L_{\rm A}}$ 和 $\alpha_{\rm B}=x_{\rm B}\dfrac{h_{\rm B}}{L_{\rm B}}$，其中，$L_{\rm A}$ 和 $L_{\rm B}$ 分别是界面原子 A 和 B 的厚度，x 是界面原子的浓度。

6.4　自发界面合金化的动力学

我们知道，热力学驱动力为二元相溶金属壳-核纳米结构的界面合金化提供了可能性，但是，界面合金化的发生还需要具体的动力学途径[21]。我们建立壳-核纳米结构中界面合金化的扩散动力学模型。

众所周知，纳米晶原子热振动的尺寸依赖振幅 $\sigma(r)$ 为[22]

$$\sigma^2(r)/\sigma_\infty{}^2=\exp[(\alpha-1)x]=\exp[(\varphi-1)n_s/n_v] \tag{6-9}$$

式中，r 是纳米晶的半径；下标 s 和 v 分别表示原子数 n 或原子振幅 σ 的界面和内部值；σ_∞^2 是相应块状晶体的均方位移（mean square displacement，MSD）；φ 是 σ_s/σ_v 和 $x=n_s/n_v$ 的比值。对于组分 A 和 B，界面和内部的原子数之比分别为

$$x_{\rm A}=n_{s{\rm A}}/n_{v{\rm A}}=\frac{4\pi r^2h_{\rm A}/V_{0{\rm A}}}{\dfrac{4}{3}\pi r^3/V_{0{\rm A}}-4\pi r^2h_{\rm A}/V_{0{\rm A}}}=\frac{3h_{\rm A}}{r-3h_{\rm A}} \tag{6-10}$$

$$x_{\rm B}=n_{s{\rm B}}/n_{v{\rm B}}=\frac{4\pi r_{\rm A}^2h_{\rm B}/V_{0{\rm B}}}{\left(\dfrac{4}{3}\pi r^3-\dfrac{4}{3}\pi r_{\rm A}^3\right)/V_{0{\rm B}}-4\pi r_{\rm A}^2h_{\rm B}/V_{0{\rm B}}}=\frac{3r_{\rm A}^2h_{\rm B}}{\left(r^3-r_{\rm A}^3\right)-3r_{\rm A}^2h_{\rm B}} \tag{6-11}$$

当壳-核纳米颗粒形状取为球形或准球形时，V_0 和 h 分别表示纳米颗粒的体积和原子直径。请注意，r 必须用于多个单层原子以确保双金属界面。在高温近似下[22]，$\sigma^2(r)/\sigma_\infty^2=T_m(\infty)/T_m(r)$，其中，$T_m(\infty)$ 和 $T_m(r)$ 分别表示体积和尺寸相关的熔化温度。根据扩散系数 D_{iff} 对温度的 Boltzmann-Arrhenius 依赖[4]，我们可以得到 $D_{iff}=D_{iff0}\exp(-E_{diff}/RT)$，其中，$E_{diff}$、$R$ 和 T 分别是扩散活化能、理想气体常数和绝对温度。我们注意到，许多研究人员已经报道了自由纳米颗粒熔化温度的尺寸依赖[4]，即熔化温度随着尺寸的减小而降低。Dick 等[4]研究了与尺寸相关的 Au 纳米颗粒熔化温度，并假设熔点处的扩散系数相同且与熔化温度和尺寸

无关，即 $D_{iff}[r,T_m(r)]=D_{iff}[r(\infty),T_m(\infty)]$。此外，基于点缺陷机制[23]，立方晶体中的扩散系数可写为

$$D_{iff}=D_{iff0}\exp[-\Delta H_m/(RT)] \quad (6\text{-}12a)$$

$$D_{iff0}=\frac{1}{6}a^2 zP_V\nu\exp(\Delta S_m/R) \quad (6\text{-}12b)$$

式中，D_{iff0} 表示前指数因子；a、z、P_V、ΔS_m 和 ΔH_m 分别是原子的单位运动距离、坐标数、相邻位置的空位概率、活化熵和活化焓。但是，研究发现即使在 2～50 nm 内，原子振动频率的变化仅为 1%～5%[24]。由此可见，激活过程中由原子振动频率变化引起的 ΔS_m 变化非常小。因此，我们得出结论，D_{iff0} 是与颗粒大小弱相关的函数，可以近似地将 D_{iff0} 看作常数。这样，我们推导出扩散活化能与温度的关系为 $E_{diff}(r)/E_{diff}(\infty)=T_m(r)/T_m(\infty)$。

所以，我们可以得到 $\sigma^2(r)/\sigma_\infty^2=T_m(\infty)/T_m(r)=\exp[(1-\varphi)x]$。根据 Mott 振动熵表达式[20]，$\varphi$ 可表示为 $\varphi=(2S_\infty/3R+1)$，其中，S_∞ 为整体熔化熵。因此可以得到 $E_{diff}(r)=E(\infty)\exp[-2S_\infty/(3R)x]$。

综上所述，A 在 B 中和 B 在 A 中的尺寸相关扩散系数分别为

$$D_{iff\,\mathrm{B}\to\mathrm{A}}(r,T)=D_{iff\,\mathrm{A}0}\exp\left\{\frac{-E_{diff\,\mathrm{A}}(\infty)}{RT}\exp\left[\frac{-2S_{\mathrm{A}\infty}}{3R}\times\frac{3h_\mathrm{A}}{r-3h_\mathrm{A}}\right]\right\} \quad (6\text{-}13)$$

$$D_{iff\,\mathrm{A}\to\mathrm{B}}(r,T)=D_{iff\,B0}\exp\left\{\frac{-E_{diff\,\mathrm{B}}(\infty)}{RT}\exp\left[\frac{-2S_{\mathrm{B}\infty}}{3R}\times\frac{3r_\mathrm{A}^2h_\mathrm{B}}{\left(r^3-r_\mathrm{A}^3\right)-3r_\mathrm{A}^2h_\mathrm{B}}\right]\right\} \quad (6\text{-}14)$$

根据 Darken 方程[25]，即 $\tilde{D}_{diff}=C_\mathrm{A}D_{diff\,\mathrm{B}}+C_\mathrm{B}D_{diff\,\mathrm{A}}$，其中，$\tilde{D}_{diff}$、$D_{iff\,i}$ $(i=\mathrm{A,B})$ 和 C_j $(j=\mathrm{A,B})$ 表示相互扩散系数、部分扩散系数和分数浓度，且 $C_\mathrm{A}+C_\mathrm{B}=1$。在这里，$D_{iff\,\mathrm{B}\to\mathrm{A}}(r,T)$ 和 $D_{iff\,\mathrm{A}\to\mathrm{B}}(r,T)$ 是 $D_{iff\,\mathrm{B}}$ 和 $D_{iff\,\mathrm{A}}$ 的偏扩散系数。方程（6-13）和方程（6-14）分别对应于壳 B 扩散到核 A 中和壳 A 扩散到核 B 中的情况。

6.5 金/银二元金属系统

本节我们以具有 Au 核和 Ag 壳的典型 Au-Ag 二元金属纳米颗粒为例来检验所提出理论的有效性。根据方程（6-8），我们可以得出结论，在纳米尺度上，热力学驱动力与尺寸有关，壳-核纳米结构的尺寸可以极大地影响热力学驱动力的大小。我们知道，二元相溶金属系统中的生成热为负值，因此，热力学驱动力可以大于零。所以，Au-Ag 二元金属组成的壳-核纳米结构的界面会产生巨大的热力学驱动力，以驱动其在环境温度下发生自发界面合金化。这些结果表明，对于常态条件下的 Au-Ag 纳米颗粒，自发界面合金化似乎在热力学上是可能的，因为系统

的热力学驱动力很大。事实上，Meisel 等已经在实验证实了上述理论预测[5]。

另外，尺寸相关的扩散系数会导致壳-核纳米结构中界面附近发生异常扩散。在图 6-2 中，我们根据方程（6-13）和方程（6-14）给出了尺寸相关的扩散系数。我们计算中使用的相关参数列于表 6-1。从图 6-2（a）中，我们可以看出，Ag 壳到 Au 核的扩散系数随着 Au 核半径的增加而平稳地减小，最后达到相应块体材料的扩散系数。然而，我们确实看到在大约 1.25 nm 的 Au 核半径处存在扩散系数的阈值。具体来说，扩散系数随着 Au 核半径的减小而迅速增加，并且当半径为 1.25 nm 时达到一个极值。举例来说，当 Au 核半径约为 1.5 nm 时，扩散系数达到 $10^{-24}\ m^2 \cdot s^{-1}$，这与实验是一致[5]。

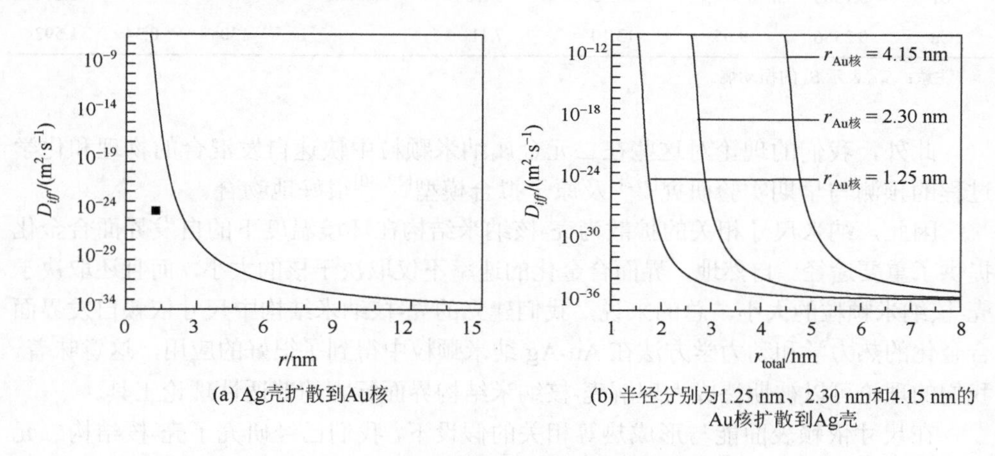

(a) Ag壳扩散到Au核　(b) 半径分别为1.25 nm、2.30 nm和4.15 nm的Au核扩散到Ag壳

图 6-2　不同条件下的尺寸相关的扩散系数 D

（a）中 Ag 壳扩散到 Au 核的参数如下：$D_0 = 7.2\times10^{-6}\ m^2 \cdot s^{-1}$ 和 $E(\infty) = 169.8\ kJ \cdot mol^{-1}$ [22]。符号（■）表示相应尺寸的实验结果为 $D(1.25\ nm, 300\ K) = 10^{-24}\ m^2 \cdot s^{-1}$ [5]。（b）中 Au 核原子扩散到 Ag 壳层的部分参数如下：$D_0 = 4\times10^{-6}\ m^2 \cdot s^{-1}$、$E(\infty) = 169.5\ kJ \cdot mol^{-1}$ 及 $T = 300$ K。其他参数如表 6-1 所示

从上述结果可以看出，壳层向核芯的扩散在一定程度上取决于核芯的大小。因此，核半径越小，界面扩散越强烈，这与实验观测结果一致[5, 10]。同样，对于 Au 核向 Ag 壳层扩散的情况，扩散系数如图 6-2(b)所示。Au 核直径分别为 2.5 nm、4.6 nm 和 8.3 nm 时，均表现出扩散行为。注意，当 Ag 壳层很薄时，Au 核向 Ag 壳层的扩散系数随 Ag 壳层厚度的减小而迅速增大，随 Ag 壳层厚度的增加而减小。重要的是，实验数据有力地支持了这些理论预测[5]。例如，在环境温度下，对于半径为 2 nm 的纳米颗粒，Au 的扩散系数计算为 $10^{-28}\ m^2 \cdot s^{-1}$，与实验数据吻合较好[4, 5]，而相应块体材料的扩散系数仅为 $10^{-36}\ m^2 \cdot s^{-1}$。显然，在纳米尺度上异常高的扩散系数在动力学上为环境温度下 Au-Ag 纳米颗粒自发界面合金化提供了有效途径。此外，图 6-2（b）中的三条曲线具有同源性，表明在纳米尺度下，核入壳

和壳入核的扩散行为实际上都是尺寸依赖的。随着核-壳结构尺寸的增大，扩散系数减小，相应的扩散浓度很低，而在较小的核-壳结构尺寸下，由于纳米尺度的影响，扩散较为容易。

表 6-1 计算使用的参数[26, 27]

材料	h/nm	S_{mb}/(kJ·mol^{-1})	H_{mb}/(kJ·mol^{-1})	V_s/(cm^3·mol^{-1})	k/(×10^{-12} Pa^{-1})	E_0/GPa	ν	γ_0/(J·m^2)
Ag	0.2889	9.16	11.30	10.30	9.6225	83	—	1.250
Au	0.2884	9.38	12.55	10.20	5.8480	78	0.44	1.590
Si	0.1568	6.70（S_{vib}）	50.55	15.70	0.3060	47	—	1.240
Cu	0.2556	9.65	13.10	7.11	—	130	0.34	1.592

注意：S_{vib} 表示 Si 的振动熵。

此外，我们的理论对这些在二元金属纳米颗粒中快速自发混合的物理和化学过程的预测与早期实验研究[5, 28]及原子拟合模型[29, 30]很好地吻合。

因此，纳米尺寸相关的扩散为壳-核纳米结构在环境温度下的自发界面合金化提供了重要途径。自然地，界面合金化的速率不仅取决于核的大小，而且还取决于壳-核纳米颗粒的大小。总的来说，我们建立的壳-核纳米结构中尺寸依赖自发界面合金化的热力学和动力学方法在 Au-Ag 纳米颗粒中得到了很好的应用，这意味着，我们的理论可以被期待成为理解壳-核纳米结构界面行为的普适性理论工具。

在尺寸依赖表面能与形成热等相关的假设下，我们已经研究了壳-核结构二元金属纳米颗粒的自发界面合金化现象。我们的理论明确指出，对于二元相溶金属系统，来自尺寸依赖负混合焓和壳-核结构界面能的大的热力学驱动力为壳-核结构纳米颗粒界面在环境温度下的自发合金化创造了可能性。同时，界面附近核-壳纳米结构异常高的扩散系数为实现界面合金化提供了一条动力学途径。

参 考 文 献

[1] Nanda K K，Maisels A，Kruis F E，et al. H. Higher surface energy of free nanoparticles[J]. Physical Review Letters，2003，91（10）：106102.

[2] Xia Y N，Yang P D. Guest editorial：Chemistry and physics of nanowires[J]. Advanced Materials，2003，15（5）：351-352.

[3] Peters K F，Cohen J B，Chung Y W. Melting of Pb nanocrystals[J]. Physical Review B，1998，57（21）：13430.

[4] Dick K，Dhanasekaran T，Zhang Z Y，et al. Size-dependent melting of silica-encapsulated gold nanoparticles[J]. Journal of the American Chemical Society，2002，124（10）：2312-2317.

[5] Shibata T，Bunker B A，Zhang Z Y，et al. Size-dependent spontaneous alloying of Au-Ag nanoparticles[J]. Journal of the American Chemical Society，2002，124（40）：11989-11996.

[6] Selvakannan P R，Swami A，Srisathiyanarayanan D，et al. Synthesis of aqueous Au core-Ag shell nanoparticles

using tyrosine as a pH-dependent reducing agent and assembling phase-transferred silver nanoparticles at the air-water interface[J]. Langmuir，2004，20（18）：7825-7836.

[7] Damle C，Biswas K，Sastry M. Synthesis of Au-core/Pt-shell nanoparticles within thermally evaporated fatty amine films and their low-temperature alloying[J]. Langmuir，2001，17（22）：7156-7159.

[8] Doudna C M，Bertino M F，Blum F D，et al. Radiolytic synthesis of bimetallic Ag-Pt nanoparticles with a high aspect ratio[J]. The Journal of Physical Chemistry B，2003，107（13）：2966-2970.

[9] Schwarz R B，Johnson W L. Formation of an amorphous alloy by solid-state reaction of the pure polycrystalline metals[J]. Physical Review Letters，1983，51（5）：415.

[10] Lin C，Yang G W，Liu B X. Prediction of solid-state amorphization in binary metal systems[J]. Physical Review B，2000，61（23）：15649.

[11] Liu B X，Lai W S，Zhang Z J. Solid-state crystal-to-amorphous transition in metal-metal multilayers and its thermodynamic and atomistic modelling[J]. Advances in Physics，2001，50（4）：367-429.

[12] Baletto F，Ferrando R. Structural properties of nanoclusters：Energetic，thermodynamic，and kinetic effects[J]. Reviews of Modern Physics，2005，77（1）：371.

[13] Rossi G，Rapallo A，Mottet C，et al. Magic polyicosahedral core-shell clusters[J]. Physical Review Letters，2004，93（10）：105503.

[14] Darby S，Mortimer-Jones T V，Johnston R L，et al. Theoretical study of Cu-Au nanoalloy clusters using a genetic algorithm[J]. The Journal of Chemical Physics，2002，116（4）：1536-1550.

[15] Hudgins R R，Imai M，Jarrold M F，et al. High-resolution ion mobility measurements for silicon cluster anions and cations[J]. The Journal of Chemical Physics，1999，111（17）：7865-7870.

[16] Lu H M，Jiang Q. Size-dependent surface energies of nanocrystals[J]. The Journal of Physical Chemistry B，2004，108（18）：5617-5619.

[17] Buff F P. The spherical interface. I. Thermodynamics[J]. The Journal of Chemical Physics，1951，19（12）：1591-1594.

[18] Yasuda H，Mitsuishi K，Mori H. Particle-size dependence of phase stability and amorphouslike phase formation in nanometer-sized Au-Sn alloy particles[J]. Physical Review B，2001，64（9）：094101.

[19] Zhang M，Efremov M Y，Schiettekatte F，et al. Size-dependent melting point depression of nanostructures：Nanocalorimetric measurements[J]. Physical Review B，2000，62（15）：10548.

[20] Jiang Q，Shi H X，Zhao M. Melting thermodynamics of organic nanocrystals[J]. The Journal of Chemical Physics，1999，111（5）：2176-2180.

[21] Kwon K W，Lee H J，Sinclair R. Solid-state amorphization at tetragonal-Ta/Cu interfaces[J]. Applied Physics Letters，1999，75（7）：935-937.

[22] Shi F G. Size dependent thermal vibrations and melting in nanocrystals[J]. Journal of Materials Research，1994，9：1307-1313.

[23] Ouyang G，Wang C X，Yang G W. Anomalous interfacial diffusion in immiscible metallic multilayers：A size-dependent kinetic approach[J]. Applied Physics Letters，2005，86（17）.

[24] Liang L H，Shen C M，Chen X P，et al. The size-dependent phonon frequency of semiconductor nanocrystals[J]. Journal of Physics：Condensed Matter，2004，16（3）：267.

[25] Schwarz S M，Kempshall B W，Giannuzzi L A. Effects of diffusion induced recrystallization on volume diffusion in the copper-nickel system[J]. Acta Materialia，2003，51（10）：2765-2776.

[26] Nanda K K，Sahu S N，Behera S N. Liquid-drop model for the size-dependent melting of low-dimensional

systems[J]. Physical Review A，2002，66（1）：013208.

[27] Dingreville R，Qu J M，Cherkaoui M. Surface free energy and its effect on the elastic behavior of nano-sized particles，wires and films[J]. Journal of the Mechanics and Physics of Solids，2005，53（8）：1827-1854.

[28] Buffat P，Borel J P. Size effect on the melting temperature of gold particles[J]. Physical Review A，1976，13（6）：2287.

[29] Shimizu Y，Ikeda K S，Sawada S I. Spontaneous alloying in binary metal microclusters：A molecular dynamics study[J]. Physical Review B，2001，64（7）：075412.

[30] Baletto F，Mottet C，Ferrando R. Growth of three-shell onionlike bimetallic nanoparticles[J]. Physical Review Letters，2003，90（13）：135504.

第7章 结 论

本篇我们已经证明，纳米结构受负曲率的影响使我们能够从纳米尺度热力学和连续介质力学的角度来探究纳米材料表面或界面的性能，并取得如下的研究进展。

（1）纳米空洞内表面层原子的异常状态与表面能的尺寸依赖有关。我们在纳米空洞-基质结构中考虑了纳米空洞的三个组成部分（类液态基质、类气态空洞和空洞的内表面层），并讨论了化学和结构效应对表面能的影响。我们发现，表面能随着纳米空洞尺寸的减小而增加，并且纳米空洞在热激活过程中会发生非线性收缩，这与通常的理论预期不同。另外，由于键序缺陷效应，富含缺陷的纳米空洞内表面层比基质晶体更坚固。

（2）我们基于纳米热力学和动力学方法，提出了宿主基质晶体中纳米空洞作为金属外来杂质原子的 Sink 作用。在热力学上，纳米空洞的杂质原子捕获机制可以归因于杂质原子在纳米空洞内表面上的接触外延生长。在动力学上，可以归因于杂质原子指向基质晶体中的纳米空洞的扩散流。这些理论结果表明，基质晶体中的纳米空洞可以用作制造纳米器件的功能单元。此外，我们建立了一个纳米热力学理论模型来阐明在外部热激活下，基质晶体中纳米空洞的收缩动力学和熔化热力学。我们发现，当纳米空洞尺寸的大小在几个纳米时，纳米空洞的收缩表现出明显的非线性动力学特征；当温度等于基质晶体的熔点时，小尺寸纳米空洞会出现巨大的过热现象。显然，纳米空洞的尺寸依赖内表面能是造成这些异常熔化行为的物理根源。

（3）我们从纳米热力学和连续介质力学的角度提出了一种解析理论来预测和阐释纳米管的力学响应。我们发现，随着纳米管直径的减小，内表面的表面能增加，而外表面的表面能降低，从而导致纳米管的杨氏模量随着纳米管直径的减小而异常增加。对于相同的材料，薄壳纳米管的杨氏模量高于厚壳纳米管的杨氏模量，小尺寸纳米管的杨氏模量高于大尺寸纳米线的杨氏模量，并且纳米管和纳米线的杨氏模量均大于相应块体材料的杨氏模量。重要的是，我们的理论预测与实验测量是一致。此外，我们建立了一个解析理论模型预测纳米多孔结构的力学响应，发现孔径小于 2 nm 的纳米多孔结构的有效体积弹性模量大于相应块体材料的有效体积弹性模量。我们明确指出，纳米多孔结构异常力学性能的物理本质是由纳米孔的尺寸依赖内表面能引起的内表面硬化。我们的理论结果与实验报道十分吻合，这说明我们提出的理论在纳米多孔结构材料中的应用是普适的。

（4）我们建立了纳米尺寸相关的热力学和动力学模型来阐明壳-核纳米结构二元金属系统的自发界面合金化和界面异常扩散的基本物理和化学过程。我们发现，从热力学角度来看，由尺寸相关的混合焓和界面能产生的巨大的热力学驱动力导致了自发的界面合金化。在动力学方面，异常强烈的界面扩散为环境温度下的自发界面合金化提供了有效途径。重要的是，这些理论结果与实验数据是一致的。

需要强调的是，本篇建立的理论模型在力学、成核和界面合金化等不相同的物理化学过程中都得到了成功的应用，并且以负曲率纳米结构的尺寸依赖表面能作为重要补充，使这些理论变得更完整和更系统。考虑到纳米材料的几乎所有物理化学性质始终与表面能或界面能相关，因此，这些理论方法的意义在于仅需几个可调参数，就可以成功地处理从零维到一维、二维和三维的纳米结构。更引人注目的是，由于目前的理论方法是一阶近似，所以，如果我们把其他的外部作用，如温度、压强、电场或磁场等作用于负曲率纳米结构表面，那么，本篇的理论将有更大的发展空间。

第二篇　亚稳纳米相成核与相变的热力学理论

第8章 引　言

通常来说，从母相中形成新相的成核过程是自然界中的普遍现象，例如，气体冷凝、液体蒸发、晶体生长等基本过程。研究人员一直致力于发展定量的热力学和动力学理论来处理成核问题。众所周知，Volmer 和 Weber[1]、Farkas[2]、Becker 和 Döring[3]和 Volmer[4]等建立了经典热力学成核理论，随后，Zeldovich[5]、Frenkel[6]、Turnbull 和 Fisher[7]和 Turnbull 等[8, 9]对经典热力学成核理论进行了进一步完善。正如我们所知道的，经典热力学成核理论已经在许多科学领域如大气科学、化学、生物学等得到了广泛的应用。例如，经典热力学成核理论成功预测了气体凝结的临界过饱和度，这一结果在气象预报和晶体生长中起到了重要的作用。然而，随着实验技术的发展，人们对空间和时间上的测量精度要求不断提高（尺寸越来越小、时间越来越短），经典热力学成核理论的一些结果开始受到挑战。例如，人们实验测量的成核率与经典热力学成核理论的理论结果部分不符等。Oxtoby[10]发现，在一些实验中，经典热力学成核理论对成核率的温度依赖的描述并不准确。这种实验技术的进步激励人们发展新的理论工具来解释新的实验现象。例如，基于密度泛函理论的计算与模拟[10-12]。但是，在某些特定的热力学系统中，人们仍然缺乏对成核过程基本热力学的理解。具体而言，在高压和高温条件下，人们可以从材料基态母相中合成出许多奇异的亚稳相，这些亚稳相具有独特的结构和新奇的物性，而与稳定的基态母相相比，它们的材料成分没有任何变化。所谓亚稳相是指在热力学常态（常温常压）下处于亚稳态的相，由于其通常表现出相应的稳态的相所不具备的优异性能而备受人们关注。例如，传统的高温高压相材料如金刚石等就属于亚稳相材料，它们在高温高压下是稳相，而在常温常压下是亚稳相。在热力学上，如果有足够大的能量势垒抑制亚稳结构转变为能量更低的稳定结构，那么，这种亚稳相（也称高压相）就可以在常温常压条件下继续保持亚稳结构。在这方面，最著名的例子就是金刚石和立方氮化硼（c-BN）。我们知道，在热力学平衡相图中，与稳定的石墨和六方氮化硼（h-BN）相比，金刚石和立方氮化硼是亚稳结构。然而，近年来，许多实验发现在中等压力和温度下的化学和物理方法可以用于合成这些在相应的热力学平衡相图中具有亚稳结构的高压相[13-28]。人们目前仍然缺乏对亚稳相形成所涉及的成核和相变机制的热力学理解。

在许多材料的合成过程中，亚稳相首先在其基态母相中处于亚稳定状态的不稳定相区内成核，然后在相当长的时间后，亚稳相转变为稳相[29]，这些情况类似于著名的奥斯特瓦尔德（Ostwald）分步规则[30]。幸运的是，Garvie 等已经用小颗粒的毛细管效应定性地解释了亚稳相在热力学平衡相图的中等压力和温度条件下的成核和有限生长[31]，并且他们指出核团簇中的毛细压强可能非常大，以至于高压相往往比低压相在该相区更稳定。尽管如此，在热力学平衡相图中，人们对于亚稳相在不稳定相区成核（metastable phase nucleation in the unstable phase regions，MPNUR）过程的理解仍然停留在定性分析阶段。针对这个问题，我们建立了基于拉普拉斯-杨方程和热力学平衡相图的纳米尺度热力学方法，也就是亚稳相成核与相变的热力学理论，它能够定量地描述纳米相生长中的 MPNUR。

本篇致力于系统地介绍亚稳相成核与相变的热力学理论中的基本概念和方法，其中包括亚稳相形成的基本物理化学过程在纳米尺度下定量的热力学分析及在亚稳相纳米材料合成中的应用。这里需要指出的是，我们的纳米热力学理论与 Hill 提出的小尺寸系统热力学方法不同[32-38]，我们引入了纳米相吉布斯自由能的尺寸依赖，强调纳米相表面张力尺寸效应在其生长过程中对稳态和亚稳态之间平衡的作用。此外，在我们的理论中，不需要任何可调参数，关于 MPNUR 的定量热力学描述是通过热力学平衡相图的相平衡（P, T）曲线和可靠的宏观热力学数据进行适当外推获得的。重要的是，我们以金刚石和立方氮化硼的 MPNUR 为例，应用提出的纳米热力学理论阐明了金刚石和立方氮化硼在各种温和环境中的成核过程[39-46]，验证了我们理论的正确性。

参考文献

[1] Volmer M，Weber A. Keimbildung in übersättigten Gebilden[J]. Zeitschrift für Physikalische Chemie，1926，119（1）：277-301.

[2] Farkas L. Keimbildungsgeschwindigkeit in übersättigten Dämpfen[J]. Zeitschrift für Physikalische Chemie，1927，125（1）：236-242.

[3] Becker R，Döring W. Kinetische behandlung der Keimbildung in übersättigten Dämpfen[J]. Annalen der Physik，1935，416（8）：719-752.

[4] Volmer M. Über Keimbildung und Keimwirkung als Spezialfälle der Heterogenen Katalyse[J]. Zeitschrift für Elektrochemie und Angewandte Physikalische Chemie，1929，35（9）：555-561.

[5] Zeldovich J B. On the theory of new phase formation：Cavitation[J]. Acta Physicochem，USSR，1943，18：1.

[6] Frenkel J. Kinetic theory of liquids[M]. Oxford：Oxford University Press，1946.

[7] Turnbull D，Fisher J C. Rate of nucleation in condensed systems[J]. The Journal of Chemical Physics，1949，17（1）：71-73.

[8] Turnbull D. Kinetics of heterogeneous nucleation[J]. The Journal of Chemical Physics，1950，18（2）：198-203.

[9] Turnbull D. Kinetics of solidification of supercooled liquid mercury droplets[J]. The Journal of Chemical Physics，1952，20（3）：411-424.

[10] Oxtoby D W. Homogeneous nucleation：Theory and experiment[J]. Journal of Physics：Condensed Matter，1992，

4（38）：7627.

[11] Oxtoby D W，Evans R. Nonclassical nucleation theory for the gas-liquid transition[J]. The Journal of Chemical Physics，1988，89（12）：7521-7530.

[12] Oxtoby D W. In fundamentals of inhomogeneous fluids[M]. New York：Marcel Dekker，1992.

[13] Jiao S，Sumant A，Kirk M A，et al. Microstructure of ultrananocrystalline diamond films grown by microwave Ar-CH_4 plasma chemical vapor deposition with or without added H_2[J]. Journal of Applied Physics，2001，90（1）：118-122.

[14] Krauss A R，Auciello O，Ding M Q，et al. Electron field emission for ultrananocrystalline diamond films[J]. Journal of Applied Physics，2001，89（5）：2958-2967.

[15] Lee S T，Peng H Y，Zhou X T，et al. A nucleation site and mechanism leading to epitaxial growth of diamond films[J]. Science，2000，287（5450）：104-106.

[16] Gogotsi Y，Welz S，Ersoy D A，et al. Conversion of silicon carbide to crystalline diamond-structured carbon at ambient pressure[J]. Nature，2001，411（6835）：283-287.

[17] Hao X P，Cui D L，Xu X G，et al. A novel synthetic route to prepare cubic BN nanorods[J]. Materials Research Bulletin，2002，37（13）：2085-2091.

[18] Komatsu S，Kurashima K，Shimizu Y，et al. Condensation of sp^3-bonded boron nitride through a highly nonequilibrium fluid state[J]. The Journal of Physical Chemistry B，2004，108（1）：205-211.

[19] Hao X P，Cui D L，Shi G X，et al. Synthesis of cubic boron nitride at low-temperature and low-pressure conditions[J]. Chemistry of Materials，2001，13（8）：2457-2459.

[20] Hao X P，Dong S Y，Fang W，et al. A novel hydrothermal route to synthesize boron nitride nanocrystals[J]. Inorganic Chemistry Communications，2004，7（4）：592-594.

[21] Hao X P，Zhan J，Fang W，et al. Synthesis of cubic boron nitride by structural induction effect[J]. Journal of Crystal Gowth，2004，270（1-2）：192-196.

[22] Yu M Y，Dong S Y，Li K，et al. Synthesis of BN nanocrystals under hydrothermal conditions[J]. Journal of Crystal Growth，2004，270（1-2）：85-91.

[23] Hao X P，Yu M Y，Cui D L，et al. The effect of temperature on the synthesis of BN nanocrystals[J]. Journal of Crystal Growth，2002，241（1-2）：124-128.

[24] Freudenstein R，Klett A，Kulisch W. Investigation of the nucleation of c-BN by AFM measurements[J]. Thin Solid Films，2001，398：217-221.

[25] Dong S Y，Hao X P，Xu X G，et al. The effect of reactants on the benzene thermal synthesis of BN[J]. Materials Letters，2004，58（22-23）：2791-2794.

[26] Li H D，Yang H B，Yu S，et al. Synthesis of ultrafine gallium nitride powder by the direct current arc plasma method[J]. Applied Physics Letters，1996，69（9）：1285-1287.

[27] Li H D，Yang H B，Zou G T，et al. Formation and photoluminescence spectrum of w-GaN powder[J]. Journal of Crystal Growth，1997，171（1-2）：307-310.

[28] Xie Y，Qian Y T，Zhang S Y，et al. Coexistence of wurtzite GaN with zinc blende and rocksalt studied by X-ray power diffraction and high-resolution transmission electron microscopy[J]. Applied Physics Letters，1996，69（3）：334-336.

[29] Tolbert S H，Alivisatos A P. High-pressure structural transformations in semiconductor nanocrystals[J]. Annual Review of Physical Chemistry，1995，46（1）：595-626.

[30] Tammann G，Mehl R F. States of aggregation[M]. New York：Van Nostrand，1925.

[31] Ishihara K N，Maeda M，Shingu P H. The nucleation of metastable phases from undercooled liquids[J]. Acta Metallurgica，1985，33（12）：2113-2117.

[32] Hill T L. Thermodynamics of small systems[J]. The Journal of Chemical Physics，1962，36（12）：3182-3197.

[33] Hill T L. Adsorption from a one-dimensional lattice gas and the Brunauer-Emmett-Teller equation[J]. National Academy of Sciences，1996，93（25）：14328-14332.

[34] Hill T L，Chamberlin R V. Extension of the thermodynamics of small systems to open metastable states：An example[J]. Proceedings of the National Academy of Sciences，1998，95（22）：12779-12782.

[35] Hill T L. Theory of solutions. III. Thermodynamics of aggregation or polymerization[J]. The Journal of Chemical Physics，1961，34（6）：1974-1982.

[36] Hill T L. Effect of intermolecular forces on macromolecular configurational changes and on other isomeric equilibria[J]. The Journal of Chemical Physics，1961，35（1）：303-305.

[37] Hill T L. Extension of nanothermodynamics to include a one-dimensional surface excess[J]. Nano Letters，2001，1（3）：159-160.

[38] Hill T L，Chamberlin R V. Fluctuations in energy in completely open small systems[J]. Nano Letters，2002，2（6）：609-613.

[39] Zhang C Y，Wang C X，Yang Y H，et al. A nanoscaled thermodynamic approach in nucleation of CVD diamond on nondiamond surfaces[J]. The Journal of Physical Chemistry B，2004，108（8）：2589-2593.

[40] Wang C X，Yang Y H，Liu Q X，et al. Nucleation thermodynamics of cubic boron nitride upon high-pressure and high-temperature supercritical fluid system in nanoscale[J]. The Journal of Physical Chemistry B，2004，108（2）：728-731.

[41] Wang C X，Yang Y H，Yang G W. Nanothermodynamic analysis of the low-threshold-pressure-synthesized cubic boron nitride in supercritical-fluid systems[J]. Applied Physics Letters，2004，84（16）：3034-3036.

[42] Wang C X，Liu Q X，Yang G W. A nanothermodynamic analysis of cubic boron nitride nucleation upon chemical vapor deposition[J]. Chemical Vapor Deposition，2004，10（5）：280-283.

[43] Wang C X，Yang Y H，Xu N S，et al. Thermodynamics of diamond nucleation on the nanoscale[J]. Journal of the American Chemical Society，2004，126（36）：11303-11306.

[44] Liu Q X，Wang C X，Yang Y H，et al. One-dimensional nanostructures grown inside carbon nanotubes upon vapor deposition：A growth kinetic approach[J]. Applied Physics Letters，2004，84（22）：4568-4570.

[45] Wang C X，Yang G W. Thermodynamics of metastable phase nucleation at the nanoscale[J]. Materials Science and Engineering：R：Reports，2005，49（6）：157-202.

[46] Liu Q X，Wang C X，Li S W，et al. Nucleation stability of diamond nanowires inside carbon nanotubes：A thermodynamic approach[J]. Carbon，2004，42（3）：629-633.

第9章 纳米热力学的基本概念及相关理论

9.1 基本概念

随着材料制造和表征技术的进步，人们已经能够合成大量的“小”尺寸晶体（微米）、纳米晶体、分子磁体和原子团簇，这些新奇的物质形态展现出五花八门、千奇百怪的物理化学性质，深深地吸引了科学家们对其开展系统、深入的研究。例如，Lee 和 Mori[1]发现了纳米尺寸合金颗粒中的可逆扩散相变；Nanda 等[2]通过独特的实验方法发现，在自由状态下的 Ag 纳米颗粒的表面能明显高于相应块体材料的值；Shibata 等[3]观察到 Au-Ag 纳米颗粒的尺寸依赖的自发界面合金化，Pd 纳米颗粒表面铁磁性的尺寸依赖被发现仅存在于（100）面上[4]；Mamin 等[5]通过磁共振力谱检测到一小部分电子自旋中心的统计学极化率；Dick 等[6]发现二氧化硅包裹的金纳米颗粒的尺寸依赖熔化；Masumura 等[7]测量到当微米尺寸变为纳米尺寸时，各种材料的力学强度异常地降低；Lopez 等[8]报道了 VO_2 纳米颗粒阵列的光学特性具有尺寸依赖。类似地，Katz 等[9]观测到 CdSe 量子棒具有尺寸依赖的隧道效应和光谱特性；Lau 等[10]发现铁原子团簇的磁性也具有尺寸依赖；Voisin 等[11]报道了金属纳米颗粒中具有尺寸依赖的电子-电子相互作用，等等。所有这些实验发现都清楚地表明，尺寸依赖的物性是纳米材料的显著特征之一。众所周知，纳米系统的物理基础本身也是一个亟待研究的领域，因为其涉及的尺度（几纳米到十几纳米）处于宏观经典热力学和微观量子力学之间的“空隙”。因此，亟须发展新理论工具来处理纳米尺度下材料的结构和物性的基本物理问题。另外，随着纳米材料合成和加工技术的快速发展，人们更加渴望对纳米尺度下的热力学（小系统热力学）系统进行更深入和全面的科学理解。自 20 世纪 30 年代的实验报道了系列成核过程的新现象以来，热力学在纳米尺度上的应用问题一直备受关注。尤其是，1959 年 12 月 29 日理查德·费曼（Richard. P. Feynman）在美国物理学会年会上发表的题为《底下的空间还大得很》（*There's plenty of room at the bottom*）的著名演讲后，纳米技术首次正式成为一个可行的研究领域[12]。Hill 的《小尺寸系统热力学》也是在 20 世纪 60 年代初出版的[13, 14]。目前，“小尺寸系统的热力学”有了一个更正式的名字，就是“纳米热力学”。

在热力学系统研究上，由许多粒子组成的大系统的热力学已经得到了很好的发展[15-17]。经典热力学描述的是随着宏观参数的变化，大尺寸系统最可能发生的宏观行为。然而，经典热力学排除了超大尺寸的天体物理系统及包含原子数较少的小尺寸（纳米级）系统。近年来，由于纳米科学技术的迅猛发展，如何将宏观热力学和统计力学扩展到由低于经典热力学极限的可数粒子组成的纳米尺度系统，获得了研究人员的强烈关注。为了发展小尺度热力学，我们需要理解纳米系统的独特性质。众所周知，纳米系统的特征之一是高的表面积与体积之比。当材料尺寸减小时，表面效应变得越来越重要，而某些处于热力学平衡系统的吉布斯自由能则相对地增加。因此，这种纳米系统的行为与在热力学极限下的行为有很大不同[18]。

我们知道，当系统规模减小时，波动带来的影响也必须纳入考虑之中。基于成核过程，我们首先要考虑的是温度的波动[12]。温度波动的定量测量可以通过超导磁力计实现[19]。有趣的是，美国国家纳米技术研究院在一项研究中很好地解释了波动的重要作用[20]：由于测试时间的跨度范围可以相差甚远，从 10^{-15} 秒到几秒不等。因此，必须考虑粒子实际上会随着时间发生波动，并且存在不均匀的尺寸分布。为了提供可靠的结果，研究人员必须考虑相应的空间尺度和时间尺度的相对准确性。然而，这个测量准确性的成本可能很高。时间尺度与粒子数 N 呈线性关系，空间尺度则随着 $N\log N$ 变化，但是，精度尺度可能高达 N^7 甚至到 $N!$，且具有一个极大的前指数因子。

所以，这些对纳米系统不断地探究和发现也在鼓励着研究人员能够在纳米尺度下对亚稳相的成核给出定量的热力学描述。人们分别从微观和宏观角度发展了相应的方法来揭示纳米尺度下系统的热力学行为。当然，我们基于宏观热力学的基本定理，并通过引入表示纳米系统波动或表面效应的新函数来建立纳米热力学的新形式[13, 14, 21-33]。另外，通过直接修改宏观热力学方程，并在相应的热力学表达式中引入拉普拉斯-杨方程或Gibbs-Thomson方程来建立纳米尺度下的新的热力学模型[34-38]，该关系表示纳米系统的密度波动。

9.2　Hill 纳米热力学理论

20 世纪 60 年代初，Hill[13, 14]因其对聚合物和大分子热力学的兴趣，积极投身到小尺寸系统热力学的研究中。为了阐明 Hill 的宏观热力学和纳米热力学的关系，我们首先回顾宏观系统热力学的基础。

在宏观系统热力学平衡的情况下，并且在没有外场的条件下，系统内能 U 的基本方程表示为

$$U(S,V,N) = TS - PV + \mu N \tag{9-1}$$

式中，S 是熵（广义状态函数），它是单组分系统中广义变量（U, V, N）的函数；T 是绝对温度；P 是压强；V 是体积；μ 是化学势；N 是粒子数。方程（9-1）的

微分形式可表示为

$$\mathrm{d}U = S\mathrm{d}T + T\mathrm{d}S - V\mathrm{d}P - P\mathrm{d}V + N\mathrm{d}\mu + \mu\mathrm{d}N \tag{9-2}$$

另外，U、S、V、N、T、P、μ之间的关系可以表示为

$$\mu = \left(\frac{\partial U}{\partial N}\right)_{S,V} \tag{9-3}$$

$$T = \left(\frac{\partial U}{\partial S}\right)_{N,V} \tag{9-4}$$

$$P = -\left(\frac{\partial U}{\partial V}\right)_{S,N} \tag{9-5}$$

利用方程（9-3）、方程（9-4）或方程（9-5），方程（9-2）将变为

$$S\mathrm{d}T - V\mathrm{d}P + N\mathrm{d}\mu = 0 \tag{9-6}$$

这就是著名的吉布斯-杜安方程（Gibbs-Duhem equation），并预示着强度量（μ, T, P）的变化不是独立的。然而，文献中通常选择（T, P）作为系统的状态方程变量。特别地，Gibbs-Duhem 关系意味着：

$$\left(\frac{\partial \mu}{\partial P}\right)_T = \frac{V}{N} \tag{9-7}$$

$$\left(\frac{\partial \mu}{\partial T}\right)_P = -\frac{S}{N} \tag{9-8}$$

众所周知，除了内能 U 之外，其他三个函数在应用于特定物理状态时也非常有用。系统的焓可以表达为

$$H(S,P,N) = U(S,V,N) + PV \tag{9-9}$$

亥姆霍兹自由能为

$$F(T,V,N) = U(S,V,N) - TS \tag{9-10}$$

吉布斯自由能为

$$G(T,P,N) = U(S,V,N) - TS + PV \tag{9-11}$$

根据函数（U、H、F、G）的依赖关系及其在相应变量中的连续性，可以得到 4 个麦克斯韦关系的热力学方程

$$\left(\frac{\partial T}{\partial V}\right)_S = -\left(\frac{\partial P}{\partial S}\right)_V \tag{9-12}$$

$$\left(\frac{\partial T}{\partial P}\right)_S = \left(\frac{\partial V}{\partial S}\right)_P \tag{9-13}$$

$$\left(\frac{\partial S}{\partial V}\right)_T = \left(\frac{\partial P}{\partial T}\right)_V \tag{9-14}$$

$$\left(\frac{\partial S}{\partial P}\right)_T = -\left(\frac{\partial V}{\partial T}\right)_P \tag{9-15}$$

然而，在单组分纳米系统中，状态函数 U 在粒子数 N 中并不广泛，因此，化学势 μ 取决于其中的粒子数 N。这样的结果是，其他热力学方程将无效，包括纳米系统中的麦克斯韦关系，因为，纳米系统对其所处的环境很敏感。Hill[13]通过纳米尺寸下的新函数 $W(T, P, \mu)$ 改写方程（9-1），将宏观热力学方程转变为纳米热力学方程，又称为偏分能量（subdivision energy），定义为

$$W = U - TS + PV - \mu N \tag{9-16}$$

那么，所谓偏分能量的微分形式可以表示为

$$\mathrm{d}W = \mathrm{d}U - S\mathrm{d}T - T\mathrm{d}S + V\mathrm{d}P + P\mathrm{d}V - N\mathrm{d}\mu - \mu\mathrm{d}N \tag{9-17}$$

将热力学第一定律代入微分形式方程可以得到

$$\mathrm{d}Q = T\mathrm{d}S = \mathrm{d}U + P\mathrm{d}V - \mu\mathrm{d}N \tag{9-18}$$

代入方程式（9-17），可以得到

$$\mathrm{d}W = -S\mathrm{d}T - N\mathrm{d}\mu + V\mathrm{d}P \tag{9-19}$$

在宏观系统中，方程（9-16）将完全为零，方程（9-19）即吉布斯-杜安方程。这也是 Hill 理论的第一步，其余的推导则沿用了传统的方法。从以上推导可以看出，Hill 理论是一个处理纳米系统的广义热力学模型，它从热力学第一定律出发，仅仅与三个自变量（U、V、N）相关，没有引入其他热力学量。众所周知，著名的热力学第一定律是与系统前后状态无关的，它是基于任何准静态过程中，只关注热和功两个物理量的变化的能量守恒原理的代表性形式。Hill 理论也能表达纳米系统对其环境的敏感性。例如，纳米系统包括体积 V 中的粒子数 N，浸没在温度 T 的热浴中，不同于在相同温度下与储层接触的系统。因此，如上所述，Hill 考虑到纳米系统波动的重要性，引入了偏分能量 W。

值得注意的是，Chamberlin 等通过引入块体材料内部的独立热波动进一步扩展了 Hill 的理论[39-47]。具体地说，他们根据 Hill 理论得到一个凝聚态物质中团簇的能量和尺寸分布的平均场模型。重要的是，该模型为许多经验值提供了共同的物理理论基础，包括非德拜弛豫、非阿伦尼乌斯激活和非经典临界缩放。

9.3 Tsallis 纳米热力学理论

Tsallis 的纳米热力学理论是基于对玻尔兹曼-吉布斯（Boltzmann-Gibbs）的热力学统计理论的概括[48-52]，通过放宽热力学量（尤其是熵）的附加性质来包含纳米系统的非广延性[53]。正如 Rajagopal 等指出的那样，Tsallis 纳米热力学与 Hill 方法的不同之处在于，Hill 的方法只是考虑到每个纳米系统都围绕储层（reservoir）的温度波动，但是纳米系统是与储层耦合的[54]。这就意味着玻尔兹曼-吉布斯分布必须对储层引起的温度波动取平均值。有人提出 q-指数分布 (χ^2-distributed)

$$e_q^{-\beta_q u(x)} = \int_0^\infty e^{-\beta u(x)} f(\beta)d\beta = [1+(q-1)\beta_0 u(x)]^{-\frac{1}{q-1}}，(q>1，\beta \geqslant 0) \quad (9\text{-}20)$$

q-指数分布构成了 Tsallis 的非广延热统计体系的基础[48]，可以被视为是以波动的逆温度为特征的吉布斯分布的混合。β_q^{-1} 是类似于温度的拟合参数[54-56]，$u(x)$ 是单粒子能量函数，取为速度变量的二次或近似二次函数。q-指数分布是一种普适的分布，它出现在许多常见的情况下，例如，若 β 是 n 个高斯随机变量的平方和，那么

$$n = \frac{2}{q-1} \quad (9\text{-}21)$$

此外，Beck 等[55]还提出，如果概率密度 $f(\beta)$ 决定温度波动，则有

$$f(\beta) = \frac{1}{\Gamma\left(\frac{1}{q-1}\right)}\left[\frac{1}{(q-1)\beta_0}\right]^{\frac{1}{q-1}} \beta^{\frac{1}{q-1}-1} \exp\left[-\frac{\beta}{(q-1)\beta_0}\right] \quad (9\text{-}22)$$

式中，常数 β_0 是温度波动 β 的平均值，可以表示为

$$q-1 = \beta_0^{-2}\int_0^\infty (\beta-\beta_0)^2 f(\beta)d\beta \quad (9\text{-}23)$$

当波动为零时，我们重新得到了当 $q=1$ 时的 Boltzmann-Gibbs 分布。有趣的一点是，上述相关的熵是指非加性 Tsallis 熵[57]：

$$S_q = \frac{1-\sum_i p_i^q}{q-1} \quad (9\text{-}24)$$

当 $q=1$ 时 S_q 变为通常的可加性 Gibbs 熵。一般认为，波动背后的动力学原理是由热库在纳米系统上的相互作用导致某些类型的布朗色散引起的[56-58]。其中有一种与 Tsallis 熵相关的热力学解释[57]。据此，我们提供了另一种描述纳米热力学的方法。

以上两种模型反映了真实纳米系统的不同性质。然而，这些方法未能定量分析相邻系统之间的相互作用带来的影响。另外，以上系统都考虑到了热力学极限，但是并不适用于 MPNUR。然而，基于其基本原理，这些理论方法有可能被扩展到 MPNUR 的热力学分析中。但是，这项工作显然是很困难的，因为大多数物质缺乏准确的热力学参数，在识别甚至定义物理一致性的类别方面也很困难。幸运的是，近年来，我们呈现了纳米系统毛细管效应的拉普拉斯-杨方程或 Gibbs-Thomson 方程和普遍接受的热力学平衡相图，并与经典热力学成核理论结合；发展了纳米尺度亚稳相成核与相变的热力学理论，并且已经应用于 MPNUR 的热力学原理描述[59]。

参 考 文 献

[1]　Lee J G，Mori H. Direct evidence for reversible diffusional phase change in nanometer-sized alloy particles[J]. Physical Review Letters，2004，93（23）：235501.

[2] Nanda K K，Maisels A，Kruis F E，et al. Higher surface energy of free nanoparticles[J]. Physical Review Letters，2003，91（10）：106102.

[3] Shibata T，Bunker B A，Zhang Z Y，et al. Size-dependent spontaneous alloying of Au-Ag nanoparticles[J]. Journal of the American Chemical Society，2002，124（40）：11989-11996.

[4] Shinohara T，Sato T，Taniyama T. Surface ferromagnetism of Pd fine particles[J]. Physical Review Letters，2003，91（19）：197201.

[5] Mamin H J，Budakian R，Chui B W，et al. Detection and manipulation of statistical polarization in small spin ensembles[J]. Physical Review Letters，2003，91（20）：207604.

[6] Dick K，Dhanasekaran T，Zhang Z Y，et al. Size-dependent melting of silica-encapsulated gold nanoparticles[J]. Journal of the American Chemical Society，2002，124（10）：2312-2317.

[7] Masumura R A，Hazzledine P M，Pande C S. Yield stress of fine grained materials[J]. Acta Materialia，1998，46（13）：4527-4534.

[8] Lopez R，Feldman L C，Haglund Jr R F. Size-dependent optical properties of VO_2 nanoparticle arrays[J]. Physical Review Letters，2004，93（17）：177403.

[9] Katz D，Wizansky T，Millo O，et al. Size-dependent tunneling and optical spectroscopy of CdSe quantum rods[J]. Physical Review Letters，2002，89（8）：086801.

[10] Lau J T，Föhlisch A，Nietubyc R，et al. Size-dependent magnetism of deposited small iron clusters studied by X-ray magnetic circular dichroism[J]. Physical Review Letters，2002，89（5）：057201.

[11] Voisin C，Christofilos D，Del Fatti N，et al. Size-dependent electron-electron interactions in metal nanoparticles[J]. Physical Review Letters，2000，85（10）：2200.

[12] Feynman R P. There’s plenty of room at the bottom：An invitation to enter a new field of physics[J]. Caltech Engineering and Science，1960，23：5.

[13] Hill T L. Thermodynamics of small small systems Vol.I. [M]. New York：W A Benjamin Inc，1963.

[14] Hill T L. Thermodynamics of small small Systems Vol.II. [M]. New York：W A Benjamin Inc，1964.

[15] Rusanov A I. Thermodynamics of solid surfaces[J]. Surface Science Reports，1996，23（6-8）：173-247.

[16] Haile J M，Mansoori G A. Molecular-based study of fluids[M]. Advances on Chemistry Series，1983，204.

[17] Matteoli E，Mansoori G A. Fluctuation theory of mixtures[M]. Taylor & Francis，1990.

[18] Gross D H E. Microcanonical thermodynamics[M]. World Scientific Lecture Notes in Physics：Volume 66. 2001.

[19] Chui T C P，Swanson D R，Adriaans M J，et al. Temperature fluctuations in the canonical ensemble[J]. Physical Review Letters，1992，69（21）：3005.

[20] Roco M C，Williams S，Alivisatos P. Nanotechnology research directions：IWGN workshop report：Vision for nanotechnology R&D in the next decade[M]. 2000.

[21] Rajagopal A K，Abe S. Statistical mechanical foundations for systems with nonexponential distributions[J]. Chaos，Solitons & Fractals，2002，13（3）：529-537.

[22] Abe S，Okamoto Y. Nonextensive statistical mechanics and its applications[M]. Springer Berlin，Heidelberg，2001.

[23] Abe S，Rajagopal A K. Macroscopic thermodynamics of equilibrium characterized by power law canonical distributions[J]. Europhysics Letters，2001，55（1）：6.

[24] Abe S，Rajagopal A K. Quantum entanglement inferred by the principle of maximum nonadditive entropy[J]. Physical Review A，1999，60（5）：3461.

[25] Abe S，Rajagopal A K. Nonadditive conditional entropy and its significance for local realism[J]. Physica A：Statistical Mechanics and its Applications，2001，289（1-2）：157-164.

[26] Abe S，Rajagopal A K. The second law in nonextensive quantum thermostatistics for small systems[J]. Physica A：Statistical Mechanics and its Applications，2004，340（1-3）：50-56.

[27] Abe S，Rajagopal A K. Validity of the second law in nonextensive quantum thermodynamics[J]. Physical Review Letters，2003，91（12）：120601.

[28] Abe S，Rajagopal A K. Revisiting disorder and Tsallis statistics[J]. Science，2003，300（5617）：249-251.

[29] Rajagopal A K. The Sobolev inequality and the Tsallis entropic uncertainty relation[J]. Physics Letters A，1995，205（1）：32-36.

[30] Rajagopal A K，Abe S. Implications of form invariance to the structure of nonextensive entropies[J]. Physical Review Letters，1999，83（9）：1711.

[31] Rajagopal A K，Abe S. Statistical mechanical foundations of power-law distributions[J]. Physica D：Nonlinear Phenomena，2004，193（1-4）：73-83.

[32] Meyer-Ortmanns H，Landsberg P T，Abe S，et al. A note on limitations of standard thermodynamics[J]. Annalen der Physik，2002，514（6）：457-460.

[33] Abe S，Rajagopal A K. Information theoretic approach to statistical properties of multivariate Cauchy-Lorentz distributions[J]. Journal of Physics A：Mathematical and General，2001，34（42）：8727.

[34] Hwang N M，Hahn J H，Yoon D Y. Chemical potential of carbon in the low pressure synthesis of diamond[J]. Journal of Crystal Growth，1996，160（1-2）：87-97.

[35] Tolbert S H，Alivisatos A P. High-pressure structural transformations in semiconductor nanocrystals[J]. Annual Review of Physical Chemistry，1995，46（1）：595-626.

[36] Tolbert S H，Alivisatos A P. The wurtzite to rock salt structural transformation in CdSe nanocrystals under high pressure[J]. The Journal of Chemical Physics，1995，102（11）：4642-4656.

[37] Gao Y H，Bando Y S. Carbon nanothermometer containing gallium[J]. Nature，2002，415（6872）：599.

[38] Gao Y H，Bando Y S. Nanothermodynamic analysis of surface effect on expansion characteristics of Ga in carbon nanotubes[J]. Applied Physics Letters，2002，81（21）：3966-3968.

[39] Chamberlin R V. Mesoscopic mean-field theory for supercooled liquids and the glass transition[J]. Physical Review Letters，1999，82（12）：2520.

[40] Chamberlin R V. Nonresonant spectral hole burning in a spin glass[J]. Physical Review Letters，1999，83（24）：5134.

[41] Chamberlin R V. Mean-field cluster model for the critical behaviour of ferromagnets[J]. Nature，2000，408（6810）：337-339.

[42] Chamberlin R V，Richert R. Comment on "Hole-burning experiments within glassy models with infinite range interactions" [J]. Physical Review Letters，2001，87（12）：129601.

[43] Chamberlin R V，Humfeld K D，Farrell D，et al. Magnetic relaxation of iron nanoparticles[J]. Journal of Applied Physics，2002，91（10）：6961-6963.

[44] Chamberlin R V. Adrian Cho's article on tsallis entropy[J]. Science，2002，298（5596）：1172-1172.

[45] Chamberlin R V，Hemberger J，Loidl A，et al. Percolation，relaxation halt，and retarded van der Waals interaction in dilute systems of iron nanoparticles[J]. Physical Review B，2002，66（17）：172403.

[46] Chamberlin R V. Critical behavior from Landau theory in nanothermodynamic equilibrium[J]. Physics Letters A，2003，315（3-4）：313-318.

[47] Chamberlin R V. Nanoscopic heterogeneities in the thermal and dynamic properties of supercooled liquids[J]. ACS Symposium Series，2002，820：228-248.

[48] Tsallis C. Possible generalization of Boltzmann-Gibbs statistics[J]. Journal of Statistical Physics，1988，52：479-487.

[49] Salinas S R A，Tsallis C. Special issue on nonextensive statistical mechanics and thermodynamic[J]. Brazilian Journal of Physics，1999，29（1）.

[50] Kaniadakis G，Lissia M，Rapisarda A. Non extensive thermodynamics and physical applications[J]. Physica A：Statistical Mechanics and its Applications，2002，305（1-2）：1-350.

[51] Gell-Mann M，Tsallis C. Nonextensive entropy：Interdisciplinary applications[M]. New York：Oxford University Press，2004.

[52] Rajagopal A K. Von Neumann and Tsallis entropies associated with the Gentile interpolative quantum statistics[J]. Physics Letters A，1996，214（3-4）：127-130.

[53] Vakili-Nezhaad G R，Mansoori G A. An application of non-extensive statistical mechanics to nanosystems[J]. Journal of Computational and Theoretical Nanoscience，2004，1（2）：227-229.

[54] Beck C. Dynamical foundations of nonextensive statistical mechanics[J]. Physical Review Letters，2001，87（18）：180601.

[55] Beck C，Lewis G S，Swinney H L. Measuring nonextensitivity parameters in a turbulent Couette-Taylor flow[J]. Physical Review E，2001，63（3）：035303.

[56] Arimitsu T，Arimitsu N. PDF of velocity fluctuation in turbulence by a statistics based on generalized entropy[J]. Physica A：Statistical Mechanics and its Applications，2002，305（1-2）：218-226.

[57] Gell-Mann M，Tsallis C（Editors）. Nonextensive entropy：Interdisciplinary applications[M]. New York：Oxford University Press，2004.

[58] Wilk G，Włodarczyk Z. Interpretation of the nonextensivity parameter q in some applications of tsallis statistics and lévy distributions[J]. Physical Review Letters，2000，84（13）：2770.

[59] Wang C X，Yang G W. Thermodynamics of metastable phase nucleation at the nanoscale[J]. Materials Science and Engineering：R：Reports，2005，49（6）：157-202.

第10章 亚稳纳米相成核的热力学理论

10.1 经典成核热力学

在开始分析 MPNUR 的热力学原理之前，我们需要回顾一下我们所发展的理论中涉及成核热力学的一些基本概念[1]。在热力学上，成核是指在非平衡体系中引发一级相变的动力学过程，新相的成核在很大程度上取决于成核功。这个物理量等于或者至少表示在与母相一起保持不稳定的热力学平衡的前提下，密度波动的母相中出现新相所需要的吉布斯自由能。即便是随机生成的新相只有单个分子，该波动也可以导致自发形成新相的临界核。因此，W 为成核的势垒（粒子团簇形成的临界能，ΔG^*），它对新相的形成起着决定作用。然而，众所周知，初始的系统也并非是完全均匀的，其密度和压力是不均匀的。因此，ΔG^* 的确是一个难题。也就是说，上述情况使得仅从均匀致密相的热力学方法推导出成核功是不可能实现的。在经典热力学成核理论中，临界核被视为是具有尖锐界面（sharp interface）的液滴，该界面将新相和母相分开。分界面内的物质被视为体相的一部分，其化学势与母相的化学势相同。在不清楚包括表面张力在内的微观粒子团簇特性的情况下，下面的讨论中使用了具有多个近似值的宏观体相热力学特性来确定成核功的大小。

1878 年，乔赛亚·威拉德·吉布斯（Josiah Willard Gibbs）发表了他的里程碑式著作[2]，题为《关于多相物质的平衡》（*On the equilibrium of heterogeneous substances*）。吉布斯在相混合和平衡的热力学方面的系列工作奠定了经典热力学理论的基础。具体而言，吉布斯将热力学扩展到具有和不具有化学反应的异质系统的一般形式。特别的是，他引入了分界面（dividing surface，DS）的方法，并用它推导出了本体母相中新相成核过程中 ΔG^* 的定量解析表达。吉布斯借助任意选择的球形 DS，将由密度涨落和母相组成的非均质系统分为两个均质子系统，分别对应微观和宏观子系统。宏观的大尺寸子系统等同于波动尚未形成时密度和压力均匀的母相。微观的小尺寸子系统被大尺寸子系统包围着，具有均匀密度和压力的新相，而这个新相可以看作是一个假想的粒子（原子团簇或核）。换言之，吉布斯用假想的粒子代替了由密度涨落产生的新相的实际的核。吉布斯描述假想的粒子（吉布斯将其定义为小球）与密度波动之间的差异[2]：例如，将我们的公式应用于蒸汽中的微观水球，当我们谈及内部质量的密度或压力时，我们所指的不是球体中心的实际密度或压力，而是具有蒸汽温度和势能的（大量的）液态水的密度。此外，Kashchiev[3]详细阐述了假想粒子和真实密度波动之间的差异：①核的大小取决于 DS 的选择，因此可能与密度波动的特征尺寸相距甚远；②核的表层由数学 DS 表示，因此厚度为零，而密度波动的表层是扩散的，它可以延伸到几十个分子直径外；③核的压强和分子密度是均匀的，波动的压强和分子密度难定义，尤其是当在其中心不能将物质视为具有质量的任何相[4]时；④核的均匀压强和密度等于相应块体材料的新相的压强和密度，而不是波动中心的压强和密度。因此，基于上述方法，吉布斯证明了形成新相的临界核所需的可逆功 W（成核功或成核自由能）可表达为

$$\Delta G^* = A\gamma_T - V(P_l - P_v) \tag{10-1}$$

式中，A 和 V 分别是所选择的 DS 的比表面能的面积和体积；P_l 是与母相具有相同化学势的体相的压强；P_v 是距离核较远的母相的压强；γ_T 是所选择的 DS 的比表面能的表面张力，吉布斯称之为张力的表面[2]。

在吉布斯的分析中，他发现经典的拉普拉斯-杨方程在他的 DS 方法中是有效的，并且控制着液滴在弯曲界面上的压强。对于具有临界成核半径 r^* 的球形液滴，拉普拉斯-杨方程可以表述为

$$P_l - P_v = \frac{2\gamma_T}{r^*} \tag{10-2}$$

所以，对于球形临界核，应用方程（10-2），我们可以得到

$$\Delta G^* = \frac{16\pi}{3}\frac{\gamma_T^3}{(P_l - P_v)^2} \tag{10-3}$$

然而，γ_T 的值是无法通过实验获得的，因为它描述的表面是一个假想的物理对象，即以表面张力为特征的核。由于无法确定 γ_T 分别与母相的压强、温度和组分的依赖关系，这就极大地限制了成核热力学理论在各种不同情况下的应用。所以，为了描述各种实际情况的热力学表征，我们需要一个近似 γ_T 的真实的物理量。显然，在几乎所有遵循吉布斯方程的成核热力学文献中，例如，在参考文献[3]中，研究人员使用处于相平衡状态（即它们共存时）的体相和新相之间的实际界面能 γ_0 来代替假想 DS 的表面张力 γ_T。但是，要应用吉布斯公式，人们必须要知道与液滴半径和液滴参考压强相关的确切界面能。这又是一个巨大的挑战，因为理论上没有一个简单的方法可以通过实验测量力的大小来推算出界面能的大小。我们知道，在纳米系统中，一个给定的界面能是与纳米粒子的众多参数相关的函数。由于缺乏对界面能的准确理解，第一个取近似的方法是使用平面界面能的实验测量值，即 $\gamma_0 = \gamma$。实际上，液滴的表面结构与块体材料的不同，严格来说，边界表面永远不会与等分子表面重合的。尽管如此，它们还是彼此相近的，并且通常被视为液滴的物理表面。所以，假设 $\gamma_0 = \gamma$，那么可以得到第一种形式的成核功

$$\Delta G^* = \frac{16\pi}{3}\frac{\gamma^3}{(P_l - P_v)^2} \tag{10-4}$$

原则上，当采用近似值时，基于拉普拉斯-杨方程的吉布斯表达式的有效性应局限于尺寸足够大的核。有趣的是，成核理论在对多种成核情况下的实验数据的分析表明[5-8]，拉普拉斯-杨方程可以很好地适应由少于几十个分子构成的核[6-12]。例如，Hwang 等[13]通过使用拉普拉斯-杨方程比较金刚石和石墨在化学气相沉积（chemical vapor deposition，CVD）中的理论化学势以评估其晶核的稳定性，他们指出，当碳团簇的尺寸足够小时，金刚石和石墨之间的化学势被逆转。在实验上，Gao 和 Bando[14, 15]使用拉普拉斯-杨方程来研究碳纳米管中 Ga 的热膨胀。此外，纳米尺度的拉普拉斯-杨方程已经被广泛应用于量子点的形成[14-16]。例如，Tolbert 和 Alivisatos[16]将拉普拉斯-杨方程应用于纳米晶的高压相变，发现随着晶粒尺寸的减小，固-固结构相变压强会升高。因此，拉普拉斯-杨方程似乎可以用来很好地处理由少于几十个分子构成的核。

基于热力学守恒，我们有

$$\mu_l(P_l) - \mu_l(P_v) = \int_{P_v}^{P_l} V_m \mathrm{d}P \tag{10-5}$$

式中，V_m 是新相的摩尔体积；$\mu_l(P_l)$ 和 $\mu_l(P_v)$ 分别是压强 P_l 和 P_v 的新相中物质的化学势。当临界液滴和亚稳态气相处于不稳定平衡状态时，我们可以得到

$$\mu_v(P_v) = \mu_l(P_l) \tag{10-6}$$

此外，如果我们通过假设液滴不可压缩来近似得到 P_l，并假设 V_m 是常数。那么根据方程（10-5）及方程（10-6）可以得到

$$P_l - P_v = \frac{\mu_v(P_v) - \mu_l(P_l)}{V_m} = \frac{\Delta\mu}{V_m} \tag{10-7}$$

如果将方程（10-7）转化为方程（10-4）的形式，那么就可以得到成核功的第二种形式

$$\Delta G^* = \frac{16\pi}{3}\frac{\gamma^3 V_m^2}{(\Delta\mu)^2} \tag{10-8}$$

正如 Obeidat 等[17]所描述的那样，当可以获得新相与其母相之间的化学势差时，成核功的形式最有用。然而，由于大多数物质缺乏准确的势能，所以，实际使用起来相当复杂。在很多情况下，为了获得 $\Delta\mu$，我们必须采用一些必要的近似。在一般情况下，我们假设过饱和蒸汽和饱和蒸汽是理想气体，液滴是不可压缩液体，那么化学势之差 $\Delta\mu$ 更常见于近似系统。在上述假设下，我们有

$$P_l = P_{ev} \tag{10-9}$$

式中，P_{ev} 为平衡态蒸汽压。结合方程（10-9），方程（10-5）可以表述为

$$\mu_l(P_v) = \mu_v(P_{ev}) + V_m(P_v - P_{ev}) \tag{10-10}$$

当新相与母相处于热力学平衡状态时，可以得到

$$\mu_l(P_{ev}) = \mu_v(P_{ev}) \tag{10-11}$$

结合方程（10-7）、方程（10-10）及方程（10-11），可以得到

$$\Delta\mu = \mu_v(P_v) - \mu_v(P_{ev}) - V_m(P_v - P_{ev}) \tag{10-12}$$

在理想气体条件下，很容易得到

$$\mu_v(P_v) - \mu_v(P_{ev}) = kT\ln\left(\frac{P_v}{P_{ev}}\right) \tag{10-13}$$

式中，k 是玻尔兹曼常数；T 是绝对温度；P_v 是实际压强。将方程（10-13）代入方程（10-12），我们就可以得到

$$\Delta\mu = kT\ln\left(\frac{P_v}{P_{ev}}\right) - V_m(P_v - P_{ev}) \tag{10-14}$$

式（10-14）中，与等式右边第一项相比，右边第二项的值是极小的，通常可以忽略不计。因此，转化方程（10-8）得到成核功的第三种形式

$$\Delta G^* = \frac{16\pi}{3}\frac{\gamma^3 V_m^2}{\left[kT\ln\left(\frac{P_v}{P_{ev}}\right)\right]^2} \tag{10-15}$$

这里需要注意的是，前两种形式的成核功计算需要用到液滴的参考压强或化学势。但是，在通常情况下，液滴的参考压强和化学势的值是无法获得的。因此，实际上我们会将实验结果与使用第三种形式预测的值进行比较，因为过饱和率很容易通过实验测量确定。所以，相应地，临界核的大小、临界核能量、相变几率和成核速率等都可以通过成核功计算得到。

综上所述，从上述的经典热力学成核理论可以看出，这里面有一个重要的近似，即 $\gamma_T = \gamma_0 = \gamma$。换言之，也就是所选的 DS 的表面张力（$\gamma_T$）、平衡态下母相和新相之间的实际界面能（$\gamma_0$）、平面界面的界面能实验值（$\gamma$）三者近似相等[3]。此外，经典热力学成核理论表明拉普拉斯-杨方程应该能够很好地处理由少于几十个分子构成的核[6-16]。然而，经典热力学成核理论只描述了从亚稳母相形成稳定新相的过程。因此，它并不能直接应用于 MPNUR。

10.2　拉普拉斯-杨方程在纳米相结构稳定性中的应用

成核过程的起始涉及纳米尺寸。因此，在开始描述 MPNUR 的热力学之前，我们有必要先回顾一下在纳米尺度下基于拉普拉斯-杨方程的相稳定性[1]。

我们首先讨论纳米系统中一系列基于拉普拉斯-杨方程的奇异物理化学性质，

这可以让我们更深入地了解拉普拉斯-杨方程在纳米系统中的重要作用。在过去的几十年中，许多研究人员发现纳米尺寸的颗粒通常在相稳定性和相变方面表现出异常的物理现象，并且出现与相应块体材料截然不同的亚稳相[18-22]。例如，通过最著名的纳米晶稳定性实验发现，多种纳米颗粒，无论是金属还是半导体抑或是绝缘体，与相应块体材料相比，它们的熔点都会降低[18-32]。图 10-1 显示了可以获得的标准实验数据及纳米尺寸对 CdS 纳米晶的实验测量值的影响[32]。此外，对于小颗粒熔化现象有许多优秀的理论研究。例如，基于拉普拉斯-杨方程的经典热力学方法[33]，它可以定量地预测小尺寸颗粒熔点温度下降[34]

$$\Delta T = T_m^{\text{bulk}} - T_m(r) \propto \alpha \cdot \frac{2\gamma}{r} \tag{10-16}$$

式中，T_m^{bulk} 和 $T_m(r)$ 分别是块体材料熔点温度和与尺寸相关的相应纳米晶的熔点温度；α 是与块体材料熔点温度、块体材料熔化潜热和固体相关的参数相密度；$\frac{2\gamma}{r}$ 来自由方程（10-16）定义的拉普拉斯-杨方程。重要的是，Zhang 等[35]通过超灵敏薄膜扫描量热技术发现了 0.1～10 nm 厚度的不连续铟薄膜的熔化行为，并且实验结果与他们采用上述理论模型的定量理论计算结果非常吻合。这就说明，纳米系统中的熔化行为可以看作是表面张力与附加压强的关联。也就是说，纳米系统中的熔化行为可以通过将表面张力与附加压强联系起来的宏观热力学理论产生的拉普拉斯-杨方程来表征。当然，在原子尺寸层面，纳米系统的熔化行为与晶体的振动不稳定性有关，该振动不稳定性是由微观表面原子和体原子的振动幅度的差异引起的[36]。

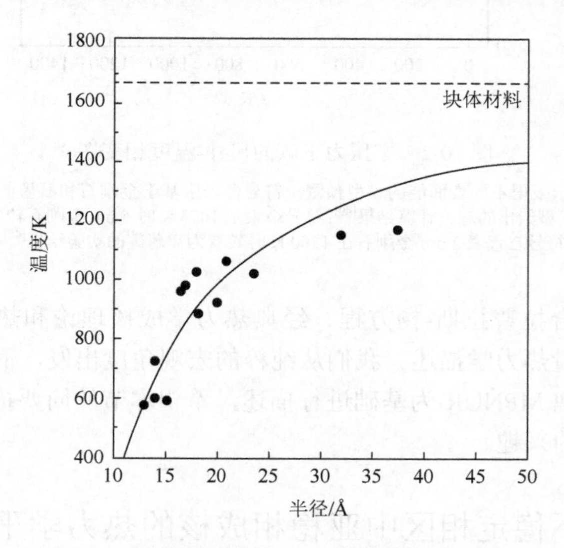

图 10-1　熔化温度作为 CdS 纳米晶尺寸的函数

圆点为实验值；虚线为块体材料值；实线为拟合模型，该模型根据固相和液相的表面能差异来描述熔化温度的降低[32]

Tolbert 和 Alivisatos[16]曾推导出纳米尺寸效应导致的奇异固-固一级相变所遵循的一般规则，它可以媲美广为人知的与熔化温度的 $\frac{1}{r}$ 相关的拉普拉斯-杨方程。有趣的是，他们的方法从动力学的角度合理地解释了半导体纳米晶的高压结构相变。此外，Jiang 等[37]基于拉普拉斯-杨方程从热力学的角度计算了 CdS 纳米晶固-固相变的静态滞后环宽度，其计算结果与实验结果相符。随后，Jiang 等提出了一种根据拉普拉斯-杨方程的热力学方法来分析介于纳米级金刚石与石墨之间的亚稳相的稳定性[38, 39]，他们发现金刚石的相对稳定性随着尺寸和温度的降低而升高。有意义的是，他们的理论结果与电荷晶格模型的计算数据[40]及实验数据[41, 42]是一致的，如图 10-2 所示。从上述典型事例可以看出，尽管这些纳米系统独特的性质是由微观系统的波动和表面效应引起的，但是我们依然可以通过宏观热力学理论推导出拉普拉斯-杨方程对其进行有效处理。

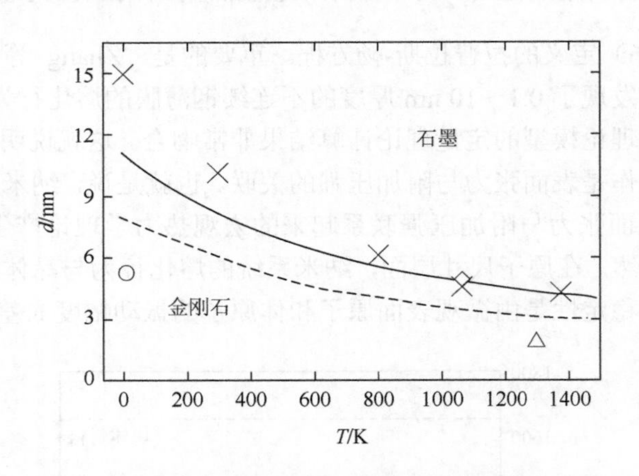

图 10-2　零压力下碳的尺寸-温度相变图

其中实线和虚线分别表示采用不同表面能的模型预测。符号○表示基于金刚石和石墨的表面能差的理论估计；符号╳为根据电荷晶格模型给出的理论计算结果[40]；符号◇表示 1073 K 时 5 nm 金刚石转变为石墨的实验数据[41]；符号△代表 2 nm 金刚石在 1300 K 时转变为洋葱碳的实验结果[42]

本节我们结合拉普拉斯-杨方程、经典热力学成核理论和热力学平衡相图对 MPNUR 进行定量热力学描述。我们从纯粹的宏观角度出发，而不直接以纳米系统波动引起的微观 MPNUR 为基础进行描述，希望本节的简要描述可以引起读者对这个开放问题的兴趣。

10.3　不稳定相区中亚稳相成核的热力学平衡相图

MPNUR 如 CVD 金刚石薄膜、CVD 立方氮化硼（c-BN）薄膜、水热合成和碳化物还原（hydrothermal synthesis and the reduction of carbide，HSRC）等的成核过程，从经典热力学的角度来看，似乎是不可能的。因为，这些成核发生在热力学平衡相图中的极不稳定亚稳态结构中，似乎违反了热力学第二定律。对于这个问题，正如 Hwang 等[43]对于 CVD 金刚石薄膜的描述那样：一定是哪里出了问题，要么是错误地理解了实验现象，要么是错误地使用了热力学方法。而事实上，在 20 世纪 60 年代初，Garvie 等就已经指出 MPNUR 可能是由核团簇中积累的毛细压强引起的[44]。换言之，纳米尺寸引起的附加压强可以足够大使得高压亚稳相会变得比低压稳相更稳定，如图 10-2 所示。这里需要注意的是，一个相稳定与否，取决于它在没有纳米尺寸引起的附加压强的影响时为稳态或亚稳态。我们的理论充分合理地考虑了纳米尺寸引起的附加压强[1]。

通常情况下，吉布斯自由能是竞争相相变状态能量的普适性度量。在给定的热力学条件下，稳相和亚稳相可以共存。但是，两相中只有一个相是稳定的，并且自由能最小，而另一个相必然处于亚稳态且有可能转变为稳态。在热力学上，相变是由自由能的差异引发的。一个相的吉布斯自由能可以表示为压强-温度的函数，并且用一般坐标或相对坐标表示。根据经典热力学成核理论[45]，在低压气相中形成的球形粒子团簇所产生的吉布斯自由能差可以表达为半径 r、压强 P 和温度 T 的函数

$$\Delta G(r,P,T)=\frac{V_s}{V_m}\times\Delta g+(A_{ne}\gamma_{ne}+A_{sn}\gamma_{sn}-A_{se}\gamma_{se}) \tag{10-17}$$

式中，V_s 和 V_m 分别是具有亚稳结构相的球形粒子团簇的体积和摩尔体积；Δg 是摩尔体积的吉布斯自由能，取决于相变中的压强 P 和温度 T；A_{ne} 和 γ_{ne} 分别是亚稳相中球形团簇与气相环境的界面面积和界面能；A_{sn} 和 γ_{sn} 分别是球形团簇与异质衬底的界面面积和界面能；A_{se} 和 γ_{se} 分别是异质衬底与气相环境的界面面积和界面能。亚稳相的球形团簇的形成会产生两个界面，即球形团簇与气相环境的界面和球形团簇与异质衬底的界面，并使异质衬底与气相环境的原始界面（等于 A_{sn}）消失。显然，亚稳相球形团簇的体积 V_s、球形团簇与气相环境的界面面积 A_{ne}、球形团簇与异质衬底的界面面积 A_{sn} 的几何关系为

$$V_s=\frac{\pi r^3(2+m)(1-m)^2}{3} \tag{10-18}$$

$$A_{ne}=2\pi r^2(1-m) \tag{10-19}$$

$$A_{sn}=\pi r^2(1-m^2) \tag{10-20}$$

式中，r 是亚稳相球形团簇的曲率半径，m 定义为

$$m=\cos\theta=\frac{\gamma_{se}-\gamma_{sn}}{\gamma_{ne}} \tag{10-21}$$

式中，θ 是亚稳相球形团簇与异质衬底的接触角，如图 10-3 所示。设 γ_{ne} 约等于亚稳相球形团簇的表面张力（γ），设 γ_{se} 为异质衬底和气相环境的界面能，其值等于异质衬底的表面张力，并且假设亚稳相球形团簇与异质衬底的界面为非相干界面，则

$$\gamma_{sn} = \frac{\gamma_{ne} + \gamma_{se}}{2} \tag{10-22}$$

那么，我们可以得到

$$\Delta G(r,P,T) = \left(\frac{4}{3}\pi r^3 \times \frac{\Delta g}{V_m} + 4\pi r^2 \gamma\right)\frac{(2+m)(1-m)^2}{4} \tag{10-23}$$

异质因子 $f(\theta)$ 可定义为

$$f(\theta) = \frac{(2+m)(1-m)^2}{4} \tag{10-24}$$

$f(\theta)$ 取值范围为 0～1，当团簇在均质衬底上成核时其取值为 1。

根据热力学定律，我们有

$$\left[\frac{\partial \Delta g(T,P)}{\partial P}\right]_T = \Delta V \tag{10-25}$$

于是，摩尔体积的吉布斯自由能的差异可以定义为

$$\Delta g(T,P) - \Delta g(T,P^0) = \int_{P^0}^{P} \Delta V \mathrm{d}P \approx \Delta V(P-P^0) = \Delta V \times \Delta P \tag{10-26}$$

式中，ΔV 是亚稳相和稳相的摩尔体积差。当条件接近平衡态时，可以近似地得到 $\Delta g(T,P^0) = 0$。因此，方程（10-26）可以表达为

$$\Delta g(T,P) = \Delta V \times \Delta P \tag{10-27}$$

另外，由于纳米尺寸引起附加压强 ΔP^n，承受该压强的球形团簇将增加相同的量[1]。这样，在球形团簇和各向同性团簇的假设下，纳米尺寸引起的附加压强由拉普拉斯-杨方程表示为

$$\Delta P^n = \frac{2\gamma}{r} \tag{10-28}$$

如上所述，纳米尺寸引起的额外压强可以将亚稳相区推向平衡相图中高压相边界附近的稳相区。因此，我们可以得到亚稳相和稳相的尺寸依赖平衡相边界，它可以近似定义为

$$P = P^b - \frac{2\gamma}{r} \tag{10-29}$$

式中，P^b 是亚稳相和稳相的平衡相边界。从图 10-3 可以看出，亚稳相和稳相的平衡相边界可以表示为

$$P^b = k_0 T + b_0 \tag{10-30}$$

式中，k_0 和 b_0 分别是亚稳相和稳相的平衡相边界线在 P 坐标轴上的斜率和截距。

结合方程（10-30），那么方程（10-29）可以表达为

$$P = k_0 T + b_0 - \frac{2\gamma}{r} \tag{10-31}$$

因此，ΔP 可以表述为

$$\Delta P = P - k_0 T - b_0 + \frac{2\gamma}{r} \tag{10-32}$$

这样的话，结合方程（10-27）和方程（10-32），我们可以得到

$$\Delta g(T,P) = \Delta V \times \left(P - k_0 T - b_0 + \frac{2\gamma}{r}\right) \tag{10-33}$$

同样，结合方程（10-23）和方程（10-33），我们可以得到

$$\Delta G(r,P,T) = \left[\frac{4}{3}\pi r^3 \times \frac{\Delta V \times \left(P - k_0 T - b_0 + \frac{2\gamma}{r}\right)}{V_m} + 4\pi r^2 \gamma\right] f(\theta) \tag{10-34}$$

当 $\frac{\partial \Delta G(r)}{\partial r} = 0$ 时，我们可以得到高压相核的临界尺寸

$$r^* = \frac{2\gamma\left(\frac{2}{3} + \frac{V_m}{\Delta V}\right)}{k_0 T + b_0 - P} \tag{10-35}$$

将方程（10-35）代入方程（10-34），我们可以得到高压相核的临界能量

$$\Delta G(r^*,P,T) = \left\{\frac{4}{3}\pi \left[\frac{2\gamma\left(\frac{2}{3} + \frac{V_m}{\Delta V}\right)}{k_0 T + b_0 - P}\right]^3 \times \frac{\Delta V}{V_m}\left(P - k_0 T - b_0 + \frac{k_0 T + b_0 - P}{\frac{2}{3} + \frac{V_m}{\Delta V}}\right) + 4\pi \times \left[\frac{2\gamma\left(\frac{2}{3} + \frac{V_m}{\Delta V}\right)}{k_0 T + b_0 - P}\right]^2\right\} f(\theta) \tag{10-36}$$

众所周知，相变是由几率决定的。我们基于热力学平衡相图研究了纳米尺寸对相变几率的影响。从亚稳相到稳相的相变几率不仅与吉布斯自由能差 $\Delta g(T,P)$ 相关，还与活化能 $[E_a - \Delta g(T,P)]$ 相关，这是相变所必需的（图 10-4）。当两个相处于平衡状态时，即 $\Delta g(T,P) = 0$ 时，E_a 是两相相对于广义坐标的最大势能。从初始状态到最终状态的相变几率 f 的一般表达式为[46]

$$f = \exp\left\{-\frac{[E_a - \Delta g(T,P)]}{RT}\right\} - \exp\left(-\frac{E_a}{RT}\right) \tag{10-37}$$

式中，R 是气体常数；$\Delta g(T,P)$ 由方程（10-33）计算得到。

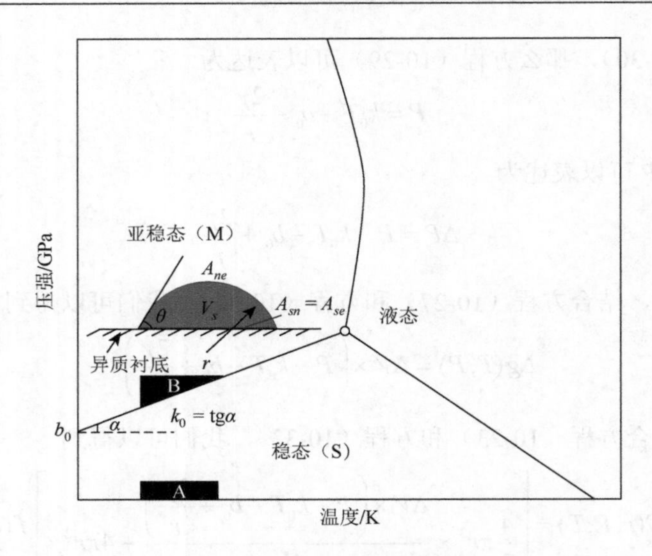

图 10-3　MPNUR 机制示意图

B 区是 M 相的亚稳态，A 区是 M 相在纳米尺寸诱导的附加压强驱动下新的稳态。插图为异质衬底上形成的球形核

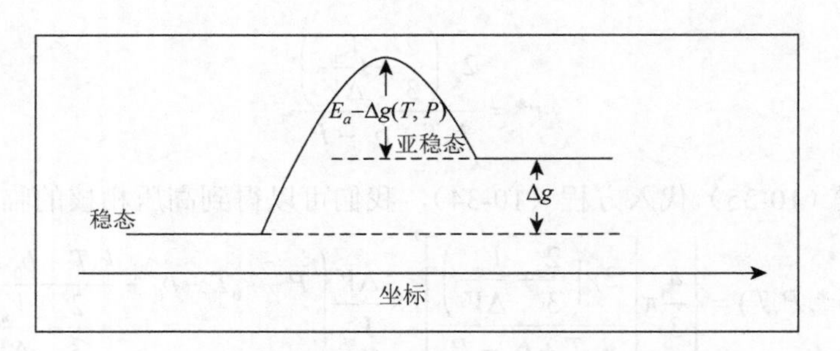

图 10-4　吉布斯自由能与坐标的示意图

这样，我们建立了纳米热力学方法来定量描述热力学平衡相图中亚稳相在不稳定相区的成核和相变。事实上，尽管它在热力学上看起来有点简单，但是，它是理解 MPNUR 有效的理论工具之一。重要的是，这一热力学理论的有效性已经通过在金刚石和立方氮化硼的成核过程中得到了实质性的验证。在第 11 章和第 12 章，我们将应用所发展的热力学理论，分别以金刚石和立方氮化硼为例，阐明它们在热力学平衡相图中的不稳定相区的成核和相变。

参 考 文 献

[1] Wang C X，Yang G W. Thermodynamics of metastable phase nucleation at the nanoscale[J]. Materials Science and Engineering：R：Reports，2005，49（6）：157-202.

[2] Gibbs J W. Transactions of the connecticut academy of arts and sciences[J]. Science and Education，1878，3：343.

[3] Kashchiev D. Determining the curvature dependence of surface tension[J]. The Journal of Chemical Physics，2003，118（20）：9081-9083.

[4] Gibbs J W. The collected works. Thermodynamics[M]. New Haven：Yale University Press，1957.

[5] Oxtoby D W，Kashchiev D. A general relation between the nucleation work and the size of the nucleus in multicomponent nucleation[J]. The Journal of Chemical Physics，1994，100（10）：7665-7671.

[6] Viisanen Y，Strey R，Reiss H. Homogeneous nucleation rates for water[J]. The Journal of Chemical Physics，1993，99（6）：4680-4692.

[7] Kashchiev D. On the relation between nucleation work，nucleus size，and nucleation rate[J]. The Journal of Chemical Physics，1982，76（10）：5098-5102.

[8] Kashchiev D. Nucleation：Basic theory with applications[M]. Oxford：Butterworth-Heinemann，2000.

[9] Viisanen Y，Strey R. Homogeneous nucleation rates for n-butanol[J]. The Journal of Chemical Physics，1994，101（9）：7835-7843.

[10] Strey R，Wagner P E，Viisanen Y. The problem of measuring homogeneous nucleation rates and the molecular contents of nuclei：Progress in the form of nucleation pulse measurements[J]. The Journal of Physical Chemistry，1994，98（32）：7748-7758.

[11] Strey R，Viisanen Y，Wagner P E. Measurement of the molecular content of binary nuclei. III. Use of the nucleation rate surfaces for the water-*n*-alcohol series[J]. The Journal of Chemical Physics，1995，103（10）：4333-4345.

[12] Kashchiev D. Thermodynamically consistent description of the work to form a nucleus of any size[J]. The Journal of Chemical Physics，2003，118（4）：1837-1851.

[13] Hwang N M，Hahn J H，Yoon D Y. Chemical potential of carbon in the low pressure synthesis of diamond[J]. Journal of Crystal Growth，1996，160（1-2）：87-97.

[14] Gao Y H，Bando Y. Carbon nanothermometer containing gallium[J]. Nature，2002，415（6872）：599.

[15] Gao Y H，Bando Y. Nanothermodynamic analysis of surface effect on expansion characteristics of Ga in carbon nanotubes[J]. Applied Physics Letters，2002，81（21）：3966-3968.

[16] Tolbert S H，Alivisatos A P. High-pressure structural transformations in semiconductor nanocrystals[J]. Annual Review of Physical Chemistry，1995，46（1）：595-626.

[17] Obeidat A，Li J S，Wilemski G. Nucleation rates of water and heavy water using equations of state[J]. The Journal of Chemical Physics，2004，121（19）：9510-9516.

[18] Kitakami O，Sato H，Shimada Y，et al. Size effect on the crystal phase of cobalt fine particles[J]. Physical Review B，1997，56（21）：13849.

[19] Jacobs K，Zaziski D，Scher E C，et al. Activation volumes for solid-solid transformations in nanocrystals[J]. Science，2001，293（5536）：1803-1806.

[20] Jacobs K，Wickham J，Alivisatos A P. Threshold size for ambient metastability of rocksalt CdSe nanocrystals[J]. The Journal of Physical Chemistry B，2002，106（15）：3759-3762.

[21] Kimoto K，Nishida I. Crystal structure of very small particles of Cr，V and Fe[C]//Acta Crystallographica A，Copenhagen：Munksgaard Int，1972，28：S131.

[22] Fukano Y. Particles of gamma-iron quenched at room temperature[J]. Japanese Journal of Applied Physics，1974，13（6）：1001.

[23] Kitakami O，Sakurai T，Miyashita Y，et al. Fine metallic particles for magnetic domain observations[J]. Japanese Journal of Applied Physics，1996，35（3R）：1724.

[24] Sato H，Kitakami O，Sakurai T，et al. Structure and magnetism of hcp-Co fine particles[J]. Journal of Applied

Physics，1997，81（4）：1858-1862.

[25] Decremps F，Pellicer-Porres J，Datchi F，et al. Trapping of cubic ZnO nanocrystallites at ambient conditions[J]. Applied Physics Letters，2002，81（25）：4820-4822.

[26] Kodiyalam S，Kalia R K，Kikuchi H，et al. Grain boundaries in gallium arsenide nanocrystals under pressure：A parallel molecular-dynamics study[J]. Physical Review Letters，2001，86（1）：55.

[27] Granqvist C G，Buhrman R A. Ultrafine metal particles[J]. Journal of Applied Physics，1976，47（5）：2200-2219.

[28] Gangopadhyay S，Hadjipanayis G C，Sorensen C M，et al. Magnetic properties of ultrafine Co particles[J]. IEEE Transactions on Magnetics，1992，28（5）：3174-3176.

[29] Wickham J N，Herhold A B，Alivisatos A P. Shape change as an indicator of mechanism in the high-pressure structural transformations of CdSe nanocrystals[J]. Physical Review Letters，2000，84（5）：923.

[30] Coombes C J. The melting of small particles of lead and indium[J]. Journal of Physics F：Metal Physics，1972，2（3）：441.

[31] Buffat P，Borel J P. Size effect on the melting temperature of gold particles[J]. Physical Review A，1976，13（6）：2287.

[32] Goldstein A N，Echer C M，Alivisatos A P. Melting in semiconductor nanocrystals[J]. Science，1992，256（5062）：1425-1427.

[33] Defay R，Prigogine I. Surface tension and adsorption[M]. New York：Wiley，1966.

[34] Peters K F，Cohen J B，Chung Y W. Melting of Pb nanocrystals[J]. Physical Review B，1998，57（21）：13430.

[35] Zhang M，Efremov M Y，Schiettekatte F，et al. Size-dependent melting point depression of nanostructures：Nanocalorimetric measurements[J]. Physical Review B，2000，62（15）：10548.

[36] Lindemann F A. Über die berechnung molekularer eigenfrequenzen[J]. Phys. Z，1910，11：609-612.

[37] Jiang Q，Li J C，Zhao M. Thermodynamic consideration on solid transition of CdSe nanocrystals induced by pressure[J]. The Journal of Physical Chemistry B，2003，107（50）：13769-13771.

[38] Zhao D S，Zhao M，Jiang Q. Size and temperature dependence of nanodiamond-nanographite transition related with surface stress[J]. Diamond and Related Materials，2002，11（2）：234-236.

[39] Jiang Q，Li J C，Wilde G. The size dependence of the diamond-graphite transition[J]. Journal of Physics：Condensed Matter，2000，12（26）：5623.

[40] Gamarnik M Y. Size-related stabilization of diamond nanoparticles[J]. Nanostructured Materials，1996，7（6）：651-658.

[41] Chen J，Deng S Z，Chen J，et al. Graphitization of nanodiamond powder annealed in argon ambient[J]. Applied Physics Letters，1999，74（24）：3651-3653.

[42] Kuznetsov V L，Zilberberg I L，Butenko Y V，et al. Theoretical study of the formation of closed curved graphite-like structures during annealing of diamond surface[J]. Journal of Applied Physics，1999，86（2）：863-870.

[43] Hwang N M，Yoon D Y. Thermodynamic approach to the paradox of diamond formation with simultaneous graphite etching in the low pressure synthesis of diamond[J]. Journal of Crystal Growth，1996，160（1-2）：98-103.

[44] Garvie R C. Strain phenomenon in the yttria-zirconia system[J]. Journal of the Australian Ceramic Society，1972，8（2）：46.

[45] Yang G W，Liu B X. Nucleation thermodynamics of quantum-dot formation in V-groove structures[J]. Physical Review B，2000，61（7）：4500.

[46] Liu Q X，Yang G W，Zhang J X. Phase transition between cubic-BN and hexagonal BN upon pulsed laser induced liquid-solid interfacial reaction[J]. Chemical Physics Letters，2003，373（1-2）：57-61.

第 11 章　金刚石在不稳定相区成核的热力学描述

金刚石的晶体结构是由两个面心立方点阵沿立方晶胞的体对角线偏移 1/4 个单位嵌套而成的，如图 11-1 所示，每个碳原子都与另一个亚晶格中的相邻四个碳原子呈四面体配位。因为这种结构产生的碳-碳键键能非常强，所以金刚石具有许多独特的性能，包括最高的硬度、非常高的导热性、超宽带隙和化学惰性等[1-5]，被许多工业应用领域视为理想材料或终极材料[6-20]。但是，金刚石是碳的一种亚稳相。自科学家首次报道通过高压高温工艺（high-pressure and high-temperature process，HPHT）人工合成金刚石之后，金刚石的独特性能吸引了大批研究人员投入到金刚石的合成研究中[21]。迄今为止，金刚石的合成方法包括 HPHT、CVD[12]、冲击波法[22]、液相激光烧蚀[23-26]、水热合成和碳化物还原（HSRC）[27-34]等。非常有意思的是，根据普遍认可的碳的热力学平衡相图，CVD 和 HSRC 中的金刚石成核处于亚稳态结构的极不稳定相区[35]。从经典热力学的角度来看，这些情况似乎是不应该发生的，因为它们与化学热力学的基本原理相矛盾。那么，为什么金刚石能够在其结构状态极不稳定的区域形成呢？对于这个问题，我们首先回顾一些典型事例。

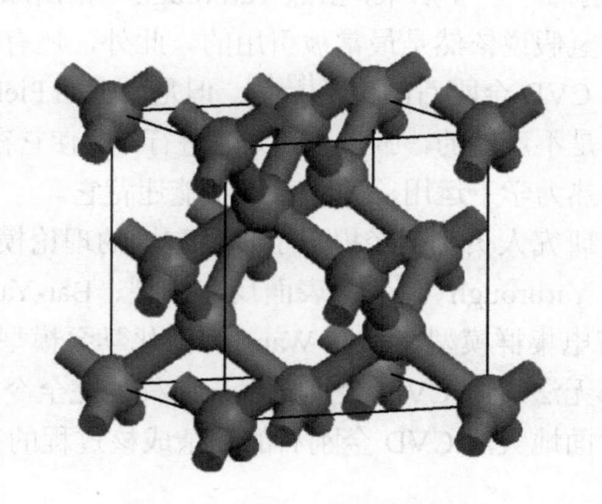

图 11-1　金刚石的晶体结构

11.1　化学气相沉积金刚石薄膜

1961 年，美国 Eversole[36]首次发现可以通过低压循环工艺实现 CVD 金刚石的生长。1967 年，美国 Angus 等[37]拓展了 Eversole 的工作，在温度为 1050℃和压强为 0.3 Torr①的条件下，通过 CVD 分解甲烷气体在金刚石衬底上沉积金刚石薄膜。1976 年，苏联科学家 Derjaguin 等[38]进一步拓展了 Eversole 的工作，他们通过大量系统的物理化学实验，在低压气相环境中生长出金刚石晶体并发表了一组非常漂亮的实验制备的金刚石晶体照片。然而，这些方法在实际应用上有两个致命的缺点：一个是衬底必须是金刚石晶体，另一个是沉积速率非常慢（约 1 nm·h^{-1}）。这就使得循环热解方法的工业化应用变得不现实了。1982 年，日本 Matsumoto 等[39]克服了沉积速率和衬底的瓶颈问题，采用低压气相 CVD 技术，在单晶硅衬底上成功生长出大面积多晶金刚石薄膜，在全世界范围掀起了“CVD 金刚石薄膜”研究热潮[40]。Matsumoto 等将氢和碳氢化合物气体通过热丝（约 2000℃）直接分解并进行充分的化学气相反应，以较快的速率在非金刚石衬底上沉积出金刚石薄膜。追随 Matsumoto 等的研究，各种 CVD 金刚石薄膜方法如直流等离子体、射频等离子体、微波等离子体、电子回旋共振-微波等离子 CVD（ECR-MPCVD）等相继涌现[41, 42]。

然而，直到 20 世纪 80 年代中期，在低压气相条件下合成金刚石的重要科学创新性才得到了科学界的普遍认可。根据碳的热力学平衡相图，在低压气相条件下，金刚石是亚稳相而非稳相。但是，在低压气相合成金刚石的早期，很少有人接受这个观点，甚至戏称其为“炼金术”，因为它被认为是“热力学悖论”，可能“违反热力学第二定律”等[43-46]。大多数关于 CVD 金刚石生长的解释是原子氢在碳的 sp^3 键形成过程中起着重要作用[47-51]。换言之，他们的理论认为在 CVD 过程中，原子氢优先蚀刻石墨而不是金刚石[47, 48]。后来，虽然 Yarbrough[46]指出原子氢假说与热力学概念相反，但是，原子氢假说依然是最常被引用的。此外，还有一些理论模型试图只从动力学观点来解释 CVD 金刚石的生长[52, 53]。但是，正如 Piekarczyk[44]所言：如果化学过程在热力学上是不可能的，那么它就无法进行，即使它在动力学上是有利的，因为，动力学应该在热力学下运用，并且永远不能违背它。

在热力学方面，研究人员也已经提出了几种定性的理论模型，主要有 Sommer 等[54]的准平衡模型、Yarbrough 等[55]的表面反应模型、Bar-Yam[56]的缺陷诱导稳定模型、Hwang 等的带电集群模型[57, 58]和 Wang 等的化学泵模型[40, 43, 59-61]，等等。但是，这些理论模型都无法给出 CVD 金刚石生长过程的完全令人满意的解释，每个理论模型都倾向于片面地关注 CVD 金刚石的复杂成核过程的某一个方面[7]。

11.2　化学气相沉积中金刚石成核的纳米热力学分析

一般来说，CVD 金刚石生长是一个典型的准平衡热力学过程，工作压强在

① 1 Torr = 1.33322×10^2 Pa。

10^2～10^5 Pa，工作温度在 1000～1300 K[7]。在图 11-2 所示的碳的热力学平衡相图中[35]，CVD 金刚石的成核区标注为 G 区，属于金刚石结构的极不稳定或亚稳定相区，也就是石墨结构的稳定相区。众所周知，从热力学的角度来看，在 G 区石墨相成核是优先于金刚石相成核的，因为石墨相的成核势垒远远低于金刚石相的成核势垒。因此，在 G 区，除非抑制或终止石墨相成核，否则不会发生金刚石相成核。对于这个问题，最普遍的解释是原子氢起着重要作用。原子氢是 CVD 金刚石生长的重要因素，因为它对石墨相的刻蚀速率要远大于对金刚石相的刻蚀速率。但是，也有一些研究发现即使在无氢 CVD 中，金刚石薄膜依然可以成核[62-64]。Gruen[65]的研究指出，CVD 金刚石不一定需要由氢组成的反应气体混合物，当氢连续被惰性气体（如氩）取代时，CVD 金刚石薄膜的微观结构可以从微晶连续变化到纳米晶。此外，他们还指出原子氢的一个主要功能是降低二次成核率。因此，这些实验研究清楚地表明，除了促进金刚石晶核的生长外，原子氢对金刚石最初成核的作用可能很小[65]。那么，CVD 金刚石成核真的会发生在金刚石相极不稳定的区域吗？

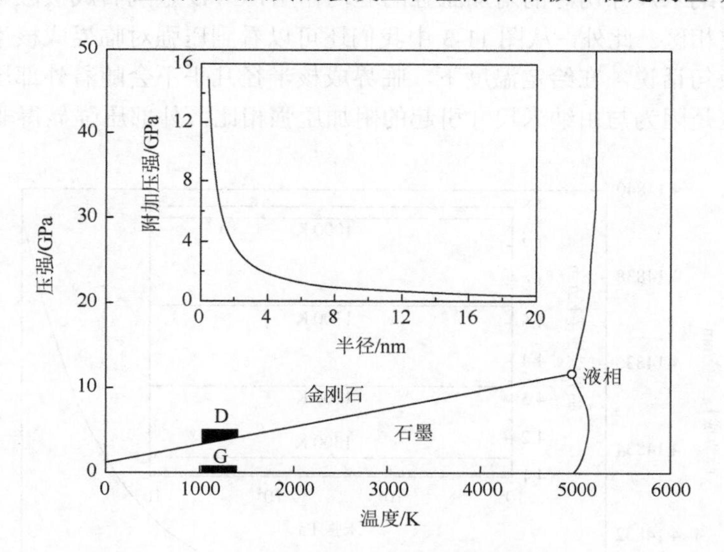

图 11-2 碳的热力学平衡相图

插图显示了由纳米尺寸引起的附加压强与金刚石晶核半径的关系

事实上，基于纳米尺寸引起的附加压强，CVD 金刚石的成核应该发生在图 11-2 的 D 区。当我们假设金刚石的表面张力为 3.7 $J \cdot m^{-2}$ 时[66]，可以得到基于拉普拉斯-杨方程的纳米尺寸诱导的附加压强与金刚石晶核尺寸的依赖关系，如图 11-2 插图所示。从插图中可以看出，附加压强随着晶核尺寸的减小而增加。值得关注的是，当半径小于 4 nm 时，附加压强上升到 2.0 GPa 以上，高于图 11-2 中 D 区的平衡相边界线，即金刚石相稳定相区。换句话说，纳米尺寸引起的附加压强可以将金刚石成核的亚稳相区（G 区）驱动到热力学平衡相图中的新稳定相区（D 区）。重要的是，这些理论推论得到了非金刚石衬底上 CVD 金刚石生长实验的有力支持[67-69]。例如，Lee 等[68]的研究报道了 Si 衬底上 CVD 金刚石的晶核大小在 2～6 nm 内。因此，纳米尺寸半径为 1～3 nm 的金刚石晶核诱导的附加压强足以将其成核从 G 区驱动到 D 区。所以，根据我们的纳米热力学理论，CVD 金刚石的成核应该发生在图 11-2 中的 D 区。下面，我们将以在 Si 衬底上 CVD 金刚石成核为例，对 MPNUR 进行定量描述[70]。

根据方程（10-35），我们取 $\gamma = 3.7\ \text{J}\cdot\text{m}^{-2}$、$V_m = 3.417\times10^{-6}\ \text{m}^3\cdot\text{mol}^{-1}$、$\Delta V = 1.77\times10^{-6}\ \text{m}^3\cdot\text{mol}^{-1}$、$k_0 = 2.01\times10^6$、$b_0 = 2.02\times10^9\ \text{Pa}$，可以得到在 CVD 金刚石生长中 1300 K 温度下金刚石临界成核半径与压强的关系曲线，如图 11-3 所示，插图显示了在给定的各种温度下压强和临界成核半径的关系。很明显，我们可以看到，在很宽的压强和温度范围内，金刚石临界成核半径小于 5 nm。由于金刚石晶核的纳米尺寸诱导的附加压强的驱动作用，CVD 金刚石成核应该处于金刚石相的稳定相区。此外，从图 11-3 中我们还可以看到压强对临界成核半径的依赖非常弱。换句话说，在给定温度下，临界成核半径几乎不会随着外部压强的变化而变化，这是因为与由纳米尺寸引起的附加压强相比，外部压强显得非常小。

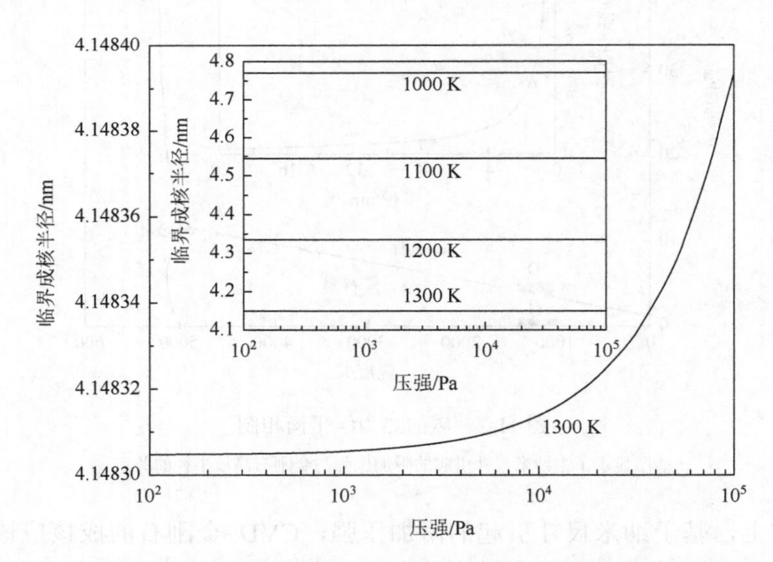

图 11-3　CVD 金刚石在特定温度下金刚石临界成核半径与压强的关系曲线

插图显示了在给定的各种温度下压强和临界成核半径的依赖关系

基于方程（10-36），我们取 Si 的表面张力为 $\gamma = 1.24\ \text{J}\cdot\text{m}^{-2}$，其他参数如同图 11-3，展示了 1200 K 温度下 CVD 金刚石过程中压强和临界成核功的关系曲线，如图 11-4 所示，插图显示了在给定的各种温度下压强与临界成核功的依赖关系。显然，从图 11-4 中可以看出，在特定温度下，金刚石的临界成核功随着压强的增加而缓慢增加，并大致保持不变。因为，与由纳米尺寸引起的附加压强相比，CVD 的反应压强太小了。这些结果表明，CVD 金刚石成核的临界能量非常低（10^{-16} J），所以，CVD 金刚石的异质成核不需要高的能量。CVD 金刚石成核势垒不高意味着金刚石成核并不困难，正如理论预测的那样，金刚石成核可能发生在金刚石相的稳定相区（D 区）。

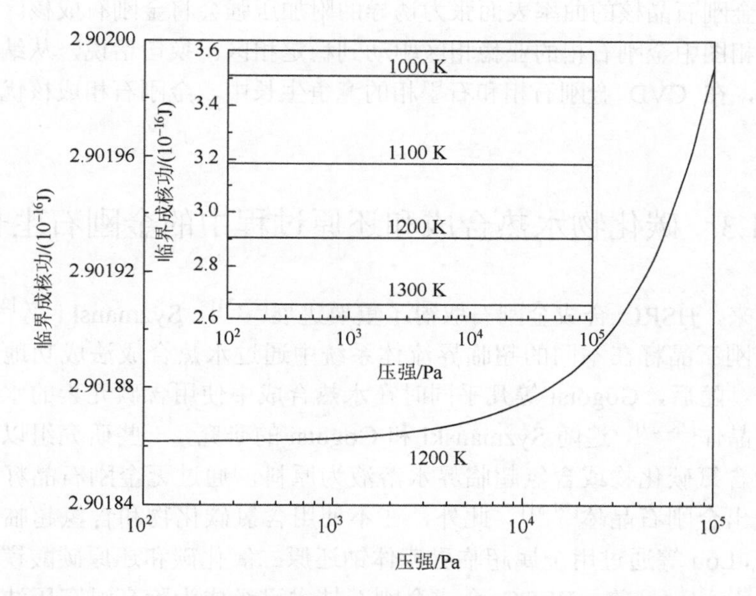

图 11-4　CVD 金刚石在特定温度下压强与临界成核功的关系

插图显示了不同温度下的关系曲线

基于以上分析，从热力学的角度来看，CVD 金刚石成核应该发生在碳的热力学平衡相图中的金刚石相稳定相区。事实上，当晶粒尺寸在纳米尺度时，纳米颗粒表面曲率引起的附加压强已经可以越过金刚石和石墨的平衡压强曲线，即向上突破平衡相边界线。这就意味着附加压强可以驱动金刚石成核的热力学相区从亚稳态到稳态。所以，CVD 金刚石成核过程实际上并不是“热力学悖论”和“违反热力学第二定律”。我们的研究结果充分表明，从纳米热力学的角度来看，原子氢的存在并不是 CVD 金刚石生长的重要因素。但是，为什么大多数实验研究都表明原子氢在 CVD 金刚石生长中起着非常重要的作用呢？这是因为存在这样一个实验事实：原子氢对石墨相的刻蚀速率要远高于对金刚石相的蚀刻速率，并有助于碳原子的 sp^3 杂化的形成[67]。所以，只有当石墨相的形成受到原子氢或其他因素的限制或停止时，低压气相中的金刚石成核才能得到增强。由此可见，原子氢的存在可以提高 CVD 金刚石的生长速率，并且原子氢对金刚石生长的影响要远大于对 CVD 金刚石成核的作用[71]。换句话说，从探究如何在 CVD 中增强金刚石成核的实验研究来看，原子氢对金刚石成核的影响很小[12]。

综上所述，为了探究 CVD 金刚石成核的物理基础，我们应用纳米热力学理论对这个问题进行深入系统的研究。我们的理论结果表明，在 CVD 金刚石成核过程中，金刚石晶核的曲率表面张力诱导的附加压强会将金刚石成核区从碳的热力学平衡相图中金刚石相的亚稳相区驱动到稳定相区。换句话说，从纳米热力学角度来看，在 CVD 金刚石相和石墨相的竞争生长中，金刚石相成核优先于石墨相成核。

11.3 碳化物水热合成和还原过程中的金刚石生长

近年来，HSRC 合成金刚石取得了重要进展[27-34]。Syzmanski 等[27]在 1995 年使用金刚石晶籽在不同的超临界流体系统中通过水热合成法成功地合成了金刚石晶体。随后，Gogotsi 等几乎同时在水热合成中使用含碳元素的水溶液合成出金刚石晶体[28, 29]。追随 Syzmanski 和 Gogotsi 的研究，一些研究组以非金刚石碳和各种含氯碳化物或含氢超临界水溶液为原料，通过无金刚石晶籽的水热合成法合成出金刚石晶体[29-31]。此外，在不使用含氯碳化物和含氢超临界水溶液的情况下，Lou 等通过用金属超临界流体钠还原二氧化碳和还原碳酸镁合成出金刚石晶体[33, 34]。目前，HSRC 合成金刚石技术已经成为除高温高压法之外的另一种可供选择的且有工业化应用潜力的人工合成金刚石技术。但是，人们对于 HSRC 合成金刚石的热力学基础，尤其是对超临界流体系统中金刚石的成核热力学知之甚少，这显然影响了 HSRC 合成金刚石技术的实际应用。不同研究组的合成条件相差甚远。首先，HSRC 合成金刚石的相区温度范围为 713～1273 K，压强范围为 0.1～200 MPa[29, 31-34]；其次，其相区位于碳的热力学平衡相图（简称为碳相图）中金刚石相和石墨相之间的边界线以下，即所谓的邦迪线（Bundy's line，B 线），如图 11-5 所示。Bundy 提出的碳相图普遍得到了科学家的认可。换句话说，由于 HSRC 中金刚石相是亚稳态而石墨相是稳态，那么，HSRC 过程中的金刚石成核不会发生在碳相图中的亚稳相区内。为什么 HSRC 系统中金刚石合成的实验与碳的热力学平衡相图的预测不一致呢？对于这个问题，科学界还没有给出一个令人信服的回答，并且现有文献中很少有关于 HSRC 金刚石的热力学成核的研究。

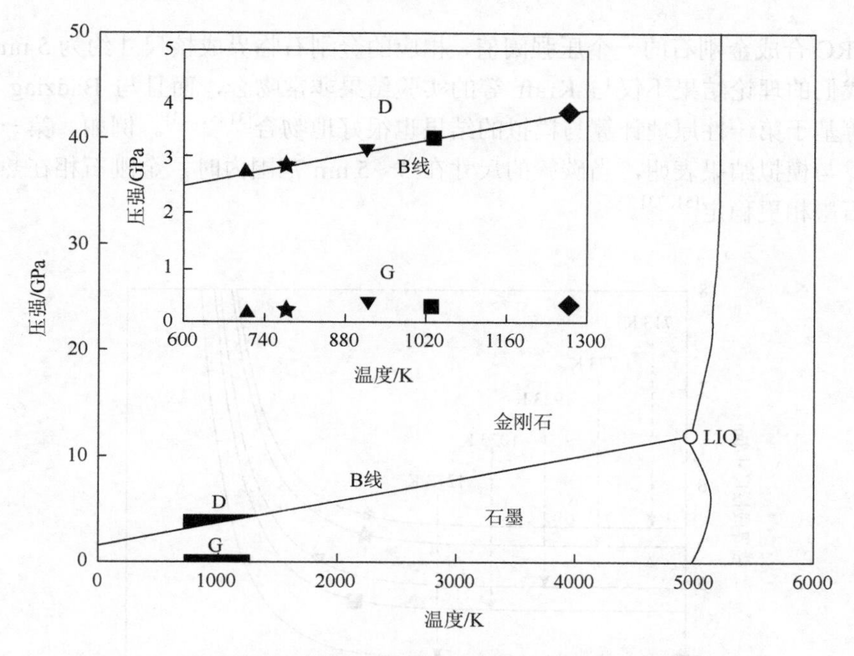

图 11-5　基于压强和温度的碳的热力学平衡相图

G 区是指金刚石相的亚稳相区，D 区是指金刚石在纳米尺寸诱导附加压强条件下通过水热合成或碳化物还原成核的新稳定相区。插图显示了放大的 G 区和 D 区。G 区的符号（▲★▼■◆）的实验数据分别来自文献[24]、[31]、[32]、[33]、[34]

为了更好地理解 HSRC 超临界流体系统金刚石成核的热力学基础，我们基于上述 MNPUR 的纳米热力学理论分析了 HSRC 无晶籽环境中金刚石的成核。值得注意的是，在 CVD 中金刚石临界核的大小被限制在几个纳米的范围内[68, 69]，并且考虑到超临界流体系统具有类似液体的密度和类似气体的特性[72]，我们认为在 HSRC 超临界流体系统中，金刚石临界核的大小在几纳米内是较为合理的[30]。这样，根据所建立的热力学模型，我们首先计算金刚石在 HSRC 中的临界成核尺寸和成核功，其中计算所用数据均来自 HSRC 超临界流体系统中金刚石合成的相关文献[27-34]。重要的是，我们的理论结果与实验数据和其他来自第一性原理计算与模拟的结果是一致的[30, 51, 73]。

具体结果是，根据方程（10-35）和相关热力学参数，图 11-6 展示了不同温度下金刚石临界成核尺寸与压强的关系曲线。显然，在图 11-6 中，我们可以清楚地看到，在一定温度下，金刚石晶核的尺寸随着压强的增加而增大，并且在设定压强下随着温度的升高而减小。此外，我们还可以看到，在一定温度条件下，当压强低于 400 MPa 时，金刚石临界成核的尺寸接近于一个常数。但是，当压强超过 400 MPa 时，金刚石临界成核尺寸会迅速增大。这些结果表明，400 MPa 似乎是 HSRC 合成金刚石的一个压强阈值，相应的金刚石临界成核尺寸约为 5 nm。所以，我们的理论结果不仅与 Kraft 等的实验结果非常吻合，而且与 Badziag 等和 Ree 等基于第一性原理计算与模拟的结果也很好地吻合[31, 51, 73]。例如，第一性原理计算与模拟结果表明，当碳簇的尺寸在 3～5 nm 范围内时，金刚石相在热力学上比石墨相更稳定[51, 73]。

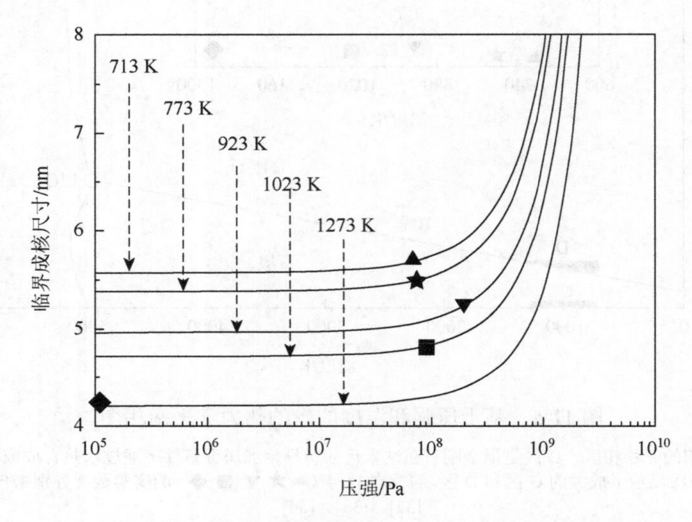

图 11-6　不同温度下临界成核尺寸与压强的关系曲线

符号（▲★▼■◆）的实验数据点分别来自文献[24]、[31]、[32]、[33]、[34]

根据方程（10-36）及给定的 $f(\theta)$的值，我们可以得到异质因子等于 0.5 时金刚石临界成核功与压强在不同温度条件的关系曲线，如图 11-7 所示。类似地，我们可以看出，在设定温度和异质因子条件下，金刚石临界成核功随着压强的增大而增大；在设定压强条件下，金刚石临界成核功随着温度的升高而降低。此外，我们还可以看到，在一定温度条件下，在低于 400 MPa 的压强下，成核功接近于一个常数。然而，当压强超过 400 MPa 时，临界成核功开始快速增大。所以，这些结果表明，当压强小于 400 MPa 或临界成核尺寸小于 5 nm 时，HSRC 中的金刚石成核不需要相对较高的成核功。也就是说，HSRC 中金刚石的低成核功表明金刚石在 HSRC 中成核并不困难。因此，根据我们的纳米热力学分析，HSRC 金刚石成核应该发生在碳相图的金刚石相的稳定相区即图 11-5 中所示的 D 区。作为比较，我们在图 11-7 的插图中给出了在特定压强和温度下金刚石的成核功与异质因子的关系曲线。可以看出，成核功随着异质因子的增大而增大。

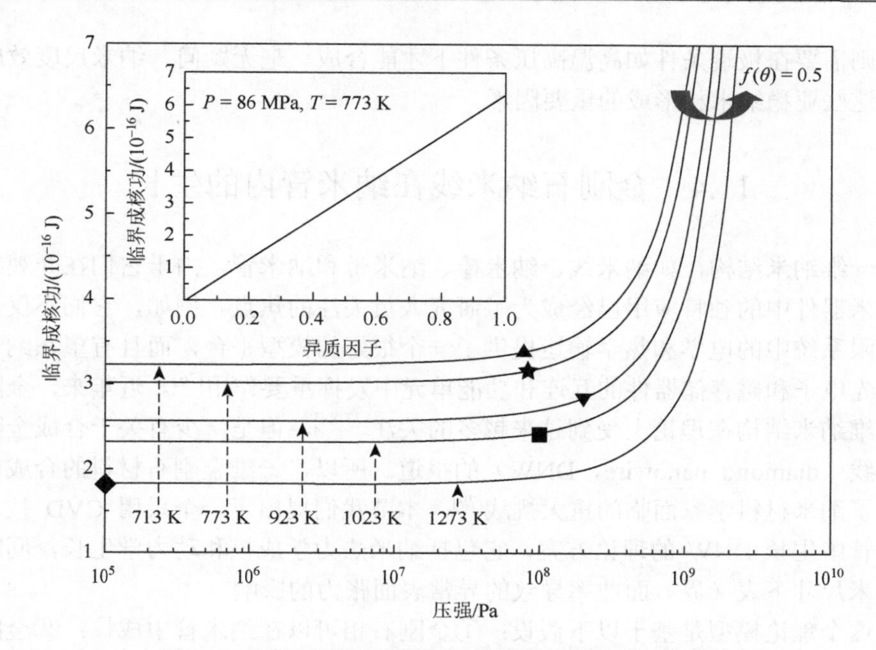

图 11-7 不同温度下的临界成核功与压强的关系曲线

插图显示了特定压强和温度条件下临界成核功和异质因子的关系曲线。符号（▲★▼■◆）的数据点分别来自文献[29]、[31]、[32]、[33]、[34]

综合图 11-6 和图 11-7，我们可以给出一个理论预测，在碳相图中金刚石的亚稳相区，400 MPa 应该是 HSRC 合成金刚石的一个压强阈值。当 HSRC 压强超过 400 MPa 时，金刚石合成就很难在碳相图中金刚石的热力学亚稳相区发生。事实上，在目前的文献中，HSRC 合成金刚石的所有压强都小于 400 MPa。

有研究报道称在碳相图中金刚石热力学亚稳相区中，SiC、CO_2、$MgCO_3$ 等各种含碳前驱体，在含氢或无氢体系中通过 HSRC 方法合成了金刚石[32-34]。对于上述实验，我们可以推断出氢的存在对于 HSRC 金刚石成核不是必需的，CVD 金刚石生长中也存在类似的现象。

HSRC 中 SiC 还原合成金刚石的成核动力学研究表明，当 Si 从 SiC 中析出时，会导致残余的碳结构通过动力学机制形成 sp^3 杂化的碳原子。另外，由于可以在 HSRC 中以 CO_2 为前驱体合成金刚石，因此可以推断还原剂首先与氧结合，然后碳原子再通过复杂的化学物理过程形成 sp^3 杂化键。所以，应该注意到，HSRC 中金刚石成核与 CVD 中一样，都是相对复杂的化学物理过程，其详细的动力学机制我们目前尚未完全了解。

继 Gleiter[74, 75]之后，研究人员发展了多种在温和的温度和压强条件下的化学物理途径来合成具有亚稳态结构的纳米晶。然而，这些亚稳纳米相所对应的块体材料则需要在极端条件如高温高压条件下才能合成。毫无疑问，纳米尺度效应应该是这些亚稳纳米相形成的重要因素。

11.4 金刚石纳米线在纳米管内的生长

一维纳米结构，如纳米线、纳米棒、纳米带和纳米管，由于它们在介观物理和纳米器件中的独特应用已经成为了研究人员关注的焦点。例如，它们不仅为一维受限系统中的电学和热学输运提供了一个很好的模型平台，而且有望在纳米电子、光电子和磁存储器件的互连和功能单元中发挥重要作用[76]。近年来，金刚石的一维纳米结构在理论上受到越来越多的关注[77-84]，但是，少有关于合成金刚石纳米线（diamond nanowire，DNW）的报道。所以，一维金刚石材料的合成已经成为了纳米材料学家面临的重大挑战[79]。本节我们提出了一个采用 CVD 技术在纳米管中生长 DNW 的理论方案，它包括纳米热力学成核和动力学生长，同时考虑纳米尺寸下表（界）面曲率导致的异常表面张力的影响。

这个理论模型是基于以下假设：①金刚石相可以在纳米管中成核；②金刚石晶核是完美的球形且与相应块体材料在结构上没有差别；③晶核之间没有相互作用。图 11-8 给出了采用 CVD 技术 DNW 在纳米管中成核和生长的模型示意图。基本过程为：当反应气体沿纳米管流动时，通过一系列的表面化学反应和反应粒子的扩散，碳团簇会凝聚在纳米管的内壁上，随后，在那里成核生长。现在，我们讨论金刚石相在纳米管内的成核过程。我们知道，在热力学上，相变是由两相吉布斯自由能差产生的。相的吉布斯自由能可以表示为压强和温度的函数，并由一般坐标或反应坐标确定[24]。所以，粒子团簇的吉布斯自由能差可以表示为

$$\Delta G = (\sigma_{sc} - \sigma_{sv})S_1 + \sigma_{cv}S_2 + \Delta g_v V \tag{11-1}$$

式中，σ_{sc}、σ_{sv} 和 σ_{cv} 分别为衬底-核、衬底-气和核-气的界面能；S_1 和 S_2 分别为衬底-核和核-气的界面面积［图 10-8（b）］；V 为金刚石团簇的体积；Δg_v 是单位体积的吉布斯自由能差，可以表示为[80]

$$\Delta g_v = -RT / V_m \ln(P / P_e) \tag{11-2}$$

式中，P 和 T 分别是 CVD 的压强和温度；$\ln(P / P_e) = 0.8$[81]，P_e 是金刚石的平衡蒸气压；R 是气体常数；V_m 是金刚石的摩尔体积。此外，考虑到金刚石晶核和纳米管的纳米尺寸下的表（界）面曲率引起的表面张力对成核的影响，我们应用拉普拉斯-杨方程和开尔文方程，那么，Δg_v 可表示为

$$\Delta g_v = -\frac{1}{2}\left[\frac{RT}{V_m}\ln\left(\frac{P}{P_e}\right) + \sigma_{cv}\left(\frac{1}{r} + \frac{1}{r'}\right)\right] \tag{11-3}$$

式中，r 和 r' 分别是纳米管和金刚石团簇的半径。因此，将方程（11-2）和方程（11-3）

代入方程（11-1），我们就得到了纳米管内金刚石团簇形成的吉布斯自由能。可以看出，当设定了纳米管和球形晶核的半径时，就可以确定方程（11-1）中的 S_1、S_2 和 V 的值。然而，要获得 S_1、S_2 和 V 的解析表达式并不容易。因此，我们要推导出纳米管内金刚石团簇的临界成核半径和成核功的解析表达式也就不那么容易了。因此，在这里，我们只能通过数值方法计算纳米管内金刚石团簇的临界成核半径和成核功。

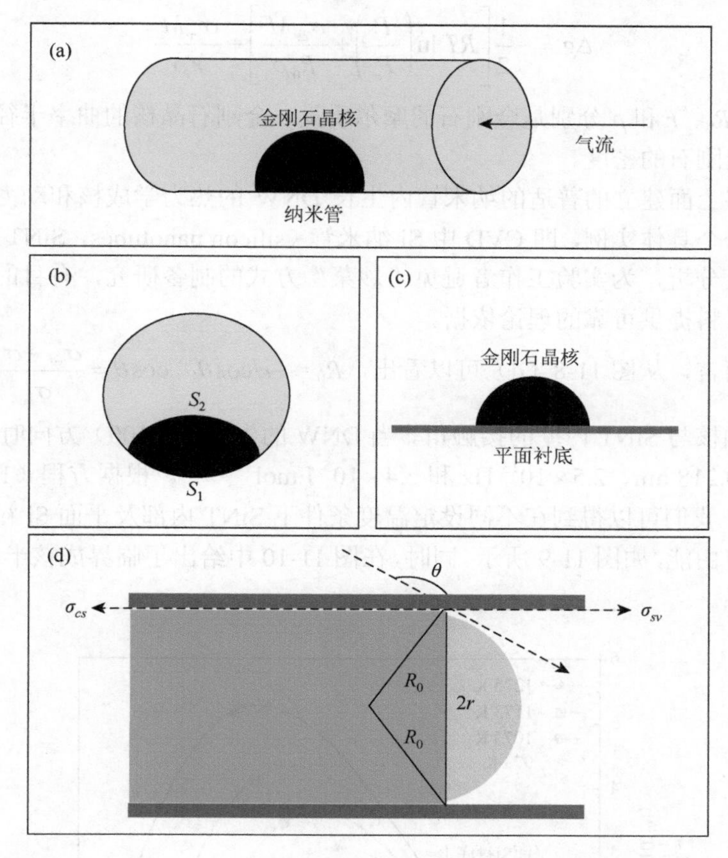

图 11-8　DNW 在纳米管内成核和生长示意图

（a）纳米管内壁上的金刚石晶核；（b）横截面，S_1 和 S_2 分别是衬底-核和核-气界面面积；（c）平面 Si 衬底表面上的金刚石晶核；（d）纳米管内 DNW 的生长

众所周知，热力学成核只是提供了在 CVD 中纳米管内生长 DNW 的可能性。当热力学起作用时，动力学生长将在实现热力学可能性中发挥关键作用。因此，我们基于纳米管内一维纳米结构的生长动力学，从威尔逊-弗伦克尔（Wilson-Frenkel）生长定律[85, 86]出发，我们建立了 CVD 中纳米管内生长 DNW 的动力学方法[82]。

一般情况下，晶核的生长速率 V_s 可以表示为[81]

$$V_s = h\nu \exp(-E_a / RT)\left[1-\exp\left(-\left|\Delta g\right| / RT\right)\right] \tag{11-4}$$

式中，h、ν、E_a 分别为晶核生长方向的晶格常数、热振动频率、附着在表面位点的吸附原子的摩尔吸附能；R、T 同方程（11-3）定义；Δg 是每摩尔的吉布斯自由能差。根据方程（11-3），Δg 可以表示为

$$\Delta g = -\frac{1}{2}\left[RT\ln\left(\frac{P}{P_e}\right)+\frac{\sigma_{cv}M}{R_0\rho}\right]+\frac{\sigma_{cv}M}{r\rho} \tag{11-5}$$

式中，M、R_0、r 和 ρ 分别是金刚石的摩尔质量、金刚石晶核的曲率半径、纳米管的半径和金刚石的密度。

我们将上面建立的普适的纳米管内生长 DNW 的热力学成核和动力学生长模型应用于一个具体实例，即 CVD 中 Si 纳米管（silicon nanotubes，SiNT）内 DNW 生长的理论分析，为实验工作者避免“炒菜”方式的制备研究，有目的地去设计新型纳米材料提供可靠的理论依据。

具体而言，从图 11-8（d）可以看出，$R_0 = -r/\cos\theta$，$\cos\theta = \dfrac{\sigma_{sv}-\sigma_{sc}}{\sigma_{cv}}$，其中 θ 为金刚石晶核与 SiNT 内壁的接触角。当 DNW 的生长沿（100）方向时，h、ν 和 E_a 分别为 0.218 nm、2.5×10^{13} Hz 和 2.4×10^{5} J·mol^{-1}[87-89]。根据方程（11-1）和方程（11-3），我们可以得到在不同设定温度条件下 SiNT 内部及平面 Si 衬底上的金刚石成核自由能，如图 11-9 所示。同时，在图 11-10 中给出了临界成核半径与 SiNT 半径的关系。

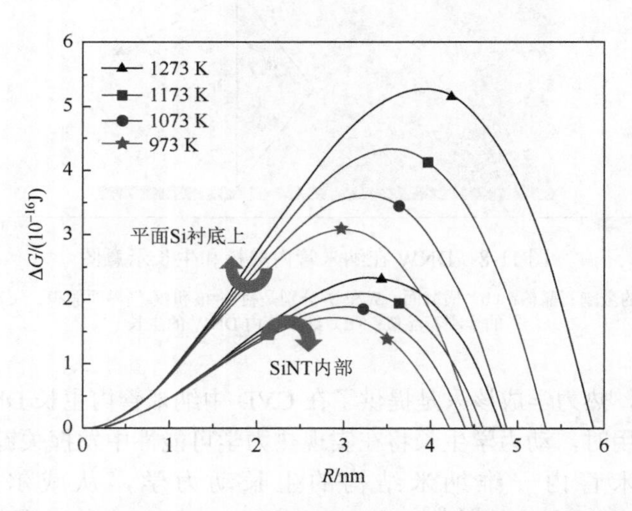

图 11-9　在设定温度条件下，SiNT 内部和平面 Si 衬底上的金刚石成核自由能比较

SiNT 的半径 $R = 5$ nm

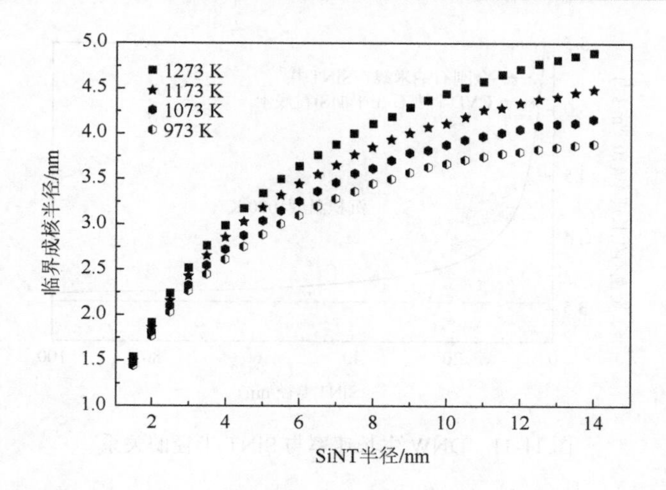

图 11-10　在设定温度下，SiNT 内金刚石晶核的临界成核半径与 SiNT 半径的关系

显然，从图 11-9 可以看出，将 SiNT 内金刚石晶核的成核势垒与平面 Si 衬底上的成核势垒进行比较，前者远小于后者。换句话说，由于受纳米管和临界核在纳米尺寸下曲率引起的表面张力的影响，SiNT 内的金刚石成核优于平面 Si 衬底上的。另外，从图 11-9 还可以看出，随着衬底温度的升高，成核势垒和临界成核半径（图 11-9 中峰值对应的 R）都会增加。这些结果表明，衬底温度的降低（在限定范围内）有利于金刚石的成核。此外，我们从图 11-10 中可以看到，金刚石临界成核半径随着 SiNT 半径的增加而增加，这说明金刚石在小的 SiNT 中更容易成核。同样，从图 11-10 还可以看出，随着衬底温度的升高，金刚石临界成核半径会增加，这表明金刚石晶核在较低的衬底温度下（在限定范围内）相对稳定。重要的是，这些结果与 CVD 金刚石生长的实验结果是一致的[90, 91]。

根据方程（11-4）和方程（11-5），我们可以得到 DNW 生长速率与 SiNT 半径的关系，如图 11-11 所示。显然，从图 11-11 可以看出，在设定的沉积温度下，SiNT 内 DNW 的生长速率随着 SiNT 半径的减小而增加。有趣的是，当 SiNT r＜10 nm 时，DNW 生长速率会随着 SiNT 半径的减小而剧增。但是，当 SiNT r＞10 nm 时，DNW 生长速率开始降低。事实上，当 SiNT 半径变得太大时，DNW 生长速率似乎与 SiNT 尺寸无关了。显然，CVD 金刚石生长在平面 Si 衬底上的生长速率的计算值与实验结果非常吻合[89, 91, 93]。此外，根据图 11-11 的曲线趋势，当 SiNT 半径大于 100 nm 时，SiNT 内 DNW 生长速率接近于 CVD 金刚石的生长速率。换句话说，当 SiNT 的半径足够大时，SiNT 内 DNW 的生长速率几乎与 CVD 金刚石生长在平面 Si 衬底上的一样。

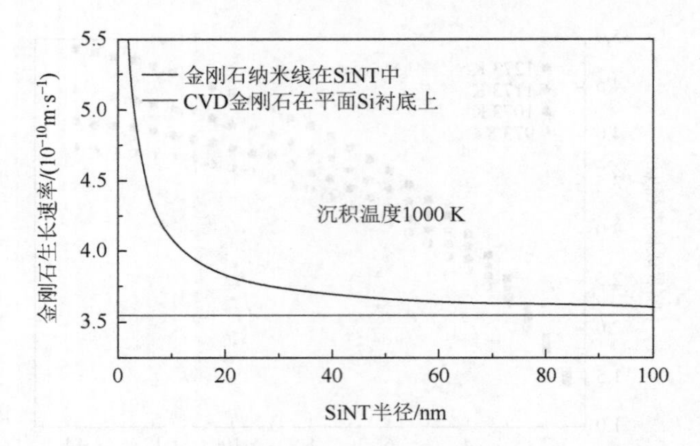

图 11-11　DNW 生长速率与 SiNT 半径的关系

综上所述，基于纳米热力学成核与动力学生长，我们提出了采用 CVD 技术在 SiNT 内生长 DNW 的理论方案。我们发现，由于纳米管和临界核表面曲率引起的纳米尺寸效应，SiNT 内金刚石成核势垒远小于其在平面 Si 衬底上的成核势垒。同时，在生长动力学，金刚石晶核在 SiNT 内的生长速率是很高的。因此，考虑到可以由 DNW 和 SiNT 制造近乎完美的一维纳米器件，我们预测未来会实现以 SiNT 为模板通过 CVD 技术生长 DNW。

参 考 文 献

[1] Johnson C E，Weimer W A，Harris D C. Characterization of diamond films by thermogravimetric analysis and infrared spectroscopy[J]. Materials Research Bulletin，1989，24（9）：1127-1134.

[2] Plano L S，Yokota S，Ravi K V. Oxidation of dc pecvd diamond films[C]//The First International Symposium on Diamond and Diamond-Like Films. Electrochemical Society，1989，12：380.

[3] Tankala K，DebRoy T，Alam M. Oxidation of diamond films synthesized by hot filament assisted chemical vapor deposition[J]. Journal of Materials Research，1990，5（11）：2483-2489.

[4] Ramesham R，Loo B H. Air-microwave plasma etching of polycrystalline diamond thin films[J]. Journal of the Electrochemical Society，1992，139（7）：1988.

[5] Wong M S，Meilunas R，Ong T P，et al. Tribological properties of diamond films grown by plasma-enhanced chemical vapor deposition[J]. Applied Physics Letters，1989，54（20）：2006-2008.

[6] Pan L S，Kania D R. Diamond：Electronic properties and applications[M]. Boston：Kluwer Academic Publishers，1995.

[7] Yarbrough W A，Messier R. Current issues and problems in the chemical vapor deposition of diamond[J]. Science，1990，247（4943）：688-696.

[8] Angus J C，Hayman C C. Low-pressure，metastable growth of diamond and “diamondlike” phases[J]. Science，1988，241（4868）：913-921.

[9] Wilks E，Wilks J. Properties and application of diamond[M]. Oxford：Butterworth Heinemann Ltd，1991.

[10] Davis R F. Diamond films and coatings[M]. New Jersey：Noyes Publications，1992.

[11] Field J E. The properties of diamond[M]. Oxford：Academic Press，1979.

[12] Lee S T，Lin Z，Jiang X. CVD diamond films：Nucleation and growth[J]. Materials Science and Engineering：R：Reports，1999，25（4）：123-154.

[13] Wang C X，Yang G W，Zhang T C，et al. High-quality heterojunction between p-type diamond single-crystal film and n-type cubic boron nitride bulk single crystal[J]. Applied Physics Letters，2003，83（23）：4854-4856.

[14] Wang C X，Yang G W，Liu H W，et al. Experimental analysis and theoretical model for anomalously high ideality factors in ZnO/diamond p-n junction diode[J]. Applied Physics Letters，2004，84（13）：2427-2429.

[15] Wang C X，Yang G W，Gao C X，et al. Highly oriented growth of n-type ZnO films on p-type single crystalline diamond films and fabrication of transparent ZnO/diamond heterojunction[J]. Carbon，2004，42（2）：317-321.

[16] Wang C X，Yang G W，Zhang T C，et al. Fabrication of transparent p-n hetero-junction diodes by p-diamond film and n-ZnO film[J]. Diamond and Related Materials，2003，12（9）：1548-1552.

[17] Wang C X，Yang G W，Zhang T C，et al. Preparation of low-threshold and high current rectifying heterojunction using B-doped diamond grown on Si-treated c-BN crystals[J]. Diamond and Related Materials，2003，12（8）：1422-1425.

[18] Wang C X，Gao C X，Zhang T C，et al. Preparation of p-n junction diode by B-doped diamond film grown on Si-doped c-BN[J]. Chinese Physics Letters，2002，19（10）：1513.

[19] Wang C X，Gao C X，Liu H W，et al. Preparation and transparent property of the n-ZnO/p-diamond heterostructure[J]. Chinese Physics Letters，2003，20（1）：127.

[20] Wang C X，Zhang T C，Liu H W，et al. Heterojunction diodes made from B-doped diamond grown heteroepitaxially on Si-doped c-BN[J]. Journal of Physics：Condensed Matter，2002，14（44）：10989.

[21] Bundy F P，Hall H T，Strong H M，et al. Man-made diamonds[J]. Nature，1955，176（4471）：51-55.

[22] Burkhard G B G，Dan K D K，Tanabe Y T Y，et al. Carbon phase transition by dynamic shock compression of a copper/graphite powder mixture[J]. Japanese Journal of Applied Physics，1994，33（6B）：L876.

[23] Yang G W，Wang J B，Liu Q X. Preparation of nano-crystalline diamonds using pulsed laser induced reactive quenching[J]. Journal of Physics：Condensed Matter，1998，10（35）：7923.

[24] Wang J B，Yang G W. Phase transformation between diamond and graphite in preparation of diamonds by pulsed-laser induced liquid-solid interface reaction[J]. Journal of Physics：Condensed Matter，1999，11（37）：7089.

[25] Yang G W，Wang J B. Pulsed-laser-induced transformation path of graphite to diamond via an intermediate rhombohedral graphite[J]. Applied Physics A，2001，72：475-479.

[26] Wang J B，Zhang C Y，Zhong X L，et al. Cubic and hexagonal structures of diamond nanocrystals formed upon pulsed laser induced liquid-solid interfacial reaction[J]. Chemical Physics Letters，2002，361（1-2）：86-90.

[27] Szymanski A，Abgarowicz E，Bakon A，et al. Diamond formed at low pressures and temperatures through liquid-phase hydrothermal synthesis[J]. Diamond and Related Materials，1995，4（3）：234-235.

[28] Gogotsi Y G，Kofstad P，Yoshimura M，et al. Formation of sp^3-bonded carbon upon hydrothermal treatment of SiC[J]. Diamond and Related Materials，1996，5（2）：151-162.

[29] Zhao X Z，Roy R，Cherian K A，et al. Hydrothermal growth of diamond in metal-C-H_2O systems[J]. Nature，1997，385（6616）：513-515.

[30] Kraft T，Nickel K G. Carbon formed by hydrothermal treatment of α-SiC crystals[J]. Journal of Materials Chemistry，2000，10（3）：671-680.

[31] Gogotsi Y G，Welz S，Ersoy D A，et al. Conversion of silicon carbide to crystalline diamond-structured carbon at

ambient pressure[J]. Nature，2001，411（6835）：283-287.

[32] Lou Z S，Chen Q W，Zhang Y F，et al. Diamond formation by reduction of carbon dioxide at low temperatures[J]. Journal of the American Chemical Society，2003，125（31）：9302-9303.

[33] Lou Z S，Chen Q W，Wang W，et al. Growth of large diamond crystals by reduction of magnesium carbonate with metallic sodium[J]. Angewandte Chemie，2003，42（37）：4501-4503.

[34] Gogotsi Y G，Yoshimura M. Low-temperature oxidation，hydrothermal corrosion，and their effects on properties of SiC（Tyranno）fibers[J]. Journal of the American Ceramic Society，1995，78（6）：1439-1450.

[35] Bundy F P，Bassett W A，Weathers M S，et al. The pressure-temperature phase and transformation diagram for carbon；updated through 1994[J]. Carbon，1996，34（2）：141-153.

[36] Eversole W G. Canadian Patent No. 628567[P]. 1961，October.

[37] Angus J C，Will H A，Stanko W S. Growth of diamond seed crystals by vapor deposition[J]. Journal of Applied Physics，1968，39（6）：2915-2922.

[38] Deryagin B V，Spitsyn B V，Builov L L，et al. Synthesis of diamond on non-diamond substrates[J]. Dokl Akad Nauk，1976，231：333-335.

[39] Matsumoto S，Sato Y，Tsutsumi M，et al. Growth of diamond particles from methane-hydrogen gas[J]. Journal of Materials Science，1982，17：3106-3112.

[40] Wang J T，Zhang D W，Ding S J，et al. A new field of phase diagrams of stationary nonequilibrium states[J]. Calphad，2000，24（4）：427-434.

[41] Matsumoto S. Development of diamond synthesis techniques at low pressures[J]. Thin Solid Films，2000，368（2）：231-236.

[42] Dirkx R R，Spear K E. Optimization of thermodynamic data for silicon borides[J]. Calphad，1987，11（2）：167-175.

[43] Wang J T，Zhang D W，Shen J Y. Modern thermodynamics in CVD of hard materials[J]. International Journal of Refractory Metals and Hard Materials，2001，19（4-6）：461-466.

[44] Piekarczyk W. Thermodynamic model of chemical vapour transport and its application to some ternary compounds：II. Application of the model to the complex oxides：$ZnCr_2O_4$，$Y_3Fe_5O_{12}$ and Fe_2TiO_5[J]. Journal of Crystal Growth，1988，89（2-3）：267-286.

[45] Piekarczyk W，Roy R，Messier R. Application of thermodynamics to the examination of the diamond CVD process from hydrocarbon-hydrogen mixtures[J]. Journal of Crystal Growth，1989，98（4）：765-776.

[46] Yarbrough W A. Vapor-phase-deposited diamond：Problems and potential[J]. Journal of the American Ceramic Society，1992，75（12）：3179-3200.

[47] Spitsyn B V，Bouilov L L，Derjaguin B V. Vapor growth of diamond on diamond and other surfaces[J]. Journal of Crystal Growth，1981，52：219-226.

[48] Deryagin B V，Fedosayev D V. The growth of diamond and graphite from the gas phase[J]. Surface and Coatings Technology，1989，38（1-2）：131-248.

[49] Tsuda M，Nakajima M，Oikawa S. Epitaxial growth mechanism of diamond crystal in methane-hydrogen plasma[J]. Journal of the American Chemical Society，1986，108（19）：5780-5783.

[50] Frenklach M，Spear K E. Growth mechanism of vapor-deposited diamond[J]. Journal of Materials Research，1988，3（1）：133-140.

[51] Badziag P，Verwoerd W S，Ellis W P，et al. Nanometre-sized diamonds are more stable than graphite[J]. Nature，1990，343（6255）：244-245.

[52] Spitsyn B V. Crystallization of diamond by the chemical transport reaction：Thermodynamics and kinetics[C]//

Diamond Materials IV，The Fourth International Symposium on Diamond Materials，1995：61-72.

[53] DeVries R C. Synthesis of diamond under metastable conditions[J]. Annual Review of Materials Science，1987，17（1）：161-187.

[54] Sommer M，Mui K，Smith F W. Thermodynamic analysis of the chemical vapor deposition of diamond films[J]. Solid State Communications，1989，69（7）：775-778.

[55] Yarbrough W A，Stewart M A，Cooper Jr J A. Combustion synthesis of diamond[J]. Surface and Coatings Technology，1989，39：241-252.

[56] Bar-Yam Y，Moustakas T D. Defect-induced stabilization of diamond films[J]. Nature，1989，342（6251）：786-787.

[57] Hwang N M，Hahn J H，Yoon D Y. Charged cluster model in the low pressure synthesis of diamond[J]. Journal of Crystal Growth，1996，162（1-2）：55-68.

[58] Hwang N M. Deposition and simultaneous etching of Si in the chemical vapor deposition（CVD）process：Approach by the charged cluster model[J]. Journal of Crystal Growth，1999，205（1-2）：59-63.

[59] Wang J T. Nonequilibrium nondissipative thermodynamics[M]. Heidelberg：Springer，2002.

[60] Eriksson T，Wang J T，Carlsson J O，et al. Influence of standard processing on area-selective chemical vapour deposition of tungsten on tantalum disilicide[J]. Applied Surface Science，1991，53：35-40.

[61] Wang J T，Wan Y Z，Zhang D W，et al. Calculated phase diagrams for activated low pressure diamond growth from C□H，C□O，and C□H□O systems[J]. Journal of Materials Research，1997，12（12）：3250-3253.

[62] Yoshimoto M，Yoshida K，Maruta H，et al. Epitaxial diamond growth on sapphire in an oxidizing environment[J]. Nature，1999，399（6734）：340-342.

[63] Palnichenko A V，Jonas A M，Charlier J C，et al. Diamond formation by thermal activation of graphite[J]. Nature，1999，402（6758）：162-165.

[64] Kong K，Han M，Yeom H W，et al. Novel pathway to the growth of diamond on cubic β-SiC（001）[J]. Physical Review Letters，2002，88（12）：125504.

[65] Gruen D M. Nanocrystalline diamond films[J]. Annual Review of Materials Science，1999，29（1）：211-259.

[66] Fedosayev D V，Deryagin B V，Varasavskaja I G. The crystallization of diamond[J]. Surface and Coatings Technology，1989，38（1-2）：1-122.

[67] Jiang X，Jia C L. Direct local epitaxy of diamond on Si（100）and surface-roughening-induced crystal misorientation[J]. Physical Review Letters，2000，84（16）：3658.

[68] Lee S T，Peng H Y，Zhou X T，et al. A nucleation site and mechanism leading to epitaxial growth of diamond films[J]. Science，2000，287（5450）：104-106.

[69] Lifshitz Y，Kohler T，Frauenheim T，et al. The mechanism of diamond nucleation from energetic species[J]. Science，2002，297（5586）：1531-1533.

[70] Zhang C Y，Wang C X，Yang Y H，et al. A nanoscaled thermodynamic approach in nucleation of CVD diamond on nondiamond surfaces[J]. The Journal of Physical Chemistry B，2004，108（8）：2589-2593.

[71] Yang G W，Liu B X. Kinetic model for diamond nucleation upon chemical vapor deposition[J]. Diamond and Related Materials，2000，9（2）：156-161.

[72] Bellan J. Supercritical（and subcritical）fluid behavior and modeling：Drops，streams，shear and mixing layers，jets and sprays[J]. Progress in Energy and Combustion Science，2000，26（4-6）：329-366.

[73] Ree F H，Winter N W，Glosli J N，et al. Kinetics and thermodynamic behavior of carbon clusters under high pressure and high temperature[J]. Physica B：Condensed Matter，1999，265（1-4）：223-229.

[74] Gleiter H. Nanocrystalline materials[J]. Progress in Materials Science，1989，33（4）：223-315.

[75] Gleiter H. Nanostructured materials：Basic concepts and microstructure[J]. Acta Materialia，2000，48（1）：1-29.

[76] Xia Y，Yang P. Guest editorial：Chemistry and physics of nanowires[J]. Advanced Materials，2003，15（5）：351-352.

[77] Barnard A S，Russo S P，Snook I K. Surface structure of cubic diamond nanowires[J]. Surface Science，2003，538（3）：204-210.

[78] Malcioğlu O B，Erkoç Ş. Structural properties of diamond nanorods：Molecular-dynamics simulations[J]. International Journal of Modern Physics C，2003，14（4）：441-447.

[79] Barnard A S，Russo S P，Snook I K. Ab initio modeling of diamond nanowire structures[J]. Nano Letters，2003，3（10）：1323-1328.

[80] Liu Q X，Wang C X，Li S W，et al. Nucleation stability of diamond nanowires inside carbon nanotubes：A thermodynamic approach[J]. Carbon，2004，42（3）：629-633.

[81] Liu Q X，Wang C X，Yang Y H，et al. One-dimensional nanostructures grown inside carbon nanotubes upon vapor deposition：A growth kinetic approach[J]. Applied Physics Letters，2004，84（22）：4568-4570.

[82] Shenderova O，Brenner D，Ruoff R S. Would diamond nanorods be stronger than fullerene nanotubes？[J]. Nano Letters，2003，3（6）：805-809.

[83] Barnard A S，Russo S P，Snook I K. Ab initio modelling of boron and nitrogen in diamond nanowires[J]. Philosophical Magazine，2003，83（19）：2301-2309.

[84] Barnard A S，Russo S P，Snook I K. Ab initio modelling of dopants in diamond nanowires：II[J]. Philosophical Magazine，2003，83（19）：2311-2321.

[85] Wilson H W. On the velocity of soildification and viscosity of super-cooled liquids[J]. The London，Edinburgh，and Dublin Philosphyical Magazine and Journal of Science，1900，50（303）：238-250.

[86] Frenkel J. Note on a relation between the speed of crystallization and viscosity[J]. Phisik Zeit Sowjetunion，1932，1：498-510.

[87] Xie J J，Chen S P，Tse J S，et al. High-pressure thermal expansion，bulk modulus，and phonon structure of diamond[J]. Physical Review B，1999，60（13）：9444.

[88] Mehandru S P，Anderson A B. Adsorption and bonding of C_1H_x and C_2H_y on unreconstructed diamond（111）. Dependence on coverage and coadsorbed hydrogen[J]. Journal of Materials Research，1990，5（11）：2286-2295.

[89] Cappelli M A，Loh M H. In-situ mass sampling during supersonic arcjet synthesis of diamond[J]. Diamond and Related Materials，1994，3（4-6）：417-421.

[90] Hayashi Y，Drawl W，Messier R. Temperature dependence of nucleation density of chemical vapor deposition diamond[J]. Japanese Journal of Applied Physics，1992，31（2B）：L193.

[91] Tzeng Y，Yoshikawa M，Murekawa M，et al. Applications of diamond films and related materials[M]. Amsterdam: Elsevier Science Publishers，1991.

[92] Chu C J，D'Evelyn M P，Hauge R H，et al. Mechanism of diamond growth by chemical vapor deposition on diamond（100），（111），and（110）surfaces：Carbon-13 studies[J]. Journal of Applied Physics，1991，70（3）：1695-1705.

[93] D'Evelyn M P，Chu C J，Hange R H，et al. Mechanism of diamond growth by chemical vapor deposition：Carbon-13 studies[J]. Journal of Applied Physics，1992，71（3）：1528-1530.

第 12 章　立方氮化硼在不稳定相区成核的热力学描述

立方氮化硼（cubic BN，c-BN）是一种纯人工 III-V 族化合物，晶体结构类似于立方金刚石，如图 12-1 所示。它不仅有着仅次于金刚石的硬度，而且有着比金刚石更好的热稳定性和化学稳定性，在技术上有着巨大的潜在应用价值[1]。自从 1957 年温托夫借助于合适的催化剂通过高温高压（HTHP）方法首次成功合成 c-BN 后[2]，近年来，除了 HTHP 之外，研究人员已经发展了许多方法来合成 c-BN，如 CVD[3-7]、脉冲激光沉积（pulsed laser deposition，PLD）[8-14]、物理气相沉积（physical vapor deposition，PVD）[15-19]、水热合成[20-25]、液相激光烧蚀[26, 27]、直流电弧放电法[28]等。然而，这些合成方法大多发生在氮化硼热力学平衡相图中 c-BN 相的不稳定相区，人们对 c-BN 成核的热力学仍然知之甚少。我们以 CVD 和超临界流体系统中 c-BN 成核为例，根据 MPNUR 定量热力学成核理论，讨论 c-BN 在这两个合成过程中的成核热力学。

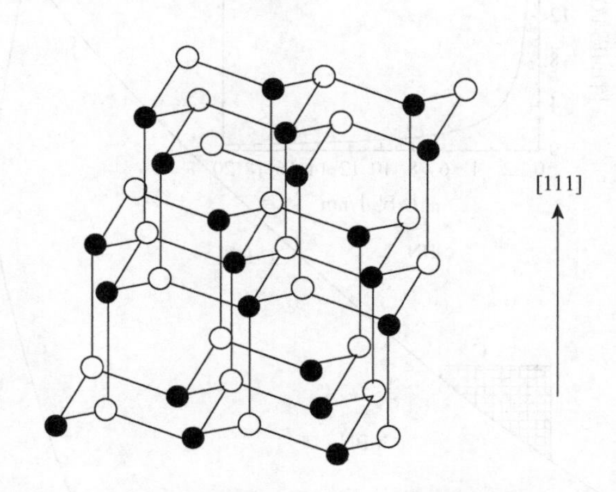

图 12-1　具有闪锌矿结构的 c-BN 晶体结构示意图

12.1　化学气相沉积中立方氮化硼的热力学分析

近年来，CVD c-BN 薄膜的研究取得了许多重大进展[29]，但是，CVD 单晶 c-BN

薄膜的生长仍然是物理学家和材料学家面临的巨大挑战[30]，人们对 c-BN 在 CVD 中的成核过程还没有一幅清晰的物理化学图像。实际上，CVD c-BN 的成核是一个复杂的物理化学过程。为了能够对 c-BN 成核给出一个定性描述，迄今为止，研究人员分别提出了六种不同的理论模型，即压应力模型[31-33]、动态应力模型[14, 34-36]、优先应力模型[15, 37]、籽晶种植模型[38-41]、圆柱形热尖峰模型[42-44]和纳米拱模型[45]。然而，这些理论模型都不能清楚地解释 CVD c-BN 生长，每个理论模型都仅倾向于关注 CVD c-BN 复杂成核过程的某一个方面[30]。部分研究总结了 CVD c-BN 成核理论[29, 30, 45]，指出 c-BN 成核的发生机制是高压应力（几个 GPa）导致的结构变化和由非晶氮化硼界面组成的层状结构的生长。我们知道，当中间层在衬底上生长时，压缩应力的水平分量足以将生长条件驱动到 500～1300 K 的 c-BN 相的稳定相区（图 12-2 的 C 区）。这里，我们采用 Corrigan-Bundy（C-B）线[46]定义相边界可以得到 c-BN 的热力学平衡相图[32]，如图 12-2 所示。我们注意到，一些研究人员用压应力模型来解释 c-BN 的成核[31-33, 47, 48]。然而，这些研究基本没有涉及纳米尺寸下的成核热力学。下面我们将从 MPNUR 纳米热力学模型出发，对 CVD c-BN 成核过程给出系统、完整的热力学描述。

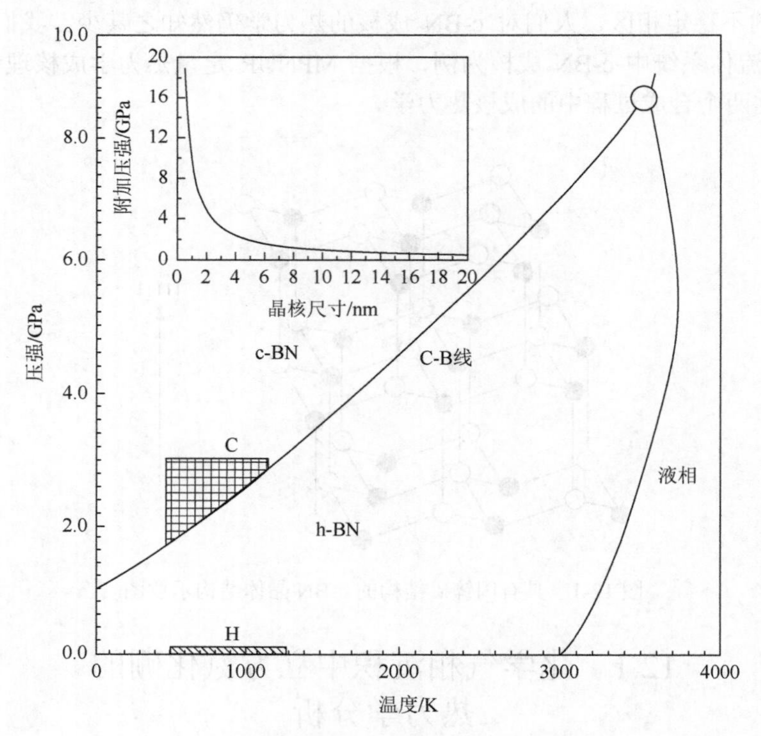

图 12-2　氮化硼的热力学平衡相图

插图为纳米尺寸诱导的附加压强与晶核尺寸的关系曲线

众所周知，CVD 可以被认为是一个接近热力学平衡的过程。典型的 CVD c-BN 生长的热力学参数是温度为 500～1300 K，压强为几个 Torr[33, 49-51]。在氮化硼的热力学平衡相图中（图 12-2），CVD c-BN 生长常见的热力学相区为 H 区，属于 c-BN 相的亚稳相区，即六方氮化硼（h-BN）相的稳定相区。那么，在球形、各向同性 c-BN 晶核的假设下，纳米尺寸诱导的附加压强将驱动 c-BN 相成核的亚稳相区进入新稳定相区（图 12-2 的 C 区）。

根据拉普拉斯-杨方程，取 c-BN 的表面张力 $\gamma = 4.72\ \mathrm{J \cdot m^{-2}}$[52]，我们可以得到 c-BN 晶核尺寸对附加压强的依赖，如图 12-2 的插图。显然，我们可以看到附加压强是随着晶核尺寸的减小而增加的。值得注意的是，在几个纳米以下的尺寸范围内，附加压强可以上升到几个 GPa 以上，进入 C-B 线上方显示的 C 区域[46]，即图 12-2 中 c-BN 相的稳定相区。

原则上，方程（10-36）能给出成核势垒与温度的关系。然而，由于中间过渡层的表面能不确定，所以，我们无法计算出该曲线。为了给出设定在附加压强条件下成核势垒与温度的关系，我们假设 c-BN 直接在 Si 衬底上成核（Si 的表面能为 $1.24\ \mathrm{J \cdot m^{-2}}$）[52]。这样的话，我们得到尺寸效应依赖的 c-BN 成核功曲线。显然，我们可以在图 12-3 中看到，在设定压强下，c-BN 核的临界成核功随着温度的升高而降低；在设定条件下，随着压强的升高而升高。所以，这些结果表明，CVD c-BN 的成核不需要高的能量。这就意味着 c-BN 成核在 CVD 过程并不困难，因为它生长在 c-BN 相的稳定相区（C 区）。

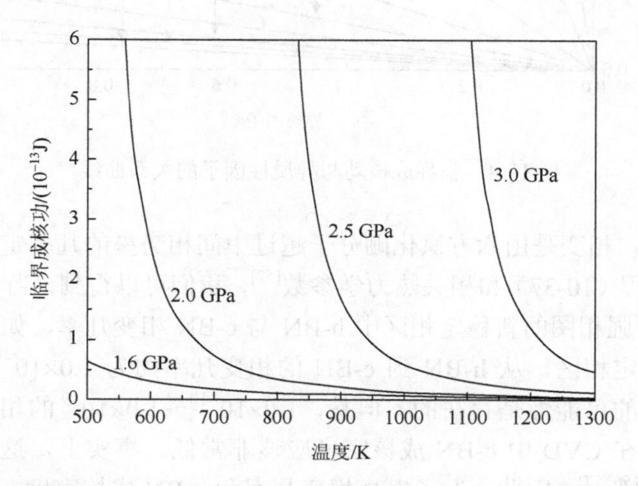

图 12-3　不同纳米尺寸诱导的附加压强下临界成核功与温度的关系曲线

另外，根据方程（10-35），我们计算了在设定附加压强和温度条件下，成核功与异质因子 $f(\theta)$ 的关系曲线，如图 12-4 所示。值得注意的是，不同的异质因子

$f(\theta)$表示 c-BN 晶核与衬底之间的不同中间过渡层。从图 12-4 可以看出，临界成核功随着$f(\theta)$的增加而增加。所以，这些结果表明，晶核与中间过渡层之间的低界面能有利于 c-BN 的成核。换言之，c-BN 会优先在那些与 c-BN 具有较低晶格失配的衬底上成核，这是 CVD c-BN 生长中出现中间过渡层的物理机制之一。实际上，Kester 等[53, 54]观察到的成核特征是按照一定的顺序的：非晶氮化硼→织构化六方氮化硼（c 轴平行于衬底）→c-BN。因此，他们的实验结果表明，c-BN 在中间过渡层表面的成核不仅依赖于六方氮化硼和 c-BN 2∶3 的晶格匹配作用，而且还与中间过渡层表面六方氮化硼密度有关，即"六方氮化硼致密化"，它会导致中间过渡层的表面能增加，即我们计算中的异质因子$f(\theta)$降低。

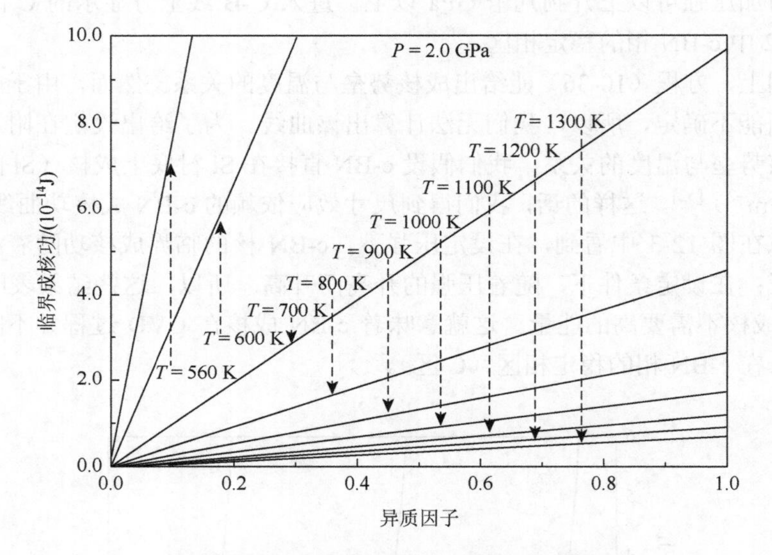

图 12-4 临界成核功与异质性因子的关系曲线

我们知道，相变是由六方氮化硼分子越过中间相势垒的几率定量确定的[55]，因此，根据方程（10-37）和相关热力学参数[52]，我们可以得到，当 $r = 4.0$ nm 时，氮化硼温度-压强相图的新稳定相区中 h-BN 与 c-BN 相变几率，如图 12-5。可以看到，在新稳定相区，从 h-BN 到 c-BN 的相变几率约为 1.0×10^{-10}～1.0×10^{-9}。尽管这种相变的可能性是存在的，但是，1.0×10^{-10}～1.0×10^{-9} 的相变几率是非常低的。因此，在 CVD 中 c-BN 成核密度应该非常低。事实上，这一结论与实验证据是一致的[56, 57]。因此，为了提高相变几率和 c-BN 成核密度，研究人员采用许多辅助方法来助力 CVD，如电子回旋共振（ECR），电感耦合等离子体（ICP）和射频（RF）等[29]。

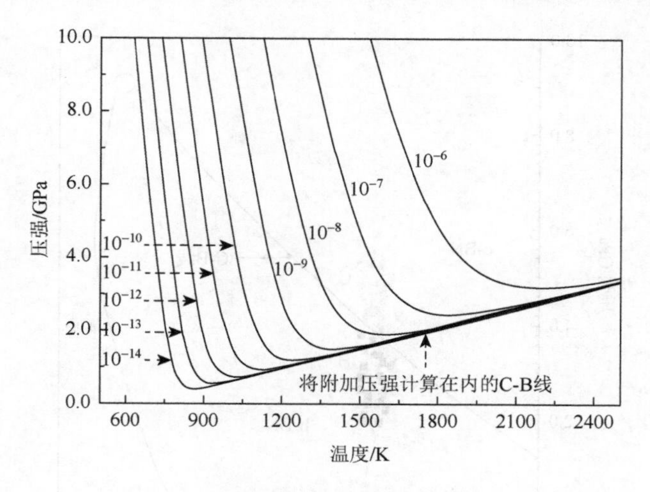

图 12-5　h-BN 向 c-BN 转变的几率

综上所述，基于 MPNUR 纳米热力学理论和氮化硼的热力学平衡相图，我们指出，CVD c-BN 成核应该发生在 c-BN 相的稳定相区。也就是说，在 c-BN 与 h-BN 竞争成核时，立方相先于六方相成核。

12.2　高温高压超临界流体中的立方氮化硼成核

近年来，由 Solozhenko 等发展的 HTHP 合成 c-BN 技术似乎突破了 Corrigan 和 Bundy 提出的、科学界公认的氮化硼的热力学平衡相图。具体而言，Solozhenko 等首次使用非常规催化剂，如挥发性肼 NH_2NH_2 和 MgB_2（HTHP 超临界流体系统），在压强为 1.8～3.8 GPa、温度为 1200～1600 K 的超临界条件下通过 HTHP 合成了 c-BN[58-63]。重要的是，这些合成相区位于氮化硼的热力学平衡相图中 C-B 线下方，也就是 c-BN 相是亚稳相区，h-BN 相是稳定相区。在热力学上，c-BN 相是无法在这些相区合成的，如图 12-6 所示。针对这个问题，Solozhenko 等根据实验研究和系列理论计算，建议在 Corrigan 和 Bundy 建立的氮化硼的热力学平衡相图中将 C-B 线向下移动，这样就可以把合成相区从亚稳态转变为稳态，进而，他们提出了一个新的氮化硼的热力学平衡相图来替代 Corrigan-Bundy 相图[58, 64-67]。难道 Corrigan-Bundy 相图真的不适用于 Solozhenko 的 c-BN 合成了吗？显然，HTHP 超临界流体系统 c-BN 合成涉及到基本热力学问题。目前鲜有关于 HTHP 超临界流体系统的热力学描述，因为尚无法了解非常规催化剂/溶剂合成过程中复杂的相互作用。因此，我们发展了纳米热力学方法用于解决 HTHP 超临界流体系统中 c-BN 的成核问题。

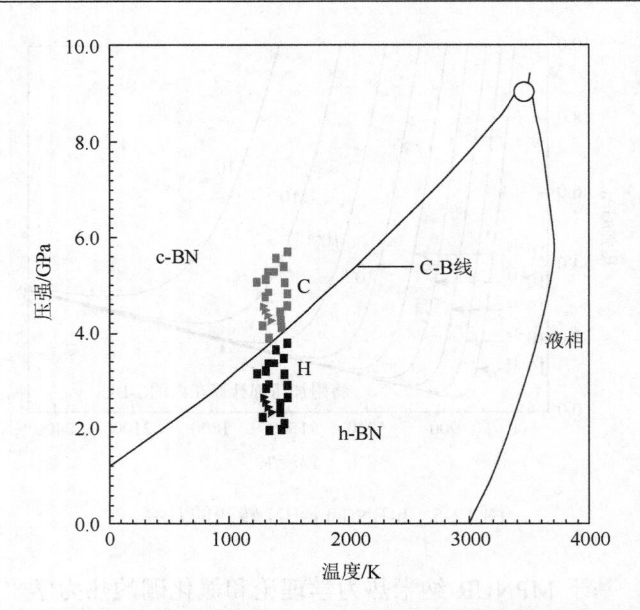

图 12-6 氮化硼的热力学平衡相图和纳米尺寸诱导压强与温度的关系曲线

H 区表示 c-BN 成核的亚稳相区，C 区是指纳米尺寸诱导压强效应驱动 c-BN 成核进入新稳定相区（方块符号数据来源于文献[65]）

事实上，在 HTHP 超临界流体系统中，在另一种材料（所谓的“催化剂”）的流动中 c-BN 的成核和生长变得十分复杂。通常情况下，c-BN 的成核被认为是传统“溶剂-催化剂系统”中的自发结晶[67]。实际上，无论在常规溶剂-催化剂系统还是超临界流体系统中，c-BN 的成核和生长都必须同时包含以下条件：①体系中熔融的原料和催化剂；②溶剂催化剂中的高过饱和原料；③环境压强（包括纳米尺寸诱导的附加压强）；④C-B 线以上 c-BN 团簇自发结晶的温度。然而，Solozhenko 等实现了在较宽温度和压强范围内的超临界流体系统中 c-BN 的成核和生长（图 12-6 中 H 区）[59-63]。而这种情况在传统的溶剂-催化剂系统中是不可能的。因此，可以合理地认为他们所用溶液的结构和氮化硼从这些溶液中结晶的机制在很大程度上取决于液相成分。自然地，这个结果与 Corrigan 和 Bundy 的相图不兼容。

由于 c-BN 是通过 HTHP 合成的，许多理论模型已经讨论了 c-BN 在 HTHP 中的成核和生长。例如，首先，固-固转变模型认为六方氮化硼在一定的压强和温度条件下熔化在溶剂催化剂中，然后形成新的溶剂（BN-rich）；随后，温度升高导致形成比上述化合物更富含 BN 的第二种化合物；最后，在高压和高温下形成的新的富含 BN 的化合物变得不稳定，并通过快速固-固转变过程分解成 c-BN 和其他产物（结构和成分未知）[68]。但是，Solozhenko[69]指出，在 NH_4F-BN 体系中，从 c-BN 结晶的开始到结束，没有观察到任何结晶中间相的形成，即便使用 X 射线衍射和同步辐射进行原位测量也只观测到六方氮化硼和熔体共存的系统。此外，如上所述，超临界流体可能具有类似液体的密度，但具有类似气体的特性。所以，这些研究结果使我们修正了固-固转变模型，并使得我们能够基于 MPNUR 纳米热力学模型对超临界流体系统中 c-BN 的成核和生长机制进行合理的描述。

根据方程（10-35）和给定的宏观热力学参数[72]，我们可以推导出 c-BN 晶核在不同设定温度下的压强与临界成核半径的关系曲线，如图 12-7 所示。显然，我们可以看到，临界成核半径为 3.0～6.0 nm。需要指出是，这些结果与化学势法[70]的计算值是一致的。此外，图 12-7 显示了临界成核半径在设定温度下随压强的增加而增加，在设定压强条件下随温度的降低而增加。这些结果表明纳米尺寸引起的附加压强对超临界流体系统 c-BN 成核起着重要作用。

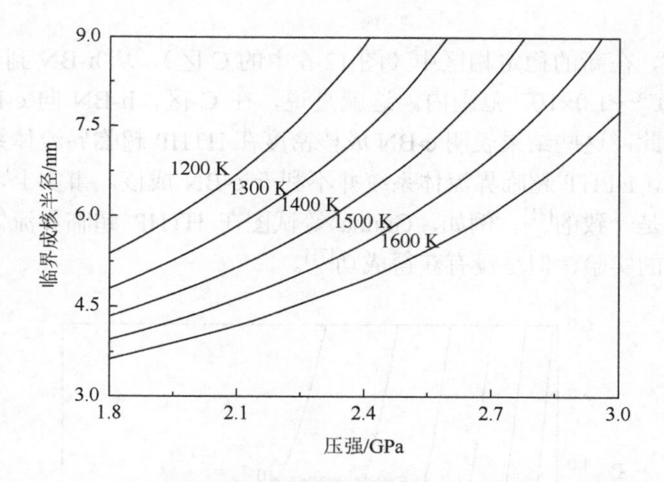

图 12-7　在设定温度下，临界成核半径对超临界流体系统压强的依赖

根据方程式（10-36），我们可以得到 c-BN 成核功在不同设定温度下对压强的依赖，如图 12-8 所示。可以看出当总压强（外部压强＋附加压强）接近 C-B 线时，c-BN 成核功增加，这个结果与经典热力学成核是一致，即在 C-B 线上 c-BN 不能成核。重要的是，这些结果表明在超临界流体系统中 c-BN 成核不需要的高的成核功。显然，c-BN 低的成核功意味着在 HTHP 超临界流体系统中并不困难，因为 c-BN 成核发生在 c-BN 相的稳定相区（C 区）。

根据方程（10-37），我们可以得到，当 $r = 1.6$ nm 时，在氮化硼温度-压强相图中新的稳定相区，h-BN 向 c-BN 转变的相变几率曲线，如图 12-9 所示。显然，f_c 常数曲线呈“V”形，一侧接近 C-B 线，另一侧几乎平直。此外，从图 12-9 中

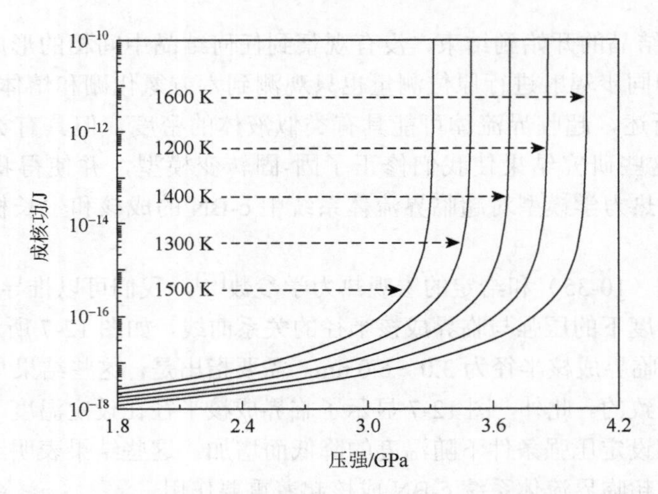

图 12-8　超临界流体系统外部压强与成核功的关系曲线

我们可以看到，在新的稳定相区中（图 12-6 中的 C 区），从 h-BN 到 c-BN 的相变几率在 $1.0\times10^{-8}\sim1.0\times10^{-7}$ 范围内。这就是说，在 C 区，h-BN 向 c-BN 转变的几率非常低。因此，这些结果表明 c-BN 成核密度在 HTHP 超临界流体系统中应该很小。换句话说，HPHT 超临界流体系统并不利于 c-BN 成核。事实上，这些理论推论与实验数据是一致的[71]。例如，Gonna 等试图在 HTHP 超临界流体系统中重复 Solozhenko 等的实验，但是没有获得成功[71]。

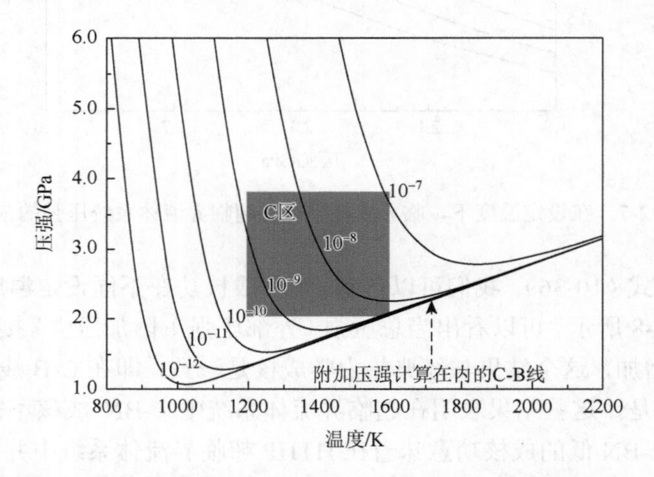

图 12-9　在考虑纳米尺寸引起的附加压强条件下，HTHP 超临界流体系统 h-BN 到 c-BN 的相变几率

另外，基于上述热力学模型，在 $T = 1500$ K 和 $r = 1.6$ nm 条件下，从 h-BN 到

c-BN 的相变几率对压强的依赖，如图 12-10 所示。可以清楚地看到，这些曲线的形状与阿伦尼乌斯线的形状相似，即 h-BN 到 c-BN 的相变几率符合阿伦尼乌斯方程。同时，我们还可以看到，当压强为 1.8～2.4 GPa 时，f_c 快速增加，然后，随着压强的进一步增大，f_c 趋于饱和。

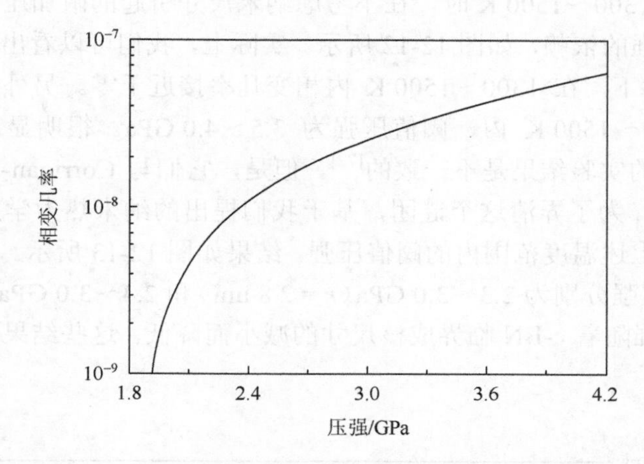

图 12-10　从 h-BN 到 c-BN 的相变几率对 HTHP 超临界流体系统压强的依赖关系

此外，我们还计算了在不考虑纳米尺寸引起的附加压强条件下 HTHP 超临界流体系统中 h-BN 到 c-BN 的相变几率（图 12-6 中 H 区的相变几率），如图 12-11 所示。有趣的是，从图 12-11 可以看出，在 H 区相变几率为 10^{-10}～10^{-9}。此外，我

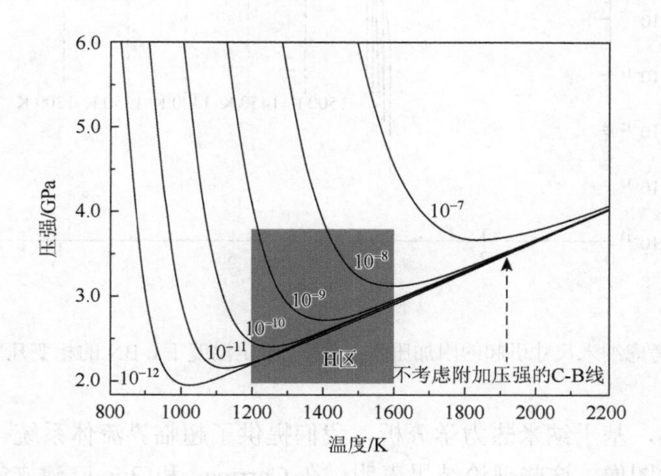

图 12-11　在不考虑纳米尺寸引起的附加压强条件下，HTHP 超临界流体系统 h-BN 到 c-BN 的相变几率（图 12-6 中 H 区的相变几率）

们还可以看出，H 区 C-B 线下的面积不与 f_c 常数曲线的叠加。也就是说，基于上述理论，在 H 区的 C-B 线以下的区域几乎不会发生 c-BN 成核。这些结果意味着在 H 区合成 c-BN 似乎是不可能的。因此，HTHP 超临界流体系统 c-BN 成核的合理相区应该是 C 区而不是 H 区。

当温度为 1300～1500 K 时，在不考虑纳米尺寸引起的附加压强的情况下，相变几率对压强的依赖，如图 12-12 所示。实际上，我们可以看出，在压强低于 3.5 GPa 的条件下，在 1300～1500 K 内相变几率接近于零。另外，我们还可以看到，在 1300～1500 K 内，阈值压强为 3.5～4.0 GPa。很明显，这些结果与 Solozhenko 等的实验结果是不一致的[72]。但是，它们与 Corrigan-Bundy 的平衡相图非常吻合。为了弄清这个谜团，基于我们提出的纳米热力学成核理论，我们再次计算了上述温度范围内的阈值压强，结果如图 12-13 所示。我们可以清楚地看到，阈值压强分别为 2.3～3.0 GPa（$r = 2.8$ nm）和 2.4～3.0 GPa（$r = 3.2$ nm）。结果表明，压强随着 c-BN 临界成核尺寸的减小而降低。这些结果与实验数据非常一致[72]。

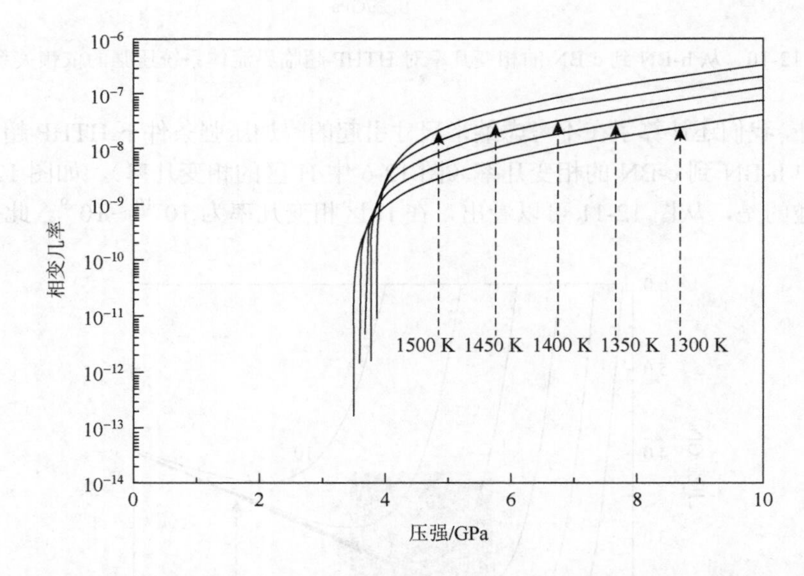

图 12-12　在不考虑纳米尺寸引起的附加压强条件下，给定温度下 c-BN 的相变几率与压强的关系

综上所述，基于纳米热力学分析，我们提供了超临界流体系统 c-BN 成核的清晰物理化学图像，这些理论结果表明，在 Corrigan 和 Bundy 建立的氮化硼热力学平衡相图中，c-BN 成核实际上发生在 c-BN 相的稳定相区。

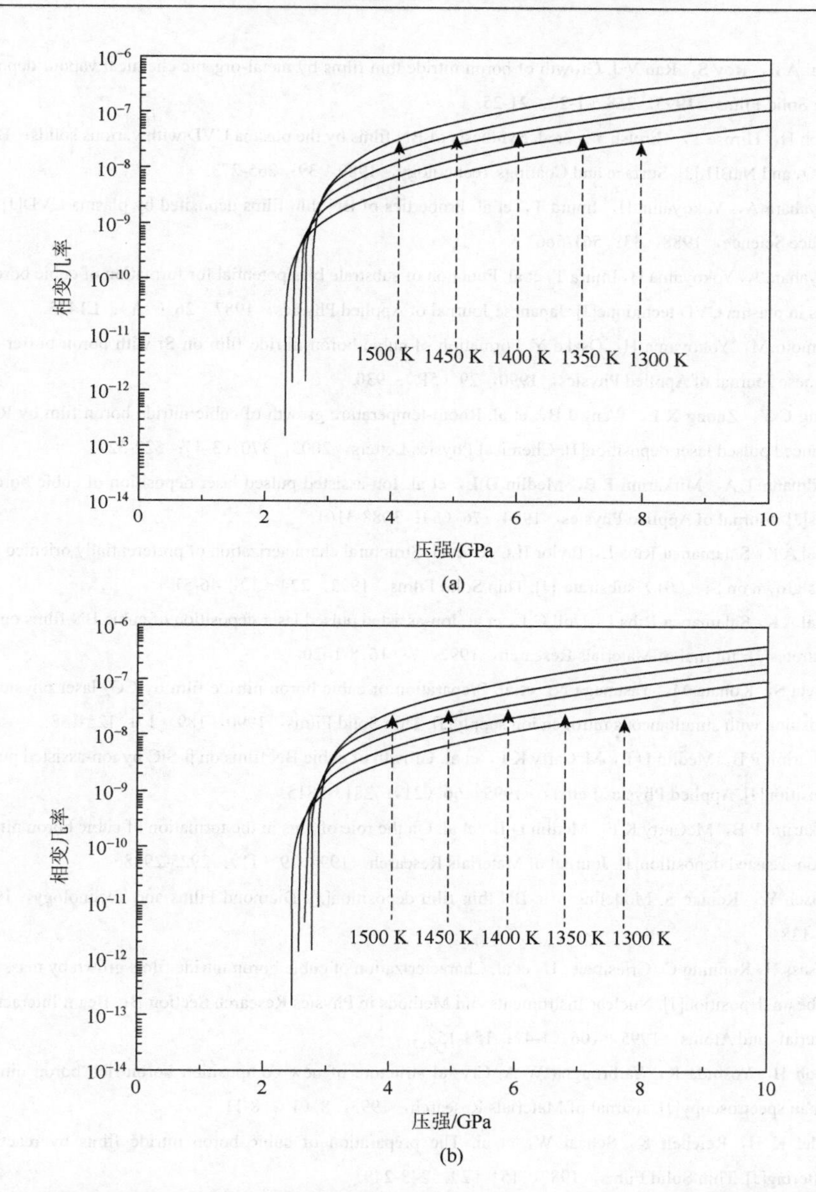

图 12-13　在考虑纳米尺寸引起的附加压强条件下，给定温度下 c-BN 的相变几率与压强的关系曲线

（a）临界成核尺寸为 2.8 nm；（b）临界成核尺寸为 3.2 nm

参考文献

[1] Riedel R. Novel ultrahard materials[J]. Advanced Materials，1994，6（7-8）：549-560.

[2] Wentorf Jr R H. Cubic form of boron nitride[J]. The Journal of Chemical Physics，1957，26（4）：956.

[3] Phani A R，Roy S，Rao V J. Growth of boron nitride thin films by metal-organic chemical vapour deposition[J]. Thin Solid Films，1995，258（1-2）：21-25.

[4] Saitoh H，Hirose T，Hirotsu Y，et al. Synthesis of BN films by the plasma CVD with various solids：BH_3NH_3，H_3BO_3 and $NaBH_4$[J]. Surface and Coatings Technology，1989，39：265-273.

[5] Chayahara A，Yokoyama H，Imura T，et al. Properties of BN thin films deposited by plasma CVD[J]. Applied Surface Science，1988，33：561-566.

[6] Chayahara A，Yokoyama H，Imura T，et al. Function of substrate bias potential for formation of cubic boron nitride films in plasma CVD technique[J]. Japanese Journal of Applied Physics，1987，26（9A）：L1435.

[7] Okamoto M，Yokoyama H，Osaka Y. Formation of cubic boron nitride film on Si with boron buffer layers[J]. Japanese Journal of Applied Physics，1990，29（5R）：930.

[8] Zhang C Y，Zhong X L，Wang J B，et al. Room-temperature growth of cubic nitride boron film by RF plasma enhanced pulsed laser deposition[J]. Chemical Physics Letters，2003，370（3-4）：522-527.

[9] Friedmann T A，Mirkarimi P B，Medlin D L，et al. Ion-assisted pulsed laser deposition of cubic boron nitride films[J]. Journal of Applied Physics，1994，76（5）：3088-3101.

[10] Ballal A K，Salamanca-Riba L，Taylor II C A，et al. Structural characterization of preferentially oriented cubic BN films grown on Si（001）substrates[J]. Thin Solid Films，1993，224（1）：46-51.

[11] Ballal A K，Salamanca-Riba L，Doll G L，et al. Ion-assisted pulsed laser deposition of cubic BN films on Si（001）substrates[J]. Journal of Materials Research，1992，7：1618-1620.

[12] Mineta S，Kohata M，Yasunaga N，et al. Preparation of cubic boron nitride film by CO_2 laser physical vapour deposition with simultaneous nitrogen ion supply[J]. Thin Solid Films，1990，189（1）：125-138.

[13] Mirkarimi P B，Medlin D L，McCarty K F，et al. Growth of cubic BN films on β-SiC by ion-assisted pulsed laser deposition[J]. Applied Physics Letters，1995，66（21）：2813-2815.

[14] Mirkarimi P B，McCarty K F，Medlin D L，et al. On the role of ions in the formation of cubic boron nitride films by ion-assisted deposition[J]. Journal of Materials Research，1994，9（11）：2925-2938.

[15] Kulisch W，Reinke S. Modeling of c-BN thin film deposition[J]. Diamond Films and Technology，1997，7：105-138.

[16] Hofsäss H，Ronning C，Griesmeier U，et al. Characterization of cubic boron nitride films grown by mass separated ion beam deposition[J]. Nuclear Instruments and Methods in Physics Research Section B：Beam Interactions with Materials and Atoms，1995，106（1-4）：153-158.

[17] Saitoh H，Yoshida K，Yarbrougha W A. Crystal structure of new composition boron-rich boron nitride using Raman spectroscopy[J]. Journal of Materials Research，1993，8（1）：8-11.

[18] Seidel K H，Reichelt K，Schaal W，et al. The preparation of cubic boron nitride films by reactive diode sputtering[J]. Thin Solid Films，1987，151（2）：243-249.

[19] Reisse G，Weissmantel S. Characterization of pulsed laser deposited h-BN films and h-BN/c-BN layer systems[J]. Thin Solid Films，1999，355：105-111.

[20] Hu J Q，Lu Q Y，Tang K B，et al. Synthesis and characterization of nanocrystalline boron nitride[J]. Journal of Solid State Chemistry，1999，148（2）：325-328.

[21] Yu M Y，Li K，Lai Z F，et al. Phase-selective synthesis of cubic boron nitride in hydrothermal solutions[J]. Journal of Crystal Growth，2004，269（2-4）：570-574.

[22] Wang S B，Xu X W，Fan H L，et al. Low pressure synthesis of boron nitride with（C_2H_5）$_2O{\cdot}BF_3$ and Li_3N precursor[J]. Journal of Central South University of Technology，2005，12（1）：60-63.

[23] Dong S Y，Hao X P，Xu X G，et al. The effect of reactants on the benzene thermal synthesis of BN[J]. Materials Letters，2004，58（22-23）：2791-2794.

[24] Hao X P，Cui D L，Xu X G，et al. A novel synthetic route to prepare cubic BN nanorods[J]. Materials Research Bulletin，2002，37（13）：2085-2091.

[25] Dong S Y，Yu M Y，Hao X P，et al. Application of reaction-coupling effect in the synthesis of BN crystals from aqueous solutions[J]. Journal of Crystal Growth，2003，254（1-2）：229-234.

[26] Wang J B，Zhong X L，Zhang C Y，et al. Explosion phase formation of nanocrystalline boron nitrides upon pulsed-laser-induced liquid/solid interfacial reaction[J]. Journal of Materials Research，2003，18（12）：2774-2778.

[27] Wang J B，Yang G W，Zhang C Y，et al. Cubic-BN nanocrystals synthesis by pulsed laser induced liquid-solid interfacial reaction[J]. Chemical Physics Letters，2003，367（1-2）：10-14.

[28] Zhang J，Cui Q，Li X，et al. Plasma induced sp^2 to sp^3 transition in boron nitride[J]. Chemical Physics Letters，2004，399（4-6）：451-455.

[29] Yoshida T. Vapour phase deposition of cubic boron nitride[J]. Diamond and Related Materials，1996，5（3-5）：501-507.

[30] Mirkarimi P B，McCarty K F，Medlin D L. Review of advances in cubic boron nitride film synthesis[J]. Materials Science and Engineering：R：Reports，1997，21（2）：47-100.

[31] McKenzie D R，Muller D，Pailthorpe B A，et al. Properties of tetrahedral amorphous carbon prepared by vacuum arc deposition[J]. Diamond and Related Materials，1991，1（1）：51-59.

[32] McKenzie D R，Cockayne D J H，Muller D A，et al. Electron optical characterization of cubic boron nitride thin films prepared by reactive ion plating[J]. Journal of Applied Physics，1991，70（6）：3007-3012.

[33] Shtansky D V，Yamada-Takamura Y，Yoshida T，et al. Mechanism of nucleation and growth of cubic boron nitride thin films[J]. Science and Technology of Advanced Materials，2000，1（4）：219.

[34] Medlin D L，Friedmann T A，Mirkarimi P B，et al. Evidence for rhombohedral boron nitride in cubic boron nitride films grown by ion-assisted deposition[J]. Physical Review B，1994，50（11）：7884.

[35] Kester D J，Messier R. Phase control of cubic boron nitride thin films[J]. Journal of Applied Physics，1992，72（2）：504-513.

[36] Medlin D L，Friedmann T A，Mirkarimi P B，et al. Microstructure of cubic boron nitride thin films grown by ion-assisted pulsed laser deposition[J]. Journal of Applied Physics，1994，76（1）：295-303.

[37] Kuhr M，Reinke S，Kulisch W. Nucleation of cubic boron nitride（c-BN）with ion-induced plasma-enhanced CVD[J]. Diamond and Related Materials，1995，4（4）：375-380.

[38] Uhlmann S，Frauenheim T，Stephan U. Molecular-dynamics subplantation studies of carbon beneath the diamond（111）surface[J]. Physical Review B，1995，51（7）：4541.

[39] Lifshitz Y，Kasi S R，Rabalais J W，et al. Subplantation model for film growth from hyperthermal species[J]. Physical Review B，1990，41（15）：10468.

[40] Dworschak W，Jung K，Ehrhardt H. Growth mechanism of cubic boron nitride in a rf glow discharge[J]. Thin Solid Films，1995，254（1-2）：65-74.

[41] Robertson J，Gerber J，Sattel S，et al. Mechanism of bias-enhanced nucleation of diamond on Si[J]. Applied Physics Letters，1995，66（24）：3287-3289.

[42] Feldermann H，Merk R，Hofsäss H，et al. Room temperature growth of cubic boron nitride[J]. Applied Physics Letters，1999，74（11）：1552-1554.

[43] Franke E，Schubert M，Woollam J A，et al. In situ ellipsometry growth characterization of dual ion beam deposited

boron nitride thin films[J]. Journal of Applied Physics，2000，87（5）：2593-2599.

[44] Hofsäss H，Feldermann H，Merk R，et al. Cylindrical spike model for the formation of diamondlike thin films by ion deposition[J]. Applied Physics A，1998，66：153-181.

[45] Collazo-Davila C，Bengu E，Marks L D，et al. Nucleation of cubic boron nitride thin films[J]. Diamond and Related Materials，1999，8（6）：1091-1100.

[46] Corrigan F R，Bundy F P. Direct transitions among the allotropic forms of boron nitride at high pressures and temperatures[J]. The Journal of Chemical Physics，1975，63（9）：3812-3820.

[47] Zhang W J，Matsumoto S，Li Q，et al. Growth behavior of cubic boron nitride films in a two-step process: Changing bias voltage，gas composition，and substrate temperature[J]. Advanced Functional Materials，2002，12（4）：250-254.

[48] Yamada-Takamura Y，Tsuda O，Ichinose H，et al. Atomic-scale structure at the nucleation site of cubic boron nitride deposited from the vapor phase[J]. Physical Review B，1999，59（15）：10351.

[49] Yoshida T. State-of-the-art vapor-phase deposition of cubic boron nitride[J]. Diamond Films and Technology，1997，7（2）：87.

[50] Singh J. International Conference on beam processing of advanced materials[J]. Minerals，Metals & Materials Society，1993.

[51] Kim K B，Kim S H. Characterization of boron nitride film synthesized by helicon wave plasma-assisted chemical vapor deposition[J]. Diamond and Related Materials，2000，9（1）：67-72.

[52] Wang C X，Liu Q X，Yang G W. A nanothermodynamic analysis of cubic boron nitride nucleation upon chemical vapor deposition[J]. Chemical Vapor Deposition，2004，10（5）：280-283.

[53] Kester D J，Ailey K S，Davis R F，et al. Phase evolution in boron nitride thin films[J]. Journal of Materials Research，1993，8（6）：1213-1216.

[54] Kester D J，Ailey K S，Lichtenwalner D J，et al. Growth and characterization of cubic boron nitride thin films[J]. Journal of Vacuum Science & Technology A，1994，12（6）：3074-3081.

[55] Wang J B，Yang G W. Phase transformation between diamond and graphite in preparation of diamonds by pulsed-laser induced liquid-solid interface reaction[J]. Journal of Physics：Condensed Matter，1999，11（37）：7089.

[56] Bohr S，Haubner R，Lux B. Comparative aspects of c-BN and diamond CVD[J]. Diamond and Related Materials，1995，4（5-6）：714-719.

[57] Haubner R，Tang X H. Low-pressure c-BN deposition-is a CVD process possible？[J]. International Journal of Refractory Metals and Hard Materials，2002，20（2）：129-134.

[58] Solozhenko V L. Boron nitride phase diagram. State of the art[J]. High Pressure Research，1995，13（4）：199-214.

[59] Solozhenko V L，Chaikovskaya I，Petrusha I A. Thermodynamic characteristics of polycrystalline boron nitride within the temperature range 300～1600 K[J]. Inorganic Materials，1989，25（10）：1414-1417.

[60] Solozhenko V L，Petrusha I A，Svirid A A. High pressure produced textured wurtzitic BN with unusually low thermal stability[J]. High Pressure Research，1994，12（4-6）：347-351.

[61] Solozhenko V L，Will G，Hüpen H，et al. Isothermal compression of rhombohedral boron nitride up to 14 GPa[J]. Solid State Communications，1994，90（1）：65-67.

[62] Kurdyumov A V，Solozhenko V L，Zelyavsky W B，et al. The structural aspect of wurtzite boron nitride phase stabilization[J]. Journal of Physics and Chemistry of Solids，1993，54（9）：1051-1053.

[63] Singh B P，Nover G，Will G. High pressure phase transformations of cubic boron nitride from amorphous boron

nitride using magnesium boron nitride as the catalyst[J]. Journal of Crystal Growth，1995，152（3）：143-149.

[64] Solozhenko V L，Kurdyumov A V，Petrusha I A，et al. Thermal phase stabilization of wurtzite boron nitride[J]. Journal of Hard Materials，1993，4：107-111.

[65] Solozhenko V L. New concept of BN phase diagram：An applied aspect[J]. Diamond and Related Materials，1994，4（1）：1-4.

[66] Singh A K. Recent trends in high pressure research[M]. New Delhi：Oxford & IBH Publishing Co，1992.

[67] Rapoport E，Nadiv S. Mechanochemical activation of hexagonal boron nitride and synthesis of the cubic form[J]. Journal of Materials Science Letters，1985，4：34-36.

[68] Lorenz H，Orgzall I. Formation of cubic boron nitride in the system Mg_3N_2-BN：A new contribution to the phase diagram[J]. Diamond and Related Materials，1995，4（8）：1046-1049.

[69] Solozhenko V L. Synchrotron radiation studies of the kinetics of cBN crystallization in the NH_4F-BN system[J]. Physical Chemistry Chemical Physics，2002，4（6）：1033-1035.

[70] Wang C X，Yang Y H，Liu Q X，et al. Nucleation thermodynamics of cubic boron nitride upon high-pressure and high-temperature supercritical fluid system in nanoscale[J]. The Journal of Physical Chemistry B，2004，108（2）：728-731.

[71] Singh B P，Singhal S K，Chopra R，et al. Behaviour of glassy carbon under high pressure and temperature in the presence of invar alloy catalyst[J]. Journal of Crystal Growth，2003，254（3-4）：342-347.

[72] Lyusternik V E，Solozhenko V L. Specific heat and thermodynamic functions of monocrystals of sphalerite boron nitride at 300-1100 K[J]. Russian Journal of Physical Chemistry，1992，66（5）：629-631.

第13章 结 论

本篇我们分析和讨论了热力学平衡相图（P，T）中亚稳态结构在不稳定相区中成核的热力学。众所周知，成核过程基本上都是在纳米尺度下进行的，因此，要重点考虑纳米尺寸下相稳定的层次和动力学限制的处理。著名的拉普拉斯-杨方程（简单毛细管理论）为相对的热力学稳定性的比较提供了一个基石，即该方程表示对于气-液或液-固平衡状态下，由于微细的尺度引起的吉布斯自由能的增加。我们建立了基于拉普拉斯-杨方程和热力学平衡相图的纳米尺度定量热力学模型来描述亚稳态结构不稳定相区成核的热力学行为。这种方法在没有任何可调参数的情况下，通过对普遍接受的热力学平衡相图的平衡相边界线和宏观热力学数据进行适当外推，可以获得 MPNUR 的定量纳米热力学描述。因此，本篇的纳米热力学理论为理解 MPNUR 开辟了一条新途径，并且这个纳米热力学方法是普适的，不仅仅适用于 MPNUR。最近，我们又扩展了纳米热力学理论来解决相应热力学平衡相图中亚稳态结构在稳定相区中的成核问题，例如，我们已经阐明了金刚石和 c-BN 纳米晶在液相激光烧蚀过程中的成核热力学，其中金刚石成核发生在碳热力学平衡相图中金刚石的稳定相区；我们将纳米热力学方法应用于气-液-固机制一维结构的成核和生长，例如，利用建立的纳米热力学分析，我们不仅从理论上预测了纳米线在催化剂辅助 CVD 中的热力学和动力学尺寸限制，而且还提出了催化剂纳米颗粒在 CVD 中的成核热力学和扩散动力学判据。这些研究内容我们将在第三篇“纳米材料生长的热力学理论”中给予详细的介绍。期待这些纳米热力学理论的新成就成为处理纳米材料成核和生长的普适方法。

第三篇　纳米材料生长的热力学理论

第14章 引 言

近年来，半导体纳米结构，如量子点（quantum dot，QD）、量子环（quantum ring，QR）和纳米线（nanowire，NW），作为下一代光电子学和微电子学最有前途的候选材料，已经成为科学家关注的热点和焦点[1-8]。这些半导体纳米结构不仅为研究低温物理中的电、磁、热输运提供了理想的模型平台，而且在光电子器件、微电子器件及磁存储设备中作为互连和功能单元发挥着重要作用。因此，为了得到各种类型的纳米结构单元，研究人员发展了众多的纳米材料与纳米结构合成和自组装技术[9-14]。重要的是，这些合成和自组装技术不仅给人们带来了具有重要应用潜力的各种各样的功能纳米材料与纳米结构，而且还揭示了纳米相生长的许多奇异的物理化学现象，推动了纳米尺度下材料生长的热力学和动力学理论的发展。纳米结构的自组装是无序的原子或原子团簇在纳米尺度生长模式下的形成有组织结构的过程[15-18]。所以，原子或原子团簇的相互作用是自组装过程的热力学和动力学驱动力。因此，为了控制纳米结构的生长，人们需要研究纳米尺度下自组装的热力学和动力学过程，并且发展新的理论工具来解决纳米制备中的关键科学和技术问题。为此，近年来研究人员发展了若干热力学和动力学理论工具来处理气相生长过程中纳米相的成核、生长和相变。

众所周知，热力学描述的是大量微观成分的平均行为，其定律可以从统计力学中推导出来。热力学的基本原则是每个系统都力图实现自由能的最小值。所以，我们基于纳米热力学理论建立纳米结构生长的热力学和动力学理论方法[19-31]。正如我们所知道的，在热力学上，纳米结构是一种亚稳相，它倾向于从不稳定状态转变为稳定状态从而使得系统能量达到最小值，这样，系统能量的降低就驱动了纳米结构的演化。

另外，这些热力学能量理论总是关注热平衡过程而忽略破坏热平衡的热波动。所以，它们无法解决温度对纳米结构生长的影响。事实上，界面的熵增会破坏实际生长过程中的热平衡稳定性，例如，热波动导致纳米结构表面的粗糙化。因此，我们有必要发展包括热波动等的新的理论方法，以解决纳米结构温度依赖的生长行为。可喜的是，基于统计力学和量子力学，我们发展了包括热效应的热力学理论方法[32-36]。重要的是，它已经成功地被应用于纳米结构的温度依赖生长。

本篇介绍量子结构组装和纳米结构生长的热力学和动力学理论，包括气相外延生长量子点、液滴外延生长量子环、气-液-固（vapor-liquid-solid，VLS）生长纳米线等。第 15 章将介绍量子点的外延生长机制及其形成、稳定性、形状和位置等。首先，我们介绍量子点在平面半导体衬底表面生长和稳定性的热力学理论。然后，基于建立的热力学模型，我们讨论量子点在生长和覆盖过程中的形状转变。最后，我们介绍量子点生长与图案化衬底和垂直堆叠结构中的位置相关的生长机制。第 16 章侧重于液滴外延生长量子环。我们以 GaAs 量子环为例，系统讨论量子环形成的成核热力学、生长动力学及动力学模拟。第 17 章介绍处理纳米线成核和生长的重要理论工具。第 18 章介绍在统计力学和量子力学框架下的用于研究纳米结构温度依赖生长的热力学模型，我们发现热波动会导致纳米结构表面的粗糙化。基于这个理论模型，我们讨论纳米结构的热稳定性及其生长方向的温度依赖。第 19 章为全篇总结。

参 考 文 献

[1] Moriarty P. Nanostructured materials[J]. Reports on Progress in Physics，2001，64（3）：297.

[2] Teichert C. Self-organization of nanostructures in semiconductor heteroepitaxy[J]. Physics Reports，2002，365（5-6）：335-432.

[3] Stangl J，Holý V，Bauer G. Structural properties of self-organized semiconductor nanostructures[J]. Reviews of Modern Physics，2004，76（3）：725.

[4] Kiravittaya S，Rastelli A，Schmidt O G. Advanced quantum dot configurations[J]. Reports on Progress in Physics，2009，72（4）：046502.

[5] Berbezier I，Ronda A. SiGe nanostructures[J]. Surface Science Reports，2009，64（2）：47-98.

[6] Ratto F，Rosei F. Order and disorder in the heteroepitaxy of semiconductor nanostructures[J]. Materials Science and Engineering：R：Reports，2010，70（3-6）：243-264.

[7] Ross F M. Controlling nanowire structures through real time growth studies[J]. Reports on Progress in Physics，2010，73（11）：114501.

[8] Wu J，Hu X，Lee J，et al. Epitaxially self-assemblied quantum dot pairs[J]. Advanced Optical Materials，2013，1（3）：201-214.

[9] Shchukin V A，Bimberg D. Spontaneous ordering of nanostructures on crystal surfaces[J]. Reviews of Modern Physics，1999，71（4）：1125.

[10] Lee S T，Wang N，Lee C S. Semiconductor nanowires：Synthesis，structure and properties[J]. Materials Science and Engineering：A，2000，286（1）：16-23.

[11] Wang N，Cai Y，Zhang R Q. Growth of nanowires[J]. Materials Science and Engineering：R：Reports，2008，60（1-6）：1-51.

[12] Skolnick M S，Mowbray D J. Self-assembled semiconductor quantum dots：Fundamental physics and device applications[J]. Annual Review of Materials Research，2004，34：181-218.

[13] Mano T，Kuroda T，Sanguinetti S，et al. Self-assembly of concentric quantum double rings[J]. Nano Letters，2005，5（3）：425-428.

[14] Aqua J N，Berbezier I，Favre L，et al. Growth and self-organization of SiGe nanostructures[J]. Physics Reports，

2013，522（2）：59-189.

[15] Wang C X，Yang G W. Thermodynamics of metastable phase nucleation at the nanoscale[J]. Materials Science and Engineering：R：Reports，2005，49（6）：157-202.

[16] Ouyang G，Wang C X，Yang G W. Surface energy of nanostructural materials with negative curvature and related size effects[J]. Chemical Reviews，2009，109（9）：4221-4247.

[17] Wang C X，Yang Y H，Xu N S，et al. Thermodynamics of diamond nucleation on the nanoscale[J]. Journal of the American Chemical Society，2004，126（36）：11303-11306.

[18] Alivisatos P. Nanothermodynamics：A personal perspective by Terrell Hill[J]. Nano Letters，2001，1（3）：109.

[19] Li X L，Ouyang G，Yang G W. Thermodynamic theory of nucleation and shape transition of strained quantum dots[J]. Physical Review B，2007，75（24）：245428.

[20] Li X L，Ouyang G，Yang G W. A thermodynamic theory of the self-assembly of quantum dots[J]. New Journal of Physics，2008，10（4）：043007.

[21] Li X L，Yang G W. Theoretical determination of contact angle in quantum dot self-assembly[J]. Applied Physics Letters，2008，92（17）：171902.

[22] Li X L，Yang G W. Growth mechanisms of quantum ring self-assembly upon droplet epitaxy[J]. The Journal of Physical Chemistry C，2008，112（20）：7693-7697.

[23] Li X L，Ouyang G. Thermodynamic theory of controlled formation of strained quantum dots on hole-patterned substrates[J]. Journal of Applied Physics，2011，109（9）：093508.

[24] Li X L. Selective formation mechanisms of quantum dots on patterned substrates[J]. Physical Chemistry Chemical Physics，2013，15（14）：5238-5242.

[25] Wang C X，Yang Y H，Liu Q X，et al. Nucleation thermodynamics of cubic boron nitride upon high-pressure and high-temperature supercritical fluid system in nanoscale[J]. The Journal of Physical Chemistry B，2004，108（2）：728-731.

[26] Wang C X，Chen J，Yang G W，et al. Thermodynamic stability and ultrasmall-size effect of nanodiamonds[J]. Angewandte Chemie International Edition，2005，44（45）：7414-7418.

[27] Wang B，Yang Y H，Xu N S，et al. Mechanisms of size-dependent shape evolution of one-dimensional nanostructure growth[J]. Physical Review B，2006，74（23）：235305.

[28] Liu Q X，Wang C X，Yang Y H，et al. One-dimensional nanostructures grown inside carbon nanotubes upon vapor deposition：A growth kinetic approach[J]. Applied Physics Letters，2004，84（22）：4568-4570.

[29] Liu Q X，Wang C X，Yang G W. Nucleation thermodynamics of cubic boron nitride in pulsed-laser ablation in liquid[J]. Physical Review B，2005，71（15）：155422.

[30] Liu Q X，Wang C X，Xu N S，et al. Nanowire formation during catalyst assisted chemical vapor deposition[J]. Physical Review B，2005，72（8）：085417.

[31] Cao Y Y，Ouyang G，Wang C X，et al. Physical mechanism of surface roughening of the radial Ge-core/Si-shell nanowire heterostructure and thermodynamic prediction of surface stability of the InAs-core/GaAs-shell nanowire structure[J]. Nano Letters，2013，13（2）：436-443.

[32] Nisoli C，Abraham D，Lookman T，et al. Thermal stability of strained nanowires[J]. Physical Review Letters，2009，102（24）：245504.

[33] Nisoli C，Abraham D，Lookman T，et al. Thermally induced local failures in quasi-one-dimensional systems：Collapse in carbon nanotubes，necking in nanowires，and opening of bubbles in DNA[J]. Physical Review Letters，2010，104（2）：025503.

[34] Cao Y Y，Yang G W. Vertical or horizontal：Understanding nanowire orientation and growth from substrates[J]. The Journal of Physical Chemistry C，2012，116（10）：6233-6238.

[35] Cao Y Y，Yang G W. Temperature-dependent preferential formation of quantum structures upon the droplet epitaxy[J]. Applied Physics Letters，2012，100（15）：151909.

[36] Cao Y Y，Yang G W. Thermal stability of wetting layer in quantum dot self-assembly[J]. Journal of Applied Physics，2012，111（9）：093526.

第 15 章 气相外延生长量子点

量子点（QD）是小尺寸纳米晶，它的尺寸小到引起量子限制效应并产生离散电子态[1-3]。QD 的组装可以通过光刻技术来实现，例如，聚焦离子束、光刻或选择性化学蚀刻等。虽然光刻技术的横向分辨率可以达到几十纳米，但是它的缺点是工艺流程复杂、设备成本高。在光电子学和微电子学领域的 QD 制备方面，半导体衬底表面的气相外延生长 QD 已经成为最成功也是最有技术潜力的方法之一[4]，它允许人们获得规则、均匀的 QD 阵列，而无需缓慢且昂贵的光刻步骤。这些外延系统中的 QD（也称应变岛）的形成是由外延膜中的应变驱动的，因为膜和衬底的晶格常数不同，这种生长模式也被称为 Stranski-Krastanow 生长模式[5]。这种方法已成功应用于由组装元素周期表中Ⅱ-Ⅵ、Ⅲ-Ⅴ或Ⅳ-Ⅳ族等材料组成的半导体 QD 阵列，例如，CdSe[6-9]、InAs[10-20]、InP[21-24]和 Ge[25-38]等。通过这种技术组装的 QD 的尺寸通常为 10～50 nm。

半导体 QD 在微纳光电子和微电子领域有着巨大的潜在应用价值[1-3]。通过调控材料的组分和改变 QD 的大小，可以调制其光电特性。我们知道，块体材料的电子光谱是连续的，但是 QD 的电子光谱是不连续的。因此，QD 也被称为“超原子”，尽管它包含许多原子（大约10^5～10^6个原子）。由于 QD 的类原子的电子光谱性质，它们可以作为半导体激光器的活性介质以提高激光性能[39, 40]。QD 还可用于构筑新型光电子和微电子器件，例如，元胞自动机[41, 42]和单电子晶体管[43, 44]。在计算机科学领域，人们对 QD 有着浓厚的兴趣。QD 中单个电子的位置可能达到多个状态，因此 QD 可以代表一个字节的数据或者一个 QD 可一次用于多个计算指令[45, 46]。QD 的其他应用还包括纳米机器[47]、神经网络[48]和高密度存储器或存储介质[49, 50]。

15.1 量子点的形成和稳定性

外延生长就是一种在晶体衬底上沉积晶体覆盖层的方法，该覆盖层称为外延膜或外延层。在半导体领域，常用的外延技术有气相外延和液相外延，本节我们讨论的是气相外延。由于晶体衬底的作用，外延膜与衬底具有相同的晶格结构和相同的晶体取向。通常，如果外延膜与衬底是相同的材料，则这种外延生长称为同质外延；如果外延膜与衬底是不同的材料，则称为异质外延。

在同质外延生长中，沉积原子的不同团聚方式会形成各种不同的构型[51, 52]。然而，当沉积温度高到沉积原子可以很容易地扩散到衬底表面时，这些不同的构型会形成逐层结构，这是因为二维（two dimension，2D）逐层生长模式中沉积原子和衬底的成键数量最大[53]。但是，异质外延的生长方式会变得更加复杂。传统上，在气相外延生长中外延膜有三种生长模式[54]，分别是逐层生长模式（Frank-van der Merwe 模式，简称为 FM 模式，也叫 2D 生长模式）[55]、先逐层后三维（three dimension，3D）岛状生长模式（Stranski-Krastanow 模式，简称为 SK 模式）[5]和 3D 岛状生长模式（Volmer-Weber 模式，简称为 VW 模式）[56]，如图 15-1 所示。

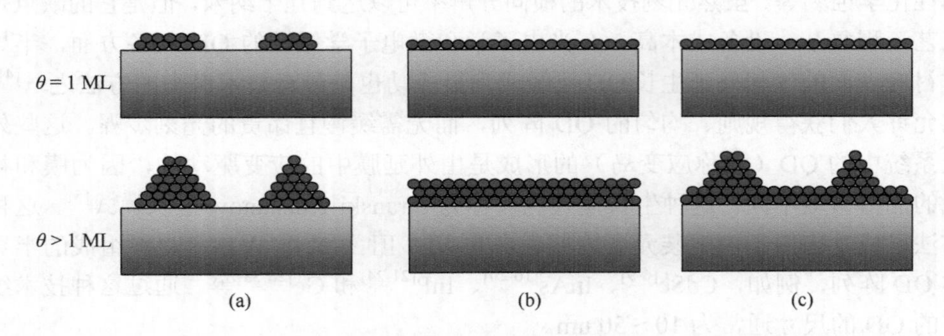

图 15-1 异质外延生长的三种生长模式的示意图

（a）VM 模式；（b）FM 模式；（c）SK 模式。顶层原子和底层原子中的沉积量 θ 分别等于 1 ML 和大于 1 ML（monolayer，ML，表示单层）

通过著名的拉普拉斯-杨方程[57]，我们可以在简化的热力学图像中理解各种生长模式背后的物理机制。当外延膜沉积到衬底上时，表面的稳定性与各种热力学性质的相互作用有关，例如，薄膜的表面能密度、衬底的表面能密度、薄膜和衬底的界面能密度等。我们将它们分别表示为γ、γ'、γ''。根据拉普拉斯-杨方程，薄膜稳定的平衡条件为

$$\cos\alpha = \frac{\gamma' - \gamma''}{\gamma} \tag{15-1}$$

式中，α 是局部薄膜与衬底的接触角。我们发现，当$\gamma' \geqslant \gamma + \gamma''$时，$\cos\alpha$ 的值大于 1，这就意味着接触角为零，即完全润湿过程。因此，逐层生长模式（FM 模式）就会出现。然而，当$\gamma' < \gamma + \gamma''$时，$\cos\alpha$ 小于 1，这意味着薄膜与衬底具有确定的接触角，薄膜有岛状生长的趋势。此外，在$\gamma' < \gamma + \gamma''$的情况下，沉积的原子以 3D 岛状生长模式（VW 模式）在衬底表面上生长。

SK 模式是一种介于 FM 模式和 VW 模式之间的生长模式，由具有润湿层（wetting layer，WL）的 3D 岛组成。生长初期完整的 WL 的出现意味着$\gamma' \geqslant \gamma + \gamma''$。由于 WL 的形成“复制”了衬底晶体的表面，因此，由于晶格失配，通常会出现

相关的缺陷。随着 WL 变厚，应变能会迅速增加。为了释放压应力，岛的形成会以连贯的方式发生[58, 59]。因此，有必要在研究 SK 模式时考虑应变的影响。

在异质外延生长中，外延膜会受到由衬底的晶格失配引起的压缩或拉伸应变。如果晶格失配足够小，那么可以在初始沉积过程中进行无缺陷生长。随着外延膜的生长，存储在外延膜中的应变必然会被释放。除了缺陷的形成外，如果沉积温度足够高且生长速率足够慢的话，那么，QD 的形成是另一种可用于释放应变的途径[60-66]，这就是典型的 SK 模式。

在 SK 模式中，衬底表面首先会出现外延润湿层 WL。当 WL 超过临界厚度时，QD 可以自发地在其表面形成并释放应变能。释放的应变能称为弹性弛豫能。然而，QD 的形成也会导致表面能的增加。如果弹性弛豫能大于表面能的增量，那么就有利于 QD 的形成。弹性弛豫能的增益与 QD 体积 V 成正比，表面能的增量与 $V^{\frac{2}{3}}$ 成正比。因此，QD 形成引起的总能量变化为[30, 67, 68]

$$\Delta E = A\gamma V^{\frac{2}{3}} - \kappa\varepsilon^2 A'V \tag{15-2}$$

式中，A 和 A' 是由 QD 的形状决定的系数；γ 是单位面积的表面能；κ 是弹性常数；ε 是晶格失配。在这种情况下，随着 QD 体积的增大，QD 总能量会先增大后减小。当 QD 的体积超过临界值时，QD 总能量的变化小于零，这意味着量子点的形成在热力学上更有利。

我们以 Si（001）上的 Ge QD 生长为例分析外延生长的热力学。在这个外延系统中，由于 Asaro-Tiller-Grinfeld 的不稳定性[69, 70]，QD 发生演变，其侧壁的斜率逐渐增加，达到约 11.3°，这对应于具有四个 $\{105\}$ 面的金字塔形状。在进一步的生长过程中，接触角保持不变，$\{105\}$ 面金字塔得以发展[58, 59, 71]。基于能量变化的考虑，形成金字塔形 Ge QD 需要的能量[67]为

$$\Delta E = 4\Gamma V^{\frac{2}{3}} \tan^{\frac{1}{3}}\alpha - 6AV\tan\alpha \tag{15-3}$$

式中，α 是小平面相对于衬底表面的接触角；$\Gamma = \dfrac{\gamma_s}{\sin\alpha} - \gamma_w \cot\alpha$，$\gamma_s$ 和 γ_w 分别为 QD 边和 WL 的表面能密度；$A = (M\varepsilon)^2 \dfrac{(1-\upsilon)}{(2\pi G)}$，其中，$M$ 和 ε 分别为 Ge 外延膜的杨氏模量和失配应变，υ 和 G 分别为 Si 衬底的泊松比和剪切模量。Lu 和 Liu[63] 使用第一性原理计算 Ge/Si（001）表面的应变依赖并估计了 Ge QD 形成的临界尺寸。他们发现 Si（001）上纯 Ge QD 的临界高度和横向尺寸分别为 1.1～1.6 nm 和 11～16 nm。这些理论结果与几个不同实验组观察到的最小 Ge QD 尺寸非常吻合[34, 35, 71-73]。

上述理论分析表明，应变弛豫能是 QD 形成的热力学驱动力。然而，仅仅考

虑能量变化并不能解释为什么只有当 WL 超过临界厚度时才会出现 QD。实验观察表明，只有当覆盖范围大于临界值时，才会发生从 2D WL 到 3D 金字塔 QD 的转变，如图 15-2 所示[34]。要解释为什么 QD 仅在 WL 超过临界厚度时形成，我们必须考虑 WL 的变化。

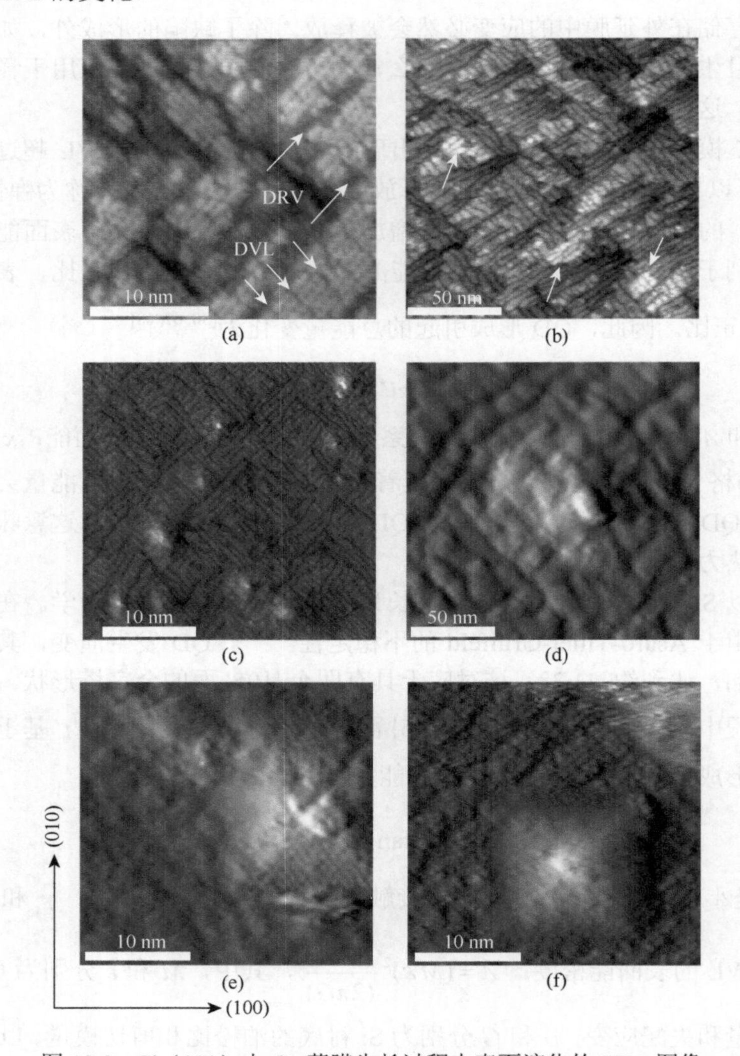

图 15-2　Si（001）上 Ge 薄膜生长过程中表面演化的 STM 图像

（a）$\theta_{Ge} = 2.8$ ML 和（b）$\theta_{Ge} = 2.9$ ML 条件下生长时，Si 衬底上会形成 2D WL。当 θ_{Ge} 增加到 3.55 ML 时，初始的金字塔 QD 出现在（c）和（d）中的 WL 上。然后，这些金字塔 QD 在（e）$\theta_{Ge} = 3.85$ ML 和（f）$\theta_{Ge} = 4.0$ ML 条件下，转变为 {105} 面的金字塔。DVL 表示二聚体空位线，DRV 表示二聚体行空位

对于现有的 WL，有两种使其进一步增长的可能性。第一种是继续 2D 生长，

第二种是在 WL 上形成 3D QD，如图 15-3 所示[74]。因此，我们可以比较两种生长模式引起的能量变化，以确定哪种可能性更受青睐。首先，保持逐层生长会导致 WL 的厚度增加。WL 的表面能密度取决于其厚度，可以直观地写为$\gamma(\theta)$，其中θ表示薄膜的厚度。根据 Müller 和 Thomas 理论[75]，如果在衬底上沉积多层膜，则该层的表面能密度服从指数变化[76-78]。因此，在衬底（材料 B）上包含θ层的薄膜（材料 A）的表面能密度可以表述为

$$\gamma(\theta)=\gamma_{\mathrm{B}}^{\infty}+\left(\gamma_{\mathrm{A}}^{\infty}-\gamma_{\mathrm{B}}^{\infty}\right)\left(1-\mathrm{e}^{\frac{-\theta}{\eta}}\right) \tag{15-4}$$

式中，$\Delta\gamma$是清洁衬底到单层膜的表面能密度变化；$\gamma_{\mathrm{B}}^{\infty}$是衬底的表面能密度；$\gamma_{\mathrm{A}}^{\infty}$是无限厚薄膜的表面能密度，假设具有在垂直生长方向上与衬底相匹配的晶体结构。对于 Ge/Si（001）体系，理论结果与第一性原理计算[63, 79]的结果是一致的。在这种情况下，我们可以获得逐层生长和 QD 形成这两种生长情况引起的能量变化（图 15-3）。

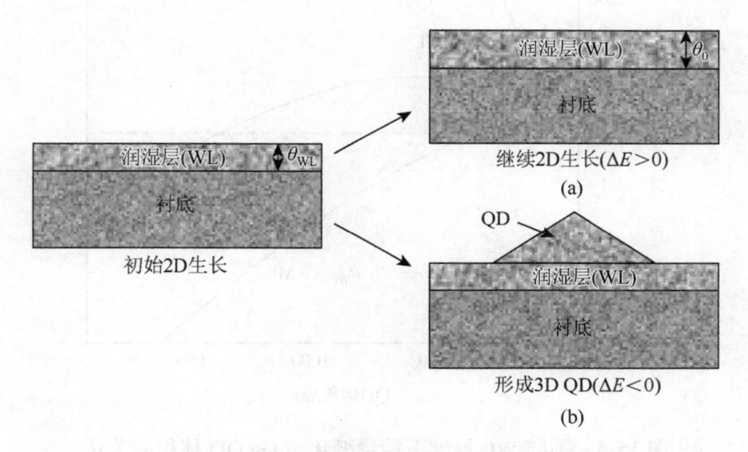

图 15-3　WL 进一步生长的两种可能性的示意图

（a）继续 2D 生长；（b）在 WL[111]上形成 3D QD

对于逐层生长，系统能量的变化ΔE_{A}为

$$\Delta E_{\mathrm{A}}=S[\gamma(\theta_0)-\gamma(\theta_{\mathrm{WL}})]+\omega_1\varepsilon_0{}^2Sh_0(\theta_0-\theta_{\mathrm{WL}}) \tag{15-5}$$

式中，S是 WL 的面积；h_0是单层的厚度；ω_1是弹性常数。等式右侧第一项是表面能的变化，第二项表示与衬底不匹配引起的应变能。

对于 QD 形成，系统能量的变化ΔE_{B}为

$$\Delta E_{\mathrm{B}}=\left[\gamma_s A_1 V^{\frac{2}{3}}-\gamma(\theta_{\mathrm{WL}})A_2 V^{\frac{2}{3}}\right]+\left(\omega_1\varepsilon_0{}^2V-\omega_2 A_3\varepsilon_0{}^2V\right) \tag{15-6}$$

式中，γ_s 是 QD 侧面的表面能密度；V 是 QD 的体积；ω_2 是弹性常数[80]；A_1，A_2 和 A_3 是形状因子[74-81]。等式右侧第一项是 QD 形成引起的表面能变化，第二项是 QD 的应变能。因此，两种生长模式的能量变化差异为 $\Delta E = \Delta E_{\mathrm{B}} - \Delta E_{\mathrm{A}}$，可以表述为[74]

$$\Delta E = \left[\gamma_s A_1 V^{\frac{2}{3}} - \gamma(\theta_{\mathrm{WL}}) A_2 V^{\frac{2}{3}}\right] - \omega_2 A_3 \varepsilon^2 V - \frac{1}{k}\left[\gamma\left(\theta_{\mathrm{WL}} + \frac{kV}{h_0}\right) - \gamma(\theta_{\mathrm{WL}})\right] \tag{15-7}$$

图 15-4 显示了作为 Si（001）衬底上 Ge QD 体积函数的 ΔE。当 WL 太薄时（$\theta_{\mathrm{WL}} = 3$ ML），ΔE 总是大于零，这意味着不可能形成 QD，也就是说，逐层生长模式在早期生长阶段是热力学优先的。随着 WL 厚度的增加，当 QD 的体积超过临界体积时，ΔE 变得小于零，这意味着只有当 WL 达到一定厚度时，QD 才能在 WL 上形成。上述所有理论分析结果表明生长过程是典型的 SK 模式，其中 QD 仅在临界覆盖率下形成。

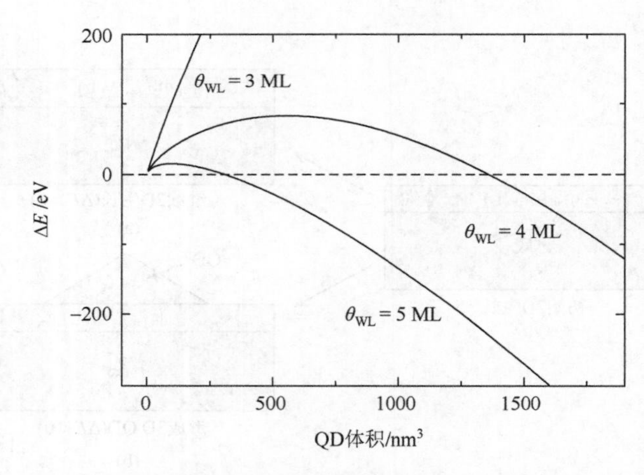

图 15-4　不同 WL 厚度下能量变化与 Ge QD 体积的关系

根据关系 $\Delta E = 0$，我们可以得到，从 2D 到 3D 生长模式转变的临界条件。QD 形成的 WL 临界厚度（θ^*_{WL}）与 QD 临界体积（V^*）的关系为[74]

$$\theta^*_{\mathrm{WL}} = \eta \ln \frac{\left[\frac{1}{k}\left(1 - \mathrm{e}^{\frac{-kV^*}{\eta h_0}}\right) - A_2 V^{*\frac{2}{3}}\right]\left(\gamma_{\mathrm{substrate}} - \gamma^{\infty}_{\mathrm{WL}}\right)}{\omega A_3 \varepsilon^2 V^* - \left(\gamma_s A_1 V^{*\frac{2}{3}} - \gamma^{\infty}_{\mathrm{WL}} A_2 V^{*\frac{2}{3}}\right)} \tag{15-8}$$

图 15-5 显示了 Ge/Si（001）和 InAs/GaAs（001）系统的理论结果。我们发现 Ge QD 形成的 WL 的临界厚度大于 3.5 ML，而 InAs QD 形成的 WL 的临界厚

度则大于 1.5 ML。重要的是，这些理论结果与实验观察结果非常一致。例如，Ge QD 在 WL 的厚度超过 3.5 ML 开始形成[34, 82, 83]。另外，研究人员发现 GaAs（001）上的 InAs QD 的 WL 的临界厚度为 1.2～2.0 ML[83-88]。QD 仅在厚度大于临界值的 WL 上形成物理本质是 WL 的厚度依赖表面能与 QD 形成引起的弛豫能的平衡。在初始生长阶段，由于 WL 表面能的快速降低，继续2D 生长优于 3D QD 生长。当 WL 超过临界厚度时，WL 的表面能下降速度变得非常小。在这种情况下，QD 的弛豫能在进一步的生长过程中起着关键作用。当 QD 的体积超过一定值时，ΔE 变得小于零。

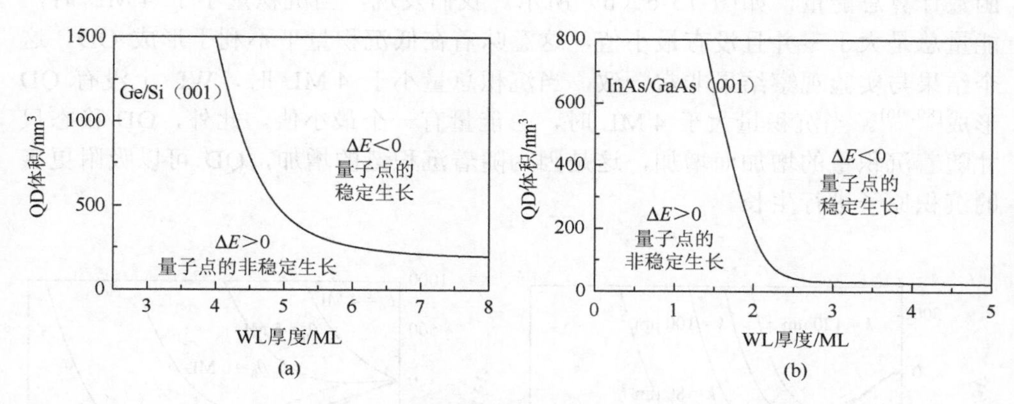

图 15-5　两个系统从 2D 生长向 3D 生长转变的临界条件

（a）Ge/Si（001）；（b）InAs/GaAs（001）[111]

量子点的稳定性。在一般情况下，当 QD 的体积超过其形成的临界值后，QD 可以在进一步的沉积过程中稳定生长。当沉积量一定时，QD 的生长会消耗 WL，即 WL 的厚度会随着 QD 的生长而减小。由于 WL 依赖于厚度的表面能的影响，从而限制了 QD 的生长。因此，QD 不能无限制地生长而是最终达到稳定状态。我们可以通过方程（15-7）计算 WL 上每个 QD 的总能量来分析热力学稳定性问题。需要注意的是，这里的沉积总量是一个常数。在固定沉积量 θ_0 条件下，WL 上每个 QD 的总能量可以表述为[89]

$$\Delta E = \gamma(\theta_{\mathrm{WL}})\left(\frac{1}{k} - A_2 V^{\frac{2}{3}}\right) + \gamma_s A_1 V^{\frac{2}{3}} - \omega A_3 \varepsilon_0^2 V - \frac{1}{k}\gamma(\theta_0) \tag{15-9}$$

式中，$\theta_{\mathrm{WL}} = \theta_0 - \dfrac{kV}{h_0}$。等式右侧第一项表示带有单个 QD 的 WL 的表面能，第二项是 QD 侧面的表面能，第三项是 QD 形成引起的弛豫能，最后一项表示表面在没有 QD 形成的情况下 WL 的能量。

方程（15-9）显示了 QD 在生长过程中表面能与弛豫能竞争的稳定机制。QD 的弛豫能驱动其增长。然而，表面能阻止了 QD 的增长。随着 WL 厚度的减小，大的 QD 生长变得越来越困难，直到整个系统最终达到热力学平衡。图 15-6（a）显示了在各种 QD 密度在固定沉积量 $\theta_0 = 6$ ML 下，作为 QD 体积函数的总能量的计算值。我们可以看到，总能量有一个最小值，最稳定的尺寸随着 QD 密度的增加而减小。这是因为，当沉积量固定时，QD 的生长在高密度的情况下比在低密度的情况下需要更多的沉积原子。沉积是一个沉积量不断增加而 QD 密度保持不变的过程。因此，我们用各种沉积量和固定 QD 密度下 QD 体积的函数计算总能量，如图 15-6（b）所示。我们发现，当沉积量小于 4 ML 时，能量总是大于零并且没有最小值，这意味着在低沉积量下不利于形成 QD。这个结果与实验观察结果非常一致，当沉积总量小于 4 ML 时，WL 上没有 QD 形成[89, 90]。当沉积量大于 4 ML 时，总能量有一个最小值。此外，QD 稳态尺寸随着沉积量的增加而增加，这是因为随着沉积量的增加，QD 可以吸附更多的沉积原子进行生长。

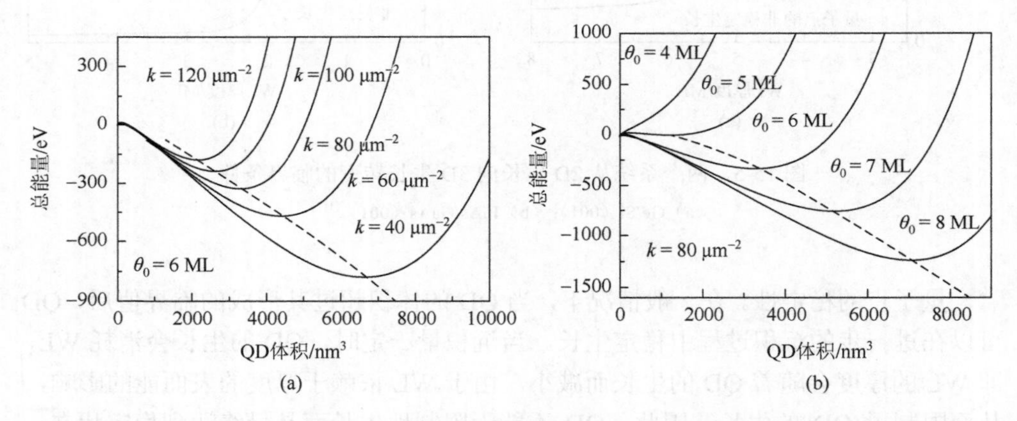

图 15-6　（a）固定沉积量 $\theta_0 = 6$ ML 时，不同 QD 密度下 Ge/Si（001）系统中每个 QD 的总能量与 QD 体积的函数关系；（b）QD 密度一定时，不同沉积量下每个 QD 的总能量

为了揭示 WL 在沉积过程中的演变，图 15-7 给出了 WL 的稳定厚度作为 QD 密度和沉积量的函数的三维图。我们发现，随着沉积量的增加，稳定的 WL 不会变厚而是变薄。这个结果表明，WL 不仅无法捕获新沉积的原子，反而会释放原子以在沉积过程中实现热力学平衡。这些有趣的理论结果与实验结果非常一致[91-93]。在实验中，Ge 原子在退火过程中会从 WL 移动到 QD，并且在固定沉积量的条件下，WL 厚度随着衬底温度的升高而减小。根据我们的理论模型，造成如此令人费解的现象的原因有二。其一，大 QD 的生长驱动力大于小 QD 的，因此，大 QD

比小 QD 从沉积原子和 WL 释放原子中俘获的原子数更多；其二，当 QD 密度一定时，大 QD 表面覆盖率高于小 QD，在这种情况下，来自 WL 的厚度依赖表面能会阻止小 QD 生长，但是对于大 QD 不太有效。

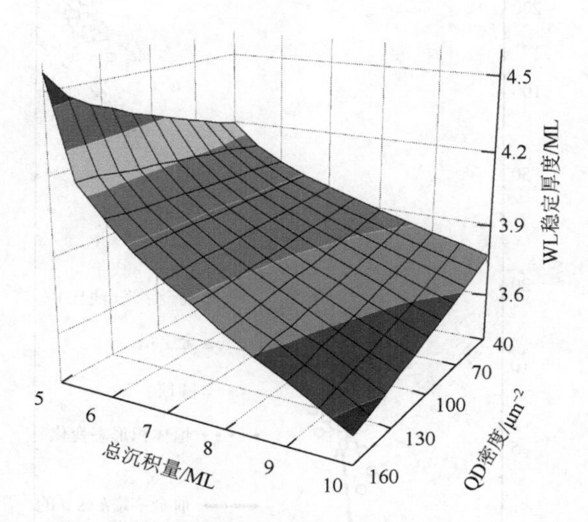

图 15-7　WL 稳定厚度与 QD 密度和总沉积量的函数的三维图（后附彩图）

15.2　量子点的形貌演化

在典型半导体外延系统中，例如 Ge/Si 系统和 InAs/GaAs 系统，随着 QD 体积的增加，QD 会发生形状转变。在 QD 的生长过程中，QD 会经历两个明显的形状转变，从前金字塔到后金字塔[29, 34, 82]和从具有低接触角的金字塔到更陡峭的圆顶[29, 30, 34, 35, 94-96]。而且，在被称为过度外延生长的覆盖过程中，随着覆盖沉积的增加，QD 会发生从圆顶到金字塔的可逆形状转变[97-99]。下面，我们来分析 QD 形状转变的热力学原理。

量子点生长过程中的形状转变。众所周知，Ge/Si（001）系统和 $Si_{1-x}Ge_x$/Si（001）系统作为理解 QD 形成和形态演化的理想模型系统，在过去得到了深入研究。在这些系统中，3D QD 首先在薄的 WL 上表现为前金字塔（浅丘）形状，然后逐渐转变为{105}面金字塔。随着它们变得稳定，它们的形状会转变为由更陡峭的晶面包围的圆顶。当 QD 超过某个临界尺寸后，形成超级圆顶并且在其底部形成错配位错[95]。图 15-8 显示了 QD 的尺寸分布及其在 Ge 沉积到 Si（001）过程的形状演变[34]。不同的研究组研究了 QD 形状转变的热力学[96, 100-103]。这些研究表明，QD 形状转变的物理本质实际上就是表面能和 QD 失配应变的平衡。下面，我们介绍两种典型的 QD 形状转变的热力学模型，包括从前金字塔到后金字塔的转变及从金字塔到圆顶的转变。

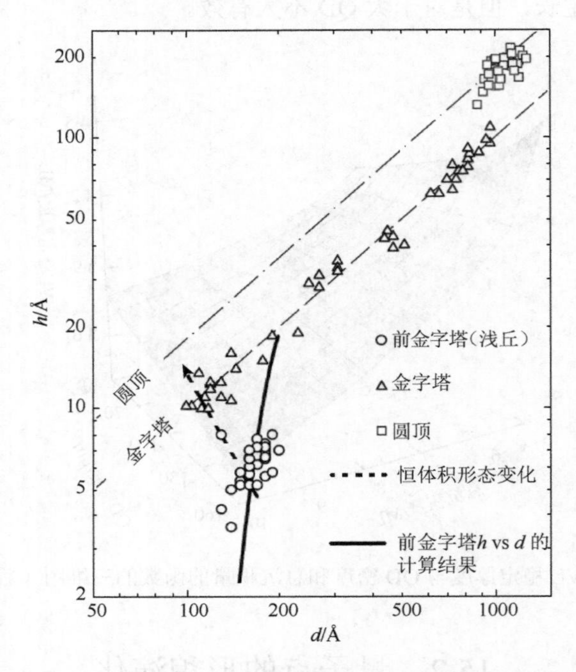

图 15-8　Si（001）上 Ge 沉积过程中三种典型 QD 形状的尺寸分布

符号 d 和 h 分别代表 QD 的宽度和高度

当覆盖率为 θ_0 时，对于在厚度为 θ 的 WL 上出现的具有相同金字塔形状和体积的 QD，SK 模式和 FM 模式单个 QD 的总能量差为

$$\Delta E = \frac{1}{k}[\gamma(\theta) - \gamma(\theta_0)] + E_s - 4s^2\gamma(\theta) + E_r \tag{15-10}$$

式中，E_s 是 QD 面的表面能；s 是半基长；E_r 是 QD 的弹性弛豫能（$E_r < 0$）。对于单个金字塔形状的 QD，QD 的体积应遵循关系 $V = \frac{4}{3}s^3 \tan\alpha = \frac{1}{k}(\theta_0 - \theta)h_0$，其中，$h_0$ 是单层的厚度。方程（15-10）等号右侧的前三项表示由 QD 形成引起的表面能差。

然而，由于 QD 面的表面能密度随接触角的变化而变化，所以 QD 的表面能是很难估算的。为了能够定量计算表面能，我们可以将 QD 晶面视为阶梯晶面[103]。这样的话，QD 晶面的表面能 E_s 可以分为两部分：阶梯的表面能 E_{st} 和阶梯边缘的形成能 E_{sc}，即 $E_s = E_{st} + E_{sc}$。因此，单个 QD 在 SK 模式和 FM 模式的总能量差变为

$$\Delta E = \frac{1}{k}[\gamma(\theta)-\gamma(\theta_0)] + \sum_{n=1}^{n_T}[\gamma(\theta_n)A_n] + \gamma(\theta_{n_T+1})A_{n_T+1} + 8\sum_{n=1}^{n_T}(s-nh_0\cot\alpha)\times\left[\lambda_0+\lambda_d\left(\frac{a\tan\alpha}{h_0}\right)^2\right] - 4s^2\gamma(\theta) - 1.3229Y\varepsilon_0^2\frac{1+\upsilon}{1-\upsilon}s^3\tan^2\alpha \tag{15-11}$$

其中，等式右侧第二项是 E_{st}；第三项是 E_{sc}[103, 104]；最后一项是 E_r。

图 15-9 显示了对于各种接触角，每单位体积的总能量变化与 QD 体积的函数关系。我们发现，当 QD 的体积较小时，具有低接触角的 QD 生长优于具有高接触角的 QD。随着 QD 体积的增加，具有高接触角的 QD 比具有低接触角的 QD 更易于形成。这个结果很好地解释了 QD 从具有低接触角的前金字塔形状到具有高接触角的后金字塔形状的形状转变。

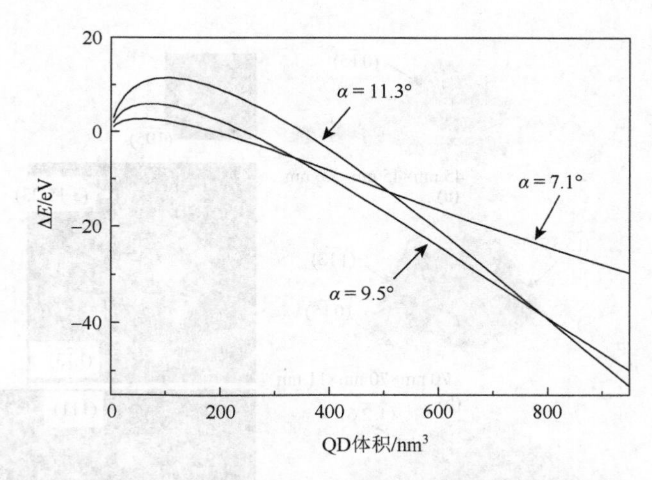

图 15-9　对于不同的接触角，总能量变化与量子点体积的关系

我们知道，QD 顶部的弹性弛豫能驱动了 QD 的形成。然而，从低接触角到高接触角的转变不仅取决于弹性弛豫能，还取决于尺寸相关的表面能。所以，对于体积小的 QD，与尺寸相关的表面能在总能量差中占主导地位。因此，QD 形状倾向于由最小化表面能决定，即具有低接触角。在生长的后期，弹性弛豫能变得更加显著并驱动 QD 形成高接触角。

随着 QD 体积的进一步增加，QD 的形状可以从金字塔过渡到圆顶，如图 15-10 所示。通过比较这两种形状的 QD 的总能量[30]，来分析这种形状转变的热力学机制。因为金字塔 QD 和圆顶 QD 都是在现有 WL 上形成的，所以，我们只能比较平面 WL 形成 QD 的自由能 ΔE。当 QD 为金字塔形状时，金字塔 QD 的总能量变化为

$$\Delta E_P = \left(\gamma_e \frac{1}{\cos\alpha} - \gamma_s\right)\left(\frac{6V_P}{\tan\alpha}\right)^{\frac{2}{3}} - \frac{9}{2} c V_p \tan\alpha \qquad (15\text{-}12)$$

式中，γ_e 和 γ_s 分别是 QD 和衬底小平面的表面能密度；V_P 是金字塔形 QD 的体积；令 $E_r = -\left(\frac{9}{2}\right) c V_p \tan\alpha$ [97]，其中，α 是接触角。当 QD 是圆顶时，总能量变化为

$$\Delta E_D = \pi\left(\gamma_0 \frac{1}{\cos\alpha} - \gamma_s\right)\left(\frac{3V_D}{\pi\tan\alpha}\right)^{\frac{2}{3}} + \frac{2\pi\lambda}{\cos\alpha}\left(\frac{3V_D}{\pi\tan\alpha}\right)^{\frac{1}{3}} - \frac{9}{\sqrt{\pi}} c V_D \tan\alpha \qquad (15\text{-}13)$$

式中，V_D 是圆顶形 QD 的体积；λ 是 QD 的曲率能，主要由 QD 组分的堆积密度和性质决定。

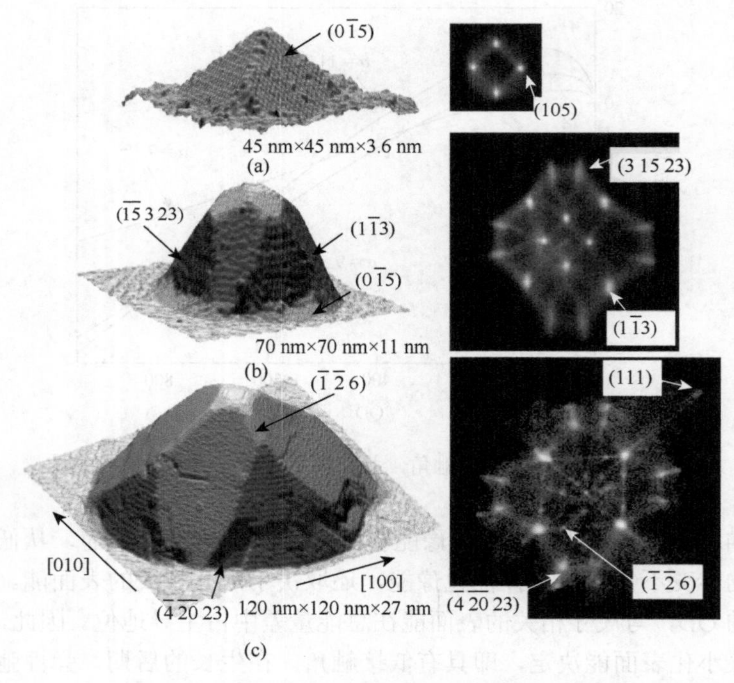

图 15-10　（a）Ge 金字塔、（b）圆顶和（c）超级圆顶的 STM 图像及相应的分面图

QD 尺寸和部分晶面的米勒指数已在图中标出

图 15-11 显示了 Si（001）衬底上 Ge 和 $Ge_{0.4}Si_{0.6}$ QD 的理论结果。显然，我们可以看到，当 QD 的体积小于临界值时，金字塔 QD 的能量变化低于圆顶形 QD，这意味着金字塔 QD 比圆顶 QD 更稳定。然而，当 QD 的体积大于临界值时，圆

顶 QD 的能量变化低于金字塔 QD，这意味着圆顶 QD 更稳定。这些理论结果与实验观察是一致的[29, 30, 35, 95]。由于小失配导致的低弛豫能量，$Ge_{0.4}Si_{0.6}$ QD 从金字塔到圆顶形状过渡的临界体积大于 Ge QD，如图 15-11（b）所示。这个结果也是与实验观察一致的[34, 94]。

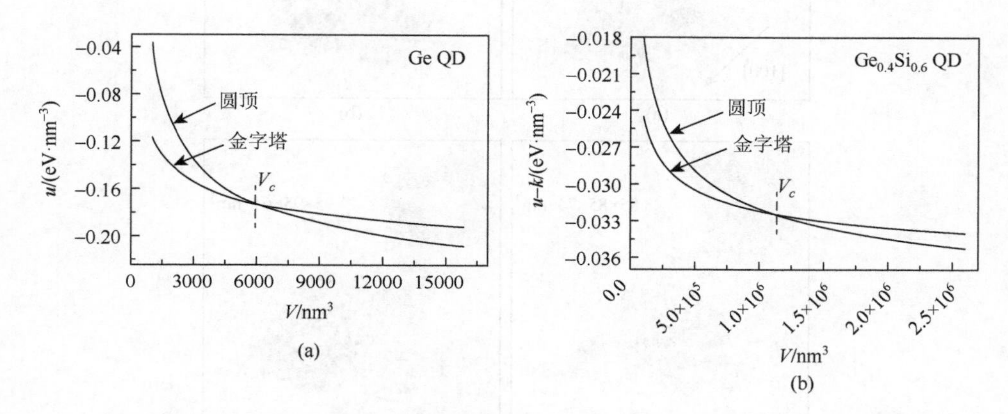

图 15-11　具有金字塔和圆顶两种形状的（a）Si（001）上的 Ge QD 和（b）Si（001）上的 $Ge_{0.4}Si_{0.6}$ QD 单位体积的能量

$u=\frac{\Delta E}{V}$，形状转变发生在临界体积 V_c 处，$Ge_{0.4}Si_{0.6}$ QD 的临界体积 V_c 远大于 Ge QD

所以，应变 QD 从金字塔到圆顶的形状转变的热力学机制实际上就是 QD 的表面能和弛豫能的平衡。在生长早期，弹性弛豫对于 QD 的形状无影响，圆顶的表面能比金字塔大，因此，平衡形状趋向于金字塔。在生长后期，弹性弛豫的影响变得更加显著。由于圆顶具有高梯度，圆顶的弛豫能比相同体积的金字塔大。因此，能量变化因形状转变而降低，以获得额外的弹性松弛。

过度生长导致的量子点可逆形状转变。在 QD 器件组装中，有时需要将 QD 掩埋在半导体晶体中[106]。因此，覆盖技术，即过度外延生长，通常被用于制造嵌入式结构 QD 器件[97-99, 107-112]。随着 QD 被覆盖，QD 的形状、尺寸、应变和组分都会发生变化，重要的是，这些 QD 的特征参数决定了它们的物理性质[109]。例如，在 Ge QD 的 Si 覆盖过程中，由于 Ge 浓度的降低，Si 沉积的增加，Ge QD 有两个明显的形状变化，第一个变化是可逆的形状转变，即从圆顶到金字塔，如图 15-12 所示[97-99, 108, 109]。第二个明显的变化与 QD 体积有关。Rastelli 等[97]的研究表明 Ge QD 的体积会不断增加，然而，Lang 等[99]则表明 QD 先膨胀后收缩。这些实验观察结果似乎不一致。因此，我们应用定量热力学理论来阐释过度生长引起的 QD 形状演变和体积变化[113]。

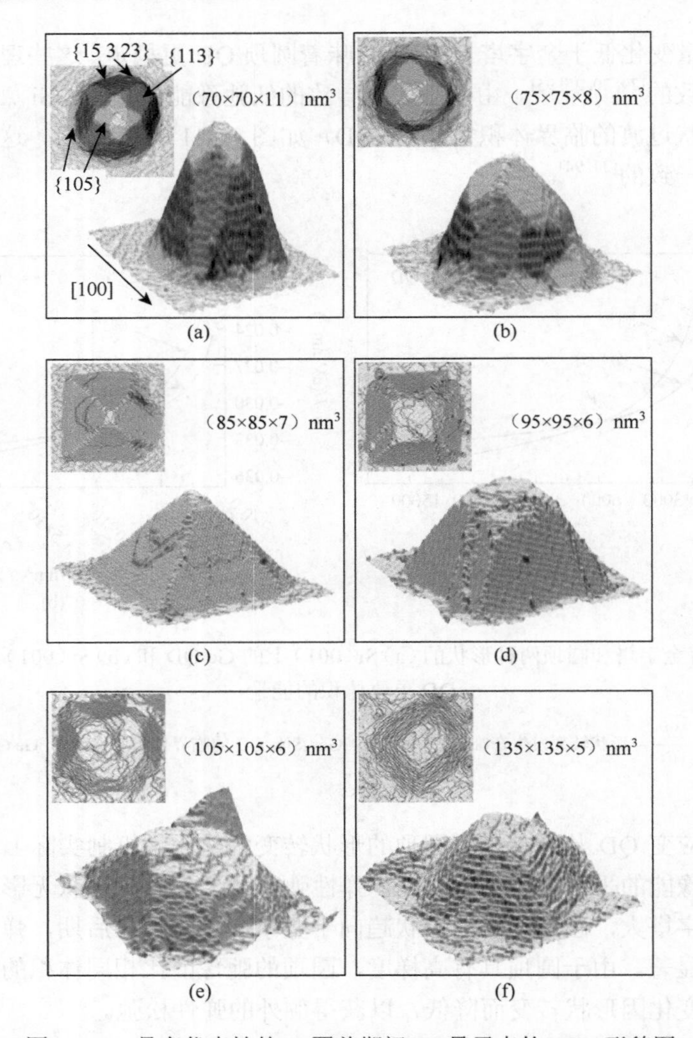

图 15-12　具有代表性的 Si 覆盖期间 Ge 量子点的 STM 形貌图

（a）、（b）圆顶；（c）金字塔；（d）～（f）前金字塔。（a）～（f）中，Si 覆盖率分别为 θ_{Si} = 0 ML、1 ML、2 ML、4 ML、8 ML 和 16 ML

在 Si 覆盖过程中，沉积的 Si 原子可以直接被 QD 和 WL 俘获，然后黏附在它们的表面上[107]。Ge QD 的体积收缩主要是由 Ge 原子从 QD 扩散到 WL 引起[99]。当 Ge 原子从 QD 扩散到 WL 时，QD 的体积收缩导致弹性弛豫能的增加。同时，减少的表面积又会导致表面能降低。单个 QD 的弹性弛豫能可以简单地写为 $E_r = -M\varepsilon^2 V_{\mathrm{QD}} \tan\alpha$ [80]。因此，单位体积 Ge 从 QD 扩散到 WL 引起的单个 QD 弛豫能的增量等于总能量的增量，即：

$$\mu_{\rm QD} = M\varepsilon^2 \tan\alpha \tag{15-14}$$

Ge 原子从 QD 扩散到 WL 也会导致 WL 厚度增加，这可以有效降低 WL 的表面能。考虑厚度为θ的 WL 俘获单位体积的 Ge，WL 的表面能的减少可以表述为

$$\mu_{\rm WL} = \left[\gamma(\theta) - \gamma_{\rm Ge}^{\infty}\right]\left(1 - \frac{1}{\rm e}\right)\frac{1}{h_{\rm 0Ge}}, \tag{15-15}$$

式中，$h_{\rm 0Ge}$是 Ge 单层的厚度；$\frac{1}{h_{\rm 0Ge}}$表示厚度为$(\theta+1)$的 WL 的表面积。当$\mu_{\rm WL} > \mu_{\rm QD}$，将有利于 Ge 原子从 QD 扩散到 WL。因此，当$\mu_{\rm WL} = \mu_{\rm QD}$时，WL 存在临界厚度。同时，考虑到 Si 掺入 WL 和 Ge 的表面偏析[114-116]，我们发现临界 WL 的标度厚度θ_c'为[113]

$$\theta_c' = \ln\left(\frac{\gamma_{\rm Si}^{\infty} - \gamma_{\rm Ge}^{\infty}}{\gamma(\theta_c) - \gamma_{\rm Ge}^{\infty}}\right)\exp(K_1\theta_{\rm Si}) \tag{15-16}$$

式中，K_1表示掺入系数。方程式（15-16）表示 QD 和 WL 的平衡。当临界厚度超过 WL 的初始厚度时，Ge 将发生从 QD 到 WL 的扩散。在这种情况下，在一个时间步长Δt中扩散的 Ge（$\Delta V_{\rm Ge}$）为

$$\begin{aligned} V_{\rm QD}(t+\Delta t) &= V_{\rm QD}(t) + \frac{1}{D}C_{ov}kh_{\rm 0Si} - \Delta V_{\rm Ge} \\ \Delta V_{\rm Ge} &= \frac{1}{D}\left[\theta_c(t+\Delta t) - \theta_c(t)\right]h_{\rm 0Ge}(1 - C_{ov}) \end{aligned} \tag{15-17}$$

式中，D是 QD 的密度；C_{ov}是 QD 的表面覆盖率。

当初始条件$V_{\rm QD}(0)$和$\theta_c(0)$已知时，我们可以推断出 Si 覆盖过程中 QD 的演变。根据 Lang 等[99]实验的初始条件，我们的理论结果如图 15-13（a）所示。我们发现，QD 的体积存在三个显著的演化阶段，即膨胀阶段、收缩阶段和稳定阶段。在第一阶段，QD 因 Si 的吸收而膨胀，几乎不会有 Ge 从 QD 扩散到 WL。然而，在收缩阶段，由于进一步吸收 Si，WL 的临界厚度开始超过实际厚度，这促使 Ge 原子从 QD 扩散到 WL。因此，QD 开始缩小。由于 Ge 扩散和 Si 的进一步吸收，随着 Ge 浓度和接触角的增加，临界厚度的增加速度越来越快，这就需要更多的 Ge 原子扩散、润湿。在这种情况下，Ge 从 QD 到 WL 的扩散停止。当 QD 不能提供足够的 Ge 原子来满足 WL 的需求时，QD 对 Si 的吸收变得不利。在此阶段，QD 的体积几乎没有变化。此外，Rastelli 等[97]将该理论模型应用于实验，计算结果如图 15-13（b）所示。在这种情况下，由于 QD 的高表面覆盖率，QD 的体积不断增加。

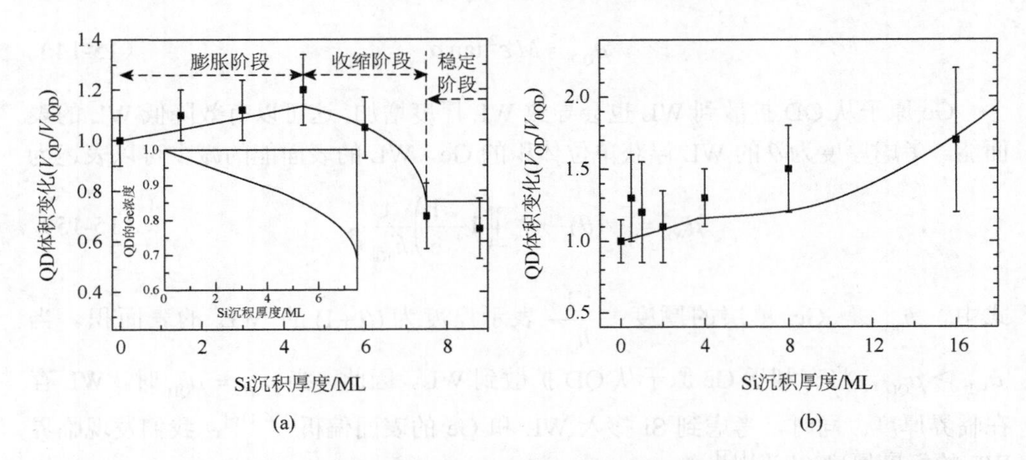

图 15-13 （a）理论计算的 Ge QD 在 Si 覆盖过程中的体积演化与（b）实验数据[97]的比较

（a）中插图显示了预测的 QD 的 Ge 浓度随 Si 沉积厚度变化的函数

基于上述热力学分析，我们不难发现，由 Si 吸收引起的 QD 中 Ge 浓度的降低打破了 QD 和 WL 的原始组成平衡。为了创造新的平衡，WL 需要通过从 QD 到 WL 的 Ge 扩散来增加其厚度，这导致 QD 的形状转变。同时，Ge 扩散可以抑制 QD 的膨胀并促进它们的收缩。

15.3 图案化衬底上量子点的生长

一般来说，外延生长的 QD 由于其自组装特性而具有随机的空间分布。然而，QD 器件制备需要具有高度有序排列的 QD。在图案化衬底上生长 QD 是控制它们空间分布的最广泛使用的方法之一，并且这种方法已成功应用于 Ge/Si[117-129]和 InAs/GaAs[130-139]系统。通常，具有矩形图案的衬底可以通过光刻获得，例如，光学光刻[121, 122]、全息光刻[140]、聚焦离子束刻蚀[118]、电子束刻蚀[128, 141]等。

我们知道，在图案化衬底上，衬底表面曲率会影响 QD 的形成位置。在热力学上，通常认为 QD 应该优先在具有负曲率的表面形成，即在沟槽或凹坑中。例如，QD 的形成总是发生在凹坑内侧面的交叉处，长程有序的 QD 结构，如图 15-14 所示[129]。然而，Yang 等[121]发现 Ge QD 在表面最凸起区域的条纹和台面上规则排列，如图 15-15 所示。为了理解这种奇异生长现象的物理机制，研究人员建立了若干基于热力学或动力学的模型[121, 142-147]。下面，我们阐述有关图案化衬底上 QD 生长优先位点的热力学原理。

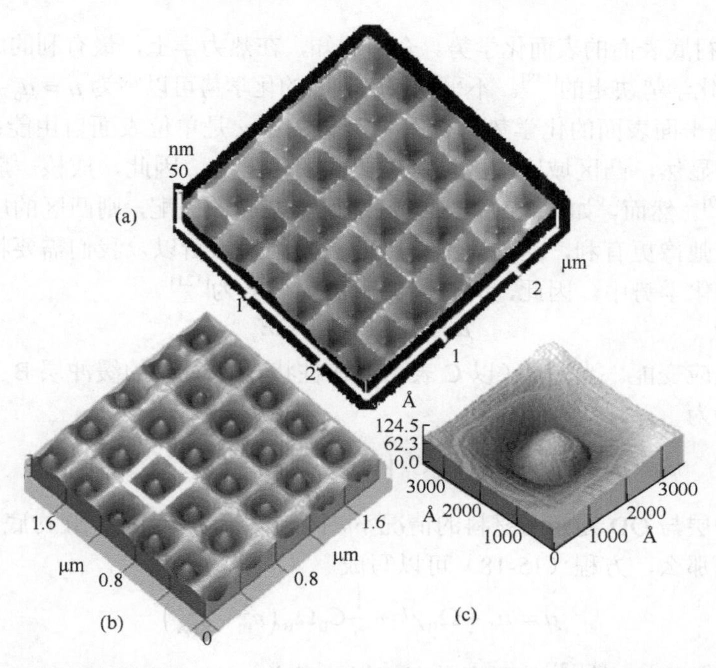

图 15-14　在光刻预图案化 Si（001）衬底上生长的 Ge 层表面原子力显微镜（AFM）图像

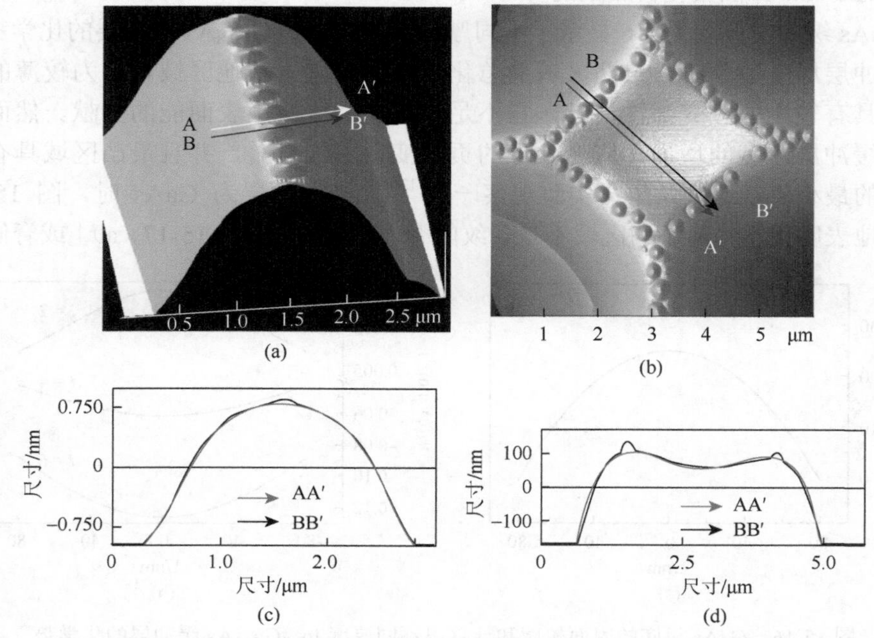

图 15-15　图案化 Si（001）结构上 Ge QD 排序的 AFM 图像（后附彩图）

（a）条纹脊；（b）菱形条纹十字架；（c）和（d）分别是（a）和（b）的横截面

图案化衬底表面的表面化学势。众所周知，在热力学上，最有利的成核位点通常是由表面化学势决定的[148]。不平整衬底表面的化学势可以写为 $\mu=\mu_0+\Omega\gamma k$ [148]，其中，μ_0 是平面表面的化学势；Ω 是原子体积；γ 是单位表面自由能；k 为局部表面曲率。显然，凸区域比凹区域具有更高的化学势。因此，成核一般会发生在凹面区域[149]。然而，如果外延膜和衬底之间存在应变失配，则凸区的应变弛豫比凹区的应变弛豫更有利，这与表面曲率的贡献相反。所以，我们需要将应变贡献添加到局部化学势中。因此，外延膜的表面化学势为[121]

$$\mu=\mu_0+\Omega\gamma k+\Omega E_s \tag{15-18}$$

式中，E_s 是应变能。当 QD（以 C 表示）在柱状衬底 A 上的缓冲层 B 上生长时，表面化学势为

$$\mu=\mu_0+\Omega_{\mathrm{B}}\gamma k+\frac{1}{4}\Omega_{\mathrm{B}}C_{\mathrm{B}}\left(\varepsilon_{\mathrm{B}}^2-\varepsilon_{\mathrm{BA}}^2\right)+\frac{1}{4}\Omega_{\mathrm{C}}C_{\mathrm{C}}\left(\varepsilon_{\mathrm{C}}^2-\varepsilon_{\mathrm{CA}}^2\right) \tag{15-19}$$

在缓冲层与 QD 为相同材料的情况下，例如，将 Ge 沉积到 Si 衬底上，Ge WL 是缓冲层，那么，方程（15-18）可以写成

$$\mu=\mu_0+\Omega_{\mathrm{B}}\gamma k+\frac{1}{2}C_{\mathrm{B}}\Omega_{\mathrm{B}}\left(\varepsilon_{\mathrm{B}}^2-\varepsilon_{\mathrm{BA}}^2\right) \tag{15-20}$$

该方程与 Yang 等[121]的研究具有相似的意义。

对于 GaAs 图案化衬底上的 InAs QD 生长[130-132]，通常首先沉积 $\mathrm{In_{0.2}Ga_{0.8}As}$ 或 GaAs 缓冲层。图 15-16 显示了不同厚度（i）的 $\mathrm{In_{0.2}Ga_{0.8}As}$ 缓冲层的化学势。当缓冲层厚度很小时，最凸区域的总化学势明显大于其他区域。因为较薄的缓冲层具有较小的应变弛豫贡献，它不足以抵消凸区域中表面能的贡献。然而，随着缓冲层厚度的增加，应变弛豫的贡献变得更加显著，并且最凸区域具有化学势的最小值。这些结果与实验观察一致[130]。当缓冲层为 GaAs 时，图 15-17 清楚地表明化学势最小的区域不是条纹的脊，而是脊脚［图 15-17（a）］或脊侧壁

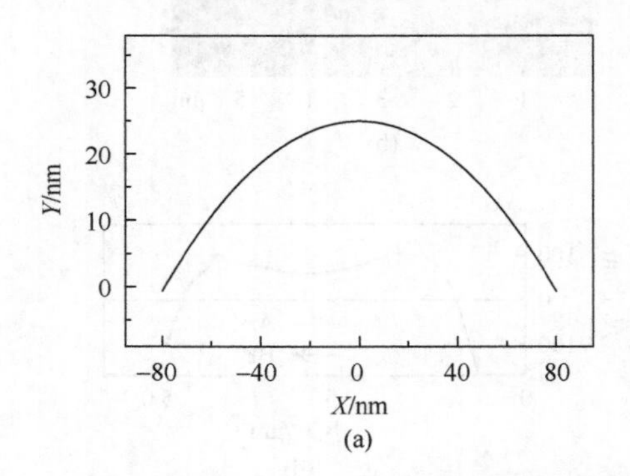

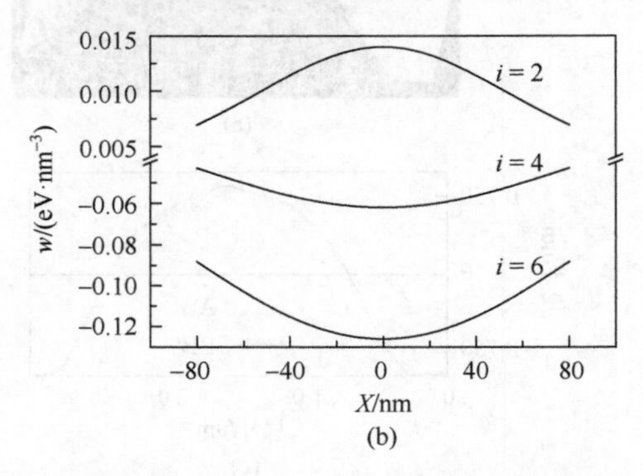

图 15-16　GaAs 衬底的表面轮廓和计算出不同厚度 $\mathrm{In_{0.2}Ga_{0.8}As}$ 缓冲层的化学势

（a）GaAs 衬底的表面轮廓；（b）计算出不同厚度的 $\mathrm{In_{0.2}Ga_{0.8}As}$ 缓冲层的化学势，其中 $w=\dfrac{\mu-\mu_0}{\Omega}$

[图 15-17（b）]，主要原因是引起应变弛豫贡献的增量小于普通化学势的增量。这些理论结果与实验结果非常吻合[131, 132]，当沉积 GaAs 缓冲层时，InAs QD 在脊脚或脊侧壁处形成。

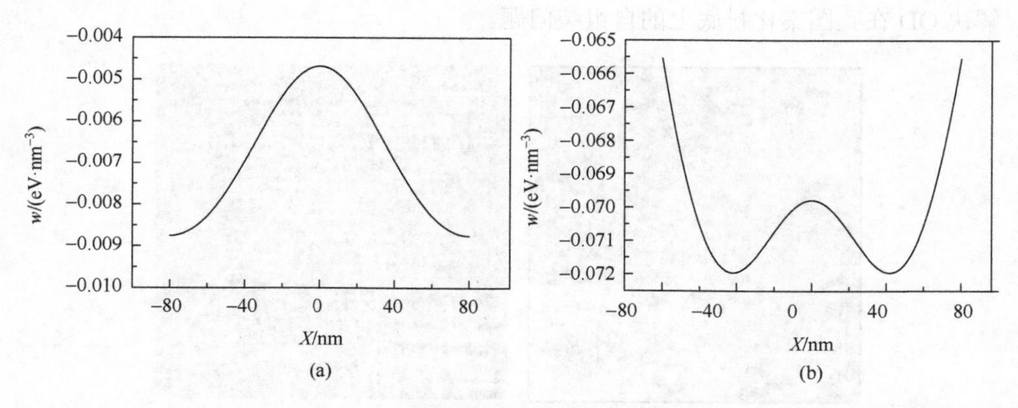

图 15-17 （a）4 ML 和（b）8 ML 的 GaAs 缓冲层沉积在图案化衬底上时的化学势

孔图案化衬底上量子点的热力学模型。具有良好空间排布的 QD 经生长在具有孔图案的衬底上的研究已有报道，例如，Ge/Si[118, 145, 150, 151]和 InAs/GaAs[152-157]。大多数实验观察表明，由于负曲率表面，QD 会优先在孔的内部形成。然而，Karmous 等[118]和 Pascale 等[145]表示，孔内的 QD 形成仅发生在相对较低的沉积温度（大约 550℃），而在高于 700℃的沉积温度下，QD 会在孔之间的平台上形成，如图 15-18 所示。此外，Martín-Sánchez 等[153]的报告指出，可以通过改变孔之间的距离来控制 InAs QD 形成的位置，他们观察到，当孔之间的距离为 165 nm

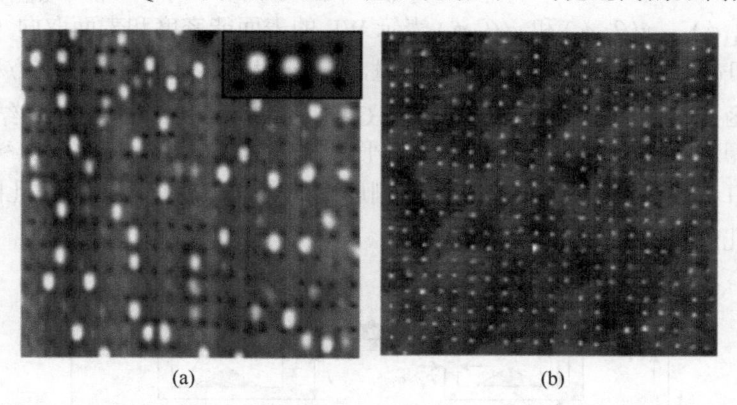

图 15-18 在不同温度 T 下沉积 8 ML Ge 获得的聚焦离子束图案化 Si 衬底的 AFM 图像

（a）$T = 750$℃，QD 的尺寸（100 nm）在孔距的范围（150 nm）内。插图显示了位于孔之间平台上的三个 QD 的高放大倍数图像；（b）$T = 550$℃，QD 仅位于孔中。扫描尺寸为 2.5 μm

时，大部分 InAs QD 会在孔的内部形成[图 15-19（a）]。但是，当距离减小到 30 nm 时，InAs QD 又会在孔之间的平台上形成［图 15-19（b）]。这些非常有趣而又令人费解的生长行为似乎与既定理论不一致。下面，我们通过发展的热力学模型来解决 QD 在孔图案化衬底上的自组装问题。

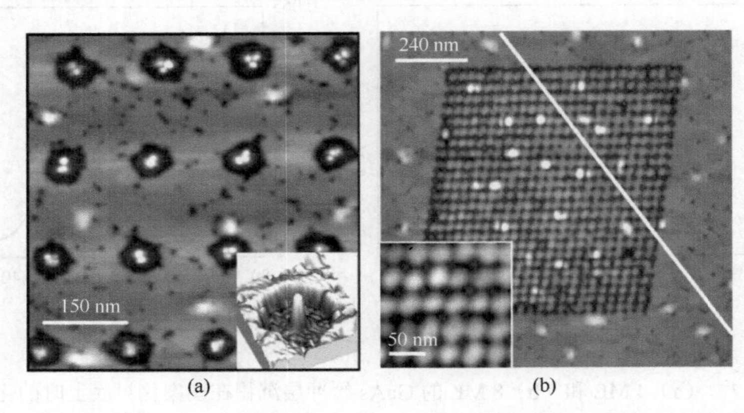

图 15-19　在 GaAs 孔图案化衬底上沉积 0.5 ML InAs 获得的 InAs QD 的 AFM 图像
孔之间的距离分别为（a）165 nm 和（b）30 nm

图 15-20 为在孔图案化衬底上形成 QD 的示意图。在沉积过程中，由于 WL 的表面能密度低于衬底的，因此首先在衬底表面形成薄的 WL。这样，孔图案化衬底上 WL 在每个孔区域中的总自由能可以表达为

$$E_{2\mathrm{D}}(\theta_0)=(d^2-\pi r^2)\gamma(\theta_1,\phi_1)+\pi r^2\gamma(\theta_2,\phi_2)$$
$$+2\pi(r-\theta_3 h_0)(l-\theta_2 h_0+\theta_1 h_0)\gamma(\theta_3,\phi_3)+\omega_1\varepsilon_0{}^2 V_{\mathrm{WL}}+E_{\mathrm{corner}} \quad (15\text{-}21)$$

式中，$\gamma(\theta_1,\phi_1)$、$\gamma(\theta_2,\phi_2)$ 和 $\gamma(\theta_3,\phi_3)$ 表示 WL 的表面能密度和表面取向（表面倾斜角 ϕ_1、ϕ_2 和 ϕ_3）[37]；E_{corner} 是倾斜角的能量。这样，我们可以通过最小化方程（15-20）的自由能函数来推导出热力学稳态。以 Ge/Si 系统为例，我们的计算结果表明，在热力学稳态下，孔内的 WL 厚度大于平台上的 WL 厚度，其中，$\theta_1\approx3.8$ ML、$\theta_2\approx5.4$ ML、$\theta_3\approx4.1$ ML。所以，孔内侧厚度的增加可以有效地减小孔的表面积，从而导致孔的表面能降低。

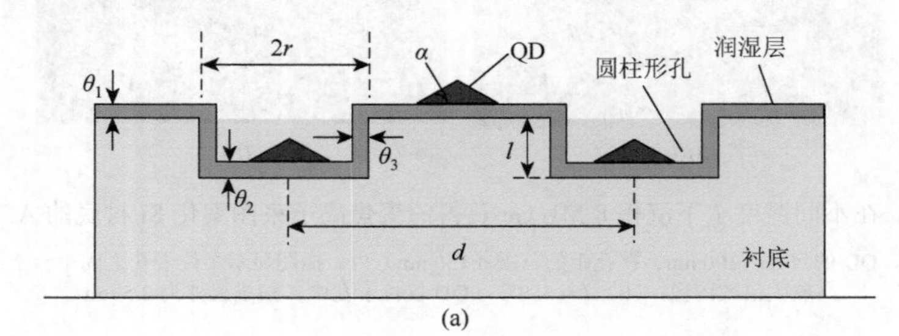

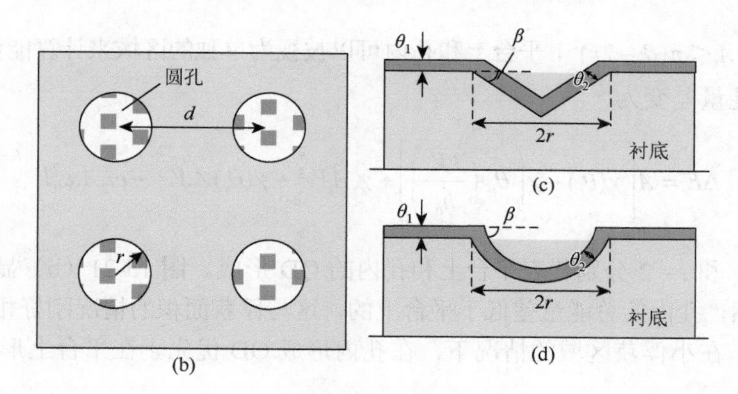

图 15-20　孔图案衬底上 QD 形成的示意图

（a）圆柱形孔；（b）QD 阵列俯视图；（c）锥形孔；（d）带有部分球形形状的孔

在进一步沉积时，由储蓄在 WL 中的晶格失配引起的应变能需要释放，而 QD 的形成是应变能释放的有效方式。因此，对于 QD（SK 模式）的形成，能量的变化为

$$\Delta E_{\mathrm{SK}}=\gamma_s A_1 V^{\frac{2}{3}}-\gamma(\theta_{\mathrm{WL}})A_2 V^{\frac{2}{3}}+\omega_1\varepsilon_0^2 V-\omega_2 A_3\varepsilon_0^2 V \tag{15-22}$$

如果生长方式为逐层生长，则能量的变化主要是由 WL 的表面能随着其厚度的增加而降低引起的。因此，2D 生长引起的能量变化为

$$\Delta E_{\mathrm{2D}}=A\left[\gamma\left(\theta_{\mathrm{WL}}+\frac{kV}{h_0}\right)-\gamma(\theta_{\mathrm{WL}})\right]+\omega_1\varepsilon_0^2 V \tag{15-23}$$

为了对 ΔE_{SK} 和 ΔE_{2D} 进行同等比较，方程（15-22）中使用的 WL 面积应等于单个 QD 的俘获面积。然而，当衬底上有孔形图案时，2D 生长引起的能量变化的表达不仅受俘获面积的影响，还受孔的大小和孔间的距离的影响。下面，我们讨论 2D 生长引起的能量变化和 QD 在孔图案化衬底上的形成位点的两种典型情况。

第一种典型情况是俘获长度大于孔间的距离。我们知道，两种生长模式的总能量差 $\Delta E=\Delta E_{\mathrm{SK}}-\Delta E_{\mathrm{2D}}$ 可以表达为

$$\Delta E=\left[E_{\mathrm{2D}}(\theta_0)-E_{\mathrm{2D}}\left(\theta_0+\frac{kV}{h_0}\right)\right]+\gamma_s A_1 V^{\frac{2}{3}}-\gamma(\theta_{\mathrm{WL}})A_2 V^{\frac{2}{3}}-\omega_2 A_3\varepsilon_0^2 V \tag{15-24}$$

该方程表示当 $\theta_{\mathrm{WL}}=\theta_1$ 时在孔间的平台上形成 QD 的情况，当 $\theta_{\mathrm{WL}}=\theta_2$ 时它表示在孔内形成 QD 的情况。图 15-21（a）显示了总沉积量等于 4 ML 时两个不同形成位置的 ΔE_{SK} 比较。很明显，平台上 QD 的形成能低于孔内，这表明平台上更有利于 QD 的形成。

第二种典型情况是当 QD 的俘获面积小于孔的尺寸和孔间的平台面积时，即

$A < \pi r^2$ 且 $A < \pi(d-2r)^2$，平台上和孔内可以被视为单独的区域来计算能量的变化。因此，总能量差变为

$$\Delta E = A\left[\gamma(\theta_i) - \gamma\left(\theta_i + \frac{kV}{h_0}\right)\right] + \gamma_s A_1 V^{\frac{2}{3}} - \gamma(\theta_i) A_2 V^{\frac{2}{3}} - \omega_2 A_3 \varepsilon_0^2 V \qquad (15\text{-}25)$$

式中，$i=1$ 和 $i=2$ 分别代表平台上和孔内的 QD 形成。图 15-21（b）显示了计算结果，显然，孔内的总能量差低于平台上的，这与俘获面积的情况刚好相反。这个结果表明，在小俘获区域的情况下，在孔内形成 QD 优先于在平台上形成 QD。

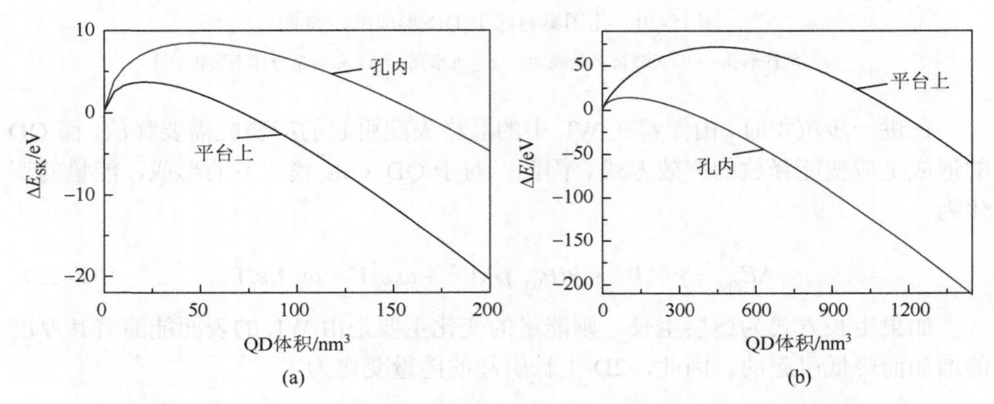

图 15-21　（a）平台上和孔内的 ΔE_{SK} 与 $\theta_0 = 4$ ML 的 QD 体积函数的比较；（b）平台上和孔内的总能量差 ΔE 与 QD 体积的函数的比较

QD 的捕获区域和 WL 的厚度决定了两个不同的形成位置。当俘获面积大于孔阵列的晶格面积时，两个形成位点由逐层生长引起的能量变化相等。因此，总能量主要由 QD 形成引起的能量变化决定。由于平台上 WL 厚度小于孔内 WL 的，因此平台上 WL 的表面能密度大于孔内 WL 的。由于 QD 在平台上的覆盖导致 WL 的表面能的降低大于孔内的，使得平台上 QD 的形成能总是低于孔内的形成能。然而，当表面扩散距离小于孔和平台尺寸的一半时，平台上和孔内需要被认为是单独的区域来计算总能量。在这种情况下，由 2D 生长引起的能量变化对总能量差起着关键作用，孔内的 WL 由于其厚度大于平台上的 WL 厚度而首先达到 QD 形成的临界厚度。因此，在 QD 的俘获区域较小的情况下，在孔内形成 QD 更为有利。

上述热力学理论分析解释了本节提到的几个有趣且令人费解的实验现象。该理论模型的一个关键结果是 QD 可以在不同俘获区域的不同位置形成。从热力学的角度来看，高（低）沉积温度都会导致低（高）QD 密度，即 QD 的大（小）

俘获区域[29]。这些理论结果与实验结果是一致的[118, 145]，也就是，Ge QD 在高温下（高于 700℃）分布在孔间的平台上，在较低温度下（约 550℃）分布于孔内。我们的理论结果还可以解释有图案化分布的孔隙之间，由孔间距离引起的不同生长方式[153]。当孔间距离大于表面扩散长度时，InAs QD 在孔的内部生长，然而，当孔间距离减小时，俘获区域变得大于孔阵列的晶格，因此，InAs QD 可以在孔间的平台面上生长。此外，我们的理论模型还解释了为什么在孔图案化衬底上形成 QD 的 WL 的临界厚度小于平面衬底上的临界厚度[151]。

需要注意的是，沉积温度会影响沉积原子的表面扩散率，尤其是在两个不同晶面之间的边界处[145]。低的沉积温度会阻碍沉积原子从一个晶面到另一个晶面的扩散，这意味着很难达到热力学平衡状态。在这种情况下，孔内部增加的厚度会受到影响。除此之外，沉积温度还会影响外延膜和衬底的混合和合金化，这会改变应变弛豫和表面能。但在上面的讨论中，为简化计算我们忽略了这些影响。

15.4　多层系统中量子点的生长

依靠多层系统中掩埋 QD 引起的弹性应变驱动 QD 自组装是提高 QD 均匀性的一种有效方法[159-168]。在外延生长中，随着间隔层数量的增加，QD 的尺寸、形状和间距会变得均匀。由于这种技术操作简单且成本低廉，所以许多研究组对其进行了深入的实验研究。研究中人们发现，当 QD 堆叠时被掩埋的 QD 会对间隔层的表面产生一个应变场，进而导致 QD 的逐个垂直排列。换句话说，上层的每个 QD 都生长在下层 QD 的顶部。如图 15-22 所示，多层结构中层间厚度越薄，QD 的垂直配对概率越高。然而，当层间厚度小于临界值时，实验观察显示出了截然不同的结果，堆叠 QD 的逐一垂直排列方式会被打破，在间隔层表面形成了不止一个 QD，即 QD 呈现一对多的排序（图 15-23）[166, 167]。一个有趣的现象是 WL 厚度的变化。实验观察表明，与第一层相比，第二层 QD 生长的临界厚度减小了[161-164, 168]。

为了给这些奇异的实验现象描绘出一幅清晰的物理图像，研究人员发展了一些理论模型来分析间隔层表面上的应变场。早期的研究使用弹性连续体理论简单地将掩埋 QD 视为零维力偶极子[159, 169]，并通过分析间隔层表面拉伸应变场局部最大值，得到最优的成核位点，证明 QD 的一对一垂直排序，即优先成核位点在具有局部最小失配的掩埋 QD 上方。Zhang 等[170, 171]在连续介质弹性理论的框架下，利用格林函数法提出一种计算表面应变的模型，他们发现，在间隔层非常薄的情况下，间隔层表面上的拉伸应变场的局部最大值不在掩埋 QD 上方的位置，这解释了 QD 的一对多排序（图 15-22）。此外，还有研究人员采用计算与模拟技术如通过原子拟合[172, 173]和分子动力学模拟[174]计算由掩埋 QD 引起的应变场，以及针对多层系统中 QD 的生长的蒙特卡罗模拟和分子动力学模拟[175-179]。基于发展的热力学模型，我们首先介绍多层系统中间隔层表面的表面化学势和弹性应变的计算，它解释了堆叠 QD 垂直排列的物理机制[180]，接着，我们通过引入应变衬底上 QD 的热力学模型，揭示应变衬底上 QD 形成的驱动力，并解释为什么多层系统中 WL 的厚度远小于普通衬底的厚度[181]。

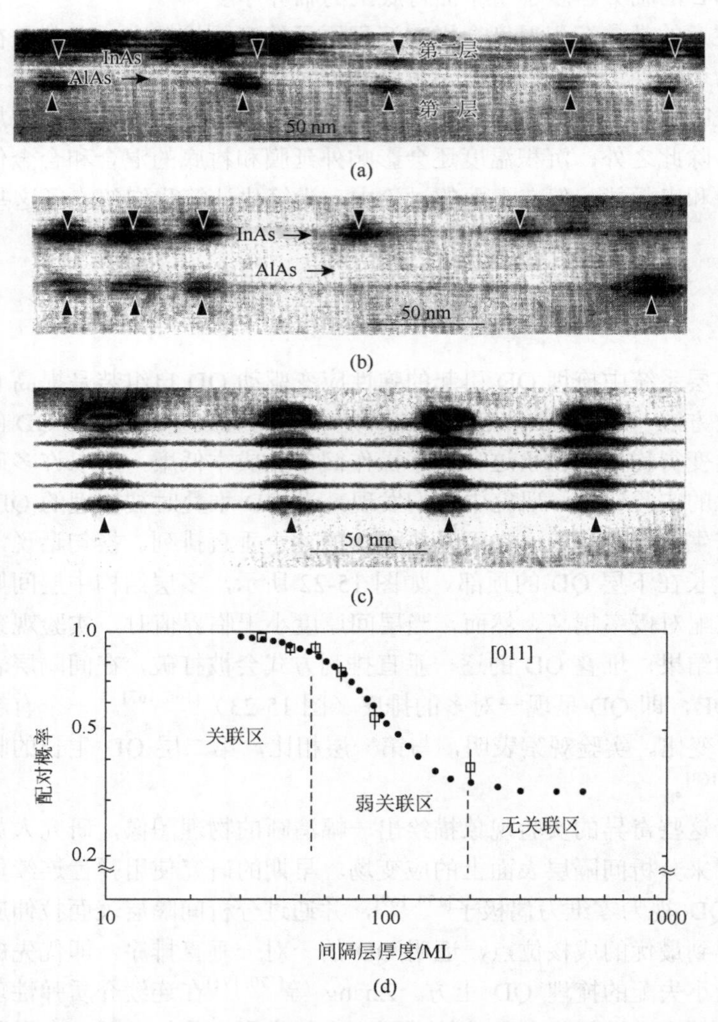

图 15-22　沿[011]拍摄的由 GaAs 间隔层分隔的 InAs QD 的 TEM 照片，层间厚度分别为（a）46 ML、（b）92 ML 和（c）36 ML；（d）是实验观察到的配对概率（图中标为空心方块）与层间厚度的函数

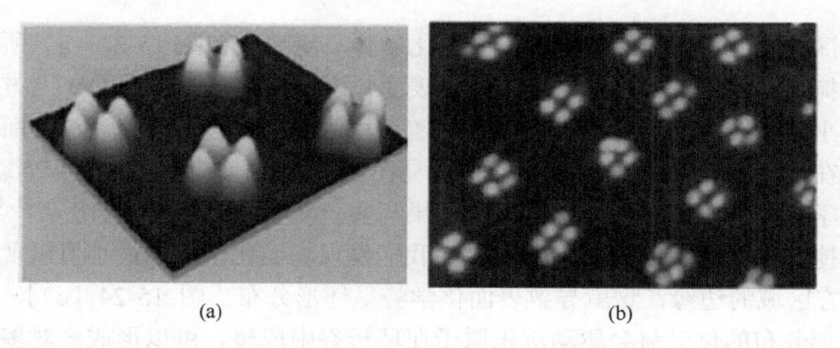

(a)　(b)

图 15-23　在 600℃、厚度为 35 nm 的 Si 间隔层的多层堆叠结构中生长的 Ge QD 的 AFM 图像

多层系统中的表面化学势。我们知道，表面化学势决定了最有利的成核位点[148]。在多层系统中，外来夹杂物 B 埋在衬底 A 中，2D 生长的 WL 形成后产生 3D 应变导致 QD 的生成。因此，应变相关的表面化学势表示为[121, 159]

$$\mu(x,y,0)=\mu_0+\Omega E_s(x,y,0)+\Omega\gamma\kappa \tag{15-26}$$

我们首先计算衬底表面的应变以获得 WL 表面的应变能[182]。由夹杂物引起的 WL（x，y，0）表面上的应变可以使用格林函数对夹杂物体积 V 的积分来计算，即[180]

$$\varepsilon_{xx}^{\mathrm{A}}(x,y,0)=\frac{\varepsilon_{\mathrm{AB}}V(1+\upsilon)}{\pi R^3}\left(1-\frac{3x^2}{R^2}\right)$$

$$\varepsilon_{yy}^{\mathrm{A}}(x,y,0)=\frac{\varepsilon_{\mathrm{AB}}V(1+\upsilon)}{\pi R^3}\left(1-\frac{3y^2}{R^2}\right)$$

$$\varepsilon_{zz}^{\mathrm{A}}(x,y,0)=\frac{\varepsilon_{\mathrm{AB}}V(1+\upsilon)}{\pi R^3(1-\upsilon)}\left[\upsilon+\frac{3{z_0}^2(1-2\upsilon)}{2R^2}\right]$$

$$\varepsilon_{xy}^{\mathrm{A}}(x,y,0)=-\frac{6\varepsilon_{\mathrm{AB}}V(1+\upsilon)}{\pi R^5}xy$$

$$\varepsilon_{xz}^{\mathrm{A}}(x,y,0)=\varepsilon_{yz}^{\mathrm{A}}(x,y,0)=0 \tag{15-27}$$

上式中，掺杂物可近似看出位于（0, 0, z_0）处，κ 是表面曲率；υ 是泊松比；V 是掺杂物的体积；$R=(x^2+y^2+z_0^2)^{\frac{1}{2}}$。因此，WL 的应变能为

$$E_s(x,y,0)=\frac{C_{11}}{2}\left\{\left[\varepsilon_{xx}^{\mathrm{C}}(x,y,0)\right]^2+\left[\varepsilon_{yy}^{\mathrm{C}}(x,y,0)\right]^2\right\}+C_{12}\varepsilon_{xx}^{\mathrm{C}}(x,y,0)\varepsilon_{yy}^{\mathrm{C}}(x,y,0)+\frac{C_{44}}{2}\left[\varepsilon_{xy}^{\mathrm{C}}(x,y,0)\right]^2 \tag{15-28}$$

式中，C_{11}、C_{12}、C_{44} 分别表示弹性系数张量的分量。

图 15-24 显示了掩埋在 Si 衬底中的 Ge QD 的表面化学势。我们可以清楚地看

到，在深度 $z_0 = 60$ nm 的情况下，表面化学势平滑变化如图 15-24（a）所示。然而，当掩埋 QD 的深度 $z_0 = 15$ nm 时，表面化学势明显位于掩埋 QD 上方的点且具有最小值［图 15-24（b）］，这就意味着沉积原子可以被驱动到通过表面化学势的渐变在掩埋 QD 上方的区域，并很容易在该区域成核。此外，埋藏较深的 QD 表面化学势的最小值较小。这些理论结果与实验观察结果非常吻合[159-161, 165]。然而，当掩埋 QD 的深度 $z_0 = 7.5$ nm 时，我们发现表面化学势的最小值出现在掩埋 QD 上方区域的边缘，这就导致表面化学势呈环形分布［图 15-24（c）］。这样的话，环形分布的化学势会驱动沉积原子在环形谷中成核，可以形成一对多的有序的 QD。这一结果在实验中得到了验证：当掩埋 QD 的深度小于临界值时，堆叠 QD 的一对一垂直排列形式被打破，并且在间隔层表面形成多个 QD[166, 167]。

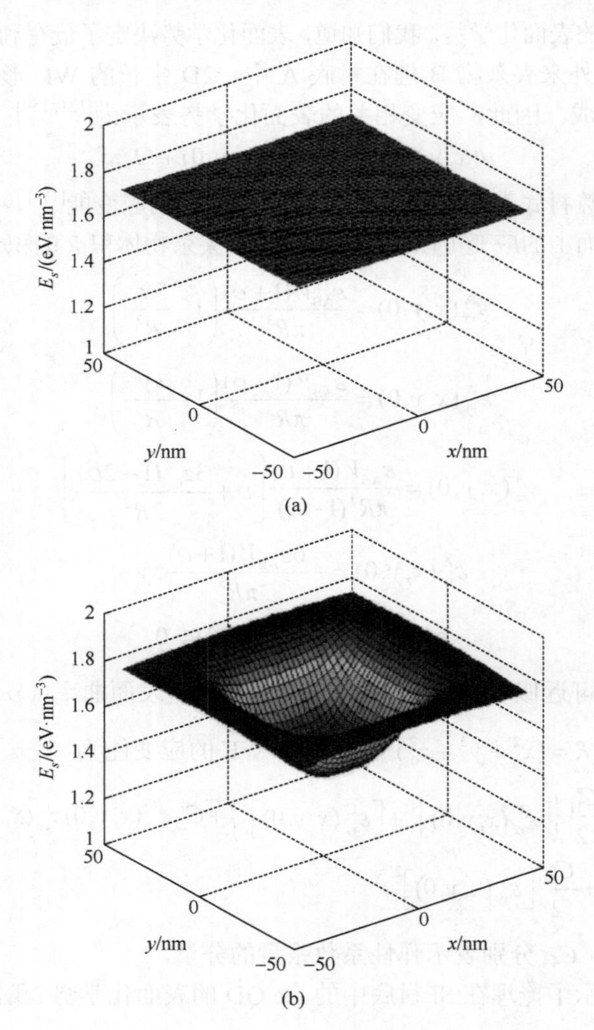

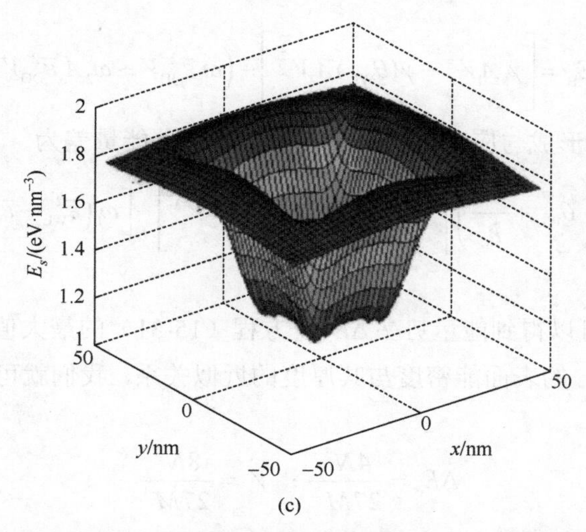

(c)

图 15-24　在 Ge/Si 系统中，不同掩埋 Ge QD 深度的 WL 应变能（后附彩图）

（a）60 nm；（b）15 nm；（c）7.5 nm

根据该模型，我们通过选择掩埋适当的掺杂物提出了几个量子结构的理论生长方案。例如，我们期望在掺杂物（B）、QD（C）和衬底（A）的晶格常数 $a_B > a_C > a_A$ 的情况下，通过获得最小表面化学势的环形分布来生长量子环（QR），如在 Ge/Si 系统中掩埋 Sn 掺杂物[183]。此外，也许可以对量子点成核实现从微米尺度到纳米尺度的控制。具体来说，我们可以在衬底表面光刻或化学刻蚀具有一定微观尺度形状的异质材料，然后沉积适当厚度的间隔层，这样，QD 很容易在间隔层平台上具有最低表面化学势的区域中形成，具有最低表面化学势的区域可以由掺杂物控制[180]。

应变衬底上量子点的热力学模型。具有多层结构的 QD 有许多有趣的特质，除了竖向垂直堆叠的性质以外，相比总沉积量相同的无应变衬底，多层结构 QD 的 WL 厚度更低且尺寸更大。这些差异也是由掩埋 QD 引起的弹性应变导致的。

基于上面建立的热力学模型，对于具有一定厚度的 WL，我们可以比较逐层生长和 QD 形成引起的能量变化，以确定哪种模式更受青睐。受外来物体的影响，衬底的表面应变分布不均匀，QD 的成核通常发生在应变失配最低的区域。QD 和 WL 的应变能可以通过平均应变失配 $\bar{\varepsilon}_{QD}$ 和 $\bar{\varepsilon}_{WL}$ 来计算。因此，在应变衬底上逐层生长的能量变化为

$$\Delta E_A = \frac{1}{k}\left[\gamma\left(\theta_{WL} + \frac{kV}{h_0}\right) - \gamma(\theta_{WL})\right] + \omega_1 \bar{\varepsilon}_{WL}^2 V \tag{15-29}$$

QD 的应变能变化包括不含弹性弛豫能的和含弹性弛豫能的，可以表示为 $\omega_1 \bar{\varepsilon}_{QD}^2 V - \omega_2 A_3 \bar{\varepsilon}_{QD}^2 V$。这样，单个 QD 的形成引起的总能量变化可以表述为

$$\Delta E_{\mathrm{B}}=\left[\gamma_s A_1 V^{\frac{2}{3}}-\gamma(\theta_{\mathrm{WL}})A_2 V^{\frac{2}{3}}\right]+\left(\omega_1 \bar{\varepsilon}_{\mathrm{QD}}^2 V-\omega_2 A_3 \bar{\varepsilon}_{\mathrm{QD}}^2 V\right) \tag{15-30}$$

因此，QD 的形成与应变衬底上的逐层生长的总能量差为

$$\Delta E=\frac{1}{k}\left[\gamma(\theta_{\mathrm{WL}})-\gamma\left(\theta_{\mathrm{WL}}+\frac{kV}{h_0}\right)\right]+\left[\gamma_s A_1 V^{\frac{2}{3}}-\gamma(\theta_{\mathrm{WL}})A_2 V^{\frac{2}{3}}\right]-\left[\omega_1\left(\bar{\varepsilon}_{\mathrm{WL}}^2-\bar{\varepsilon}_{\mathrm{QD}}^2\right)V+\omega_2 A_3 \bar{\varepsilon}_{\mathrm{QD}}^2 V\right] \tag{15-31}$$

这样，我们可以得到能量势垒ΔE_c［方程（15-31）的最大值］和 QD 临界体积（V_c）。利用 WL 的表面能密度与其厚度的近似关系，我们就可以得到能量势垒和临界体积：

$$\Delta E_c=\frac{4N^3}{27M^2}\text{；}\ V_c=\frac{8N^3}{27M^3} \tag{15-32}$$

式中，$M=\left[\omega_1\left(\bar{\varepsilon}_{\mathrm{WL}}^2-\bar{\varepsilon}_{\mathrm{QD}}^2\right)+\omega_2 A_3 \bar{\varepsilon}_{\mathrm{QD}}^2\right]-\mathrm{e}^{\frac{-\theta_{\mathrm{WL}}}{\eta}}\dfrac{\left(\gamma_{\mathrm{subsrate}}^{\infty}-\gamma_{\mathrm{WL}}^{\infty}\right)}{\eta h_0}$；$N=\gamma_s A_1-\gamma(\theta_{\mathrm{WL}})A_2$。

图 15-25 显示了理论计算得到的能量势垒（ΔE_c）和临界尺寸（底部临界宽度，S_c）与 Ge/Si 系统应变及 WL 厚度的关系。我们发现，随着$\bar{\varepsilon}_{\mathrm{QD}}$的降低和$\theta_{\mathrm{WL}}$的增加，$\Delta E_c$和$S_c$都会降低。对于给定的$\theta_{\mathrm{WL}}$，QD 形成的驱动力$-\left[\omega_1\left(\bar{\varepsilon}_{\mathrm{WL}}^2-\bar{\varepsilon}_{\mathrm{QD}}^2\right)V+\omega_2 A_3 \bar{\varepsilon}_{\mathrm{QD}}^2 V\right]$会随着$\bar{\varepsilon}_{\mathrm{QD}}$的减小而变强，而 QD 在强大的驱动力作用下更容易形成。另外，对于给定的$\bar{\varepsilon}_{\mathrm{QD}}$，$\Delta E_c$和$S_c$都随着$\theta_{\mathrm{WL}}$的增加而降低，这意味着在较厚的 WL 上形成 QD 是有利的。有趣且重要的是，如果$\bar{\varepsilon}_{\mathrm{QD}}$接近$\bar{\varepsilon}_{\mathrm{WL}}$，

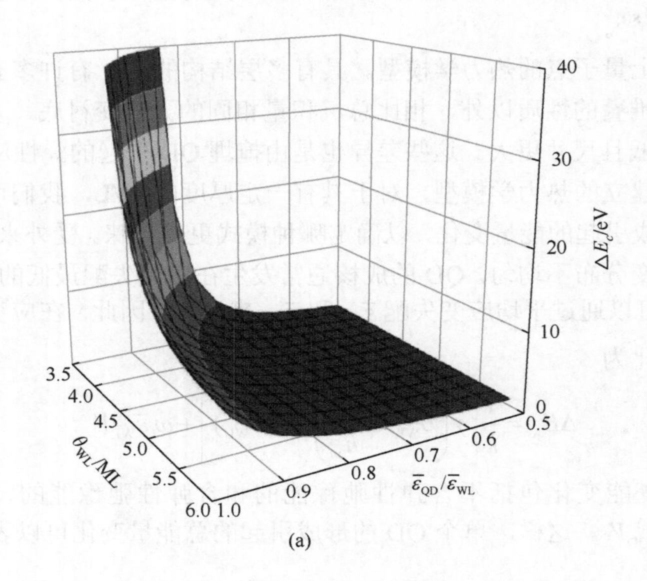

(a)

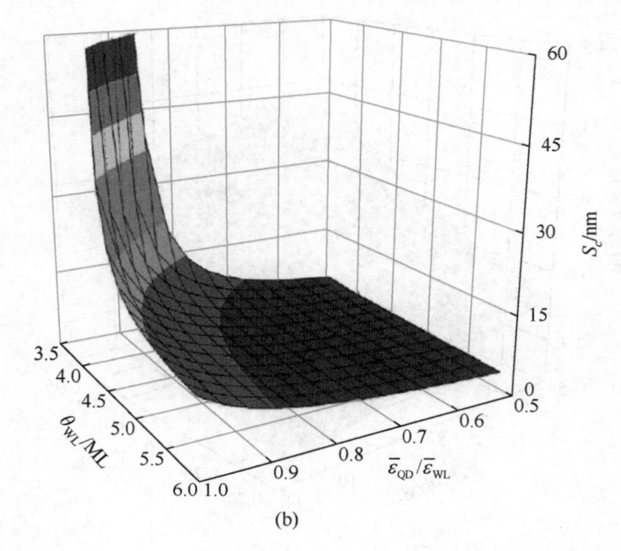

图 15-25　（a）能量势垒和（b）临界尺寸与 Ge/Si 体系应变$\left(\frac{\overline{\varepsilon}_{QD}}{\overline{\varepsilon}_{WL}}\right)$和 WL 厚度（$\theta_{WL}$）的函数（后附彩图）

则 QD 几乎不会在厚度小于 4 ML 的 WL 上形成。然而，对于较小的$\overline{\varepsilon}_{QD}$，QD 仍然可以在厚度较小的 WL 上形成，且能量势垒和临界尺寸也明显低于大的$\overline{\varepsilon}_{QD}$。这就意味着 QD 在应变衬底上的形成通常是在没有额外应变的情况下发生的，比在普通衬底上的开始要早得多。这些计算结果与许多研究组的实验观察结果非常吻合[161, 162]。

我们还可以通过方程（15-31）研究应变衬底上 QD 的稳定性和演化机制[181]。图 15-26 给出了 WL 的稳定厚度与$\frac{\overline{\varepsilon}_{QD}}{\overline{\varepsilon}_{WL}}$和沉积量的函数的三维图。显然，我们可以发现，虽然沉积量增加，但当$\frac{\overline{\varepsilon}_{QD}}{\overline{\varepsilon}_{WL}}$为常数时，稳定后的 WL 并没有变厚而是变薄，许多研究组都在实验上观察到了这种现象[35, 92, 93]，其中，观察到 Ge 原子从 WL 移动到 QD，并且 WL 在生长和退火期间变薄。从这些结果我们可以推断，在相同沉积量下，随着$\frac{\overline{\varepsilon}_{QD}}{\overline{\varepsilon}_{WL}}$的减小，QD 变大而 WL 变薄。这个理论结果也得到了实验的支持和证明，其中多层 Ge/Si 系统中的顶部 QD 通常大于掩埋 QD，顶层 WL 的厚度通常小于在相同沉积条件下的下层 WL[161-163]。通过分析 QD 和 WL 的能量平衡关系也可以获得类似的理论结果[184]。

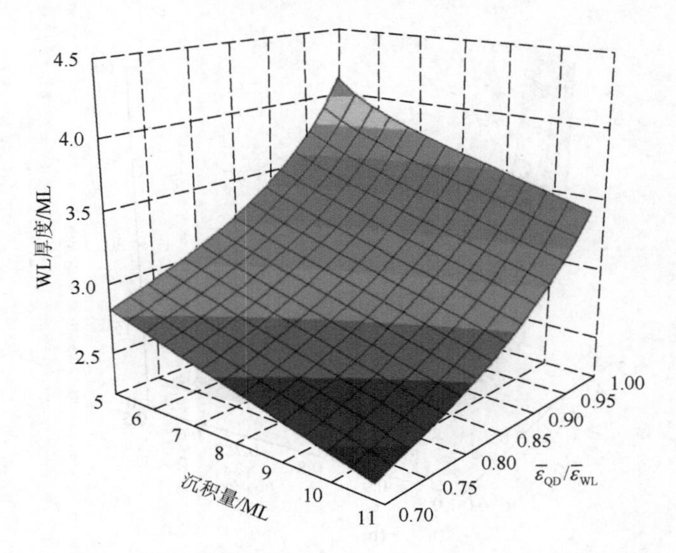

图 15-26　WL 厚度与 $\frac{\bar{\varepsilon}_{QD}}{\bar{\varepsilon}_{WL}}$ 和沉积量的函数的三维图（后附彩图）

所以，在应变衬底上形成 QD 的驱动力与普通衬底上的不同。QD 应变能的降低促使 QD 的形成比普通衬底上的 QD 形成早得多，而应变衬底上 QD 的能量势垒和临界尺寸小于普通衬底上的。此外，与多层系统相比，QD 增长驱动力的增加导致 QD 具有更大的尺寸和更薄的 WL。

15.5　量子点的组分分布

绝大部分外延生长 QD 的理论模型中 QD 组分的不均匀分布都没有被纳入考虑。事实上，混合和合金化可以允许生长薄膜中的部分应变松弛[186-189]。由于 QD 的独特性质，例如，光致发光发射波长取决于 QD 的组分分布，因此对 QD 组分的研究对于其潜在应用价值是非常重要的。由于混合和合金化[189]，大量研究工作致力于阐明 QD 的组分分布。在实验上，已经可以通过多种技术研究 QD 中元素的混合，包括透射电子显微镜[185, 190]、X 射线衍射[191-196]、光电子显微镜[197]、离子原子探针[198]、扫描探针显微镜[199]等。同时，许多理论也关注 QD 的组分分布，例如，有限元法[200]、数值模拟[201-203]、连续介质模型[204]和蒙特卡罗模拟[114, 204-206]。下面，我们主要介绍有限元法[200]和数值模拟[202]在应变 QD 合金化中的应用。

有限元法。在热力学平衡状态下，具有给定尺寸、形状和平均组分的 QD 的组分分布是通过由弹性能、熵和化学混合能组成的总自由能的最小化确定的[200]。对于外延生长在 A 衬底上的 AB 元素合金 QD，总自由能 E 可写为 $E = E_{ch} + E_{el} + E_s$[200]，其中，$E_{ch}$ 是 QD 中合金成分的化学自由能；E_{el} 是由于 QD 和衬底的晶格失配引起的弹性应变能；E_s 是 QD 形成中所需的表面能。QD-衬底系统的弹性应变能和合金组分的化学自由能可以表达为[200]

$$E_{ch} + E_{el} = M\varepsilon_m^2 V_d W(c,\theta,F_0) \tag{15-33}$$

式中，M 是双轴模量；ε_m 是由于元素 A 和 B 的晶格常数差异而产生的等双轴失配应变；W 是量纲一函数；V_d 是 QD 的体积。假设 QD 的表面能 γ 与接触角 θ 无关，则合金 QD 的总能量可以表示为[200]

$$E = M\varepsilon_m^2 V_d W(c,\theta,F_0) + \gamma V_d^{\frac{2}{3}} \Gamma(\theta) \tag{15-34}$$

式中，$\Gamma(\theta) = \pi^{\frac{1}{3}} 3^{\frac{2}{3}} (\tan\theta)^{\frac{-2}{3}} \left(\sqrt{1+\tan^2\theta} - 1\right)$。

图 15-27 显示了圆顶和截锥 QD 的平衡组分分布图。我们发现，在热力学上，具有优势混合的 QD 的组分分布在很大程度上取决于 QD 的斜率及其表面的曲率。因此，这些 QD 的显著特征是等组分分布的复杂模式，这可以归因于各个面的交叉形成的“角”的存在。因为这样的“角”允许失配应变的弛豫，所以，可以通过在这些区域中较大合金成分的偏析来降低自由能。

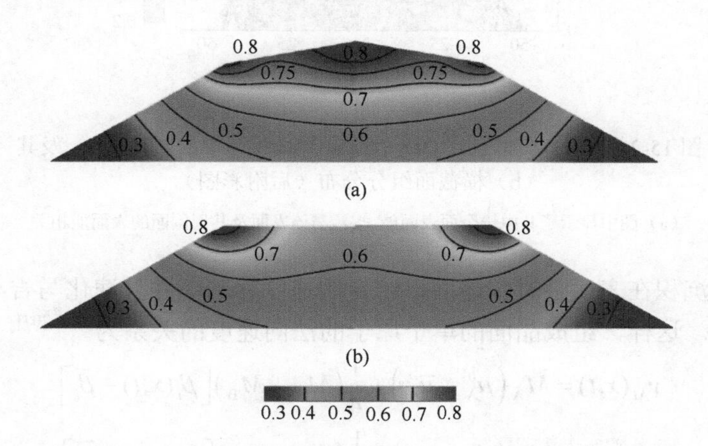

图 15-27　轴对称 QD 的平衡组分分布图（后附彩图）

（a）圆顶形状，侧壁角度为 30°和 15°；（b）截锥形状，侧壁角度为 30°

数值模拟。由元素 A 和 B 构成的 3D 合金 QD 如图 15-28（a）所示，它浸没在 A 和 B 的混合气相中。当 QD 以表面附着限制动力学（surface attachment limited kinetics，SALK）模式生长时，表面演化由固相和气相的化学势差决定。因此，QD 表面 A 和 B 的化学势为[202, 207]

$$\mu_{\mathrm{A}i}(x,t)=\alpha_i(x,t)-\zeta(x,t)\beta_i(x,t)$$
$$\mu_{\mathrm{B}i}(x,t)=\alpha_i(x,t)+[1-\zeta(x,t)]\beta_i(x,t) \tag{15-35}$$

式中，$\alpha_i(x,t)$ 和 $\beta_i(x,t)$ 分别表示本征元素和元素变化的贡献。

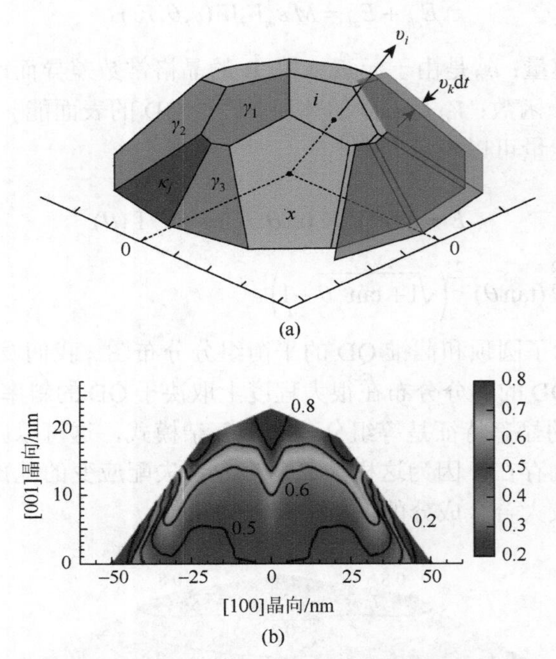

图 15-28 （a）典型点状 QD（Ge/Si 异质外延中的圆顶 QD）及其（b）横截面组分分布（后附彩图）

（a）图中显示了其中一个面表面能 κ_j，与该表面及其周围面的表面能相关

当原子沉积在表面上时，晶面以给定的速度移动，并且演化与吉布斯自由能的降低一致。这样，组成晶面的单个原子的法向速度的关系为[202, 207]

$$v_{\mathrm{A}i}(x,t)=M_{\mathrm{A}}\left(\mu_{\mathrm{A}}^{0}-\bar{\mu}_{\mathrm{A}i}\right)+\frac{1}{4}\left(M_{\mathrm{A}}+M_{\mathrm{B}}\right)\left[\beta_i(x,t)-\bar{\beta}_i\right]$$
$$v_{\mathrm{B}i}(x,t)=M_{\mathrm{B}}\left(\mu_{\mathrm{B}}^{0}-\bar{\mu}_{\mathrm{B}i}\right)-\frac{1}{4}\left(M_{\mathrm{A}}+M_{\mathrm{B}}\right)\left[\beta_i(x,t)-\bar{\beta}_i\right] \tag{15-36}$$

式中，$\bar{\mu}_{\mathrm{A}i}$ 和 $\bar{\mu}_{\mathrm{B}i}$ 分别是晶面 i 上 $\mu_{\mathrm{A}i}$ 和 $\mu_{\mathrm{B}i}$ 的平均值；M_{A} 和 M_{B} 分别是成分 A 和 B 的附着率。需要注意的是，在该模型中，我们假定附着率与晶体取向无关。

考虑到在 SALK 状态下晶体周围的气相，材料以恒定速率（每单位时间体积）沉积时，独立地结合每个成分的占比分别为 R_{A} 和 R_{B}。因此，沉积材料的成分为 $\dfrac{R_{\mathrm{B}}}{R_{\mathrm{A}}+R_{\mathrm{B}}}$。对于与小平面方向无关的附着率，A 和 B 的化学势为[202, 207]

$$\mu_{\mathrm{A}}^{0}=\frac{1}{S_{\mathrm{TOT}}}\left(\sum\nolimits_{i=1}^{N}S_i\mu_{\mathrm{A}i}+\frac{R_{\mathrm{A}}}{M_{\mathrm{A}}}\right);\ \mu_{\mathrm{B}}^{0}=\frac{1}{S_{\mathrm{TOT}}}\left(\sum\nolimits_{i=1}^{N}S_i\mu_{\mathrm{B}i}+\frac{R_{\mathrm{B}}}{M_{\mathrm{B}}}\right) \tag{15-37}$$

式中，S_{TOT} 是晶体暴露的总表面积。如果我们假设材料混合仅发生在薄膜表面层内并且表面正在前进，则成分的演变为[202]

$$\delta\frac{\partial\zeta}{\partial t}=v_{\mathrm{B}i}(x,t)-\zeta(x,t)v_i(t) \tag{15-38}$$

式中，$v_i(t)=v_{\mathrm{A}}(x,t)+v_{\mathrm{B}}(x,t)$ 是晶面 i 的总速度。以上方程组就是控制方程。使用 Vastola 等[202]开发的数值方案就能求解这组方程并阐述晶体生长的动力学。

图 15-28（b）显示了数值模拟的 Si 衬底上的 SiGe 圆顶 QD 的横截面组分分布。我们发现，具有较大晶格参数（Ge）物质的分离发生在 QD 的顶部和边缘。同时，具有较小晶格参数（Si）的物质位于 QD 的下角和底部。这种组分重新分布允许降低晶体的弹性能量，相关理论研究[200, 208, 209]和实验观察[199, 210, 211]也报道了相同的结果。例如，有实验报道 Ge 原子聚集在 QD 的顶部，而 Si 原子更喜欢留在底部，中心部分的成分似乎相对均匀，其组分接近 QD 顶部和底部的平均值[199, 210, 211]。

15.6　量子点自组装的动力学模型

动力学方法是晶体生长理论中的基本方法。研究人员通过动力学分析方法研究了外延生长中 QD 的形成和演化[26, 73, 212-220]，对于许多与生长相关的奇异物理现象，已经认识到应变效应在生长动力学中的重要性。例如，应用动力学方法研究 QD 的尺寸[73, 215, 219, 220]、粗糙化[212-214]、组分[214, 216, 217]、不稳定性[213, 214]和在图案化衬底上的位置[218]等。本节我们主要讨论 QD 的粗糙化和不稳定性的动力学模型。

量子点的粗糙化。QD 粗糙化是一个竞争性生长过程，其中一些 QD 以牺牲其他 QD 为代价使总表面能最小化。粗糙化的结果是平均 QD 体积随时间增加，同时每单位面积的 QD 数量减少[212]。QD 成熟化的化学势 $\Delta\mu(V)=\mathrm{B}\left[V^{\frac{-1}{3}}+p(\theta)\right]$，其中，B 是能量标度；$V$ 是 QD 的体积；$p(\theta)$ 表示可以用有限元法计算的弹性相互作用能的贡献[212]。因此，任何一类大小为 V 的 QD 的生长率为[30, 212]

$$\frac{\mathrm{d}V}{\mathrm{d}t}=cV^{\frac{1}{3}}\left[\mathrm{e}^{\frac{\Delta\mu^{*}}{kT}}-\mathrm{e}^{\frac{\Delta\mu(V)}{kT}}\right] \tag{15-39}$$

式中，c 是常数；kT 和常态热力学参数一样；$\Delta\mu^*$ 由质量守恒指定。

$$\int_0^\infty f(V,t)\dot{V}\mathrm{d}V = \Phi \tag{15-40}$$

式中，$f(V,t)$ 是体积的分布；Φ 是沉积通量。最后，$f(V,t)$ 的演化是从尺寸空间中的通量连续性方程得到的[212]

$$\frac{\partial f}{\partial t} = -\frac{\partial(f\dot{V})}{\partial V} \tag{15-41}$$

该方程可以数值求解[31]。从 $f(V,t)$ 我们直接得到平均体积 $V(t)$ 和数密度 $N(t)$。

图 15-29（a）显示了当我们不考虑弹性相互作用能量[$p(\theta)=0$]的贡献时的结果。我们可以看到，对于纯成熟（$\Phi=0$），$V(t)$ 线性增加，$N(t)$ 以正二阶导数衰减。这个结果与实验退火过程中粗糙化结果是一致的[212]。然而，对于较大的 Φ，$V(t)$ 再次随时间线性增加，而 $N(t)$ 随时间非常缓慢地减少。对于中间的 Φ，$N(t)$ 仍然以正曲率衰减。因此，我们发现，即使存在沉积通量，纯毛细管力驱动的成熟[$p(\theta)=0$]也无法重现实验结果。当考虑弹性相互作用能量的贡献时，即 $p(\theta)>0$，我们发现，弹性相互作用既能促进 $V(t)$ 的超线性，又能促进 $N(t)$ 以负曲率衰减［图 15-29（b）］，这与实验观察结果一致[212]。

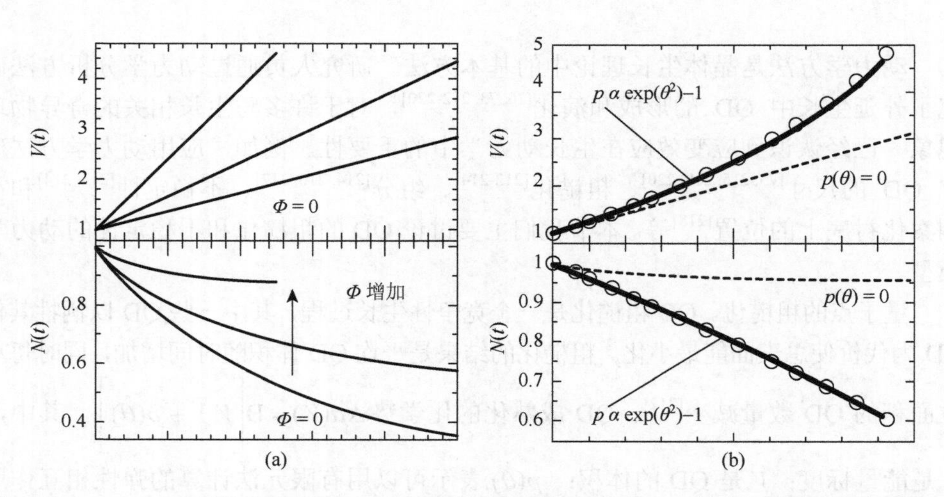

图 15-29　（a）平均场模型显示了 $V(t)$ 和 $N(t)$ 与沉积通量 Φ 的关系，其中不考虑弹性相互作用和（b）在 Φ 较大时（实线）弹性相互作用的平均场模拟结果

作为参照，（b）中 [$p(\theta)=0$] 的情况亦被画出，即 Φ 相同但没有弹性相互作用（虚线）。空心圆圈是实验数据[212]，经过缩放以进行比较

根据上述动力学模型的结果，我们知道 Ostwald 熟化作用会因为 QD 之间的弹性排斥能量而增强。此外，Ostwald 熟化还能与沉积相结合，迫使 QD 靠得更近，从而增加系统能量。所以，弹性排斥效应对于沉淀物的高体积密度很重要[212]。

量子点的不稳定性。QD 的生长和演化是复杂的。以 Ge/Si 体系为例，考虑 Si 和 Ge 的迁移率的巨大差异，将 Si 视作几乎不动时，体系存在不稳定性，而最不稳定的波长与 $1/x$ 而非 $1/x^2$ 成正比[204]。目前已经有动力学模型来研究 QD 的不稳定性，包括外延膜中的应变/组分[221, 222]、小型前金字塔 QD 的组分图[223]、QD 生长的临界厚度[213]和 QD 的流动性[214]等。

在一个典型的外延生长过程中，系统主要通过表面扩散，体扩散可以忽略不计[213, 214, 224, 225]。由于表面几个原子层内的原子通常比相应块状中的原子更易移动，我们可以假设深度为 w_s（可能是 2～4 个单原子层）的原子与表面处于热力学平衡状态[204]，那么，该表面区域的自由能函数 g_s 可能不同于体积自由能函数 g_b，任何差异都会驱动表面分离[213, 214]，其中 g_s 是表面组分在深度 w_s 上的平均函数，即 ξ。在这种情况下，组分和形态演化耦合方程为[213, 214]

$$\upsilon = \sum_{\upsilon}[F_{\upsilon} + \nabla\cdot(D_{\upsilon}\nabla\mu_{\upsilon})] \tag{15-42}$$

$$w_s\frac{\mathrm{d}\xi_{\upsilon}}{\mathrm{d}t} = F_{\upsilon} + \nabla\cdot(D_{\upsilon}\nabla\mu_{\upsilon}) - \xi_{\upsilon}\upsilon \tag{15-43}$$

式中，υ 标记了两种合金成分；F_{υ} 是每个分量的入射通量；D_{υ} 是扩散系数，并且 υ 是表面垂直于自身的局部生长速度。

图 15-30 显示了在 600℃下 Ge 在 Si（001）上生长的模拟结果。我们可以看到，在第一次沉积形成 Ge 薄膜的过程中，有一定程度的混合，以及由于表面偏析导致薄的富 Ge 表面的形成，如图 15-30（a）所示。随着时间的增加，表面生长涟漪不断扩大，沟槽开始形成，如图 15-30（b）所示。但是，从图 15-30（c）开始，沟槽在最大 QD 周围形成，逐渐深入到衬底中［图 15-30（d）］。进而，沟槽穿透衬底后，被挤出的 Si 与 QD 外层生长点的 Ge 混合，导致 QD 横向运动，如图 15-30（e）～图 15-30（h）所示。这些动力学分析揭示了 QD 生长对相当简单的热力学驱动力的复杂响应。

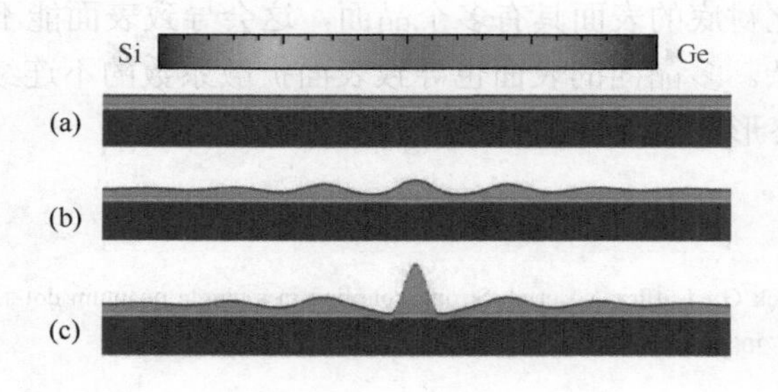

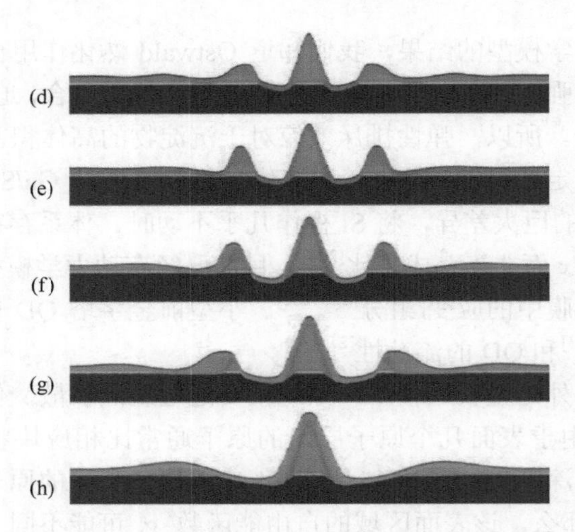

图 15-30 从动力学模拟中选择的快照（后附彩图）

沉积开始于 $t = 0$，图像（a）～（h）分别对应的相对沉积时间为 3s（沉积结束）、12s、14s、19s、23s、29s、35s 和 161s。图像的宽度为 410 nm，是该周期系统的一个晶胞

气相外延生长 QD 看似简单，但是经过数十年的研究发现其生长过程蕴含着让人吃惊的复杂性。我们的研究证明了 QD 生长如形成、稳定性、形状和位置等，都可以通过纳米热力学理论进行描述。纳米热力学理论可以为外延生长 QD 的基本物理化学过程提供清晰的图像。我们全面概述所发展的外延生长 QD 的热力学模型。

然而，一些重要的科学问题仍然悬而未决。例如，相干应变的 3D QD 通常具有不均匀的组分。组分不均匀分布可能是由 QD 与衬底的混合引起的，还可能是由它们自身的合金化（例如，Ge_xSi_{1-x} 和 $In_xGa_{1-x}As$ QD）引起的。尽管已经有一些理论模型来计算应变 QD 中的平衡组分分布[158, 196, 200]，但是，我们对 QD 组分分布并没有完全了解。受混合的影响，弹性应变能将被部分释放，这将导致从 2D 到 3D 转变的临界厚度增加。此外，外延膜与衬底的混合和合金化会影响表面化学势。例如，表面偏析导致表面能降低，从而驱使表面能较低的元素的原子在表面偏析。所以，将现有理论扩展到考虑 QD 组分分布，使我们能够更准确地描述实验体系。图案化衬底的表面具有多个晶面，这会导致表面能不均匀及 QD 与衬底之间的界面复杂。多晶面的表面也导致表面扩散系数的不连续性。这些多重因素影响 QD 的最终形成位点。

参 考 文 献

[1] Reithmaier J P，Sęk G，Löffler A，et al. Strong coupling in a single quantum dot-semiconductor microcavity system[J]. Nature，2004，432（7014）：197-200.

[2] Badolato A，Hennessy K，Atature M，et al. Deterministic coupling of single quantum dots to single nanocavity modes[J]. Science，2005，308（5725）：1158-1161.

[3] Xu X D，Sun B，Berman P R，et al. Coherent optical spectroscopy of a strongly driven quantum dot[J]. Science，2007，317（5840）：929-932.

[4] Mowbray D J，Skolnick M S. New physics and devices based on self-assembled semiconductor quantum dots[J]. Journal of physics D：Applied Physics，2005，38（13）：2059.

[5] Stranski I N，Krastanow L. Zur Theorie der Orientierten Ausscheidung von Ionenkristallen Aufeinander[J]. Monatshefte für Chemie und verwandte Teile anderer Wissenschaften，1937，71：351-364.

[6] Lee S，Daruka I，Kim C S，et al. Dynamics of ripening of self-assembled Ⅱ-Ⅵ semiconductor quantum dots[J]. Physical Review Letters，1998，81（16）：3479.

[7] Strassburg M，Deniozou T，Hoffmann A，et al. Coexistence of planar and three-dimensional quantum dots in CdSe/ZnSe structures[J]. Applied Physics Letters，2000，76（6）：685-687.

[8] Kratzert P R，Puls J，Rabe M，et al. Growth and magneto-optical properties of sub 10 nm（Cd，Mn）Se quantum dots[J]. Applied Physics Letters，2001，79（17）：2814-2816.

[9] Bajracharya P，Nguyen T A，Mackowski S，et al. Relaxation dynamics of bimodally distributed CdSe quantum dots[J]. Physical Review B，2007，75（3）：035321.

[10] Guha S，Madhukar A，Rajkumar K C. Onset of incoherency and defect introduction in the initial stages of molecular beam epitaxical growth of highly strained $In_xGa_{1-x}As$ on GaAs（100）[J]. Applied Physics Letters，1990，57（20）：2110-2112.

[11] Ebiko Y，Muto S，Suzuki D，et al. Island size scaling in InAs/GaAs self-assembled quantum dots[J]. Physical Review Letters，1998，80（12）：2650.

[12] Ebiko Y，Muto S，Suzuki D，et al. Scaling properties of InAs/GaAs self-assembled quantum dots[J]. Physical Review B，1999，60（11）：8234.

[13] Nakata Y，Mukai K，Sugawara M，et al. Molecular beam epitaxial growth of InAs self-assembled quantum dots with light-emission at 1.3 μm[J]. Journal of Crystal Growth，2000，208（1-4）：93-99.

[14] Marquez J，Geelhaar L，Jacobi K. Atomically resolved structure of InAs quantum dots[J]. Applied Physics Letters，2001，78（16）：2309-2311.

[15] Krzyzewski T J，Joyce P B，Bell G R，et al. Wetting layer evolution in InAs/GaAs（001）heteroepitaxy：Effects of surface reconstruction and strain[J]. Surface Science，2002，517（1-3）：8-16.

[16] Migliorato M A，Cullis A G，Fearn M，et al. Atomistic simulation of strain relaxation in $In_xGa_{1-x}As$/GaAs quantum dots with nonuniform composition[J]. Physical Review B，2002，65（11）：115316.

[17] Wasserman D，Lyon S A，Hadjipanayi M，et al. Formation of self-assembled InAs quantum dots on（110）GaAs substrates[J]. Applied Physics Letters，2003，83（24）：5050-5052.

[18] Bauer J，Schuh D，Uccelli E，et al. Long-range ordered self-assembled InAs quantum dots epitaxially grown on（110）GaAs[J]. Applied Physics Letters，2004，85（20）：4750-4752.

[19] Akiyama Y，Sakaki H. Formation of self-assembled InGaAs quantum dot arrays aligned along quasiperiodic multiatomic steps on vicinal（111）B GaAs[J]. Applied Physics Letters，2006，89（18）：183108.

[20] Snyder C W，Orr B G，Kessler D，et al. Effect of strain on surface morphology in highly strained InGaAs films[J]. Physical Review Letters，1991，66（23）：3032.

[21] Schmidbauer M，Hatami F，Hanke M，et al. Shape-mediated anisotropic strain in self-assembled InP/$In_{0.48}Ga_{0.52}P$ quantum dots[J]. Physical Review B，2002，65（12）：125320.

[22] Ugur A，Hatami F，Schmidbauer M，et al. Self-assembled chains of single layer InP/（In，Ga）P quantum dots on GaAs（001）[J]. Journal of Applied Physics，2009，105（12）：124308.

[23] Ugur A，Hatami F，Masselink W T. Controlled growth of InP/$In_{0.48}Ga_{0.52}P$ quantum dots on GaAs substrate[J]. Journal of Crystal Growth，2011，323（1）：228-232.

[24] Pistol M E. InP quantum dots in GaInP[J]. Journal of Physics：Condensed Matter，2004，16：S3737-S3748.

[25] Eaglesham D J，Cerullo M. Dislocation-free stranski-krastanow growth of Ge on Si（100）[J]. Physical Review Letters，1990，64（16）：1943.

[26] Mo Y W，Savage D E，Swartzentruber B S，et al. Kinetic pathway in Stranski-Krastanov growth of Ge on Si（001）[J]. Physical Review Letters，1990，65（8）：1020.

[27] Abstreiter G，Schittenhelm P，Engel C，et al. Growth and characterization of self-assembled Ge-rich islands on Si[J]. Semiconductor Science and Technology，1996，11（11S）：1521.

[28] Shiryaev S Y，Jensen F，Hansen J L，et al. Nanoscale structuring by misfit dislocations in $Si_{1-x}Ge_x$/Si epitaxial systems[J]. Physical Review Letters，1997，78（3）：503.

[29] Medeiros-Ribeiro G，Bratkovski A M，Kamins T I，et al. Shape transition of germanium nanocrystals on a silicon（001）surface from pyramids to domes[J]. Science，1998，279（5349）：353-355.

[30] Ross F M，Tersoff J，Tromp R M. Coarsening of self-assembled Ge quantum dots on Si（001）[J]. Physical Review Letters，1998，80（5）：984.

[31] Floro J A，Lucadamo G A，Chason E，et al. SiGe island shape transitions induced by elastic repulsion[J]. Physical Review Letters，1998，80（21）：4717.

[32] Kamins T I，Medeiros-Ribeiro G，Ohlberg D A A，et al. Evolution of Ge islands on Si（001）during annealing[J]. Journal of Applied Physics，1999，85（2）：1159-1171.

[33] Floro J A，Chason E，Freund L B，et al. Evolution of coherent islands in $Si_{1-x}Ge_x$/Si（001）[J]. Physical Review B，1999，59（3）：1990.

[34] Vailionis A，Cho B，Glass G，et al. Pathway for the strain-driven two-dimensional to three-dimensional transition during growth of Ge on Si（001）[J]. Physical Review Letters，2000，85（17）：3672.

[35] Liu C P，Gibson J M，Cahill D G，et al. Strain evolution in coherent Ge/Si islands[J]. Physical Review Letters，2000，84（9）：1958.

[36] Chaparro S A，Zhang Y，Drucker J，et al. Evolution of Ge/Si（100）islands：Island size and temperature dependence[J]. Journal of Applied Physics，2000，87（5）：2245-2254.

[37] Tersoff J，Spencer B J，Rastelli A，et al. Barrierless formation and faceting of SiGe islands on Si（001）[J]. Physical Review Letters，2002，89（19）：196104.

[38] Yang B，Liu F，Lagally M G. Local strain-mediated chemical potential control of quantum dot self-organization in heteroepitaxy[J]. Physical Review Letters，2004，92（2）：025502.

[39] Fafard S，Hinzer K，Raymond S，et al. Red-emitting semiconductor quantum dot lasers[J]. Science，1996，274（5291）：1350-1353.

[40] Tatebayashi J，Nishioka M，Arakawa Y. Over 1.5 μm light emission from InAs quantum dots embedded in InGaAs strain-reducing layer grown by metalorganic chemical vapor deposition[J]. Applied Physics Letters，2001，78（22）：3469-3471.

[41] Orlov A O，Amlani I，Bernstein G H，et al. Realization of a functional cell for quantum-dot cellular automata[J]. Science，1997，277（5328）：928-930.

[42] Imre A，Csaba G，Ji L，et al. Majority logic gate for magnetic quantum-dot cellular automata[J]. Science，2006，

311（5758）：205-208.

[43] Yuan M Y，Pan F，Yang Z，et al. Si/SiGe quantum dot with superconducting single-electron transistor charge sensor[J]. Applied Physics Letters，2011，98（14）：142104.

[44] Wolf C R，Thonke K，Sauer R. Single-electron transistors based on self-assembled silicon-on-insulator quantum dots[J]. Applied Physics Letters，2010，96（14）：142108.

[45] Loss D，DiVincenzo D P. Quantum computation with quantum dots[J]. Physical Review A，1998，57（1）：120.

[46] Hu X D，Sarma S D. Hilbert-space structure of a solid-state quantum computer：Two-electron states of a double-quantum-dot artificial molecule[J]. Physical Review A，2000，61（6）：062301.

[47] Nitzsche B，Ruhnow F，Diez S. Quantum-dot-assisted characterization of microtubule rotations during cargo transport[J]. Nature Nanotechnology，2008，3（9）：552-556.

[48] Bandyopadhyay S，Karahaliloğlu K，Balkır S，et al. Computational paradigm for nanoelectronics：Self-assembled quantum dot cellular neural networks[J]. IEE Proceedings-Circuits，Devices and Systems，2005，152（2）：85-92.

[49] Recher P，Sukhorukov E V，Loss D. Quantum dot as spin filter and spin memory[J]. Physical Review Letters，2000，85（9）：1962.

[50] Kroutvar M，Ducommun Y，Heiss D，et al. Optically programmable electron spin memory using semiconductor quantum dots[J]. Nature，2004，432（7013）：81-84.

[51] Stroscio J A，Pierce D T，Dragoset R A. Homoepitaxial growth of iron and a real space view of reflection-high-energy-electron diffraction[J]. Physical Review Letters，1993，70（23）：3615.

[52] Zhang Z Y，Lagally M G. Atomistic processes in the early stages of thin-film growth[J]. Science，1997，276（5311）：377-383.

[53] Brune H. Microscopic view of epitaxial metal growth：Nucleation and aggregation[J]. Surface Science Reports，1998，31（4-6）：125-229.

[54] Bauer E. Phänomenologische Theorie der Kristallabscheidung an Oberflächen. I[J]. Zeitschrift für Kristallographie- Crystalline Materials，1958，110（1-6）：372-394.

[55] Frank F C，van der Merwe J H. One-dimensional dislocations. I. Static theory[J]. Royal Society of London. Series A，Mathematical and Physical Sciences，1949，198（1053）：205-216.

[56] Volmer M. Nucleus formation in supersaturated systems[J]. Zeitschrift für Physikalische Chemie，1926，119：277-301.

[57] Young T. An essay on the cohesion of fluids[J]. Philosophical Transactions of the Royal Society of London，1805，95：65-87.

[58] Sutter P，Lagally M G. Nucleationless three-dimensional island formation in low-misfit heteroepitaxy[J]. Physical Review Letters，2000，84（20）：4637.

[59] Tromp R M，Ross F M，Reuter M C. Instability-driven SiGe island growth[J]. Physical Review Letters，2000，84（20）：4641.

[60] Tersoff J，Tromp R M. Shape transition in growth of strained islands：Spontaneous formation of quantum wires[J]. Physical Review Letters，1993，70（18）：2782.

[61] Priester C，Lannoo M. Origin of self-assembled quantum dots in highly mismatched heteroepitaxy[J]. Physical Review Letters，1995，75（1）：93.

[62] Wang L G，Kratzer P，Scheffler M，et al. Formation and stability of self-assembled coherent islands in highly mismatched heteroepitaxy[J]. Physical Review Letters，1999，82（20）：4042.

[63] Lu G H，Liu F. Towards quantitative understanding of formation and stability of Ge hut islands on Si（001）[J].

Physical Review Letters，2005，94（17）：176103.

[64] Combe N，Jensen P，Barrat J L. Stable unidimensional arrays of coherent strained islands[J]. Surface Science，2001，490（3）：351-360.

[65] Walther T，Cullis A G，Norris D J，et al. Nature of the Stranski-Krastanow transition during epitaxy of InGaAs on GaAs[J]. Physical Review Letters，2001，86（11）：2381.

[66] Cullis A G，Norris D J，Walther T，et al. Stranski-Krastanow transition and epitaxial island growth[J]. Physical Review B，2002，66（8）：081305.

[67] Tersoff J，LeGoues F K. Competing relaxation mechanisms in strained layers[J]. Physical Review Letters，1994，72（22）：3570.

[68] Brunner K. Si/Ge nanostructures[J]. Reports on Progress in Physics，2002，65（1）：27.

[69] Spencer B J，Voorhees P W，Davis S H. Morphological instability in epitaxially strained dislocation-free solid films[J]. Physical Review Letters，1991，67（26）：3696.

[70] Spencer B J，Voorhees P W，Davis S H. Morphological instability in epitaxially strained dislocation-free solid films：Linear stability theory[J]. Journal of Applied Physics，1993，73（10）：4955-4970.

[71] Jesson D E，Kästner M，Voigtländer B. Direct observation of subcritical fluctuations during the formation of strained semiconductor islands[J]. Physical Review Letters，2000，84（2）：330.

[72] Steinfort A J，Scholte P M L O，Ettema A，et al. Strain in nanoscale germanium hut clusters on Si（001）studied by X-ray diffraction[J]. Physical Review Letters，1996，77（10）：2009.

[73] Kästner M，Voigtländer B. Kinetically self-limiting growth of Ge islands on Si（001）[J]. Physical Review Letters，1999，82（13）：2745.

[74] Li X L，Cao Y Y，Yang G W. Thermodynamic theory of two-dimensional to three-dimensional growth transition in quantum dots self-assembly[J]. Physical Chemistry Chemical Physics，2010，12（18）：4768-4772.

[75] Müller P，Thomas O. Asymptotic behaviour of stress establishment in thin films[J]. Surface Science，2000，465（1-2）：L764-L770.

[76] Nenow D，Trayanov A. Thermodynamics of crystal surfaces with quasi-liquid layer[J]. Journal of Crystal Growth，1986，79（1-3）：801-805.

[77] Li X L. The influence of the atomic interactions in out-of-plane on surface energy and its applications in nanostructures[J]. Journal of Applied Physics，2012，112（1）：013524.

[78] Dash J G. Surface melting[J]. Contemporary Physics，1989，30（2）：89-100.

[79] Lu G H，Cuma M，Liu F. First-principles study of strain stabilization of Ge（105）facet on Si（001）[J]. Physical Review B，2005，72（12）：125415.

[80] Shchukin V A，Bimberg D，Munt T P，et al. Elastic interaction and self-relaxation energies of coherently strained conical islands[J]. Physical Review B，2004，70（8）：085416.

[81] Li X L，Yang G W. Strain self-releasing mechanism in heteroepitaxy on nanowires[J]. The Journal of Physical Chemistry C，2009，113（28）：12402-12406.

[82] Kamins T I，Carr E C，Williams R S，et al. Deposition of three-dimensional Ge islands on Si（001）by chemical vapor deposition at atmospheric and reduced pressures[J]. Journal of Applied Physics，1997，81（1）：211-219.

[83] Costantini G，Rastelli A，Manzano C，et al. Pyramids and domes in the InAs/GaAs（001）and Ge/Si（001）systems[J]. Journal of Crystal Growth，2005，278（1-4）：38-45.

[84] Polimeni A，Patane A，Capizzi M，et al. Self-aggregation of quantum dots for very thin InAs layers grown on GaAs[J]. Physical Review B，1996，53（8）：R4213.

[85] Berti M，Drigo A V，Rossetto G，et al. Experimental evidence of two-dimensional-three-dimensional transition in the Stranski-Krastanow coherent growth[J]. Journal of Vacuum Science & Technology B，1997，15(5)：1794-1799.
[86] Heitz R，Ramachandran T R，Kalburge A，et al. Observation of reentrant 2D to 3D morphology transition in highly strained epitaxy：InAs on GaAs[J]. Physical Review Letters，1997，78（21）：4071.
[87] Ramachandran T R，Heitz R，Chen P，et al. Mass transfer in Stranski-Krastanow growth of InAs on GaAs[J]. Applied Physics Letters，1997，70（5）：640-642.
[88] Bottomley D J. The physical origin of InAs quantum dots on GaAs(001)[J]. Applied Physics Letters，1998，72（7）：783-785.
[89] Li X L. Thermodynamic analysis on the stability and evolution mechanism of self-assembled quantum dots[J]. Applied Surface Science，2010，256（12）：4023-4026.
[90] Lobanov D N，Novikov A V，Vostokov N V，et al. Growth and photoluminescence of self-assembled islands obtained during the deposition of Ge on a strained SiGe layer[J]. Optical Materials，2005，27（5）：818-821.
[91] Yurasov D V，Drozdov Y N，Shaleev M V，et al. Features of two-dimensional to three-dimensional growth mode transition of Ge in SiGe/Si(001) heterostructures with strained layers[J]. Applied Physics Letters，2009，95（15）：151902.
[92] Medeiros-Ribeiro G，Kamins T I，Ohlberg D A A，et al. Annealing of Ge nanocrystals on Si（001）at 550℃：Metastability of huts and the stability of pyramids and domes[J]. Physical Review B，1998，58（7）：3533.
[93] Tonkikh A A，Dubrovskii V G，Cirlin G E，et al. Temperature dependence of the quantum dot lateral size in the Ge/Si（100）system[J]. Physica Status Solidi（B），2003，236（1）：R1-R3.
[94] Ross F M，Tromp R M，Reuter M C. Transition states between pyramids and domes during Ge/Si island growth[J]. Science，1999，286（5446）：1931-1934.
[95] Rastelli A，Von Känel H. Surface evolution of faceted islands[J]. Surface Science，2002，515（2-3）：L493-L498.
[96] Montalenti F，Raiteri P，Migas D B，et al. Atomic-scale pathway of the pyramid-to-dome transition during Ge growth on Si（001）[J]. Physical Review Letters，2004，93（21）：216102.
[97] Rastelli A，Kummer M，Von Känel H. Reversible shape evolution of Ge islands on Si（001）[J]. Physical Review Letters，2001，87（25）：256101.
[98] Capellini G，De Seta M，Evangelisti F，et al. Self-ordering of a Ge island single layer induced by Si overgrowth[J]. Physical Review Letters，2006，96（10）：106102.
[99] Lang C，Kodambaka S，Ross F M，et al. Real time observation of GeSi/Si(001) island shrinkage due to surface alloying during Si capping[J]. Physical Review Letters，2006，97（22）：226104.
[100] Daruka I，Barabási A L. Dislocation-free island formation in heteroepitaxial growth：A study at equilibrium[J]. Physical Review Letters，1997，79（19）：3708.
[101] Daruka I，Tersoff J，Barabási A L. Shape transition in growth of strained islands[J]. Physical Review Letters，1999，82（13）：2753.
[102] Rudd R E，Briggs G A D，Sutton A P，et al. Equilibrium model of bimodal distributions of epitaxial island growth[J]. Physical Review Letters，2003，90（14）：146101.
[103] Chen K M，Jesson D E，Pennycook S J，et al. Critical nuclei shapes in the stress-driven 2D-to-3D transition[J]. Physical Review B，1997，56（4）：R1700.
[104] Poon T W，Yip S，Ho P S，et al. Equilibrium structures of Si（100）stepped surfaces[J]. Physical Review Letters，1990，65（17）：2161.
[105] Perdew J P，Wang Y，Engel E. Liquid-drop model for crystalline metals：Vacancy-formation，cohesive，and

face-dependent surface energies[J]. Physical Review Letters，1991，66（4）：508.

[106] Schmidt O G，Eberl K. Self-assembled Ge/Si dots for faster field-effect transistors[J]. IEEE Transactions on Electron Devices，2001，48（6）：1175-1179.

[107] Sutter P，Lagally M G. Embedding of nanoscale 3D SiGe islands in a Si matrix[J]. Physical Review Letters，1998，81（16）：3471.

[108] Zhong Z Y，Stangl J，Schäffler F，et al. Evolution of shape，height，and in-plane lattice constant of Ge-rich islands during capping with Si[J]. Applied Physics Letters，2003，83（18）：3695-3697.

[109] Wu Y Q，Li F H，Cui J，et al. Shape change of SiGe islands with initial Si capping[J]. Applied Physics Letters，2005，87（22）：223116.

[110] Blossey R，Lorke A. Wetting droplet instability and quantum ring formation[J]. Physical Review E，2002，65（2）：021603.

[111] Granados D，García J M. In(Ga)As self-assembled quantum ring formation by molecular beam epitaxy[J]. Applied Physics Letters，2003，82（15）：2401-2403.

[112] Costantini G，Rastelli A，Manzano C，et al. Interplay between thermodynamics and kinetics in the capping of InAs/GaAs（001）quantum dots[J]. Physical Review Letters，2006，96（22）：226106.

[113] Li X L，Yang G W. Thermodynamic theory of shape evolution induced by Si capping in Ge quantum dot self-assembly[J]. Journal of Applied Physics，2009，105（1）：013510.

[114] Lang C，Cockayne D J H，Nguyen-Manh D. Alloyed Ge（Si）/Si（001）islands：The composition profile and the shape transformation[J]. Physical Review B，2005，72（15）：155328.

[115] Rastelli A，Von Känel H，Albini G，et al. Morphological and compositional evolution of the Ge/Si（001）surface during exposure to a Si flux[J]. Physical Review letters，2003，90（21）：216104.

[116] Nakagawa K，Miyao M. Reverse temperature dependence of Ge surface segregation during Si-molecular beam epitaxy[J]. Journal of Applied Physics，1991，69（5）：3058-3062.

[117] Zhong Z Y，Halilovic A，Mühlberger M，et al. Ge island formation on stripe-patterned Si（001）substrates[J]. Applied Physics Letters，2003，82（3）：445-447.

[118] Karmous A，Cuenat A，Ronda A，et al. Ge dot organization on Si substrates patterned by focused ion beam[J]. Applied Physics Letters，2004，85（26）：6401-6403.

[119] Bavard A，Eymery J，Pascale A，et al. Controlled Ge quantum dots positioning with nano-patterned Si（001）substrates[J]. Physica Status Solidi（B），2006，243（15）：3963-3967.

[120] Zhong Z Y，Halilovic A，Mühlberger M，et al. Positioning of self-assembled Ge islands on stripe-patterned Si(001) substrates[J]. Journal of Applied Physics，2003，93（10）：6258-6264.

[121] Yang B，Liu F，Lagally M G. Local strain-mediated chemical potential control of quantum dot self-organization in heteroepitaxy[J]. Physical Review Letters，2004，92（2）：025502.

[122] Kamins T I，Williams R S. Lithographic positioning of self-assembled Ge islands on Si（001）[J]. Applied Physics Letters，1997，71（9）：1201-1203.

[123] Jin G，Liu J L，Wang K L. Regimented placement of self-assembled Ge dots on selectively grown Si mesas[J]. Applied Physics Letters，2000，76（24）：3591-3593.

[124] Kim E S，Usami N，Shiraki Y. Control of Ge dots in dimension and position by selective epitaxial growth and their optical properties[J]. Applied Physics Letters，1998，72（13）：1617-1619.

[125] Schmidt O G，Jin-Phillipp N Y，Lange C，et al. Long-range ordered lines of self-assembled Ge islands on a flat Si（001）surface[J]. Applied Physics Letters，2000，77（25）：4139-4141.

[126] Vescan L，Stoica T. Luminescence of laterally ordered Ge islands along<100>directions[J]. Journal of Applied Physics，2002，91（12）：10119-10126.

[127] Zhong Z，Halilovic A，Fromherz T，et al. Two-dimensional periodic positioning of self-assembled Ge islands on prepatterned Si（001）substrates[J]. Applied Physics Letters，2003，82（26）：4779-4781.

[128] Borgström M，Zela V，Seifert W. Arrays of Ge islands on Si（001）grown by means of electron-beam pre-patterning[J]. Nanotechnology，2003，14（2）：264.

[129] Zhong Z Y，Bauer G. Site-controlled and size-homogeneous Ge islands on prepatterned Si（001）substrates[J]. Applied Physics Letters，2004，84（11）：1922-1924.

[130] Lee H，Johnson J A，He M Y，et al. Strain-engineered self-assembled semiconductor quantum dot lattices[J]. Applied Physics Letters，2001，78（1）：105-107.

[131] Cui C X，Chen Y H，Ren Y Y，et al. Selective growth of InAs islands on patterned GaAs（100）substrate[J]. Superlattices and Microstructures，2006，39（5）：446-453.

[132] Schramboeck M，Schrenk W，Roch T，et al. Self organized InAs quantum dots grown on patterned GaAs substrates[J]. Microelectronic Engineering，2006，83（4-9）：1573-1576.

[133] Kiravittaya S，Heidemeyer H，Schmidt O G. Lateral quantum-dot replication in three-dimensional quantum-dot crystals[J]. Applied Physics Letters，2005，86（26）：263113.

[134] Ma W Q，Sun Y W，Yang X J，et al. Self-organized hexagonal ordering of quantum dot arrays[J]. Nanotechnology，2006，17（23）：5765.

[135] Nötzel R. Self-organized growth of quantum-dot structures[J]. Semiconductor Science and Technology，1996，11（10）：1365.

[136] Konkar A，Madhukar A，Chen P. Stress-engineered spatially selective self-assembly of strained InAs quantum dots on nonplanar patterned GaAs（001）substrates[J]. Applied Physics Letters，1998，72（2）：220-222.

[137] Lee H，Johnson J A，Speck J S，et al. Controlled ordering and positioning of InAs self-assembled quantum dots[J]. Journal of Vacuum Science & Technology B，2000，18（4）：2193-2196.

[138] Heidemeyer H，Denker U，Müller C，et al. Morphology response to strain field interferences in stacks of highly ordered quantum dot arrays[J]. Physical Review Letters，2003，91（19）：196103.

[139] Schmidt O G，Kiravittaya S，Nakamura Y，et al. Self-assembled semiconductor nanostructures：Climbing up the ladder of order[J]. Surface Science，2002，514（1-3）：10-18.

[140] Zhong Z Y，Schwinger W，Schäffler F，et al. Delayed plastic relaxation on patterned Si substrates：Coherent SiGe pyramids with dominant {111} facets[J]. Physical Review Letters，2007，98（17）：176102.

[141] Bollani M，Chrastina D，Fedorov A，et al. Ge-rich islands grown on patterned Si substrates by low-energy plasma-enhanced chemical vapour deposition[J]. Nanotechnology，2010，21（47）：475302.

[142] Hu H，Gao H J，Liu F. Quantitative model of heterogeneous nucleation and growth of SiGe quantum dot molecules[J]. Physical Review Letters，2012，109（10）：106103.

[143] Hu H，Gao H J，Liu F. Theory of directed nucleation of strained islands on patterned substrates[J]. Physical Review Letters，2008，101（21）：216102.

[144] Bavencoffe M，Houdart E，Priester C. Strained heteroepitaxy on nanomesas：A way toward perfect lateral organization of quantum dots[J]. Journal of Crystal Growth，2005，275（1-2）：305-316.

[145] Pascale A，Berbezier I，Ronda A，et al. Self-assembly and ordering mechanisms of Ge islands on prepatterned Si（001）[J]. Physical Review B，2008，77（7）：075311.

[146] Nurminen L，Kuronen A，Kaski K. Kinetic Monte Carlo simulation of nucleation on patterned substrates[J].

Physical Review B，2000，63（3）：035407.

[147] Bergamaschini R，Montalenti F，Miglio L. Optimal growth conditions for selective Ge islands positioning on pit-patterned Si（001）[J]. Nanoscale Research Letters，2010，5：1873-1877.

[148] Mullins W W. Theory of thermal grooving[J]. Journal of applied physics，1957，28（3）：333-339.

[149] Yang G W，Liu B X. Nucleation thermodynamics of quantum-dot formation in V-groove structures[J]. Physical Review B，2000，61（7）：4500.

[150] Gherasimova M，Hull R，Reuter M C，et al. Pattern level assembly of Ge quantum dots on Si with focused ion beam templating[J]. Applied Physics Letters，2008，93（2）：023106.

[151] Portavoce A，Kammler M，Hull R，et al. Mechanism of the nanoscale localization of Ge quantum dot nucleation on focused ion beam templated Si（001）surfaces[J]. Nanotechnology，2006，17（17）：4451.

[152] Atkinson P，Bremner S P，Anderson D，et al. Size evolution of site-controlled InAs quantum dots grown by molecular beam epitaxy on prepatterned GaAs substrates[J]. Journal of Vacuum Science & Technology B，2006，24（3）：1523-1526.

[153] Martín-Sánchez J，González Y，González L，et al. Ordered InAs quantum dots on pre-patterned GaAs（001）by local oxidation nanolithography[J]. Journal of Crystal Growth，2005，284（3-4）：313-318.

[154] Kiravittaya S，Heidemeyer H，Schmidt O G. Growth of three-dimensional quantum dot crystals on patterned GaAs（001）substrates[J]. Physica E：Low-Dimensional Systems and Nanostructures，2004，23（3-4）：253-259.

[155] Songmuang R，Kiravittaya S，Schmidt O G. Formation of lateral quantum dot molecules around self-assembled nanoholes[J]. Applied Physics Letters，2003，82（17）：2892-2894.

[156] Krause B，Metzger T H，Rastelli A，et al. Shape，strain，and ordering of lateral InAs quantum dot molecules[J]. Physical Review B，2005，72（8）：085339.

[157] Wang L，Rastelli A，Kiravittaya S，et al. Towards deterministically controlled InGaAs/GaAs lateral quantum dot molecules[J]. New Journal of Physics，2008，10（4）：045010.

[158] Niu X B，Stringfellow G B，Liu F. Nonequilibrium composition profiles of alloy quantum dots and their correlation with the growth mode[J]. Physical Review Letters，2011，107（7）：076101.

[159] Xie Q，Madhukar A，Chen P，et al. Vertically self-organized InAs quantum box islands on GaAs（100）[J]. Physical review letters，1995，75（13）：2542.

[160] Mateeva E，Sutter P，Bean J C，et al. Mechanism of organization of three-dimensional islands in SiGe/Si multilayers[J]. Applied Physics Letters，1997，71（22）：3233-3235.

[161] Schmidt O G，Kienzle O，Hao Y，et al. Modified Stranski-Krastanov growth in stacked layers of self-assembled islands[J]. Applied Physics Letters，1999，74（9）：1272-1274.

[162] Le Thanh V，Yam V，Boucaud P，et al. Vertically self-organized Ge/Si（001）quantum dots in multilayer structures[J]. Physical Review B，1999，60（8）：5851.

[163] Usami N，Araki Y，Ito Y，et al. Modification of the growth mode of Ge on Si by buried Ge islands[J]. Applied Physics Letters，2000，76（25）：3723-3725.

[164] Schmidt O G，Eberl K. Multiple layers of self-asssembled Ge/Si islands：Photoluminescence，strain fields，material interdiffusion，and island formation[J]. Physical Review B，2000，61（20）：13721.

[165] Pal D，Towe E，Chen S. Structural characterization of InAs/GaAs quantum-dot nanostructures[J]. Applied Physics Letters，2001，78（26）：4133-4135.

[166] Capellini G，De Seta M，Spinella C，et al. Ordering self-assembled islands without substrate patterning[J]. Applied Physics Letters，2003，82（11）：1772-1774.

[167] De Seta M，Capellini G，Evangelisti F. Ordered growth of Ge island clusters on strain-engineered Si surfaces[J]. Physical Review B，2005，71（11）：115308.
[168] Dunbar A，Halsall M，Dawson P，et al. The effect of strain field seeding on the epitaxial growth of Ge islands on Si（001）[J]. Applied Physics Letters，2001，78（12）：1658-1660.
[169] Tersoff J，Teichert C，Lagally M G. Self-organization in growth of quantum dot superlattices[J]. Physical Review Letters，1996，76（10）：1675.
[170] Zhang J J，Zhang K W，Zhong J X. Local self-organization of islands in embedded nanodot systems[J]. Applied Physics Letters，2004，84（11）：1853-1855.
[171] Zhang J J，Zhang K W，Zhong J X. Replication and alignment of quantum dots in multilayer heteroepitaxial growth[J]. Surface Science，2004，551（1-2）：L40-L46.
[172] Makeev M A，Madhukar A. Simulations of atomic level stresses in systems of buried Ge/Si islands[J]. Physical Review Letters，2001，86（24）：5542.
[173] Priester C. Modified two-dimensional to three-dimensional growth transition process in multistacked self-organized quantum dots[J]. Physical Review B，2001，63（15）：153303.
[174] Marchetti R，Montalenti F，Miglio L，et al. Strain-induced ordering of small Ge islands in clusters at the surface of multilayered Si-Ge nanostructures[J]. Applied Physics Letters，2005，87（26）：261919.
[175] Liu F，Davenport S E，Evans H M，et al. Self-organized replication of 3D coherent island size and shape in multilayer heteroepitaxial films[J]. Physical Review Letters，1999，82（12）：2528.
[176] Lam P M，Tan S. Kinetic monte carlo model of self-organized quantum dot superlattices[J]. Physical Review B，2001，64（3）：035321.
[177] Zhang Y W，Xu S J，Chiu C H. Vertical self-alignment of quantum dots in superlattice[J]. Applied Physics Letters，1999，74（13）：1809-1811.
[178] Daruka I，Barabási A L，Zhou S J，et al. Molecular-dynamics investigation of the surface stress distribution in a Ge/Si quantum dot superlattice[J]. Physical Review B，1999，60（4）：R2150.
[179] Makeev M A，Madhukar A. Calculation of vertical correlation probability in Ge/Si（001）shallow island quantum dot multilayer systems[J]. Nano Letters，2006，6（6）：1279-1283.
[180] Li X L. Surface chemical potential in multilayered Stranski-Krastanow systems：An analytic study and anticipated applications[J]. Journal of Applied Physics，2009，106（11）：113520.
[181] Li X L，Ouyang G，Tan X. Thermodynamic stability of quantum dots on strained substrates[J]. Physica E：Low-Dimensional Systems and Nanostructures，2011，43（9）：1755-1758.
[182] Hu S M. Stress from a parallelepipedic thermal inclusion in a semispace[J]. Journal of Applied Physics，1989，66（6）：2741-2743.
[183] Tan X，Li X L，Yang G W. Theoretical strategy for self-assembly of quantum rings[J]. Physical Review B，2008，77（24）：245322.
[184] Cao Y Y，Li X L，Yang G W. Wetting layer evolution upon quantum dots self-assembly[J]. Applied Physics Letters，2009，95（23）：231902.
[185] Rosenauer A，Fischer U，Gerthsen D，et al. Composition evaluation of $In_xGa_{1-x}As$ Stranski-Krastanow-island structures by strain state analysis[J]. Applied Physics Letters，1997，71（26）：3868-3870.
[186] Liao X Z，Zou J，Cockayne D J H，et al. Indium segregation and enrichment in coherent $In_xGa_{1-x}As$/GaAs quantum dots[J]. Physical Review Letters，1999，82（25）：5148.
[187] Nakajima K，Konishi A，Kimura K. Direct observation of intermixing at Ge/Si（001）interfaces by high-resolution

rutherford backscattering spectroscopy[J]. Physical Review Letters，1999，83（9）：1802.

[188] Joyce P B，Krzyzewski T J，Bell G R，et al. Effect of growth rate on the size，composition，and optical properties of InAs/GaAs quantum dots grown by molecular-beam epitaxy[J]. Physical Review B，2000，62（16）：10891.

[189] Chaparro S A，Drucker J，Zhang Y，et al. Strain-driven alloying in Ge/Si（100）coherent islands[J]. Physical Review Letters，1999，83（6）：1199.

[190] Liao X Z，Zou J，Cockayne D J H，et al. Alloying，elemental enrichment，and interdiffusion during the growth of Ge（Si）/Si（001）quantum dots[J]. Physical Review B，2002，65（15）：153306.

[191] Magalhaes-Paniago R，Medeiros-Ribeiro G，Malachias A，et al. Direct evaluation of composition profile，strain relaxation，and elastic energy of Ge：Si（001）self-assembled islands by anomalous X-ray scattering[J]. Physical Review B，2002，66（24）：245312.

[192] Kegel I，Metzger T H，Lorke A，et al. Nanometer-scale resolution of strain and interdiffusion in self-assembled InAs/GaAs quantum dots[J]. Physical Review Letters，2000，85（8）：1694.

[193] Malachias A，Kycia S，Medeiros-Ribeiro G，et al. 3D composition of epitaxial nanocrystals by anomalous X-ray diffraction：Observation of a Si-rich core in Ge domes on Si（100）[J]. Physical Review Letters，2003，91（17）：176101.

[194] Zanotto S，Degl'Innocenti R，Sorba L，et al. Analysis of line shapes and strong coupling with intersubband transitions in one-dimensional metallodielectric photonic crystal slabs[J]. Physical Review B，2012，85（3）：035307.

[195] Malachias A，Schülli T U，Medeiros-Ribeiro G，et al. X-ray study of atomic ordering in self-assembled Ge islands grown on Si（001）[J]. Physical Review B，2005，72（16）：165315.

[196] Leite M S，Malachias A，Kycia S W，et al. Evolution of thermodynamic potentials in closed and open nanocrystalline systems：Ge-Si：Si（001）islands[J]. Physical Review Letters，2008，100（22）：226101.

[197] Biasiol G，Heun S，Golinelli G B，et al. Surface compositional gradients of InAs/GaAs quantum dots[J]. Applied Physics Letters，2005，87（22）：223106.

[198] Müller M，Cerezo A，Smith G D W，et al. Atomic scale characterization of buried $In_xGa_{1-x}As$ quantum dots using pulsed laser atom probe tomography[J]. Applied Physics Letters，2008，92（23）：233115.

[199] Rastelli A，Stoffel M，Malachias A，et al. Three-dimensional composition profiles of single quantum dots determined by scanning-probe-microscopy-based nanotomography[J]. Nano Letters，2008，8（5）：1404-1409.

[200] Medhekar N V，Hegadekatte V，Shenoy V B. Composition maps in self-assembled alloy quantum dots[J]. Physical Review Letters，2008，100（10）：106104.

[201] Digiuni D，Gatti R，Montalenti F. Aspect-ratio-dependent driving force for nonuniform alloying in Stranski-Krastanow islands[J]. Physical Review B，2009，80（15）：155436.

[202] Vastola G，Shenoy V B，Guo J，et al. Coupled evolution of composition and morphology in a faceted three-dimensional quantum dot[J]. Physical Review B，2011，84（3）：035432.

[203] Liang X D，Ni Y，He L H. Shape-dependent composition profile in epitaxial alloy quantum dots：A phase-field simulation[J]. Computational Materials Science，2010，48（4）：871-874.

[204] Spencer B J，Voorhees P W，Tersoff J. Morphological instability theory for strained alloy film growth：The effect of compositional stresses and species-dependent surface mobilities on ripple formation during epitaxial film deposition[J]. Physical Review B，2001，64（23）：235318.

[205] Hadjisavvas G，Kelires P C. Critical aspects of alloying and stress relaxation in Ge/Si（100）islands[J]. Physical Review B，2005，72（7）：075334.

[206] Vantarakis G，Remediakis I N，Kelires P C. Ordering mechanisms in epitaxial SiGe nanoislands[J]. Physical Review Letters，2012，108（17）：176102.

[207] Shenoy V B. Evolution of morphology and composition in three-dimensional fully faceted strained alloy crystals[J]. Journal of the Mechanics and Physics of Solids，2011，59（5）：1121-1130.

[208] Gatti R，Uhlik F，Montalenti F. Intermixing in heteroepitaxial islands：Fast，self-consistent calculation of the concentration profile minimizing the elastic energy[J]. New Journal of Physics，2008，10（8）：083039.

[209] Ye H，Lu P F，Yu Z Y，et al. Dislocation-induced composition profile in alloy semiconductors[J]. Solid State Communications，2010，150（29-30）：1275-1278.

[210] Medeiros-Ribeiro G，Williams R S. Thermodynamics of coherently-strained Ge_xSi_{1-x} nanocrystals on Si（001）：Alloy composition and island formation[J]. Nano Letters，2007，7（2）：223-226.

[211] Schülli T U，Vastola G，Richard M I，et al. Enhanced relaxation and intermixing in Ge islands grown on pit-patterned Si（001）substrates[J]. Physical Review Letters，2009，102（2）：025502.

[212] Floro J A，Sinclair M B，Chason E，et al. Novel SiGe island coarsening kinetics：Ostwald ripening and elastic interactions[J]. Physical Review Letters，2000，84（4）：701.

[213] Tu Y，Tersoff J. Origin of apparent critical thickness for island formation in heteroepitaxy[J]. Physical Review Letters，2004，93（21）：216101.

[214] Tu Y，Tersoff J. Coarsening，mixing，and motion：The complex evolution of epitaxial islands[J]. Physical Review Letters，2007，98（9）：096103.

[215] Johansson J，Seifert W. Kinetics of self-assembled island formation：Part II-island size[J]. Journal of Crystal Growth，2002，234（1）：139-144.

[216] Malachias A，Stoffel M，Schmidbauer M，et al. Atomic ordering dependence on growth method in Ge：Si（001）islands：Influence of surface kinetic and thermodynamic interdiffusion mechanisms[J]. Physical Review B，2010，82（3）：035307.

[217] Katsaros G，Costantini G，Stoffel M，et al. Kinetic origin of island intermixing during the growth of Ge on Si（001）[J]. Physical Review B，2005，72（19）：195320.

[218] Xu X，Aqua J N，Frisch T. Growth kinetics in a strained crystal film on a wavy patterned substrate[J]. Journal of Physics：Condensed Matter，2012，24（4）：045002.

[219] McKay M R，Venables J A，Drucker J. Kinetically suppressed ostwald ripening of Ge/Si（100）hut clusters[J]. Physical Review Letters，2008，101（21）：216104.

[220] Meixner M，Schöll E，Shchukin V A，et al. Self-assembled quantum dots：Crossover from kinetically controlled to thermodynamically limited growth[J]. Physical Review Letters，2001，87（23）：236101.

[221] Desai R C，Kim H K，Chatterji A，et al. Epitaxial growth in dislocation-free strained asymmetric alloy films[J]. Physical Review B，2010，81（23）：235301.

[222] Huang Z F，Desai R C. Epitaxial growth in dislocation-free strained alloy films：Morphological and compositional instabilities[J]. Physical Review B，2002，65（20）：205419.

[223] Spencer B J，Blanariu M. Shape and composition map of a prepyramid quantum dot[J]. Physical Review Letters，2005，95（20）：206101.

[224] Denker U，Rastelli A，Stoffel M，et al. Lateral motion of SiGe islands driven by surface-mediated alloying[J]. Physical Review Letters，2005，94（21）：216103.

[225] Katsaros G，Rastelli A，Stoffel M，et al. Investigating the lateral motion of SiGe islands by selective chemical etching[J]. Surface Science，2006，600（12）：2608-2613.

第 16 章 液滴外延生长量子环

近年来，半导体量子环（QR）已经成为科学家关注和研究的焦点。由于特殊的拓扑结构，环状纳米结构显示出独特的电子、光学和磁学特性[1-4]。为了获得完美的 QR，研究人员采用了多种方法来控制 QR 的大小和形状。例如，光刻技术被应用于环形纳米结构的组装。然而，这种技术并不适用于组装小尺度环形纳米结构，因为它有自身的不足[5-8]。具有覆盖层的自组织技术是一种组装 QR 的方法[9]，但是，该技术仅适用于晶格失配系统，因为额外的覆盖层引起的应变会影响 QR 的物理性质。值得关注的是，液滴外延生长作为半导体 QR 在晶格匹配系统如 GaAs/AlGaAs[10-18]和晶格不匹配系统如 InGaAs/GaAs[11, 19, 20]中重要的自组装技术而受到科学家的广泛青睐。

在一般情况下，液滴外延生长 QR 分为两个阶段：第一阶段为低熔点Ⅲ族元素原子在衬底表面沉积形成尺寸均匀且小于 100 nm 的液滴，第二阶段为Ⅴ族元素原子的供给与液滴结合。具体而言，以 GaAs 系统为例，在第一阶段，没有 As 助熔剂的情况下，液态 Ga 液滴通过沉积 Ga 原子在衬底表面形成；在第二阶段，提供 As 助熔剂与 Ga 液滴一起结晶。我们可以通过控制 As 通量的大小和结晶温度得到 4 种纳米结构，包括点[10, 14, 20]、单环[10, 14]、双环[11, 13, 15]及孔[12, 13, 16, 17, 19, 21]（图 16-1）。目前使用的无应变纳米结构的方法适用于高效中频太阳能电池、长波红外探测器和发光器件，本节采用的无应变纳米结构的方法适用于高效中间带太阳能电池，长波长红外探测器和光发射装置[22-26]。

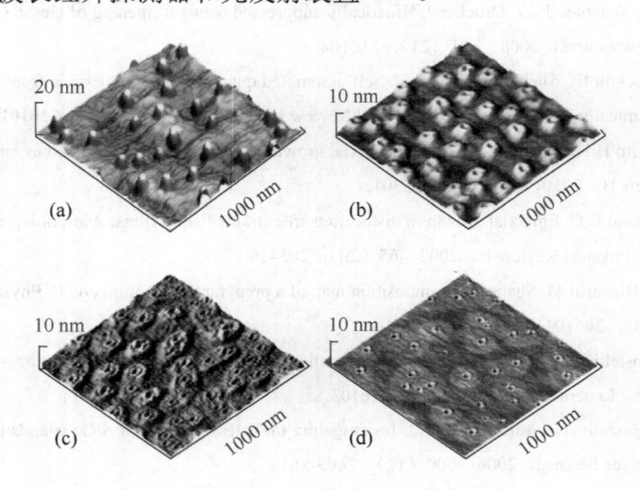

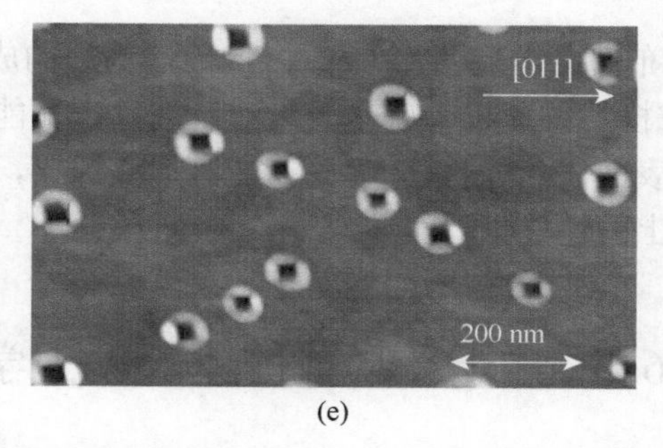

(e)

图 16-1　(a) Ga 液滴的 AFM 图像及（b）～（e）使用 As 助熔剂结晶后表面的 AFM 图像

(a) 点；(b) 单环；(c) 和 (d) 双环；(e) 孔

通常，液滴外延生长 QR 有两个过程：成核和生长。因此，我们分别建立了液滴外延生长 QR 的成核热力学和生长动力学理论。下面，我们以 GaAs 系统为例，介绍所发展的液滴外延生长 QR 的成核热力学和生长动力学理论[27-33]。

16.1　量子环形成的成核热力学

在液滴外延生长 GaAs QR 过程中，如果温度高到足以忽略扩散到液滴中的 As 原子，那么会存在三个可确认的成核位置：一个在 Ga 液滴的表面（情况 A），一个在 Ga 液滴的边缘（情况 B），一个在衬底表面（情况 C），如图 16-2 所示。因此，我们来比较三个成核位置的能量，以阐明哪个成核位置在热力学上更优越。基于成核热力学，图 16-2 显示了三个成核位置的吉布斯自由能差[34]。显然，

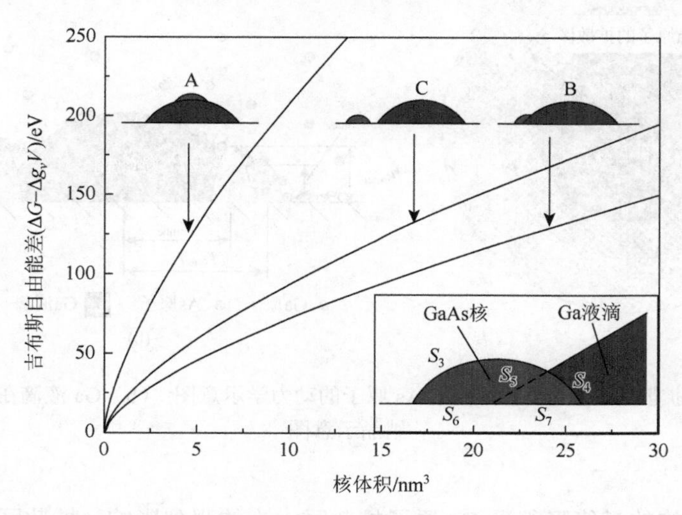

图 16-2　吉布斯自由能差（$\Delta G-\Delta g_v V$）与三个成核位置的 GaAs 核体积的函数

插图是 Ga 液滴边缘 GaAs 成核示意图

情况 B 具有最低的吉布斯自由能差，这表明 Ga 液滴周边的成核在能量上更可取。Ga 液滴周边上优先成核的物理机制就是因为液滴的高表面能密度，液滴周围的成核可以降低液滴的总表面能。由于 Ga 优先在液滴周边成核，这就为 QR 的液滴外延生长提供了热力学上的可能性。

16.2　量子环形成的生长动力学

尽管液滴外延生长过程中 Ga 液滴周边的成核热力学为 QR 的形成提供了可能，但是，生长动力学决定了纳米结构最终的形貌。Ga 原子的扩散和 As 原子的俘获在 GaAs 纳米结构的最终形貌中起着关键作用。

为了分析 Ga 原子的扩散和 As 原子的俘获，我们假设在液滴周围有一个扩散区域，其中所有从液滴迁移来的 Ga 原子都被限制在该区域并与被俘获的 As 原子一起结晶。在这种情况下，衬底表面可以被分成三个区域：区域Ⅰ是 Ga 液滴的表面，区域Ⅱ为 Ga 原子的扩散区，区域Ⅲ是 As 原子的俘获区，如图 16-3（a）所示。沉积在液滴表面的原子可以通过表面扩散到达液滴的边界，然后，在液滴的边界与 As 原子结合。此外，扩散的 Ga 原子可以在 Ga 原子的扩散区外围与俘获的 As 原子结合，如图 16-3（b）所示。

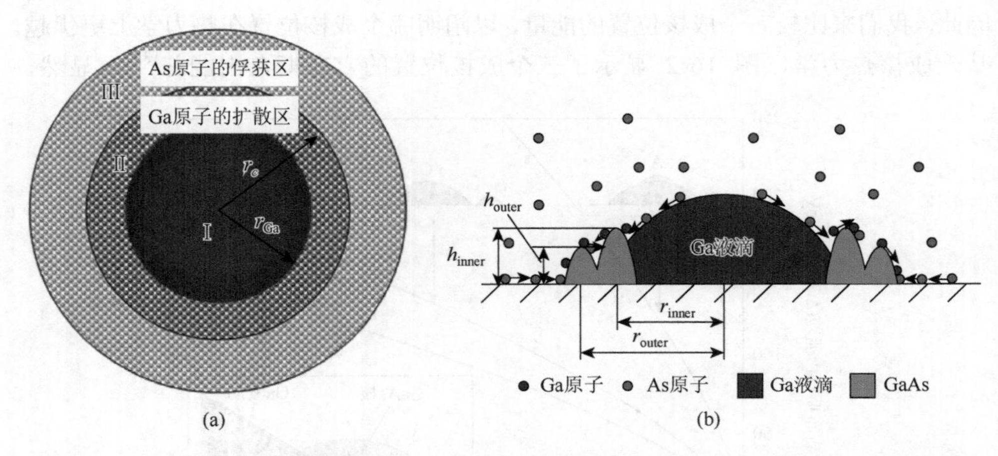

图 16-3　（a）扩散的 Ga 原子和捕获的 As 原子的动力学示意图；（b）Ga 液滴在 As 气氛下的结晶示意图

GaAs 结构的最终形貌受 Ga 原子扩散区大小的强烈影响。扩散区的大小可以表述为

$$\frac{r_c}{r_{\text{Ga}}} = \text{lambertw}\left\{\exp\left[\frac{h_0 D_{0\text{Ga}} C_0 \upsilon_0 \sqrt{2\pi mkT}\exp(\Delta E / kT)}{a_0 \upsilon_1 r_{\text{Ga}} P}\right]\right\} \tag{16-1}$$

其中，lambertw(·) 表示 Lambert W 函数。由于 lambertw(·) 是单调递增函数，$\frac{r_c}{r_{\text{Ga}}}$ 随着生长温度的升高或 As 通量强度的降低而增加。r_c 决定了最终 GaAs 纳米结构的最外层边界，而液滴的大小决定了最终 GaAs 纳米结构的内环。因此，我们可以通过调节温度和 As 通量的强度来控制最终 GaAs 纳米结构的尺寸。

图 16-4 显示了作为生长温度和 As 通量强度函数的 $\frac{r_c}{r_{\text{Ga}}}$。我们可以看到，高温和低压导致 $\frac{r_c}{r_{\text{Ga}}}$ 增加，相反，低温和高压导致 $\frac{r_c}{r_{\text{Ga}}}$ 降低。相应地，随着 $\frac{r_c}{r_{\text{Ga}}}$ 的增加，可以生长出单环、双环和孔三种 GaAs 纳米结构。根据 $\frac{r_c}{r_{\text{Ga}}}$ 的数值，我们可以确定三个特征形状相区。在低生长温度和高 As 通量强度的情况下，远离液滴的扩散 Ga 原子被限制在 Ga 液滴的周边，这导致 GaAs 在周边液滴上生长并形成单环。当生长温度升高，As 通量强度变低时，Ga 原子的扩散性变强，As 原子的俘获能力降低，导致 Ga 原子扩散区的尺寸（r_c）变得远大于液滴的尺寸（r_{Ga}）。Ga 原子在扩散区边界处的快速生长导致外环的形成。在这种情况下，可以制造同心双环。然而，随着生长温度的进一步升高和 As 通量强度的降低，一旦 r_c 进一步增大至超过液滴之间的距离，外环就会消失，而形成孔。

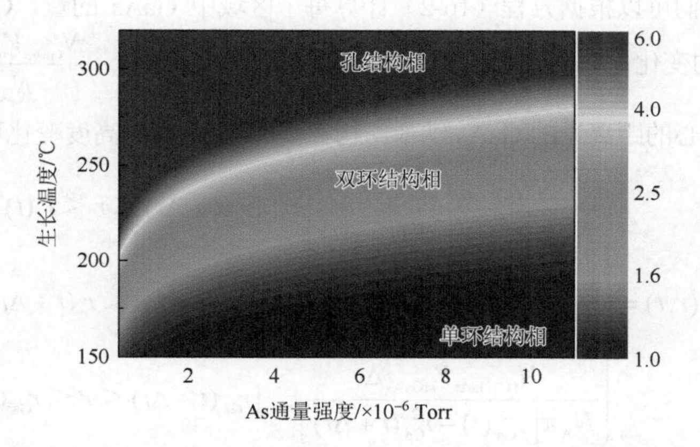

图 16-4　（T，P）平面上的二维相图表示生长温度和 As 通量强度对 GaAs 量子环结构最终形状的影响（后附彩图）

右侧柱代表 $\frac{r_c}{r_{\text{Ga}}}$ 的计算值

这些理论结果很好地反映了实验观察的生长现象[10, 13]，在实验中，通过降低 As 助熔剂的流量或提高结晶温度，可以依次组装出单环、双环和孔。例如，通量为 1×10^{-5} Torr 或 8×10^{-6} Torr 的 As 助熔剂会导致单环的形成，而同心双环在 2×10^{-6} Torr、200℃下形成[10]。Lee 等[13]发现了一个有趣的实验现象，他们在 6.4×10^{-6} Torr 下形成了双环，而当在 400℃、通量降低到 9×10^{-7} Torr 时出现有孔的纳米结构。

16.3 量子环形成的动力学模拟

单环、双环和孔的动力学模拟。在液滴外延生长 GaAs QR 过程中，原子的扩散包括 Ga 原子扩散离开液滴和 Ga 原子与 As 原子结合时 As 原子的俘获。由于 Ga 的蒸气压较低，所以 Ga 从表面的蒸发可被忽略[35]。因此，Ga 原子的损失仅由与 As 原子结合引起。这样，单位时间内不同区域结晶产物的量 $N_{(i)\mathrm{GaAs}}$ 和总量 N_{GaAs} 可以表述为[30]

$$N_{(i)\mathrm{GaAs}} = 2\pi h_0 D_{\mathrm{Ga}} C_0 \ln\left(\frac{r_{\mathrm{Ga}}}{r_c}\right), i = \mathrm{A, B, C}$$

$$N_{\mathrm{GaAs}} = N_{(\mathrm{A})\mathrm{GaAs}} + N_{(\mathrm{B})\mathrm{GaAs}} + N_{(\mathrm{C})\mathrm{GaAs}} \tag{16-2}$$

式中，下角 A 表示区域Ⅰ和区域Ⅱ的边界；B 表示在区域Ⅱ中；C 表示在区域Ⅱ和区域Ⅲ中；r_c 是 Ga 原子扩散区域的大小。

因此，我们可以根据方程（16-2）计算每个区域中 GaAs 的量。Ga 液滴体积在短时间 Δt 内的变化由以下关系给出：$V_{\mathrm{droplet}}(t+\Delta t) = V_{\mathrm{droplet}}(t) - \frac{N_{\mathrm{GaAs}} V_{m\mathrm{Ga}} \Delta t}{N_{\mathrm{A}}}$。位于 r 点（距液滴中心的距离）的 GaAs 纳米结构在短时间 Δt 内的高度变化可表示为

$$\Delta h(r,t) = \begin{cases} \dfrac{N_{(\mathrm{A})\mathrm{GaAs}} V_{m\mathrm{GaAs}} \Delta t}{N_{\mathrm{A}} \pi \left[r_c^{\,2}(t) - r_c^{\,2}(t+\Delta t) \right]}, & [r_c(t+\Delta t) < r < r_c(t)] \\ \dfrac{N_{(\mathrm{B})\mathrm{GaAs}} V_{m\mathrm{GaAs}} \Delta t}{N_{\mathrm{A}} \pi \left[r_c^2(t) - r_{\mathrm{Ga}}^2(t) \right]}, & [r_{\mathrm{Ga}}(t) < r < r_c(t+\Delta t)] \\ \dfrac{N_{(\mathrm{C})\mathrm{GaAs}} V_{m\mathrm{GaAs}} \Delta t}{N_{\mathrm{A}} \pi \left[r_{\mathrm{Ga}}^2(t) - r_{\mathrm{Ga}}^2(t+\Delta t) \right]}, & [r_{\mathrm{Ga}}(t+\Delta t) < r < r_{\mathrm{Ga}}(t)] \end{cases} \tag{16-3}$$

这样的话，GaAs 纳米结构在 r 点的最终高度 $h(r)$ 可以通过结晶过程总时间 t_m 中 $\Delta h(r)$ 的总和得到

$$h(r) = \sum_{t=0}^{t_m} \Delta h(r,t) \tag{16-4}$$

图 16-5 显示了 QR 生长动力学模拟结果，其中，双环的结晶温度和 As 通量强度分别为 200℃和 2×10^{-6} Torr，单环的分别为 200℃和 8×10^{-6} Torr，孔结构的分别为 300℃和 1×10^{-6} Torr。图 16-5（a）显示了同心双环的形状演变。然而，当 As 通量强度在相同温度下提高到 8×10^{-6} Torr 时，Ga 原子的扩散区尺寸会变小，因为在高 As 通量强度的情况下 As 原子的俘获能力很强。因此，两个尖峰可以与 Ga 液滴的尺寸减小重叠。该结果最终导致单个环形成，如图 16-5（b）所示。在结晶温度为 300℃和 As 通量强度为 1×10^{-6} Torr 下，对于孤立的液滴，由于 Ga 原子在高温下的扩散增加，Ga 原子扩散区域的大小约为初始 Ga 液滴大小的 30 倍。Lee 等实验观察到 Ga 液滴之间的距离和 Ga 液滴的半径分别约为 300 nm 和 50 nm，

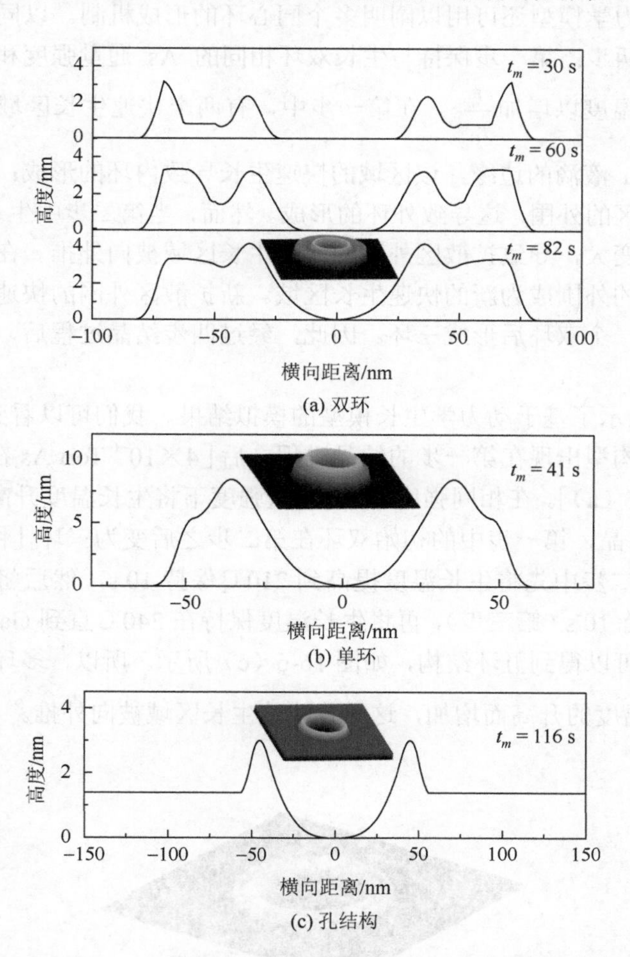

图 16-5　三种不同形状的 QR 的生长动力学模拟结果

这表明孤立液滴区域Ⅱ的大小远大于实际距离的一半[13]。因此，结晶只发生在两个地方，Ga 液滴的周边和液滴之间的空间，而液滴周边的高增长率导致了孔结构的形成［图 16-5（c）］。

多个同心 QR 的动力学模拟。我们可以看到，上述各种形状的纳米结构仅通过一步结晶过程组装，即在结晶过程中，As 助熔剂的通量强度和生长温度都是固定不变的。如果在结晶过程中改变 As 通量强度或生长温度，则最终的纳米结构可能具有更复杂的形状[18, 36]。例如，Somaschini 等[18]报道了采用液滴外延的多步生长工艺组装 GaAs 多环（三到五环）同心环纳米结构。显然，这种的生长方法是基于 Ga 液滴在不同衬底温度下分时段调控 As 通量强度。

我们的动力学模型还可用以阐明多个同心环的形成机制。以同心三环为例，结晶过程分为两步：第一步保持与生长双环相同的 As 通量强度和生长温度，第二步提高生长温度以增加 $\frac{r_c}{r_{\mathrm{Ga}}}$。在第一步中，有两个快速生长区域：第一个快速生长区域是 Ga 液滴的边缘，该区域的快速生长导致内环的形成；第二个快速生长区域是扩散区的外围，这导致外环的形成。然而，当第二步中生长温度升高时，扩散区的尺寸变大，导致扩散区外围的快速生长区域被向外推。在这种情况下，新的大扩散区的外围成为新的快速生长区域。新扩散区外围的快速生长导致在第一步中形成第一个双环后形成三环。因此，经过四步结晶过程后，我们可以生长出同心三环。

图 16-6 显示了基于动力学生长模型的模拟结果。我们可以看到，GaAs 纳米结构的双环面构型出现在第一步的结晶过程之后［4×10^{-6} Torr As 在 180℃下供应 10 s，如图 16-6（a）］。在相同强度的 As 通量强度下将生长温度升高到 210℃直到 Ga 液滴完全结晶，第一步中的初始双环在第二步之后变为三环［图 16-6（b）］。如果我们在第二步中先将生长温度提高到 210℃保持 10 s，然后将生长温度提高到 225℃并保持 10 s（第三步），再将生长温度保持在 240℃直到 Ga 液滴完全结晶（第四步），就可以得到五环结构，如图 16-6（c）所示。所以，多环形成的主要原因是 $\frac{r_c}{r_{\mathrm{Ga}}}$ 随着温度的升高而增加，这导致快速生长区域被向外推。

(a)

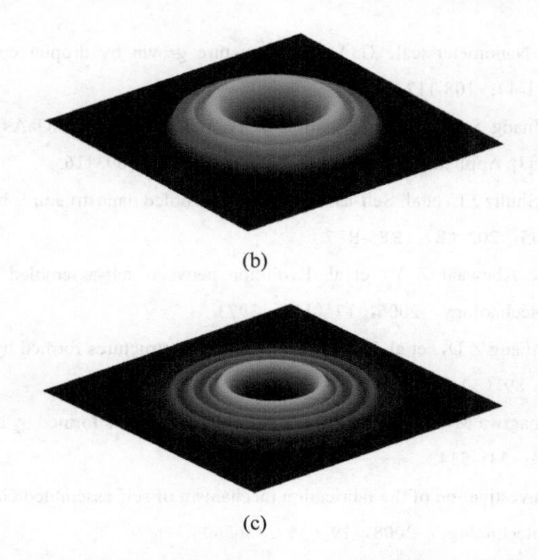

图 16-6　多步结晶过程中 GaAs 纳米结构表面的模拟结果

（a）第一步后的形态（4×10^{-6} Torr As，180℃，10 s）；（b）第二步后的形态（第一步后，在相同强度的 As 通量下，生长温度升至 210℃，直到 Ga 液滴完全结晶）；（c）经过第四步结晶程序后的形态（第一步：180℃，10 s；第二步：210℃，10 s；第三步：225℃，10 秒；第四步：240℃，直到 Ga 液滴完全结晶。上述所有步骤均在相同的 As 通量强度下进行，即 4×10^{-6} Torr）

参考文献

[1] Biasiol G，Heun S. Compositional mapping of semiconductor quantum dots and rings[J]. Physics Reports，2011，500（4-5）：117-173.

[2] Yang N，Dai Z S，Zhu J L. Spin and angular momentum transitions in few-electron quantum dots and rings[J]. Physical Review B，2008，77（24）：245321.

[3] Bayer M，Korkusinski M，Hawrylak P，et al. Optical detection of the Aharonov-Bohm effect on a charged particle in a nanoscale quantum ring[J]. Physical Review Letters，2003，90（18）：186801.

[4] Aharonov Y，Bohm D. Significance of electromagnetic potentials in the quantum theory[J]. Physical Review，1959，115（3）：485.

[5] Keyser U F，Fühner C，Borck S，et al. Kondo effect in a few-electron quantum ring[J]. Physical Review Letters，2003，90（19）：196601.

[6] McLellan J M，Geissler M，Xia Y N. Edge spreading lithography and its application to the fabrication of mesoscopic gold and silver rings[J]. Journal of the American Chemical Society，2004，126（35）：10830-10831.

[7] Kosiorek A，Kandulski W，Glaczynska H，et al. Fabrication of nanoscale rings，dots，and rods by combining shadow nanosphere lithography and annealed polystyrene nanosphere masks[J]. Small，2005，1（4）：439-444.

[8] Bochenkov V E，Sutherland D S. From rings to crescents：A novel fabrication technique uncovers the transition details[J]. Nano Letters，2013，13（3）：1216-1220.

[9] Hanke M，Mazur Y I，Marega E，et al. Shape transformation during overgrowth of InGaAs/GaAs（001）quantum rings[J]. Applied Physics Letters，2007，91（4）：043103.

[10] Mano T，Koguchi N. Nanometer-scale GaAs ring structure grown by droplet epitaxy[J]. Journal of Crystal Growth，2005，278（1-4）：108-112.

[11] Gong Z，Niu Z C，Huang S S，et al. Formation of GaAs/AlGaAs and InGaAs/GaAs nanorings by droplet molecular-beam epitaxy[J]. Applied Physics Letters，2005，87（9）：093116.

[12] Wang Z M，Holmes K，Shultz J L，et al. Self-assembly of GaAs holed nanostructures by droplet epitaxy[J]. Physica Status Solidi（A），2005，202（8）：R85-R87.

[13] Lee J H，Wang Z M，Abuwaar Z Y，et al. Evolution between self-assembled single and double ring-like nanostructures[J]. Nanotechnology，2006，17（15）：3973.

[14] Huang S S，Niu Z C，Fang Z D，et al. Complex quantum ring structures formed by droplet epitaxy[J]. Applied Physics Letters，2006，89（3）：031921.

[15] Mano T，Noda T，Yamagiwa M，et al. Coupled quantum nanostructures formed by droplet epitaxy[J]. Thin Solid Films，2006，515（2）：531-534.

[16] Tong C Z，Yoon S F. Investigation of the fabrication mechanism of self-assembled GaAs quantum rings grown by droplet epitaxy[J]. Nanotechnology，2008，19（36）：365604.

[17] Li A Z，Wang Z M，Wu J，et al. Evolution of holed nanostructures on GaAs（001）[J]. Crystal Growth and Design，2009，9（6）：2941-2943.

[18] Somaschini C，Bietti S，Koguchi N，et al. Fabrication of multiple concentric nanoring structures[J]. Nano Letters，2009，9（10）：3419-3424.

[19] Lee J H，Wang Z M，Ware M E，et al. Super low density InGaAs semiconductor ring-shaped nanostructures[J]. Crystal Growth and Design，2008，8（6）：1945-1951.

[20] Mano T，Watanabe K，Tsukamoto S，et al. Fabrication of InGaAs quantum dots on GaAs（001）by droplet epitaxy[J]. Journal of Crystal Growth，2000，209（2-3）：504-508.

[21] Li X，Wu J，Wang Z M，et al. Origin of nanohole formation by etching based on droplet epitaxy[J]. Nanoscale，2014，6（5）：2675-2681.

[22] Wu J，Shao D L，Dorogan V G，et al. Intersublevel infrared photodetector with strain-free GaAs quantum dot pairs grown by high-temperature droplet epitaxy[J]. Nano Letters，2010，10（4）：1512-1516.

[23] Wu J，Shao D L，Li Z H，et al. Intermediate-band material based on GaAs quantum rings for solar cells[J]. Applied Physics Letters，2009，95（7）：071908.

[24] Wu J，Li Z H，Shao D L，et al. Multicolor photodetector based on GaAs quantum rings grown by droplet epitaxy[J]. Applied Physics Letters，2009，94（17）：171102.

[25] Wu J，Wang Z M，Dorogan V G，et al. Effects of rapid thermal annealing on the optical properties of strain-free quantum ring solar cells[J]. Nanoscale Research Letters，2013，8：1-5.

[26] Wu J，Wang Z M，Dorogan V G，et al. Insight into optical properties of strain-free quantum dot pairs[J]. Journal of Nanoparticle Research，2011，13：947-952.

[27] Heyn C，Stemmann A，Eiselt R，et al. Influence of Ga coverage and As pressure on local droplet etching of nanoholes and quantum rings[J]. Journal of Applied Physics，2009，105（5）：054316.

[28] Heyn C. Kinetic model of local droplet etching[J]. Physical Review B，2011，83（16）：165302.

[29] Heyn C，Stemmann A，Hansen W. Dynamics of self-assembled droplet etching[J]. Applied Physics Letters，2009，95（17）：173110.

[30] Li X L，Yang G W. On the physical understanding of quantum rings self-assembly upon droplet epitaxy[J]. Journal of Applied Physics，2009，105（10）：103507.

[31] Li X L. Formation mechanisms of multiple concentric nanoring structures upon droplet epitaxy[J]. The Journal of Physical Chemistry C，2010，114（36）：15343-15346.

[32] Li X L. Theory of controllable shape of quantum structures upon droplet epitaxy[J]. Journal of Crystal Growth，2013，377：59-63.

[33] Zhou Z Y，Zheng C X，Tang W X，et al. Origin of quantum ring formation during droplet epitaxy[J]. Physical Review Letters，2013，111（3）：036102.

[34] Wang C X，Wang B，Yang Y H，et al. Thermodynamic and kinetic size limit of nanowire growth[J]. The Journal of Physical Chemistry B，2005，109（20）：9966-9969.

[35] Tersoff J，Johnson M D，Orr B G. Adatom densities on GaAs：Evidence for near-equilibrium growth[J]. Physical Review Letters，1997，78（2）：282.

[36] Somaschini C，Bietti S，Koguchi N，et al. Coupled quantum dot-ring structures by droplet epitaxy[J]. Nanotechnology，2011，22（18）：185602.

第 17 章　纳米线成核和生长的热力学

众所周知，一维纳米结构，如纳米线（nanowire，NW）、纳米棒（nanorod）、纳米带（nanoribbon）和纳米管（nanotube），不仅为研究一维限制中的电学和热学传输提供了良好的模型体系，而且有望在一维纳米光电子、微电子及磁存储器件的互连和功能单元中发挥重要作用[1]。因此，为了获得各种 1D 纳米结构单元，近十年来涌现了许多自组装和合成工艺[2]。重要的是，这些 1D 纳米结构的制备揭示了微相生长中许多不寻常的热力学和动力学行为[3-7]。但是，如何针对 1D 纳米结构基础研究和潜在技术应用灵活地控制其自组装和合成过程是一个巨大的挑战。为了控制纳米结构的生长，重要的是阐明自组装的热力学和动力学过程，并发展有效的理论工具对纳米结构的生长进行设计[8, 9]。对于这个问题，基于所发展的纳米热力学理论，我们建立了系列热力学和动力学模型来处理通过气-液-固（vapor-liquid-solid，VLS）机制制备 1D 纳米结构的成核和生长。

VLS 机制是 1D 半导体纳米结构生长的主要方法之一[2]。然而，目前 VLS 机制中尚有与 1D 纳米结构的成核和生长有关的若干关键物理和化学问题没有得到解决。例如，在 VLS 生长 NW 中，NW 在催化剂颗粒表面上的成核位置、NW 生长的尺寸限制、NW 生长速率的尺寸依赖及 NW 生长过程中尺寸相关的形状演变等。重要的是，这些基本的物理和化学问题在控制 1D 纳米结构生长中起着关键作用。本章我们使用所发展的理论工具来处理 VLS 生长 NW 中的成核和生长问题。

17.1　纳米线成核的热力学和动力学理论

实验研究发现，VLS 生长 NW 有两个模式，一个模式是 NW 生长在催化剂纳米颗粒上面，另一个模式是 NW 生长在催化剂纳米颗粒下面[1, 10-16]。然而，为什么催化剂纳米颗粒有时位于 NW 的尖端，有时位于 NW 的底部呢？很少有研究涉及上述问题[1]。我们提出了 VLS 选择性生长 NW 的普适性热力学和动力学理论判据，并且证明了用纳米热力学理论处理 NW 生长问题是有效的[3]。

选择成核的热力学判据。正如我们所知道的，吉布斯自由能是相变状态稳定性的适应性度量。在热力学上，相变是由吉布斯自由能差异引起的[17]。因此，我们通过比较两种情况下 NW 成核的吉布斯自由能差异，提出了 NW 选择生长的热力学准则。第一种情况，即 NW 成核发生在催化剂纳米颗粒的表面上，如图 17-1（a）所示，当原子团簇与催化剂沉积在衬底上时，吉布斯自由能差可表示为

$$\Delta G_S = 2\sigma_{nv}\pi r_1^2(1-\cos\theta_1) - \pi r_1^2 \sin^2\theta_1\sigma_{nv}\cos\theta_1 + \frac{4\pi r_1^3\Delta g_v}{3}\frac{2-3\cos\theta_1+\cos\theta_1^3}{4} \tag{17-1}$$

根据临界核形成条件 $\frac{\partial \Delta G_S}{\partial r_1}=0$，当原子团簇转变为临界核时，则临界成核半径 r_1^* 为

$$r_1^* = -\frac{8}{3}\frac{\sigma_{nv}}{\Delta g_v^0} \tag{17-2}$$

据此，临界核的形成能 $\Delta G_S{}^*$ 为

$$\Delta G_S^* = \left[\frac{256\pi\sigma_{nv}^3}{9\left(\Delta g_v^0\right)^2} + \frac{2048\pi\sigma_{nv}^3}{81\left(\Delta g_v^0\right)^3}\right]\left(\frac{2-3\cos\theta_1+\cos^3\theta_1}{4}\right) \tag{17-3}$$

第二种情况，即 NW 成核发生在催化剂纳米颗粒和衬底之间的界面上，如图 17-1（b）所示，吉布斯自由能差可表示为

$$\Delta G_T = \frac{4\pi r_2^3\Delta g_v}{3}f_2(\theta) - \pi r_2^2\sigma_{nv}f_1(\theta) \tag{17-4}$$

式中，$f_1(\theta)$ 和 $f_2(\theta)$ 是几何系数。同理，根据临界核形成条件 $\frac{\partial \Delta G_T}{\partial r_2}=0$，当原子团簇转变为临界核时，则临界成核半径 r_2^* 和形成能 ΔG_T^* 分别为

$$r_2^* = \frac{\sigma_{nv}}{2\Delta g_v^0}\left[\frac{2f_1(\theta)}{f_2(\theta)} + \frac{8}{3}\right] \tag{17-5}$$

$$\Delta G_T^* = -\pi\sigma_{nv}\left\{\frac{\sigma_{nv}}{2\Delta g_v^0}\left[\frac{2f_1(\theta)}{f_2(\theta)}+\frac{8}{3}\right]\right\}^2 f_1(\theta) + \frac{4\pi}{3}\left\{\frac{\sigma_{nv}}{2\Delta g_v^0}\left[\frac{2f_1(\theta)}{f_2(\theta)}+\frac{8}{3}\right]\right\}^3 \times\left[\frac{1}{2}\Delta g_v^0 - \frac{2\Delta g_v^0}{\frac{2f_1(\theta)}{f_2(\theta)}+\frac{8}{3}}\right]f_2(\theta) \tag{17-6}$$

因此，我们可以确定，当 $\Delta G_S{}^* > \Delta G_T{}^*$ 时，NW 倾向于在催化剂纳米颗粒表面成核［图 17-1（a）］。相比之下，当 $\Delta G_S{}^* < \Delta G_T{}^*$ 时，NW 倾向于在催化剂纳米颗粒和衬底之间的界面上成核［图 17-1（b）］。对于使用 Fe 作为催化剂在 Si 衬底上生长 Si NW 的情况，我们可以得到两种情况下 θ_2 与临界成核半径的关系曲线，如图 17-2（a）所示。我们可以看出，当 θ_2 小于 80°时，临界成核半径 $r_2{}^*$ 随着 θ_2 的减小而迅速增大；当 θ_2 大于 150°时，临界成核半径 $r_2{}^*$ 接近于 $r_1{}^*$。此外，我们可

以看到θ_2与临界核能量的依赖关系，如图 17-2（b）所示。通过比较图 17-2（a）和图 17-2（b），我们发现，临界成核半径和临界核能量对θ_2的依赖是成反比的。重要的是，通过 VLS 使用 Fe 作为催化剂在 Si 衬底上生长 Si NW 的实验案例表明 Fe 纳米颗粒始终位于 Si NW 的尖端[12, 19, 20]。

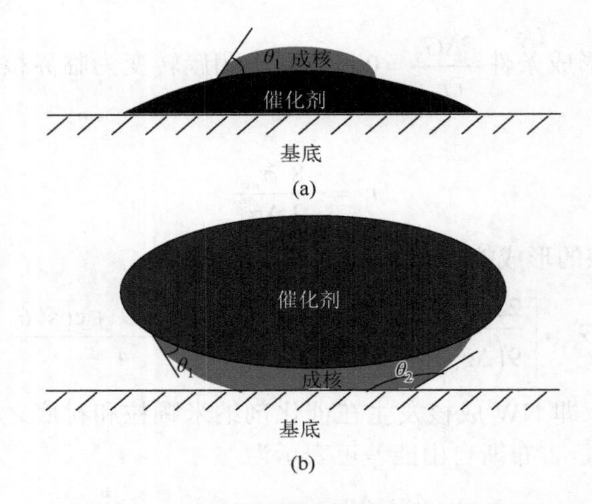

图 17-1　CVD 两个模型的 NW 成核示意图

（a）催化剂纳米颗粒表面上成核；（b）催化剂纳米颗粒与衬底之间的界面上成核

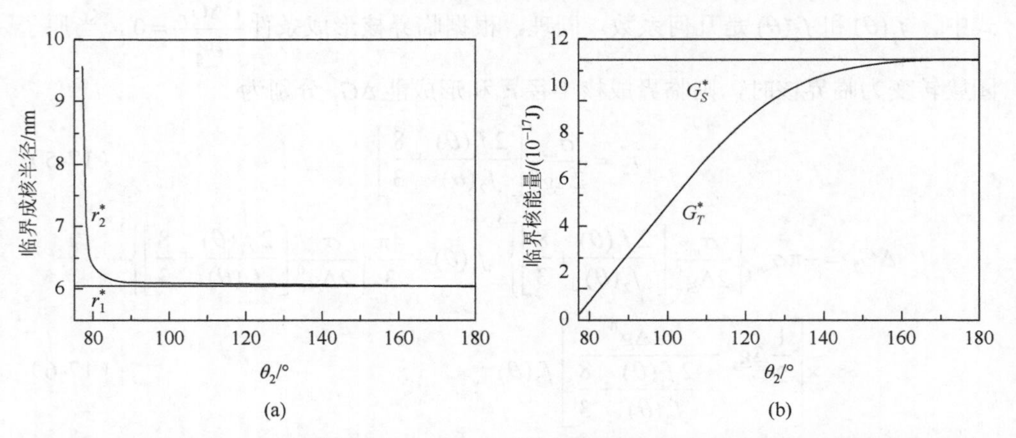

图 17-2（a）接触角θ_2与临界成核半径r_1^*、r_2^*的依赖关系；（b）接触角θ_2与临界核能量$\Delta G_S{}^*$、$\Delta G_T{}^*$的关系曲线

选择成核的动力学判据。下面，我们讨论 VLS 生长 NW 成核和生长的扩散动力学机制。一般情况下，纳米颗粒表面沉积原子有两种类型的扩散过程：表面扩散和体扩散，这两种扩散过程对于选择性成核很重要，它们决定了纳米颗粒是留在衬底上还是在 NW 的顶端。对于 VLS 中 NW 的成核，吸附原子在纳米颗粒表

面的扩散由表面饱和时间 t_s 表示，表示增加的吸附原子含量达到饱和浓度所需的时间。因此，表面饱和时间由式（17-7）表示[21]：

$$t_s = \frac{C^{*2} D_b(r,T)}{Q^2} \tag{17-7}$$

式中，C^* 是触发原子直接沉淀到纳米粒子上表面的浓度阈值；$D_b(r,T)$ 是原子的尺寸依赖体扩散系数。

相反地，体扩散由体扩散时间 t_d 表示

$$t_d = \frac{1}{6D_b(r,T)} \sqrt[3]{\left[\frac{4\pi}{3}\left(\frac{d}{2}\right)^3\right]^2} \tag{17-8}$$

显然，当 $t_d \gg t_s$ 时，纳米颗粒表面的原子饱和速度比原子穿透到其底部快得多，这表明吸附原子的成核将发生在催化剂纳米颗粒的上表面，然后，为 NW 的进一步生长提供纳米尺度模板。相反地，当 $t_d \ll t_s$ 时，原子从纳米颗粒的上表面扩散到底部的速度远快于吸附原子在上表面达到饱和阈值的速度，这意味着生长的原子将在纳米颗粒的底部沉淀，然后，在纳米颗粒和衬底之间的界面上成核。

我们具体研究 Si NW 生长的动力学，在 Si-Fe 系统中计算设定温度和压强下的体扩散时间和表面饱和时间，如图 17-3 所示。我们发现，体扩散时间随着 Fe 催化剂尺寸的增加而增加，而表面饱和时间几乎不随纳米颗粒直径的增加而变化。重要的是，当 Fe 催化剂的尺寸小于 25 μm 时，$t_d < t_s$（高两个数量级）。所以，根据上述动力学准则，当纳米颗粒尺寸小于 25 μm 且催化剂表面达到饱和阈值时，Si 更快地渗透到衬底中。因此，当 Fe 催化剂尺寸小于 25 μm 时，Si 将沉淀在底部并且使催化剂浮起，这样催化剂液滴始终保持在 NW 顶端。

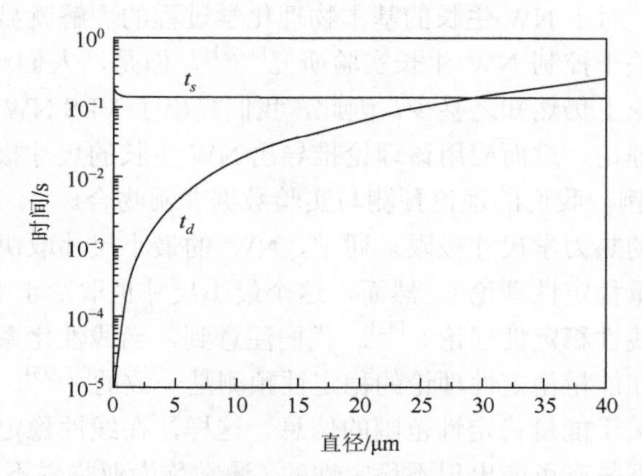

图 17-3　表面饱和时间与体扩散时间的比较

Tan 等[22]指出，Si NW 的尺寸受金属催化剂液滴尺寸的限制，并且 Si NW 的

直径通常远小于催化剂液滴的直径。因此，当催化剂液滴位于NW顶端时，Si NW的尺寸应该小于催化剂液滴的尺寸。有趣的是，目前几乎所有在Si-Fe系统中给定温度和压强下的实验数据都表明Si NW的直径小于200 nm，并且催化剂液滴始终位于Si NW的顶端[12, 19, 20]，这与我们的理论非常相符。相比之下，我们从图17-3可以看出，催化剂液滴存在一个30 μm的临界直径。当纳米颗粒尺寸大于30 μm时，催化剂表面饱和度和Si渗透时间的数量级几乎是相同的。因此，当催化剂液滴半径大于30 μm时，上述模型预测无法得出可靠的结论，NW生长形态或许是偶然随机的。

所以，我们可以认为，VLS NW选择性生长的热力学和动力学判据可以用来确定NW上催化剂纳米颗粒的位置。值得注意的是，在一些通过激光烧蚀合成Si NW的研究中[23, 24]，在NW顶端或衬底上的任何地方都没有观察到催化剂纳米颗粒。实际上，这种NW的成核和生长确实不同于VLS机制。此外，Wang等[24, 23]指出，通过激光烧蚀合成Si NW不需要金属催化剂，相反，SiO_2等氧化物是有效的催化剂。

17.2　纳米线生长的热力学和动力学模型

迄今为止，大部分半导体NW都是基于VLS机制合成的[12, 25-30]。VLS机制的特点是：①反应物以气相形式提供，NW是通过从金属合金液滴中提取所需材料形成的；②NW生长是由液体黏附系数的差异引起的，NW的黏附系数比液滴小几个数量级。因此，液滴和NW可以分别俘获和排斥气相中生长材料的几乎所有成分。通常，1D纳米结构的固有属性主要由它们的尺寸、形状、组分和晶体结构等决定。原则上，人们可以通过调控这些属性中的任何一个来调控纳米结构的某一属性。因此，对于NW生长的基本物理化学过程的理解就显得十分重要。然而，尽管有一些关于控制NW生长实验研究[29-31]，但是，人们对VLS生长NW的尺寸极限在理论上仍然知之甚少。因此，我们提出了VLS NW生长的成核热力学和生长动力学理论，进而应用该理论推导出NW生长的尺寸极限。重要的是，以Si NW生长为例，我们的理论预测与实验数据非常吻合。

纳米线生长的热力学尺寸极限。通常，NW的最小尺寸取决于成核热力学和生长动力学（能量稳定性理论）。然而，这个最小尺寸也取决于NW本身的瑞利-泰勒不稳定性（线性稳定性理论）[32]。我们注意到，当线性化系统对称时，基于线性稳定性理论和能量稳定性理论的稳定性预测是一致的[32, 33]。因此，线性化方程不会产生太多关于能量稳定性范围的信息。这样，在线性稳定性理论确定的瑞利数的临界值以下是有可能出现不稳定性的（通常称为亚临界不稳定性），而且它可能位于能量稳定的区域。在热力学上，相变是由吉布斯自由能的差异引起的。VLS生长NW成核示意图如图17-4所示。团簇X的吉布斯自由能差可以表示为[22]

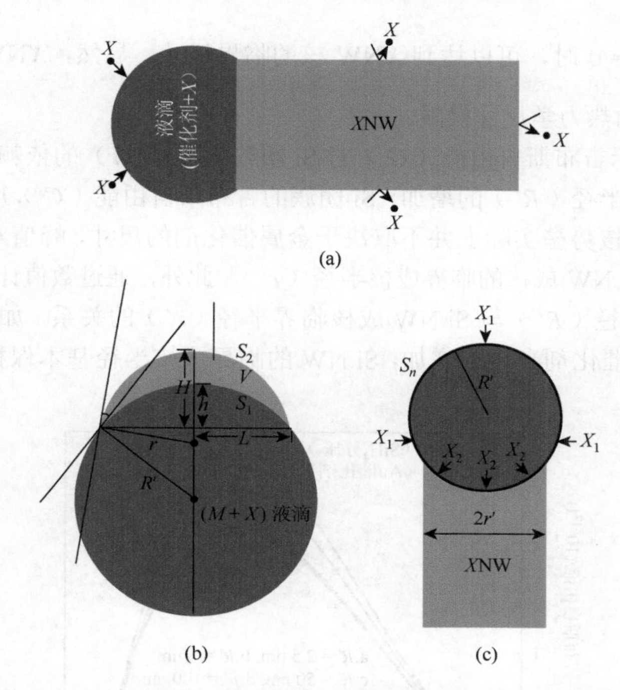

图 17-4　VLS 机制 XNW 热力学成核和动力学生长过程示意图

（a）由于黏附系数的巨大差异，液滴和 XNW 分别从气相中俘获和排斥生长材料的几乎所有成分；（b）热力学成核；（c）动力学生长

$$\Delta G = \pi R(\sigma_{xv} - \sigma_{lv})\left[R - \sqrt{R^2 - r^2 + \frac{r^2(R\cos\theta - r)^2}{R^2 + r^2 - 2Rr\cos\theta}}\right]$$
$$+ 2\pi\sigma_{xv}r^2\left(1 - \frac{R\cos\theta - r}{\sqrt{R^2 + r^2 - 2Rr\cos\theta}}\right)$$
$$+\frac{1}{6}\pi\left[\frac{RT}{V_m}\ln\left(\frac{C}{C^{eq}}\right)\right]\left\{\left[R - \sqrt{R^2 - r^2 + \frac{r^2(R\cos\theta - r)^2}{R^2 + r^2 - 2Rr\cos\theta}}\right]^3\right.$$
$$+3r^2\left[R - \sqrt{R^2 - r^2 + \frac{r^2(R\cos\theta - r)^2}{R^2 + r^2 - 2Rr\cos\theta}}\right]\left[1 - \frac{(R\cos\theta - r)^2}{R^2 + r^2 - 2Rr\cos\theta}\right]$$
$$-r^3\left(1 - \frac{R\cos\theta - r}{\sqrt{R^2 + r^2 - 2Rr\cos\theta}}\right)^3 - 3r^3\left(1 - \frac{R\cos\theta - r}{\sqrt{R^2 + r^2 - 2Rr\cos\theta}}\right)$$
$$\left.\times\left[1 - \frac{(R\cos\theta - r)^2}{R^2 + r^2 - 2Rr\cos\theta}\right]\right\} \tag{17-9}$$

当 $\frac{\partial \Delta G(r)}{\partial r}=0$ 时，可以达到 *X*NW 核的临界尺寸。显然，*X*NW 核的临界尺寸是 NW 生长的热力学尺寸极限。

图 17-5 显示吉布斯自由能（G）对 Si 团簇的半径（r）的依赖。我们发现，随着 Au 催化剂半径（R'）的增加，Si 团簇的吉布斯自由能（G）几乎没有变化。因此，NW 的成核势垒实际上并不取决于金属催化剂的尺寸，峰值对应的 Si 团簇的半径应该是 Si NW 成核的临界成核半径（r'）。此外，通过数值计算，我们给出了 Au 催化剂半径（R'）与 Si NW 成核临界半径（r'）的关系，如图 17-6 所示。显然，随着 Au 催化剂半径的增加，Si NW 的临界成核半径基本保持不变。所以，

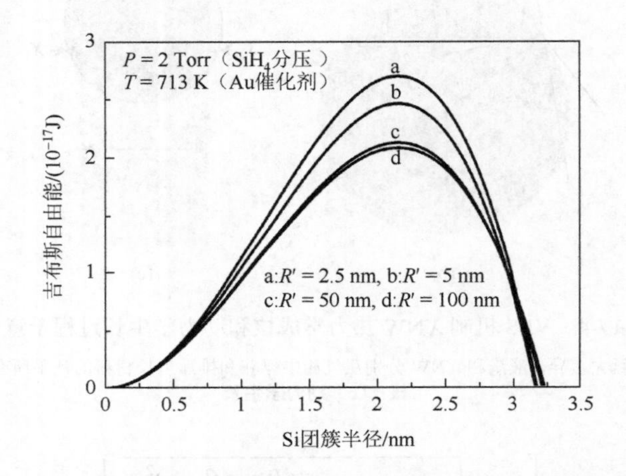

图 17-5　对于不同 Au 催化剂尺寸，吉布斯自由能对 Si 团簇半径的依赖

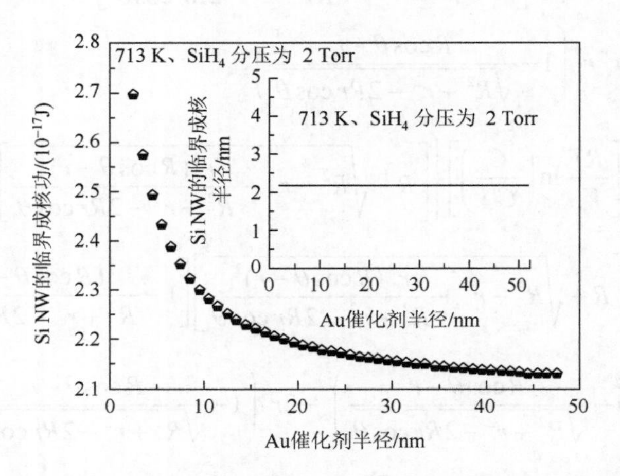

图 17-6　Au 催化剂半径与 Si NW 临界成核功的关系

插图显示了 Au 催化剂半径和 Si NW 临界成核半径的关系

这些结果表明，对于给定的系统，例如，Si-Au 系统，NW 的临界成核半径似乎是一个相对独立的值。显然，对于 VLS 生长 NW 的尺寸，肯定有一个热力学极限，即理论最小值。例如，Si-Au 系统的热力学极限为 1.4 nm。到目前为止，我们还没有发现任何实验报道 VLS 生长 Si NW 的半径小于 1.4 nm。

纳米线生长的动力学尺寸极限。从生长动力学来看，当 X 原子在液滴中达到饱和时，液滴俘获（X_1）和提取（$X_2+X_2^N$）的 X 原子数应该相等。因此，只有 X_2^N 原子有助于在 XNW 的生长中析出 X 原子。X_2^N 原子的个数可以近似等于撞击到 S_N 的区域表面的净通量。所以，我们可以认为 X_2^N 原子的个数 N 表示为

$$N = 2\pi R'\left(R' - \sqrt{R'^2 - r'^2}\right)(\theta - \theta_r) = \frac{10^6 \pi r'^2 S \rho N_m}{M} \tag{17-10}$$

式中，R'、r'、ρ、N_m 分别为液滴半径、XNW 的半径、单晶 X 的密度、阿伏加德罗常数；M 是单晶 X 的摩尔质量；θ 是单位时间内气相撞击单位平面表面 X 原子的数量；S 是 XNW 的生长速度，可以表示为[35]

$$S = h\nu \exp(-E_\alpha / RT)[1 - \exp(-|\Delta g_m| / RT)] \tag{17-11}$$

式中，h、ν、E_α、R 和 T 分别是 XNW 在生长方向上的晶格常数、热振动频率、X 原子在表面位点附着的吸附原子的摩尔吸附能、气体常数和衬底温度。每摩尔吉布斯自由能差 Δg_m 具有以下关系：$\Delta g_m = -RT\ln\left(\dfrac{C}{C^{eq}}\right)$。

根据方程（17-10）和方程（17-11），我们可以得到催化剂的尺寸（$2R'$）与 XNW 的直径（$2r'$）的关系为

$$2r' = 4R'\left[\frac{M\left[P - \dfrac{PC^{eq}}{C}\exp\left(\dfrac{2\sigma_{lv}\Omega}{R'kT}\right)\right]}{10^6\sqrt{2\pi mkT}\,\rho N_m h\nu \exp\left(-\dfrac{E_\alpha}{RT}\right)\left\{1 - \exp\left[-\dfrac{\left|-RT\ln\left(\dfrac{C}{C^{eq}}\right)\right|}{RT}\right]\right\}} - \left(\frac{M\left[P - \dfrac{PC^{eq}}{C}\exp\left(\dfrac{2\sigma_{lv}\Omega}{R'kT}\right)\right]}{10^6\sqrt{2\pi mkT}\,\rho N_m h\nu \exp\left(-\dfrac{E_\alpha}{RT}\right)\left\{1 - \exp\left[-\dfrac{\left|-RT\ln\left(\dfrac{C}{C^{eq}}\right)\right|}{RT}\right]\right\}}\right)^2\right]^{\frac{1}{2}} \tag{17-12}$$

Si NW 直径对 Au 催化剂尺寸的依赖可以从方程（17-12）得到，从图 17-7 中我们可以看出，Si NW 直径随着 Au 催化剂直径的增加而增加，并且 Si NW 直径总是小于 Au 催化剂直径。这些理论结果与实验数据是一致的[12, 20, 37]。值得注意的是，我们的定量计算与实验数据非常吻合[20, 37]，如图 17-7 所示。相似的，Yu 和 Buhro[38]根据经验线性表达式和实验数据模拟了催化剂直径与 GaAs NW 尺寸的关系。在图 17-7 中，考虑到 Si NW 生长后的氧化效应，参考文献[20]的数据已根据氧化层厚度进行了校正。因此，从动力学的角度来看，催化剂液滴的尺寸可以在一定程度上限制 VLS 生长 NW 尺寸。

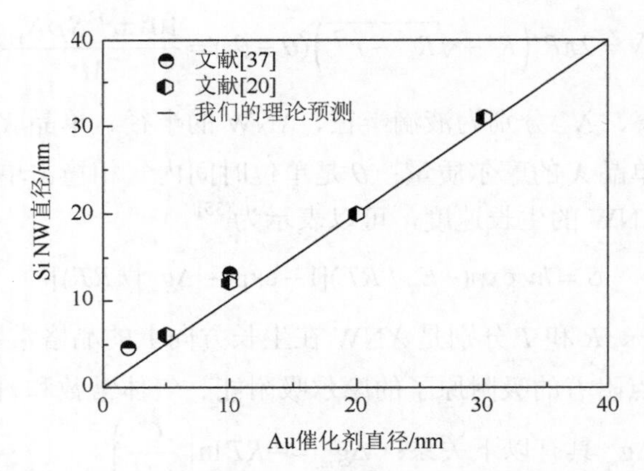

图 17-7　Au 催化剂直径与 Si NW 直径的关系

拟合曲线通过方程（17-12）及 Au-Si 相图计算得到

17.3　尺寸依赖的纳米线形貌演变

众所周知，自组装过程需要原子或原子团簇的相互作用作为热力学驱动力来组织这些原子或团簇形成纳米尺度的各种形态[8]。例如，Thürmer 等[39]发现通过吸收驱动位错反应的自组装制备了 2D 空位岛规则阵列。因此，人们有必要探索那些控制纳米结构生长的物理和化学本质。我们知道，1D 纳米结构的表面形状在其应用中起着特别重要的作用。例如，NW 作为环绕式栅极晶体管或作为壳-核异质结构需要对表面形状进行良好控制，以获得均匀的横截面并最大限度地减少粗糙界面处的载流子散射[40]。因此，我们需要对 1D 纳米结构表面形状的形成进行定量的热力学描述。

实验研究给出了 VLS 生长 1D SnO_2 纳米结构的尺寸依赖形态演变。具体而言，SnO_2 NW 和纳米带的形状形成取决于它们的尺寸，即当尺寸小于 90 nm 时，NW 优先形成；而当尺寸大于 90 nm 时，纳米带优先形成（图 17-8）。我们通过成核热力学、生长动力学和形状转变热力学对这个问题进行了系统研究[3]。在这里，从 NW 核的初始阶段到纳米带核的尺寸依赖的形状转变均源于成核和生长的热力学驱动力。

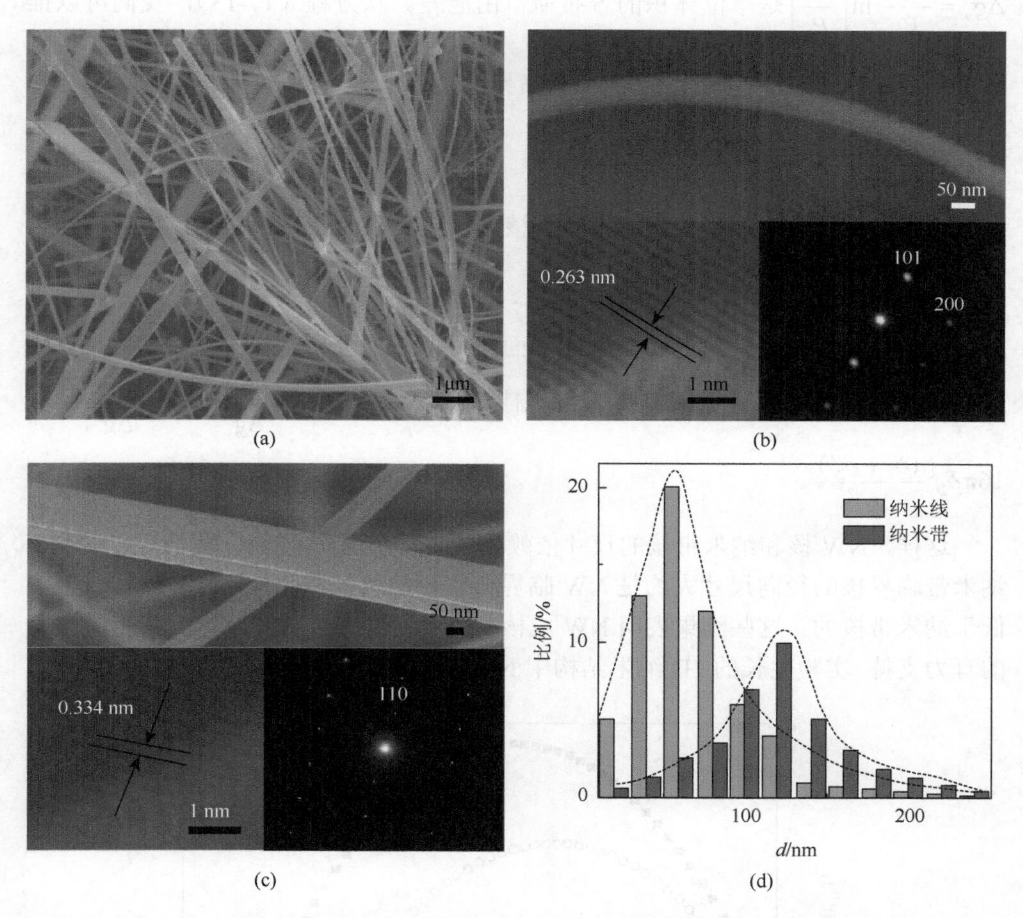

图 17-8　（a）SnO_2 NW 和纳米带的低倍率场发射扫描电子显微镜（FESEM）图像；（b）NW 的高倍率 FESEM 图像（上）、相应的高分辨率透射电子显微镜（HRTEM）图像（左下）和选区电子衍射（SAED）图像（右下）；（c）纳米带的高倍率 FESEM 图像（上）、相应的 HRTEM 图像（左下）和 SAED 图像（右下）；（d）制备的 1D 纳米结构中纳米线和纳米带径向尺寸分布的 SEM 统计结果

成核热力学。吉布斯自由能是竞争相之间相变状态能量的适应性度量。因此，我们基于纳米热力学成核理论研究上述 SnO_2 成核过程。考虑到 NW 生长起源于柱状核，并且 NW 核的形成［图 17-8（b）］是从饱和 Au 催化剂中提取反应前驱体的过程[35]，所以，柱状核吉布斯自由能差表示为

$$\Delta G_1 = -\Delta g_v \pi r_1^2 L_1 + \pi r_1^2 (\delta_1 + \delta_1'') + 2\pi r_1 L_1 \delta_1 \tag{17-13}$$

式中，δ_1 和 δ_1'' 分别是核-气和核-液的界面能；r_1 和 L_1 分别是核的半径和高度；$\Delta g_v = \dfrac{-RT}{V_m}\ln\left(\dfrac{P}{P_e}\right)$ 是单位体积的吉布斯自由能差。从方程（17-13），我们可以推导出临界成核半径 r_1^*、临界高度 L_1^* 和临界能量 ΔG_1^* 分别为 $2\dfrac{\delta_1}{\Delta g_v}$、$2\dfrac{(\delta_1 + \delta_1'')}{\Delta g_v}$ 和 $4\pi\delta_1^2 \dfrac{(\delta_1 + \delta_1'')}{\Delta g_v^{\ 2}}$。

这里，我们使用矩形核而不是方形核来简化我们的计算。因此，矩形核的吉布斯自由能差表示为

$$\Delta G_2 = -\Delta g_v r_2^2 L_2 + r_2^2 (\delta_2 + \delta_2'') + 4 r_2 L_2 \delta_2 \tag{17-14}$$

式中，δ_2 和 δ_2'' 分别是核-气和核-液的界面能；r_2 和 L_2 分别是核的边长和高度。同理，临界成核半径 r^*_2、临界高度 L^*_2 和临界能量 ΔG_2^* 分别为 $4\dfrac{\delta_2}{\Delta g_v}$、$2\dfrac{(\delta_2 + \delta_2'')}{\Delta g_v}$ 和 $16\pi\delta_2^2 \dfrac{(\delta_2 + \delta_2'')}{\Delta g_v^{\ 2}}$。

这样，NW 核和纳米带核的尺寸依赖如图 17-9 所示。显然，我们可以看到，纳米带临界核的径向尺寸大约是 NW 临界核直径的两倍。此外，NW 核的成核功低于纳米带核的。这些结果表明 NW 成核几率高于纳米带，并且得到了相关实验的有力支持，实验生长的 1D 纳米结构中 NW 和纳米带的比例分别为 63%和 37%。

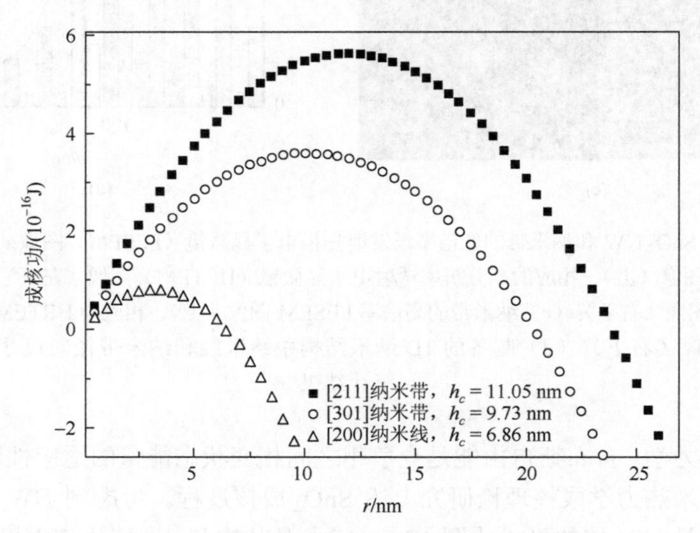

图 17-9　纳米线核和纳米带核的尺寸依赖

[211]、[301]、[200]为核的生长方向

生长动力学。一旦成核发生，那么饱和 Au 催化剂就可以不断地提供反应前驱体，使得 NW 和纳米带不断地长大。图 17-10（a）显示了 NW 或纳米带的生长机制。晶核的表面能和反应前驱体的浓度在晶核的生长中起着关键作用，其中晶核的自由能由表面能和应变能组成[44]，从饱和 Au 催化剂中提取轴向反应前驱体。前驱体的供应导致 1D 纳米结构的半径和高度的增长，即①轴向供应导致高度增加（P_{aa}），以及②径向供应导致半径增加（P_{ar}），即[44]

$$P_{ij} = \frac{\exp\left(-\frac{\Delta E_{ij}}{KT}\right)}{\sum_{i,j}\exp\left(-\frac{\Delta E_{ij}}{KT}\right)};\ \ \Delta E_{ij} = \Delta E_{Sij} + \Delta E_{Tij}, (i, j = a, r) \tag{17-15}$$

式中，K 是玻尔兹曼常数；T 是生长温度。考虑到在不同情况下获得的自由能 ΔE_{ij}，我们假设 NW 和纳米带的径向尺寸足够大，使表面能 ΔE_{Sij} 远小于应变能 ΔE_{Tij}。因此，ΔE_{Tij} 可以表达为 $\Delta E_{Taa} = E_m(1-\sigma_m)\varepsilon_a^2$，$\Delta E_{Tar} = E_m\delta_m\varepsilon_a^2$，其中，$E_m$ 是弹性模量，δ_m 是 NW 或纳米带的泊松比，ε_a 是轴向应变。这样，NW 沿径向和轴向的体积增加为[44]

$$\begin{aligned} \frac{1}{4}L_1(t)d_1(t)\frac{\partial d_1(t)}{\partial t} &= A\frac{1}{4}P_{ar}d_1(t)^2 \\ \frac{1}{4}d_1(t)^2\frac{\partial L_1(t)}{\partial t} &= 2A\frac{1}{4}P_{aa}d_1(t)^2 \end{aligned} \tag{17-16}$$

同样，在纳米带的情况下，我们可以得到：

$$\begin{aligned} \frac{1}{4}L_2(t)d_2(t)\frac{\partial d_2(t)}{\partial t} &= A\frac{1}{4}P_{ar}d_2(t)^2 \\ \frac{1}{4}d_2(t)^2\frac{\partial L_2(t)}{\partial t} &= 2A\frac{1}{4}P_{aa}d_2(t)^2 \end{aligned} \tag{17-17}$$

式中，$d_1(t)$ 和 $d_2(t)$ 分别是 NW 的直径（时间 t 的函数）和纳米带的边长（时间 t 的函数）；$L_1(t)$ 和 $L_2(t)$ 分别是 NW 和纳米带的高度（时间 t 的函数）；A 是与生长相关的常数。不考虑每种生长类型的应变能差异，我们得出

$$d_1(t) \approx \left[2\left(t + 2r_1^{*2}\right)\right]^{\frac{1}{2}};\ \ d_2(t) \approx \left[2\left(t + \frac{r_2^{*2}}{2}\right)\right]^{\frac{1}{2}} \tag{17-18}$$

式中，t 是成核后纳米结构的生长时间；r_1^* 和 r_2^* 分别是 NW 和纳米带的临界尺寸。这样，根据方程（17-18），我们就可以得到 NW 和纳米带的生长速率，如图 17-10（b）所示。显然，在 1D 纳米结构的生长中，NW 和纳米带的生长速率是相同的。纳米带的最终尺寸大约是 NW 的两倍，这是因为 r_2^* 是 r_1^* 的两倍。这一理论结果与图 17-8（d）中的实验数据非常一致。

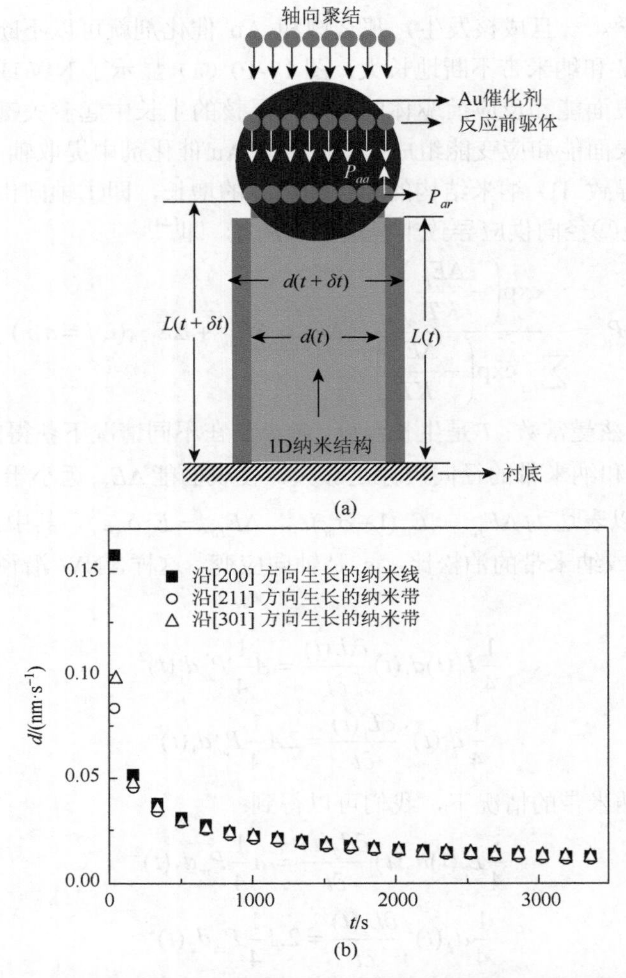

图 17-10 （a）1D 纳米结构生长机制示意图（NW 或纳米带的径向横截面）；（b）NW 和纳米带的生长速率

形貌转变的热力学模型。实际上，在 NW 核生长的初始阶段，其形状转变有两种可能性：一种是从线型核到带状核，另一种是从带状核到线型核。为了阐明在热力学上哪种形状转变更可取，我们需要比较线型核和带状核的吉布斯自由能。线型核和带状核的吉布斯自由能差为$\Delta G = V\Delta P + \delta\Delta S$[45]，其中，$\Delta P$ 是 NW 核和纳米带核的压强差，小到可以忽略不计；$V = \pi d_1^{\,2}\dfrac{L_1}{4} = d_2^{\,2}L_2$ 为 NW 核和纳米带核的体积，其中，d_1 和 L_1 分别为 NW 核的直径和高度，d_2 和 L_2 分别为纳米带核的边长和高度，$L_2 = \pi d_1^{\,2}\dfrac{L_1}{4d_2^{\,2}}$，$\delta$ 是 NW 核的[200]面和纳米带核的[211]面的表面能

差，ΔS 是 NW 核和纳米带核的表面积差。因此，ΔG 可以表示为

$$\Delta G = \delta_2\left(4d_2L_2 + d_2^2\right) + \delta_2'' d_2^2 - \delta_1\left(\pi d_1L_1 + \pi d_1^2/4\right) - \pi d_1^2\delta_1''/4 \tag{17-19}$$

当 d_1 等于 150 nm、175 nm 和 200 nm 且 $L_1 = 12$ nm 时，ΔG 和 d_2 的关系如图 17-11（a）所示。显然，三条曲线在 A 点相交（$\Delta G = 0$ 且 $d_2 = 43$ nm），并且在 AB、AC 和 AD 这些区域中 $\Delta G<0$。具体来说，在这些区域中，$\Delta G<0$ 意味着 NW 核的吉布斯自由能大于纳米带核的吉布斯自由能，这表明在热力学上有从线型核到带状核转变的趋势。在这种情况下，直径为 150 nm、175 nm 和 200 nm 的 NW 核可以分别转变为径向尺寸为 60 nm、70 nm 和 80 nm 的纳米带核。需要注意，当 $d_1<120$ nm 时，$\Delta G>0$，这意味着直径小于 120 nm 的 NW 核从线型核到带状核的形状转变不是热力学所预期的。

同样，根据方程（17-19），当纳米带沿一个方向生长时，ΔG 与 d_2 的关系如图 17-11（b）所示。我们可以清楚地看到，三条曲线在 E 点相交（$\Delta G = 0$ 且 $d_2 = 34$ nm），并且在 EF、EG 和 EH 这些区域中 $\Delta G<0$。这说明直径为 150 nm、175 nm 和 200 nm 的 NW 核有可能分别转变为径向尺寸为 60 nm、70 nm 和 80 nm 的纳米带核。当然，我们需要注意，当 $d_1<90$ nm 时，$\Delta G>0$，这意味着从线型核到直径小于 90 nm 的带状核的形状转变不是热力学所预期的。

综上所述，VLS 1D 纳米结构生长中，在热力学上，NW 核尺寸越大，从线型核到带状核的形状转变越容易。事实上，这些理论预测不仅与图 17-8（d）的实验结果一致，而且揭示了实验现象背后的物理本质，也就是在热力学上，小尺寸的线型结构生长和大尺寸的带状结构生长都是有利的。

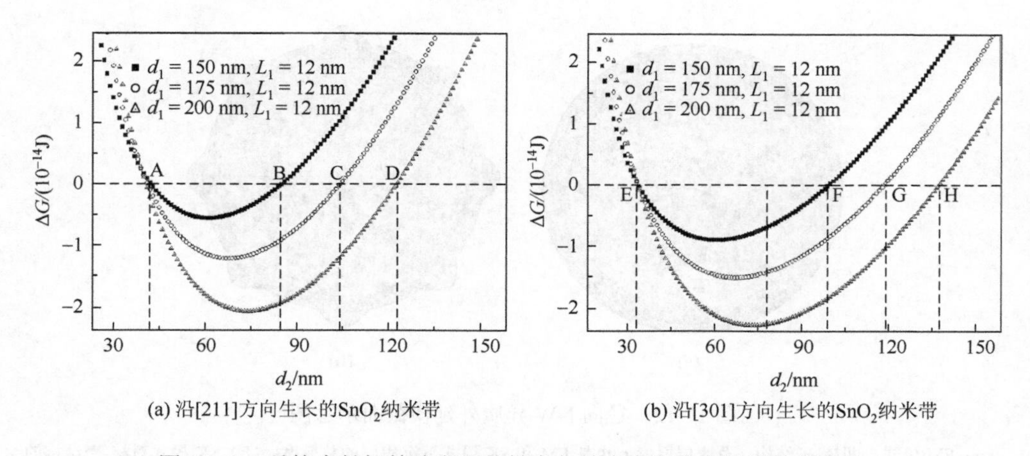

(a) 沿[211]方向生长的 SnO_2 纳米带　(b) 沿[301]方向生长的 SnO_2 纳米带

图 17-11　晶核生长初始阶段形状转变与其吉布斯自由能差的相关性

17.4　核-壳结构纳米线异质结构生长的热力学

半导体 NW 异质结构因其在微电子和光电子器件中的巨大潜力而引起了人们的极大兴趣[46-50]。作为有前途的典型半导体异质结构，径向 Ge/Si NW 异质结构，即 Ge-核/Si-壳 NW 异质结构，已经被广泛用于各种纳米器件，如太阳能电池[51, 52]、激光器[53]和传感器[54]。更重要的是，半导体核-壳 NW 表现出比 Ge 或 Si 等单一元素 NW 更优越的器件性能[55, 56]。然而，表面粗糙化是高质量径向 NW 异质结构外延生长面临的一个挑战。例如，Ge-核/Si-壳 NW 的表面在外延生长过程中总是表现出具有岛状形态的周期性调制[50, 56-59]。但是，考虑到如果把 QD 形成作为 NW 表面粗糙化的结果，那么，具有粗糙化表面的核-壳 NW 结构实际上已经转变为另一种类型的异质结构，即 QD-NW 异质结构。可以将它视作一种独特的功能纳米结构，非常适用于从太阳能电池到生物传感器等应用[60]。因此，对径向 NW 异质结构表面外延生长过程中粗糙化行为的物理理解对于理论设计和高质量的实验生长至关重要。

NW 上的壳形成可以被认为是曲面上的逐层生长，也就是异质外延生长中的 FM 模式，如图 17-12（a）所示。同时，核-壳 NW 异质结构中的表面粗糙化有助于 NW 外延层上 QD 的形成，也就是 SK 模式，如图 17-12（b）所示。因此，我们可以通过确定生长的异质外延模式来解决表面粗糙化问题。假设厚度为 t_0 的外延层沉积在长度为 l_0 的 NW 上，我们首先比较两种生长模式引起的能量变化，以确定哪种生长模式更有利。由于 NW 表面是弯曲的，所以外延层和 NW

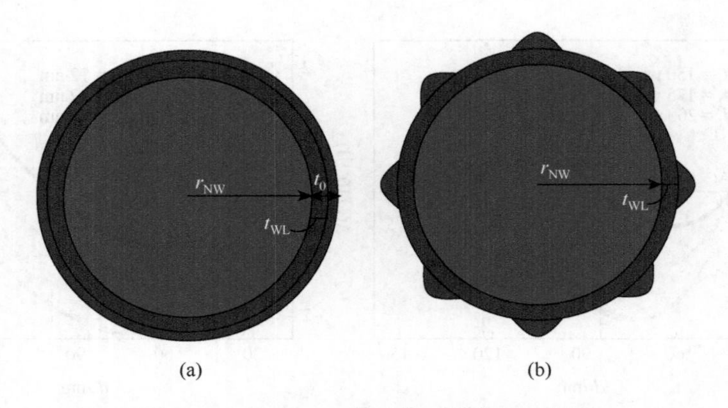

图 17-12　径向 NW 异质外延横截面示意图

（a）FM 模式，即核-壳结构，总壳层厚度 t_0 也是 FM 和 SK 模式下沉积层的总厚度；（b）SK 模式对核-壳结构的表面粗糙化。在 FM 和 SK 模式中，NW 半径 r_{NW} 和 WL 厚度 t_{WL} 都是相同的

之间的应变会比平面衬底上的情况更复杂。纵向应变分量可以由外延层和NW之间在沿NW轴方向的晶格失配来确定，并且可以由等式给出：$\varepsilon_z = \varepsilon_0$，其中$\varepsilon_0 = (a_{\mathrm{NW}} - a_{\mathrm{shell}}) / a_{\mathrm{shell}}$，这里$a_{\mathrm{NW}}$和$a_{\mathrm{shell}}$分别是NW和壳层材料的晶格常数。通过忽略NW两端的影响[61]，我们假设在垂直于NW表面的方向上没有应力。此外，剪切应变分量都为零。需要注意的是，表面曲率的贡献主要作用于NW面切线方向的应变ε_t，可由等式给出：当$r < r_{\mathrm{NW}} / (1-\varepsilon_0)$，$\varepsilon_t = \varepsilon_0 - \dfrac{(r - r_{\mathrm{NW}})(1-\varepsilon_0)}{r_{\mathrm{NW}}}$。如果$r \geqslant r_{\mathrm{NW}} / (1-\varepsilon_0)$，则切向应变分量将为零，其中，$r$是给定点到NW中心的距离，$r_{\mathrm{NW}}$是NW的半径。

在FM模式下，外延层厚度的增加引起表面能和应变能的变化为

$$E_{\mathrm{FM}} = \frac{l_0}{n}\left[2\pi(r_{\mathrm{NW}} + t_0)\gamma_{t_0} - 2\pi(r_{\mathrm{NW}} + t_{\mathrm{WL}})\gamma_{\mathrm{WL}}\right] + \frac{2\pi l_0}{n}\int_{r_{\mathrm{NW}}+t_{\mathrm{WL}}}^{r_{\mathrm{NW}}+t_0}\left[\frac{1}{2}c_{11}\left(\varepsilon_t^2 + \varepsilon_z^2\right) + c_{12}\varepsilon_t\varepsilon_z\right] r\mathrm{d}r \tag{17-20}$$

式中，等式右边第一项描述了表面能的变化，t_{WL}是WL的厚度，n是沿NW表面的QD密度（沿NW表面的QD数量），γ_{WL}和γ_{t_0}分别是该层厚度为t_{WL}和t_0的表面能，分别表示为$\gamma_{\mathrm{WL}} = \gamma_{\mathrm{substrate}} + (\gamma_{\mathrm{film}} - \gamma_{\mathrm{substrate}})\left(1 - \mathrm{e}^{\frac{t_{\mathrm{WL}}}{h_0\eta}}\right)$和$\gamma_{t_0} = \gamma_{\mathrm{substrate}} + (\gamma_{\mathrm{film}} - \gamma_{\mathrm{substrate}})\left(1 - \mathrm{e}^{\frac{t_0}{h_0\eta}}\right)$，其中，$\gamma_{\mathrm{substrate}}$和$\gamma_{\mathrm{film}}$分别是具有无限厚度的衬底和薄膜的表面能密度[62, 63]。

对于SK模式，在NW上首先形成具有基长l和接触角α的QD，随后是t_{WL}厚度的WL。纵向的QD密度为n_0，即沿NW轴长度为l_0的QD数量。表面能的变化用等式表示：$E_s = n_0\left(\gamma_s S_1 - \gamma_{\mathrm{WL}} S_2\right)$，其中，$\gamma_s$是QD侧面的表面能密度，$S_1$为单个QD的侧面面积，$S_2$是WL的底面积。应变能变化可表示为$E_{el} = n_0 V\left[\frac{1}{2}c_{11}\left(\varepsilon_{t_{\mathrm{WL}}}^2 + \varepsilon_z^2\right) + c_{11}\varepsilon_{t_{\mathrm{WL}}}\varepsilon_z\right]$，其中，$V$是单个QD的体积，$\varepsilon_{t_{\mathrm{WL}}}$是WL表面在NW表面的切线方向上的应变。考虑到QD中的应变是均匀的，平均应变可表示为$\varepsilon_a = \frac{1}{2}(\varepsilon_{t_{\mathrm{WL}}} + \varepsilon_z)$。因此，QD弛豫能的变化可表示为$E_r = -n_0\kappa Y(1+\nu)/(1-\nu)\varepsilon_a^2 \tan\alpha V$，其中，$\kappa$是形状因子。此外，沿NW轴方向的QD与相邻QD距离更近，即两个相邻QD的距离几乎为零。因此，在纵向方向上任意两个QD之间的弹性相互作用能可以表示为$E_{ini} = \frac{1+\nu}{1-\nu}\frac{1}{\pi}Y{\varepsilon_a}^2V^2\frac{1}{(il)^3}F\left(\frac{1}{2i}\right)$，其中，$F\left(\frac{1}{2i}\right)$是

校正因子[61]，i-1是任意两个QD之间所排列的QD数量。因此，在l_0的长度上，n_0个QD的总弹性相互作用能可表示为$E_{in}=\sum_{i=1}^{n_0-1}(n_0-i)E_{ini}$。因此，SK模式下的能量变化表示为

$$E_{SK}=E_s+E_{el}+E_r+E_{in} \tag{17-21}$$

基于FM和SK模式的能量变化，我们可以通过方程（17-22）得到能量差

$$E=E_{FM}-E_{SK} \tag{17-22}$$

如果能量差$E<0$，则FM模式有利，即可以形成核-壳NW结构。相反，如果$E>0$，则SK模式则更优越，从而出现表面粗糙化现象。因此，我们可以在$E=0$处获得WL的临界厚度。如果WL小于临界厚度，则可以获得核-壳NW结构。如果WL超过了临界厚度，则QD将在NW表面形成，导致NW表面粗糙化。

我们可以使用纵向密度的倒数或QD的基长来描述粗糙化的周期性，而幅度可以用QD顶部到平面的距离来表示。QD的高度只是QD相互重叠之前的振幅。如果在NW上沉积层厚度达到t_0后，形成基长为l和接触角为α的QD，那么，我们假设在QD上沉积了一个额外的Δt层，则单个QD的体积增加的量将表示为$\Delta V=\pi\tan\alpha\left(\frac{1}{4}l^2\Delta t+\frac{1}{2}l\Delta t^2+\frac{1}{3}\Delta t^3\right)$。由于沉积层的增加，QD在长度为$l_0$的纵向方向上的总能量将发生变化。表面能会随着表面积的增加而变化，可以表示为$\Delta E_s=\frac{\pi l}{\cos\alpha}\Delta t\gamma_s n_0$。此外，应变能和弛豫能的变化可分别为$\Delta E_{el}=\left[\frac{1}{2}c_{11}\left(\varepsilon_t^2+\varepsilon_z^2\right)+c_{12}\varepsilon_t\varepsilon_z\right]\Delta V n_0$和$\Delta E_r=-\kappa Y(1+\nu)/(1-\nu)\varepsilon_a^2\Delta V n_0$。另外，我们也可以通过比较$\Delta t$层沉积前后的能量来获得相互作用能的变化。因此，相互作用能的变化可以表示为$\Delta E_{in}=\sum_{i=1}^{n_0-1}(n_0-i)\frac{1+\nu}{1-\nu}Y\bar{\varepsilon}^2\frac{\tan\alpha}{24}\frac{\Delta V}{i^3}F\left(\frac{1}{2i}\right)$。基于上述所有的能量变化，我们可以得到总能量变化为

$$\Delta E=\Delta E_s+\Delta E_{el}+\Delta E_r+\Delta E_{in} \tag{17-23}$$

我们知道，总能量是随着沉积层的增加而增加，即ΔE总是大于零。总能量的变化在一定程度上可反映QD在NW上的稳定性。因此，只要它们的能量变化相同，具有不同密度和体积的QD在具有不同半径的NW核-壳结构上就会有相同的形成概率。而即使沉积层厚度相同，具有不同半径的NW核-壳结构的表面粗糙化也会表现出不同的周期性和振幅。

我们以Ge-核/Si-壳NW异质结构为例，基于方程（17-23），可以得到具有不同WL厚度和NW半径的FM模式和SK模式的能量差，如图17-13所示，图中的灰度代表能量差值大小。我们可以看到，在NW半径相同的情况下，随着WL变厚，能量差从小于零增加到大于零。这意味着，随着WL厚度的增加，外延生

长模式将从 FM 模式转变为 SK 模式。此外，通过两种模式的能量平衡获得的 WL 的临界厚度可以作为两种模式的分界线。因此，壳层将首先在 NW 表面形成，从而实现核-壳结构的生长。但是，当沉积层超过 WL 的临界厚度时，QD 开始形成，即在 NW 核-壳结构出现表面粗糙化。因此，根据上述分析，我们可以通过调节 WL 的厚度来避免表面粗糙化并实现完美的核-壳结构。

平面衬底上的外延生长与 NW 表面的重要区别在于 NW 的曲面。曲面可以改变应变的分布和进而引起弹性能的变化。NW 的半径决定了 NW 表面曲率，从而决定两种模式能量差的变化。从图 17-13 可以看出，如果 WL 的厚度保持不变，则能量差会随着 NW 的半径从大于零减小到小于零。因此，当 WL 保持一定厚度时，NW 的半径大小会导致生长模式的转变。我们可以获得某一厚度的 WL 对应的 NW 的临界半径。如果 NW 的半径超过临界值，则有利于核-壳结构的存在，而当半径小于临界半径时，就会形成 QD。

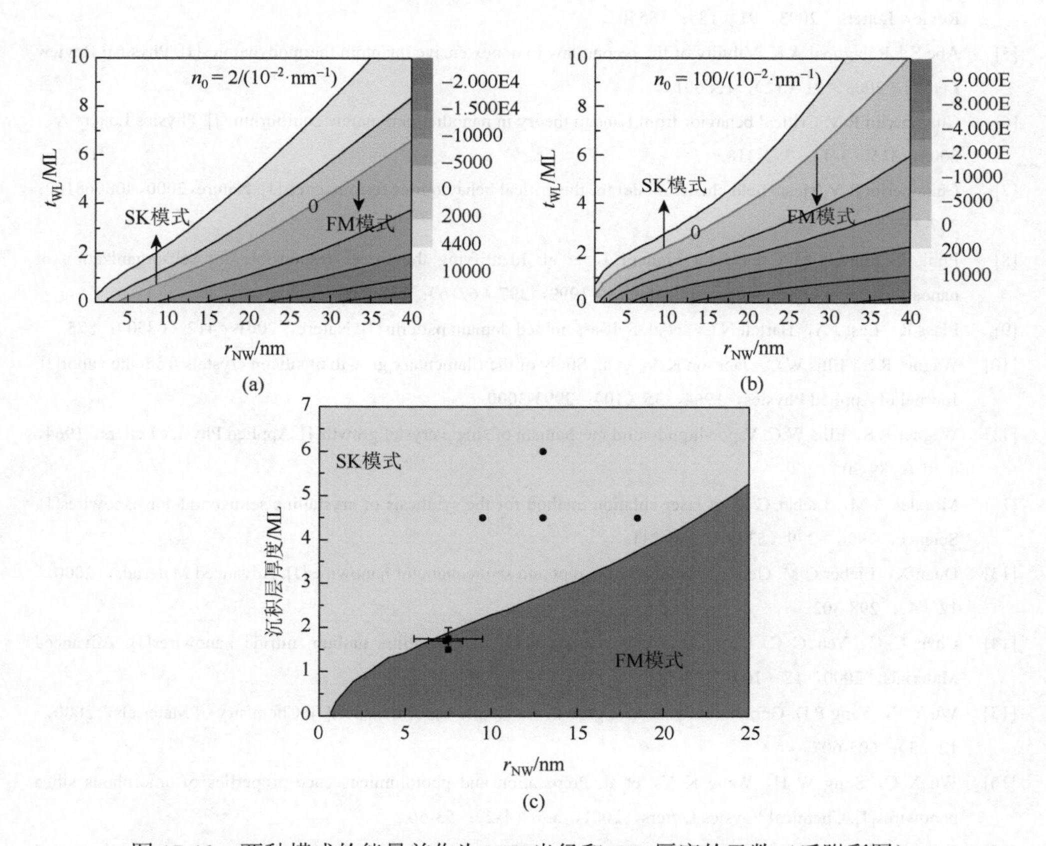

图 17-13 两种模式的能量差作为 NW 半径和 WL 厚度的函数（后附彩图）

其中 QD 纵向密度分别为（a）$n_0 = 2$ 和（b）$n_0 = 100$。能量差用灰度表示。（c）基于 WL 临界厚度，核-壳 NW 表面粗糙化与 NW 半径和沉积层厚度的相图

所以，WL 厚度和 NW 半径都对外延生长方式起着重要的决定作用。在图 17-13（a）和（b）中，我们看到，标“0”的部分表示能量差等于零。这条分界线表明 WL 的临界厚度会随着 NW 半径增加而增加，而 NW 的临界半径会随着 WL 厚度的增加而增加。显然，这是 FM 和 SK 模式的分界线。

参 考 文 献

[1] Xia Y N，Yang P D，Sun Y G，et al. One-dimensional nanostructures：synthesis，characterization，and applications[J]. Advanced Materials，2003，15（5）：353-389.

[2] Wang Z L. Zinc oxide nanostructures：Growth，properties and applications[J]. Journal of Physics：Condensed Matter，2004，16（25）：R829.

[3] Zhang C Y，Wang C X，Yang Y H，et al. A nanoscaled thermodynamic approach in nucleation of CVD diamond on nondiamond surfaces[J]. The Journal of Physical Chemistry B，2004，108（8）：2589-2593.

[4] Wang Z L，Kong X Y，Zuo J M. Induced growth of asymmetric nanocantilever arrays on polar surfaces[J]. Physical Review Letters，2003，91（18）：185502.

[5] Abe S，Rajagopal A K. Validity of the second law in nonextensive quantum thermodynamics[J]. Physical Review Letters，2003，91（12）：120601.

[6] Chamberlin R V. Critical behavior from Landau theory in nanothermodynamic equilibrium[J]. Physics Letters A，2003，315（3-4）：313-318.

[7] Chamberlin R V. Mean-field cluster model for the critical behaviour of ferromagnets[J]. Nature，2000，408（6810）：337-339.

[8] Pohl K，Bartelt M C，De La Figuera J，et al. Identifying the forces responsible for self-organization of nanostructures at crystal surfaces[J]. Nature，1999，397（6716）：238-241.

[9] Plass R，Last J A，Bartelt N C，et al. Self-assembled domain patterns[J]. Nature，2001，412（6850）：875.

[10] Wagner R S，Ellis W C，Jackson K A，et al. Study of the filamentary growth of silicon crystals from the vapor[J]. Journal of Applied Physics，1964，35（10）：2993-3000.

[11] Wagner R S，Ellis W C. Vapor-liquid-solid mechanism of single crystal growth[J]. Applied Physics Letters，1964，4（5）：89-90.

[12] Morales A M，Lieber C M. A laser ablation method for the synthesis of crystalline semiconductor nanowires[J]. Science，1998，279（5348）：208-211.

[13] Duan X，Lieber C M. General synthesis of compound semiconductor nanowires[J]. Advanced Materials，2000，12（4）：298-302.

[14] Chen C C，Yeh C C. Large-scale catalytic synthesis of crystalline gallium nitride nanowires[J]. Advanced Materials，2000，12（10）：738-741.

[15] Wu Y Y，Yang P D. Germanium nanowire growth via simple vapor transport[J]. Chemistry of Materials，2000，12（3）：605-607.

[16] Wu X C，Song W H，Wang K Y，et al. Preparation and photoluminescence properties of amorphous silica nanowires[J]. Chemical Physics Letters，2001，336（1-2）：53-56.

[17] Tolbert S H，Alivisatos A P. High-pressure structural transformations in semiconductor nanocrystals[J]. Annual Review of Physical Chemistry，1995，46（1）：595-626.

[18] Kelton K F. Crystal nucleation in liquids and glasses[J]. Solid State Physics，1991，45：75-177.

[19] Lew K K，Pan L，Dickey E C，et al. Vapor-liquid-solid growth of silicon-germanium nanowires[J]. Advanced Materials，2003，15（24）：2073-2076.

[20] Cui Y，Lauhon L J，Gudiksen M S，et al. Diameter-controlled synthesis of single-crystal silicon nanowires[J]. Applied Physics Letters，2001，78（15）：2214-2216.

[21] Louchev O A，Sato Y，Kanda H. Growth mechanism of carbon nanotube forests by chemical vapor deposition[J]. Applied Physics Letters，2002，80（15）：2752-2754.

[22] Tan T Y，Li N，Gösele U. Is there a thermodynamic size limit of nanowires grown by the vapor-liquid-solid process?[J]. Applied Physics Letters，2003，83（6）：1199-1201.

[23] Wang N，Tang Y H，Zhang Y F， et al. Transmission electron microscopy evidence of the defect structure in Si nanowires synthesized by laser ablation[J]. Chemical Physics Letters，1998，283（5-6）：368-372.

[24] Wang N，Tang Y H，Zhang Y F，et al. Si nanowires grown from silicon oxide[J]. Chemical Physics Letters，1999，299（2）：237-242.

[25] Sunkara M K，Sharma S，Miranda R，et al. Bulk synthesis of silicon nanowires using a low-temperature vapor-liquid-solid method[J]. Applied Physics Letters，2001，79（10）：1546-1548.

[26] Kamins T I，Stanley Williams R，Basile D P，et al. Ti-catalyzed Si nanowires by chemical vapor deposition：Microscopy and growth mechanisms[J]. Journal of Applied Physics，2001，89（2）：1008-1016.

[27] Westwater J，Gosain D P，Tomiya S，et al. Growth of silicon nanowires via gold/silane vapor-liquid-solid reaction[J]. Journal of Vacuum Science & Technology B，1997，15（3）：554-557.

[28] Hiruma K，Yazawa M，Katsuyama T，et al. Growth and optical properties of nanometer-scale GaAs and InAs whiskers[J]. Journal of Applied Physics，1995，77（2）：447-462.

[29] Duan X F，Lieber C M. Laser-assisted catalytic growth of single crystal GaN nanowires[J]. Journal of the American Chemical Society，2000，122（1）：188-189.

[30] Ohlsson B J，Björk M T，Magnusson M H，et al. Size-，shape-，and position-controlled GaAs nano-whiskers[J]. Applied Physics Letters，2001，79（20）：3335-3337.

[31] Gudiksen M S，Lieber C M. Diameter-selective synthesis of semiconductor nanowires[J]. Journal of the American Chemical Society，2000，122（36）：8801-8802.

[32] Givargizov E I，Highly anisotropic crystals[M]. Dordrecht：Reidel publishing company，1987.

[33] Davis S H. On the principle of exchange of stabilities[J]. Royal Society A：Mathematical and Physical Sciences，1969，310（1502）：341-358.

[34] Galdi G，Straughan B. Exchange of stabilities，symmetry，and nonlinear stability[J]. Archive for Rational Mechanics and Analysis，1985，89：211-228.

[35] Feng S Q，Yu D P，Zhang H Z，et al. The growth mechanism of silicon nanowires and their quantum confinement effect[J]. Journal of Crystal Growth，2000，209（2-3）：513-517.

[36] Liu Z Q，Zhou W Y，Sun L F，et al. Growth of amorphous silicon nanowires[J]. Chemical Physics Letters，2001，341（5-6）：523-528.

[37] Wu Y，Cui Y，Huynh L，et al. Controlled growth and structures of molecular-scale silicon nanowires[J]. Nano Letters，2004，4（3）：433-436.

[38] Yu H，Buhro W E. Solution-liquid-solid growth of soluble GaAs nanowires[J]. Advanced Materials，2003，15（5）：416-419.

[39] Thürmer K，Carter C B，Bartelt N C，et al. Self-assembly via adsorbate-driven dislocation reactions[J]. Physical Review Letters，2004，92（10）：106101.

[40] Ross F M，Tersoff J，Reuter M C. Sawtooth faceting in silicon nanowires[J]. Physical Review Letters，2005，95（14）：146104.

[41] Witt F，Vook R W. Thermally induced strains in cubic metal films[J]. Journal of Applied Physics，1968，39（6）：2773-2776.

[42] Kwon S J，Park J G. Theoretical analysis of growth of ZnO nanorods on the amorphous surfaces[J]. The Journal of Chemical Physics，2005，122（21）：214714.

[43] Pelleg J，Zevin L Z，Lungo S，et al. Reactive-sputter-deposited TiN films on glass substrates[J]. Thin Solid Films，1991，197（1-2）：117-128.

[44] Kwon S J. Theoretical analysis of non-catalytic growth of nanorods on a substrate[J]. The Journal of Physical Chemistry B，2006，110（9）：3876-3882.

[45] Liang L H，Liu F，Shi D X，et al. Nucleation and reshaping thermodynamics of Ni as catalyst of carbon nanotubes[J]. Physical Review B，2005，72（3）：035453.

[46] Lieber C M. The incredible shrinking circuit[J]. Scientific American，2001，285（3）：58-64.

[47] Wang J F，Gudiksen M S，Duan X F，et al. Highly polarized photoluminescence and photodetection from single indium phosphide nanowires[J]. Science，2001，293（5534）：1455-1457.

[48] Lee M L，Fitzgerald E A，Bulsara M T，et al. Strained Si，SiGe，and Ge channels for high-mobility metal-oxide-semiconductor field-effect transistors[J]. Journal of Applied Physics，2005，97（1）：011101.

[49] He R R，Yang P D. Giant piezoresistance effect in silicon nanowires[J]. Nature Nanotechnology，2006，1（1）：42-46.

[50] Xiang J，Lu W，Hu Y J，et al. Ge/Si nanowire heterostructures as high-performance field-effect transistors[J]. Nature，2006，441（7092）：489-493.

[51] Tian B Z，Zheng X L，Kempa T J，et al. Coaxial silicon nanowires as solar cells and nanoelectronic power sources[J]. Nature，2007，449（7164）：885-889.

[52] Peköz R，Malcıoğlu O B，Raty J Y. First-principles design of efficient solar cells using two-dimensional arrays of core-shell and layered SiGe nanowires[J]. Physical Review B，2011，83（3）：035317.

[53] Qian F，Li Y，Gradečak S，et al. Multi-quantum-well nanowire heterostructures for wavelength-controlled lasers[J]. Nature Materials，2008，7（9）：701-706.

[54] Hu Y，Churchill H O H，Reilly D J，et al. A Ge/Si heterostructure nanowire-based double quantum dot with integrated charge sensor[J]. Nature Nanotechnology，2007，2（10）：622-625.

[55] Roddaro S，Fuhrer A，Brusheim P，et al. Spin states of holes in Ge/Si nanowire quantum dots[J]. Physical Review Letters，2008，101（18）：186802.

[56] Liang G L，Xiang J，Kharche N，et al. Performance analysis of a Ge/Si core/shell nanowire field-effect transistor[J]. Nano Letters，2007，7（3）：642-646.

[57] Hao X J，Tu T，Cao G，et al. Strong and tunable spin-orbit coupling of one-dimensional holes in Ge/Si core/shell nanowires[J]. Nano Letters，2010，10（8）：2956-2960.

[58] Pan L，Lew K K，Redwing J M，et al. Stranski-Krastanow growth of germanium on silicon nanowires[J]. Nano Letters，2005，5（6）：1081-1085.

[59] Goldthorpe I A，Marshall A F，McIntyre P C. Synthesis and strain relaxation of Ge-core/Si-shell nanowire arrays[J]. Nano Letters，2008，8（11）：4081-4086.

[60] Goldthorpe I A，Marshall A F，McIntyre P C. Inhibiting strain-induced surface roughening：Dislocation-free Ge/Si and Ge/SiGe core-shell nanowires[J]. Nano Letters，2009，9（11）：3715-3719.

[61] Li A，Ercolani D，Lugani L，et al. Synthesis of AlAs and AlAs-GaAs core-shell nanowires[J]. Crystal Growth & Design，2011，11（9）：4053-4058.

[62] Schmidt V，McIntyre P C，Gösele U. Morphological instability of misfit-strained core-shell nanowires[J]. Physical Review B，2008，77（23）：235302.

[63] Wang H L，Upmanyu M，Ciobanu C V. Morphology of epitaxial core-shell nanowires[J]. Nano Letters，2008，8（12）：4305-4311.

第 18 章　统计力学和量子力学框架内的热力学理论

我们发展的半导体纳米结构生长的热力学理论都是基于热力学的能量理论。在这些简单的热力学能量模型中，系统能量最小化是纳米结构的稳定状态。正如我们所看到的，这种能量理论已经很成功地应用于各种纳米结构生长。然而，上述能量理论只能研究处于热力学平衡的系统而完全忽略了热波动。事实上，就热力学的广延性而言，界面的熵增也会影响各种稳定状态。因此，仅基于热力学能量理论是无法解决在真实纳米结构生长中热波动所带来的影响，但它却是影响纳米结构生长最重要的条件之一。实际上，与整个系统相比，界面的熵增会高到足以破坏生长过程中热力学平衡所带来的稳定性。因此，发展包括热效应在内的新热力学生长理论来处理热波动（温度依赖）的生长行为是必要且紧迫的。基于所建立的能量理论，我们发展了一种新的热力学处理方法，它包括了统计力学和量子力学背景下的热效应，并且将其应用于温度依赖的纳米结构生长，指出热波动是导致纳米结构表面振荡的重要原因。

18.1　量子点外延生长中浸润层的热稳定性

我们知道，WL 在气相外延生长 QD 中起着至关重要的作用，而 WL 的厚度通常由 QD 和 WL 的热力学平衡来描述。作为一个理想的外延生长系统，理论上，Ge QD 可以在生长三个单层（ML）WL 之后的 Si 衬底上形成[1, 2]。然而，实验研究表明 WL 的厚度在 1.7～8ML 都可以形成 QD[3, 4]。这种理论与实验的分歧主要归因于在目前理论处理中忽视了热效应[1, 5]，而且实验研究已经报道了 WL 厚度与生长温度的关系[6-8]。这些研究结果说明热效应对 QD 生长有很大的影响，并且由于热效应，QD 的表面会振荡并变得不稳定。热波动可以改变表面能，这对于确定 WL 的厚度很重要。然而，在目前的热力学理论中，热波动是忽略不计的[1]。对于这个问题，我们通过引入基于统计力学和量子力学的热效应来解决 WL 的温度依赖厚度。

浸润层的温度相关厚度。热效应会产生 QD 表面振荡和不稳定性，从而改变表面能并破坏热力学平衡。因此，WL 的厚度与能量的关系会随着热效应的变化而变化。为了研究温度对 WL 厚度的影响，我们首先考虑了单位面积的能量对底

面半径为 r、接触角为 α 和 WL 厚度为 t_0 的 QD 的热稳定性。单个 QD 的弛豫能可表示为

$$E_r = -M\varepsilon^2 \tan\alpha V \tag{18-1}$$

将 QD 表面视为阶梯表面，那么表面能包括阶梯面表面能和阶梯边形成能，为

$$E_s = \gamma(t_{n_T+1})A_{n_T+1}\sum_{n=1}^{n_T}\gamma(t_n)A_n + 2\pi(r - nh_0\cot\alpha)\left[\lambda_0 + \lambda_d\left(\frac{a\tan\alpha}{h_0}\right)^2\right] \tag{18-2}$$

式中，等号右边第一项代表阶梯面表面能，其中 $\gamma(t_n) = \gamma_{\text{substrate}} + (\gamma_{\text{film}} - \gamma_{\text{substrate}})(1-\mathrm{e}^{-t_n})$ 是单层厚度为 t_n 的薄膜表面密度；第二项代表阶梯边形成能。考虑到平均表面横截面 $\overline{S} = \pi\left(\frac{1}{2}r\right)^2$，我们可以根据方程（18-1）和方程（18-2）获得 QD 单位面积的能量

$$V = 4\frac{E_r + E_s}{\pi r^2} \tag{18-3}$$

为了探索 QD 的热稳定性，我们只考虑 QD 横截面边界的波动。QD 半径 r 在 $0 \leqslant \theta \leqslant 2\pi$ 范围内波动。允许边界以（$k/2$）r^2 的弹性能振荡，并通过局部势 V 相互作用。基于与波动相关的能量，配分函数可以表达为

$$Z(\beta) = \int\prod_r[\mathrm{d}r]\mathrm{e}^{-\beta\int_0^{2\pi}\mathrm{d}\theta\left[(k/2)r^2 + R^{*2}V/2\right]} \tag{18-4}$$

此外，方程（18-4）中的积分仅限于圆形区域 $r(\theta) = R^*$，其中，R^* 是最小能量下的 QD 底面半径。利用密度矩阵和标准变换，方程（18-4）可以表示为

$$Z = \left(\frac{2\pi}{\beta k\lambda}\right)^{2\pi\lambda} Tr\left[\exp\left(-2\pi H_\beta\right)\right] \tag{18-5}$$

同时，与温度相关的哈密顿量可以表示为

$$H_\beta = -\frac{1}{2\beta k}\frac{\mathrm{d}^2}{\mathrm{d}r^2} + \frac{\beta}{2}R^{*2}V \tag{18-6}$$

这里，自由振荡的贡献包含在了痕迹系数中。振子的线密度为 $\lambda = K/k$，其中 K 为微观弹簧常数。由 QD 弹性能推导出弹性常数为 $k = \frac{4}{3}\frac{Y}{1-\nu}\varepsilon^2 h$。由于弹性模量随温度的变化很小，这里我们假设 k 与温度无关[9, 10]。

系统哈密顿量可以根据 $\hat{H}_\beta\psi_\beta(r) = E_\beta\psi_\beta(r)$ 被投影到最低束缚态。然后，我们通过方程 $p(r) = \left|\psi_\beta(r)\right|^2$ 得到 QD 底部半径的概率。因此，我们可以推断出 QD 的热稳定性。如果概率恒定，则由于等概率，QD 无法保持稳定。但是，如果概率不是常数，则 QD 可以保持稳定。此外，根据之前的研究，$p(r)$ 是恒定的[11, 12]。因此，我们可以通过验证合适的单粒子哈密顿算子中束缚态的存在与否来确定 QD 的稳定性。

浸润层稳定性的临界温度。方程（18-6）为具有一个小势垒的线性势能。因为QD底部半径不能小于零，线性势能被限制在其最大值。这样，我们不能确认存在一个有势的束缚态。所以，QD不能总是保持稳定。我们试图通过WKB近似中的量化规则来解决束缚态消失的问题[13]。理论上，经典量化规则中允许的范围是从零到无穷大。然而，QD底部半径不能到无限大，因为这个尺寸可能会导致QD聚集并形成连续的薄膜[14]。因此，考虑到大小限制，量化规则中的积分限制是从零到最大QD底部半径。这样的话，我们可以得到对应于最低阶本征态消失的临界温度为

$$T_c = \frac{2R^*}{\pi}\int_0^{R_m}\sqrt{k(E_\beta - V)}\,\mathrm{d}r \tag{18-7}$$

这里，我们选择单个粒子的最低能量E_β作为势能的上限。因此，由于束缚态消失，在高于临界温度T_c下生长的QD将不会始终保持稳定。然而，如果温度低于T_c，系统哈密顿量将至少有一个束缚态，并且QD是稳定的。所以，临界温度是QD稳定性的分界线。此外，最大QD底部半径决定了势能的极限，并且在临界温度中起着重要作用。

下面，通过比较Si衬底上的Ge QD与Ge衬底上的Si QD的WL厚度，来验证上述模型的有效性。应用方程（18-3），我们比较了两个系统的势能。图18-1显示了势能与QD底部半径的相关性。我们可以看到，两个系统的势能都随半径线性减小，与大势能相比，半径接近零的小势垒可以忽略不计。因此，具有最小能量的底部半径R^*等于最大底部半径R_m。图18-2给出了WL厚度引起了两个势能的差异。显然，Ge QD势能随着厚度的增加而降低，而Si QD势能随着厚度的增加而增加。图18-2（a）和图18-2（b）中的两条曲线分别表示底部半径为10 nm和20 nm的QD势能。尽管半径不同，但两条线的趋势是相同的，两个势能的差异是由QD表面能密度的差异引起的。

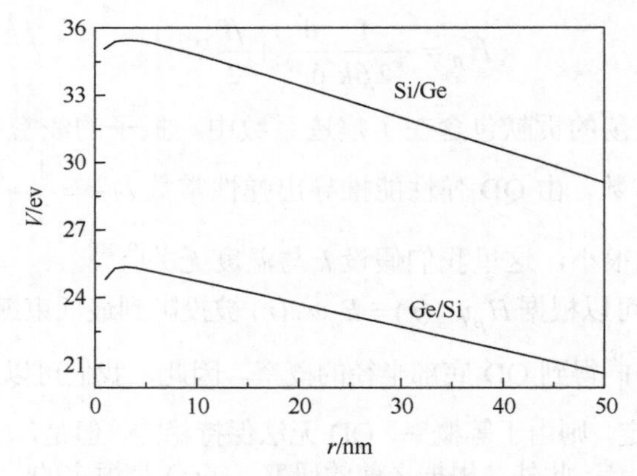

图 18-1　QD 的势能作为 QD 底部半径积分的函数

上方线是 Ge 衬底上 Si QD 的势能，下方线是 Si 衬底上 Ge QD 的势能

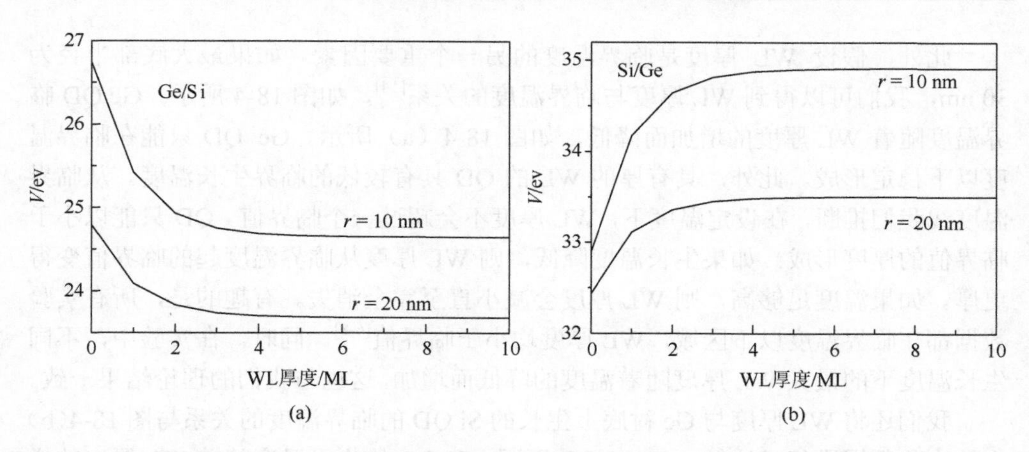

图 18-2　(a)Ge QD 的势能与 WL 厚度的关系，两条线分别代表底部半径为 $r = 10$ nm 和 $r = 20$ nm 的 Ge QD；(b) $r = 10$ nm 和 $r = 20$ nm 的 Si QD 的势能与 WL 厚度的关系

如上所示，由于势能对底部半径的依赖，我们可以通过使用方程（18-7）和量化规则进行积分来获得系统在临界温度下的表现。图 18-3 显示了临界温度与最大底部半径 R_m 的关系。无图例实线和带方块实线分别代表 Ge QD 和 Si QD。我们可以看到，尽管具有不同的半径值，但临界温度线都是随着最大底部半径的增加而增加的。因此，较大的底部半径具有较高的临界温度，而较小的最大底部半径会导致临界温度较低。如果在低于临界温度下生长，则 QD 是稳定的。如果温度升高到临界温度以上，则 QD 变得不稳定。因此，我们推断通过增加 QD 尺寸可以使 QD 在较高温度下稳定生长。

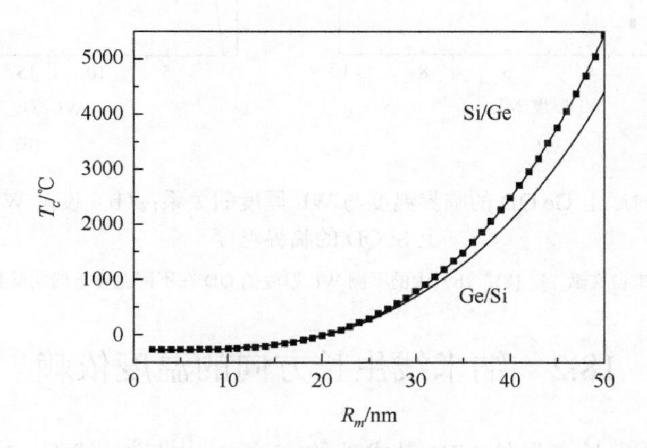

图 18-3　对应于 QD 稳定性与最大底部半径的临界温度

无图例实线代表 Si 衬底上 Ge QD 的临界温度，带方块实线是 Ge 衬底上 Si QD 的临界温度

此外，假设 WL 厚度是临界温度的另一个重要因素。如果最大底部半径为 30 nm，我们可以得到 WL 厚度与临界温度的关系[14]，如图 18-4 所示。Ge QD 临界温度随着 WL 厚度的增加而降低，如图 18-4（a）所示。Ge QD 只能在临界温度以下稳定形成。此外，具有厚的 WL 的 QD 具有较低的临界生长温度。从临界温度线我们推断，在设定温度下，WL 厚度不会超过一个临界值。QD 只能以小于临界值的厚度形成。如果生长温度降低，则 WL 厚度从临界温度起的临界值变得更厚。如果温度足够高，则 WL 厚度会减小直至完全消失。有趣的是，所有实验数据都在临界温度以下区域，WL 厚度均小于临界值[6-8]。同时，在实验中，不同生长温度下的最大 WL 厚度随着温度的降低而增加，这也与我们的理论结果一致。

我们还将 WL 厚度与 Ge 衬底上生长的 Si QD 的临界温度的关系与图 18-4(b)中的实验数据进行了比较。与 Ge QD 不同，Si QD 的临界温度随着 WL 厚度的增加而增加。所以，QD 也可以在临界温度以下稳定形成。但是，WL 越厚，QD 临界温度越大。与 Ge WL 的行为相反，Si WL 的临界值随着温度的升高而变厚。Pachinger 等[15]研究了不同生长温度下 Ge 衬底上 Si QD 的 WL 厚度，发现 WL 厚度随着温度的升高而增加，并且所有实验数据均在临界温度以下区域。

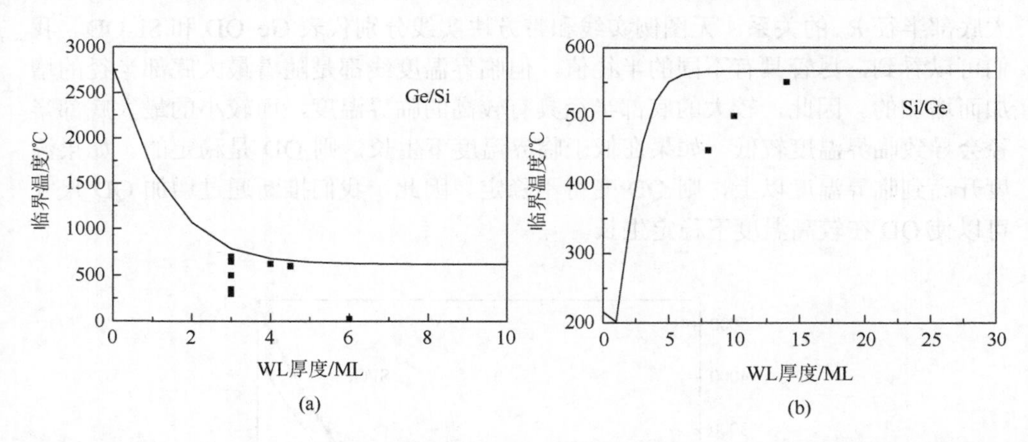

图 18-4　（a）Si 衬底上 Ge QD 的临界温度与 WL 厚度的关系；（b）设定 WL 厚度的 Ge 衬底上 Si QD 的临界温度

（a）中实验数据来自文献[7]、[8]；（b）中的不同 WL 厚度的 QD 在不同温度下的实验数据来自文献[15]

18.2　纳米线生长方向的温度依赖

VLS 机制是生长半导体 NW 最成功的方法之一[16-19]。然而，VLS 机制中 NW 普遍容易生长到衬底平面外，这似乎是微纳加工技术的一大障碍[20, 21]。为了能够控制 NW 的生长方向，例如，垂直或水平对齐，我们就需要对 VLS 过程有更深入的了解。一般来说，典型的 VLS 生长开始于在催化剂作用下将气态反应物溶解成纳米级液滴，一旦液滴过饱和，NW 成核和生长就会在固液界面处发生。因此，这种生长是由液滴引发和支配的。同时，从热力学能量理论来看，NW 的生长方向是由表面能决定的[22, 23]。从这个角度来看，每个液滴都可以作为软模板来限制 NW 的横向生长。因此，以前对 VLS NW 成核和生长的理论处理都是基于热力学能量理论[24, 25]。作为一个重要特征，NW 生长方向还会受到生长条件的影响，例如，衬底材料和晶相[24, 26]。但是，有研究报道这种生长方向取决于生长温度[21, 26-31]，这意味着热效应是生长机制的基础。对于这个问题，我们通过引入热波动的影响来讨论温度依赖的生长行为。

VLS 过程中的热波动。我们在前面的讨论中看到，在 VLS 过程中，NW 的生长方向取决于 NW 核的生长方向[22, 23]。这里，我们将专注于 NW 核的热稳定性。考虑到热效应，NW 核表面会振荡并变得不稳定。我们首先将 NW 核单位面积的形成能作为生长方向的函数。成核的吉布斯自由能，包括表面（G_s）和体积（G_g）的贡献，可以表示为

$$G=\sigma_{nv}R^2s(\alpha)+\left(\frac{1}{2}\Delta g_v^0-\frac{\sigma_{nv}}{R}\right)R^3t(\alpha) \tag{18-8}$$

据此，我们可以得到核单位面积的形成能

$$V=\frac{G}{S}=\frac{\sigma_{nv}s(\alpha)R^2+\frac{1}{2}\Delta g_v^0t(\alpha)R^3}{\frac{1}{2}\left[s_1(\alpha)+s_2(\alpha)\right]R^2} \tag{18-9}$$

根据临界核形成条件 $\dfrac{\partial G}{\partial R}=0$，如果原子团簇转变为临界核，则可以计算出临界成核半径为 $R^*=-\dfrac{4}{3}\dfrac{\sigma_{nv}}{\Delta g_v^0}\dfrac{s(\alpha)-t(\alpha)}{t(\alpha)}$。

在设定不同的生长方向情况下，核的形态会发生变化。图 18-5 说明了具有不同形状和生长方向的 NW 核。$\dfrac{\pi}{2}-\alpha$ 是 NW 和衬底的角度。考虑到方程（18-8）和方程（18-9）中的面积和体积因子，我们可以得到核单位面积能量的角度依赖。

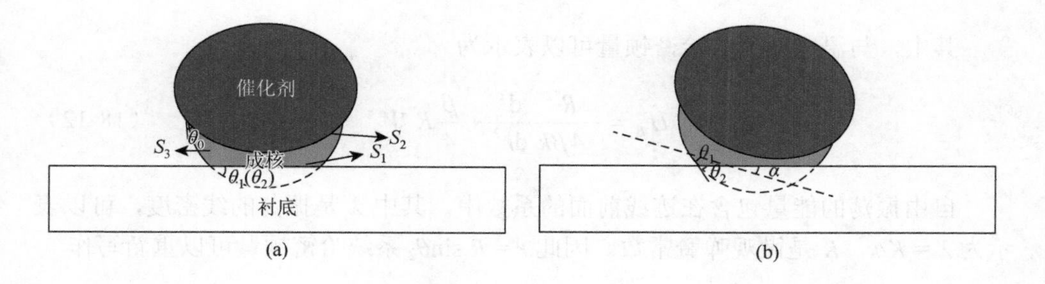

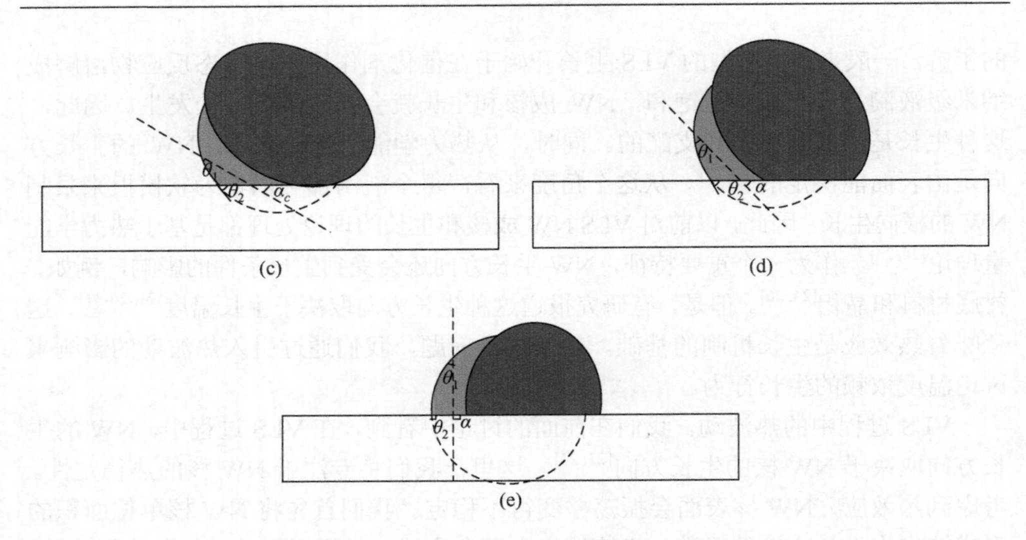

图 18-5　不同生长方向 NW 核示意图

（a）原子团簇取向的初始状态；（b）～（e）中的虚线是衬底位置与核的初始方向，衬底与虚线的夹角 α 表示核的各个方向，（c）中的角 α 是临界角 α_c，它是两种不同形态核的分界点

为了探索核的热稳定性，我们考虑其横截面边界的热波动，这些横截面的半径 r 随极坐标 $0\leqslant\theta\leqslant 2\pi$ 波动。允许边界以弹性能 $(k/2)r^2$ 振荡并通过局部势 V 相互作用。基于与这些表面波动相关的能量，配分函数可以表示为

$$Z(\beta)=\int\prod_r[\mathrm{d}r]\mathrm{e}^{-\beta\int_0^{2\pi}\mathrm{d}\theta\left[(k/2)r^2+R^{*2}V/2\right]} \tag{18-10}$$

式中，$\beta=1/k_{\mathrm{B}}T$。方程（18-10）的指数中的积分是核横截面的能量。我们将只有一个半径 r 的系统假设为单个粒子，因为波动仅取决于 r。因此，指数中的被积函数就是我们假设下的单粒子能量。通过引入密度矩阵和标准变换[32]，方程（18-10）可以表示为

$$Z(\beta)=\left(\frac{2\pi}{\beta k\lambda}\right)^{2\pi\lambda} Tr\left[\exp\left(-\frac{4\pi}{R^{*2}}\hat{H}_\beta\right)\right] \tag{18-11}$$

其中，与温度相关的哈密顿量可以表示为

$$\hat{H}_\beta=-\frac{R^{*2}}{4\beta k}\frac{\mathrm{d}^2}{\mathrm{d}r^2}+\frac{\beta}{4}R^{*4}V \tag{18-12}$$

自由振荡的能量包含在迹线前面的系数中，其中 λ 是振荡的线密度，可以表示为 $\lambda=K/k$，K 是微观弹簧常数。因此 $r=R\sin\theta_2$ 系统哈密顿量可以重新写作

$$\hat{H}_{\beta}=-\frac{R^{*2}}{4\beta k\sin^{2}\theta_{2}}\frac{\mathrm{d}^{2}}{\mathrm{d}R^{2}}+\frac{\beta}{4}R^{*4}V \tag{18-13}$$

我们可以从以下关系得到它的最低阶本征态：$\hat{H}_{\beta}\psi_{\beta}(r)=E_{\beta}\psi_{\beta}(r)$。因此，核横截面半径的概率为 $p(r)=\left|\psi_{\beta}(r)\right|^{2}$。如果哈密顿量 $\hat{H}_{\beta}$ 没有束缚态，则概率 $p(r)$ 是常数。各种半径的等概率会导致核不稳定。所以，只要概率 $p(r)$ 不是常数，核才有一个稳定的状态。然而，由 $\hat{H}_{\beta}$ 中是否存在束缚态，可以推测 $p(r)$ 是否为常数。因此，核稳定性可以通过合适的单粒子哈密顿算子中是否存在束缚态来判断。

纳米线生长方向的临界温度。方程（18-13）中的线性势能取决于核的半径。对于一般的线性势能，能谱将从离散变为连续，且不受最低势能处刚性壁的限制。因此，具有线性势的束缚态并不总是存在。考虑到核的半径总是一个正值，所以势能只有一个最大的有限势能。同时，势能是没有下限的。线性势不能确保存在束缚态，即核并不总是稳定的。下面，我们使用 WKB 近似[13]中的量化规则来解决问题。理论上，量化规则中允许使用的经典范围是从零到无穷大。然而，核尺寸在实际中是有限的，并且必然受到催化剂尺寸的限制。通过对经典允许的范围添加大小限制，量化规则中的积分限制变为 $0\sim R_m$，其中 R_m 是核的最大半径。因此，我们可以得到对应本征态消失的临界温度

$$T_{c}=\frac{4}{3\pi}R_{m}^{\frac{3}{2}}R^{*}\sin\theta_{2}\sqrt{\frac{-\Delta g_{v}^{0}kt(\alpha)}{s_{1}(\alpha)+s_{2}(\alpha)}} \tag{18-14}$$

临界温度决定了核的稳定性。如果 $T>T_c$，则没有束缚态，因此没有稳定的核；如果 $T<T_c$，则核稳定，因为哈密顿量至少有一个束缚态，并且可以从一个核形成而生长成 NW。

有趣的是，我们已经从势能中获得了临界温度。抛开核大小的影响，通过引入恒等式 $\cos\theta_{2}=\cos\theta_{1}\cos\alpha$，势能取决于表面和体积因素。在我们上面的分析中，这些因素是由生长角度 α 决定的，因此核的临界半径也是 α 的函数。考虑到 Δg_{v}^{0} 对温度的依赖，我们定义 $\Delta g_{v}^{0}=T\Delta g_{T}^{0}$，其中，假定 Δg_{T}^{0} 为常数。据此，我们可以将临界温度与生长方向 α 联系起来，表示为

$$T_{c}(\alpha)=\left(\frac{16\sigma_{nv}}{9\pi}\right)^{\frac{2}{3}}R_{m}\left\{-\frac{k}{\Delta g_{T}^{0}}(1-\cos^{2}\theta_{1}\cos^{2}\alpha)\frac{[s(\alpha)-t(\alpha)]^{2}}{t(\alpha)[s_{1}(\alpha)+s_{2}(\alpha)]}\right\}^{\frac{1}{3}} \tag{18-15}$$

我们可以看到，核具有与各种角度相关的临界温度 $T_c(\alpha)$，如果生长温度低于

该临界温度，则核保持稳定，NW 将优先沿着该方向生长，而排除其他方向。因此，我们可以推断出 NW 的温度依赖的生长方向。

以 Si 衬底上 GaAs NW 的生长为例，我们验证上述模型的有效性。图 18-6（a）显示了核的势能与角度 α 的函数关系。我们可以发现，不同的 α 会导致不同的核形态，其对应的势能也不同。图 18-6（b）显示了电势的径向依赖，它在积分中用于获得临界温度。两条不同的曲线分别用 $\alpha=\alpha_c+30°$ 和 $\alpha=\alpha_c-10°$ 表示不同的核。尽管 α 不同，但势能趋势保持不变。随着半径的增加，电势降低并决定了最大半径，我们选择 25 nm[30, 31]。基于这种趋势，我们可以通过积分获得临界温度。假设方程（18-14）中的参数除半径 R_m 的最大值外均为常量。

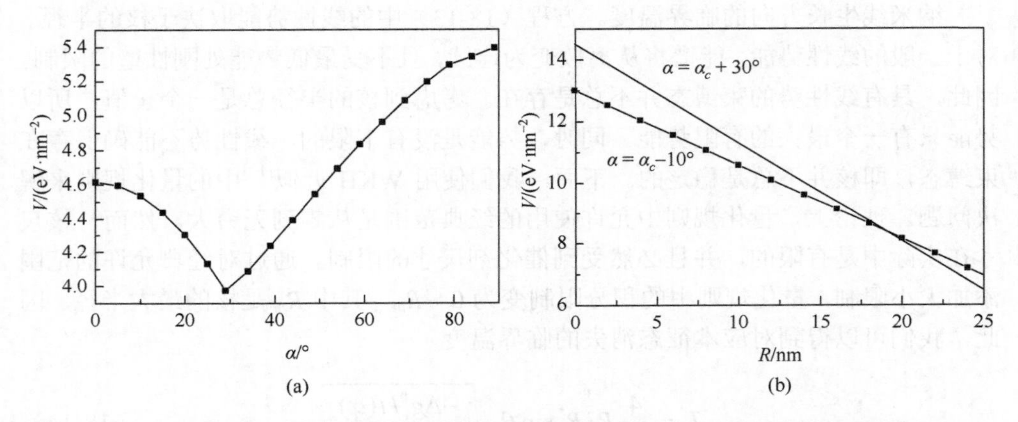

图 18-6 （a）GaAs 原子团簇在不同生长角度 α 下的势能；（b）原子团簇势能与半径的关系

（a）中最低点为临界角；（b）中的无图例实线和带方块实线分别表示 $\alpha=\alpha_c+30°$ 和 $\alpha=\alpha_c-10°$ 的核

此外，核的生长角度 α 决定生长方向：如果 $\alpha=0°$，则 NW 垂直于衬底生长；而对于 $\alpha=90°$，则形成平面 NW。基于方程（18-15），临界温度的角度依赖如图 18-7 中的实线。显然，在低于临界温度下，NW 在优先方向上生长。如果 α 小于 50°，则会奇怪地出现波动。在图 18-7 虚线以下的温度范围内，α 小于 50° 的 NW 均有一定概率出现。因此，在较低的生长温度下，NW 会朝着随意的方向生长。然而，如果温度高于该虚线值，则随着温度升高，稳定的 NW 会以更大的角度 α 形成，在该过程中变得更加平面对齐。因为材料参数在方程中作为形态因子出现，所以我们上面的推论是具有普适性的。

在实验中[21]，可以通过调节生长温度以改变 GaAs（100）衬底上的 GaAs NW 生长方向。在低温下生长的 NW 杂乱无章，一些 NW 垂直于衬底生长，一些倾斜大约 35.3°生长。但是，在高的生长温度下，NW 则为平面生长。Cai 等[27]研究 ZnSe NW 生长方向的温度依赖，发现在 530℃下，NW 以 55°倾斜于 GaAs（001）

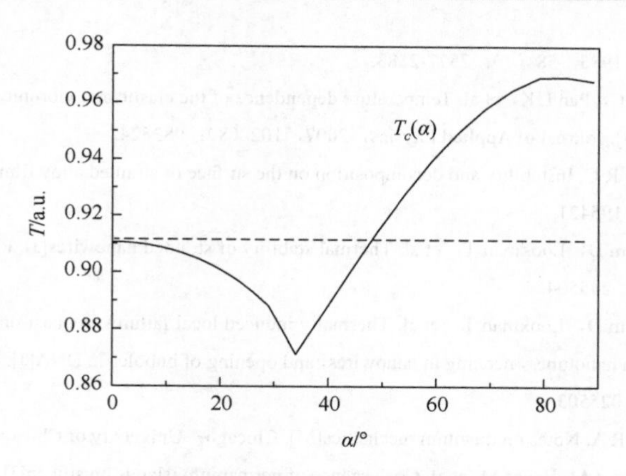

图 18-7　临界温度与角度 α 的函数关系

其中 α 表示纳米线的生长方向

衬底生长，当生长温度降至 390℃时，NW 大致垂直于衬底，但会随机地倾斜一个小角度。一项实验报告描述了在 450～600℃的生长温度下，在 Si（111）衬底上生长的 Si NW[31]，发现垂直 NW 的产量随着温度的升高而降低。Zhang 等[28]研究 GaAs（311）衬底生长 GaAs NW，指出在低于 460℃的生长温度下 NW 垂直或倾斜地生长，当生长温度升高到 500℃时，所有 NW 都在衬底上横向生长。这些实验观察都与我们的结论是一致的，NW 生长方向可以通过控制生长温度进行调制，在较高温度下生长趋于平面，而在较低温度下生长稳定且 α 较小。

参考文献

[1] Tersoff J. Stress-induced layer-by-layer growth of Ge on Si（100）[J]. Physical Review B，1991，43（11）：9377.

[2] Ashu P，Matthai C C. A molecular dynamics study of the critical thickness of Ge layers on Si substrates[J]. Applied Surface Science，1991，48：39-43.

[3] Deelman P W，Thundat T，Schowalter L J. AFM and RHEED study of Ge islanding on Si（111）and Si（100）[J]. Applied Surface Science，1996，104：510-515.

[4] Wang X，Jiang Z M，Zhu H J，et al. Germanium dots with highly uniform size distribution grown on Si（100）substrate by molecular beam epitaxy[J]. Applied Physics Letters，1997，71（24）：3543-3545.

[5] Shchukin V A，Ledentsov N N，Kop'eV P S，et al. Spontaneous ordering of arrays of coherent strained islands[J]. Physical Review Letters，1995，75（16）：2968.

[6] Bergamaschini R，Brehm M，Grydlik M，et al. Temperature-dependent evolution of the wetting layer thickness during Ge deposition on Si（001）[J]. Nanotechnology，2011，22（28）：285704.

[7] Cimalla V，Zekentes K. Temperature dependence of the transition from two-dimensional to three-dimensional growth of Ge on（001）Si studied by reflection high-energy electron diffraction[J]. Applied Physics Letters，2000，77（10）：1452-1454.

[8] Asai M，Ueba H，Tatsuyama C. Heteroepitaxial growth of Ge films on the Si（100）-2×1 surface[J]. Journal of

Applied Physics，1985，58（7）：2577-2583.

[9] Gu M X，Zhou Y C，Pan L K，et al. Temperature dependence of the elastic and vibronic behavior of Si，Ge，and diamond crystals[J]. Journal of Applied Physics，2007，102（8）：083524.

[10] Huang Z F，Desai R C. Instability and decomposition on the surface of strained alloy films[J]. Physical Review B，2002，65（19）：195421.

[11] Nisoli C，Abraham D，Lookman T，et al. Thermal stability of strained nanowires[J]. Physical Review Letters，2009，102（24）：245504.

[12] Nisoli C，Abraham D，Lookman T，et al. Thermally induced local failures in quasi-one-dimensional systems：Collapse in carbon nanotubes，necking in nanowires，and opening of bubbles in DNA[J]. Physical Review Letters，2010，104（2）：025503.

[13] Fermi E. Schluter R A. Notes on quantum mechanics[M]. Chicago：University of Chicago Press，1995.

[14] Schöllhorn C，Oehme M，Bauer M，et al. Coalescence of germanium islands on silicon[J]. Thin Solid Films，1998，336（1-2）：109-111.

[15] Pachinger D，Lichtenberger H，Chen G，et al. MBE growth conditions for Si island formation on Ge（001）substrates[J]. Thin Solid Films，2008，517（1）：62-64.

[16] Leung Y P，Liu Z，Hark S K. Changes in morphology and growth rate of quasi-one-dimensional ZnSe nanowires on GaAs（100）substrates by metalorganic chemical vapor deposition[J]. Journal of Crystal Growth，2005，279（3-4）：248-257.

[17] Sundaresan S G，Davydov A V，Vaudin M D，et al. Growth of silicon carbide nanowires by a microwave heating-assisted physical vapor transport process using group Ⅷ metal catalysts[J]. Chemistry of Materials，2007，19（23）：5531-5537.

[18] Kikkawa J，Ohno Y，Takeda S. Growth rate of silicon nanowires[J]. Applied Physics Letters，2005，86（12）：123109.

[19] Mohammad S N. General hypothesis governing the growth of single-crystal nanowires[J]. Journal of Applied Physics，2010，107（11）：114304.

[20] Fan H J，Werner P，Zacharias M. Semiconductor nanowires：From self-organization to patterned growth[J]. Small，2006，2（6）：700-717.

[21] Fortuna S A，Wen J，Chun I S，et al. Planar GaAs nanowires on GaAs（100）substrates：self-aligned，nearly twin-defect free，and transfer-printable[J]. Nano Letters，2008，8（12）：4421-4427.

[22] Schmidt V，Senz S，Gösele U. Diameter-dependent growth direction of epitaxial silicon nanowires[J]. Nano Letters，2005，5（5）：931-935.

[23] Wang C X，Hirano M，Hosono H. Origin of diameter-dependent growth direction of silicon nanowires[J]. Nano Letters，2006，6（7）：1552-1555.

[24] Schwarz K W，Tersoff J. From droplets to nanowires：Dynamics of vapor-liquid-solid growth[J]. Physical Review Letters，2009，102（20）：206101.

[25] Glas F，Harmand J C，Patriarche G. Why does wurtzite form in nanowires of Ⅲ-Ⅴ zinc blende semiconductors?[J]. Physical Review Letters，2007，99（14）：146101.

[26] Fortuna S A，Li X. Metal-catalyzed semiconductor nanowires：A review on the control of growth directions[J]. Semiconductor Science and Technology，2010，25（2）：024005.

[27] Cai Y，Chan S K，Sou I K，et al. Temperature-dependent growth direction of ultrathin ZnSe nanowires[J]. Small，2007，3（1）：111-115.

[28] Zhang G Q，Tateno K，Gotoh H，et al. Parallel-aligned GaAs nanowires with ⟨110⟩ orientation laterally grown on [311] B substrates via the gold-catalyzed vapor-liquid-solid mode[J]. Nanotechnology，2010，21（9）：095607.

[29] Ihn S G，Song J I，Kim T W，et al. Morphology-and orientation-controlled gallium arsenide nanowires on silicon substrates[J]. Nano Letters，2007，7（1）：39-44.

[30] Shan C X，Liu Z，Hark S K. CdSe nanowires with controllable growth orientations[J]. Applied Physics Letters，2007，90（19）：193123.

[31] Schmid H，Björk M T，Knoch J，et al. Patterned epitaxial vapor-liquid-solid growth of silicon nanowires on Si（111）using silane[J]. Journal of Applied Physics，2008，103（2）：024304.

[32] Alerhand O L，Berker A N，Joannopoulos J D，et al. Finite-temperature phase diagram of vicinal Si（100）surfaces[J]. Physical Review Letters，1990，64（20）：2406.

第19章　结　论

我们在本篇介绍了所发展的纳米结构生长的热力学理论及在气相外延生长QD、液滴外延生长QR和VLS机制生长NW中的应用，揭示了微相生长中许多奇异的热力学和动力学行为，证明了所建立的热力学模型可以作为用于纳米结构生长设计的理论工具。

我们已经证明，气相外延生长QD可以用基于热力学的能量理论来理解。特别地，QD的弛豫驱动QD的形成，而WL的厚度依赖的表面能限制QD的生长。QD形状转变的物理起源已被证明与QD表面能和弛豫能的平衡有关。我们还表明，QD在图案化衬底上和多层系统中的生长可以通过QD形成的表面化学势和热力学方面来理解。

我们已经证明，通过液滴外延生长的QR与液滴周边的成核及原子的扩散直接相关。液滴周边的选择性成核导致初始沉积阶段QR的形成，其后QR的生长受原子扩散控制。以GaAs系统为例，通过计算每个点GaAs产生的量，我们证明了可以基于定量动力学模型模拟结晶过程中GaAs纳米结构的形状演变。

关于VLS机制生长NW，我们系统地介绍了一系列理论工具，即热力学和动力学方法，以解决NW的成核、生长和相变问题，这些理论模型阐明了1D纳米结构生长所涉及的物理和化学机制。特别地，通过热力学和动力学模型描述了NW的成核和尺寸依赖生长行为及核-壳NW异质结构生长。

此外，在统计力学和量子力学框架下，基于基本能量理论，我们提出一种包括热效应的新理论方法，来处理纳米结构的温度依赖生长。

然而，纳米结构生长的热力学理论仍然存在一些问题。首先，纳米结构的表面能是各向异性的。此外，表面可以重建或吸附其他物质以降低表面能。考虑表面各向异性和重构的影响将使我们能够研究更多的科学问题。其次，自组装纳米结构具有不均匀的组分。组分的分布在热力学性质中起着关键作用。例如，混合和合金化可以允许纳米结构生长过程中的部分应变弛豫。应变弛豫可导致自由能降低，并驱动纳米结构达到优越的热力学平衡状态，例如，GeSi合金化QD顶部的Ge偏析。因此，当我们假设组分均匀时，QD应变能的计算值通常高于实际值。此外，组分的不均匀分布也会影响纳米结构的表面。众所周知，表面对于纳米结构性能起着重要作用。因此，由不均匀组分引起的表面变化会影响纳米结构的生长。例如，表面偏析导致表面能降低，从而驱使表面能低的元素的原子在表面偏析。因此，覆盖合金化对生长影响的理论框架应考虑组分对应变能和表面能的贡献。在这种情况下，将现有理论扩展到考虑组分分布使我们能够更准确地描述实验观察的物理本质。最后，在二元化合物纳米结构的生长过程中会发生一些伴随的化学反应，组成III-V族化合物和II-VI族化合物半导体。这些化学反应也会影响纳米结构的生长。这些效应的扩展将帮助我们理解和设计多元素系统中的特定纳米结构的生长。

热力学和动力学的关系。通常，吉布斯自由能是相变状态稳定性的适应性度量。在热力学上，相变是由自由能的差异促使的。然而，热力学准则仅提供了纳米结构生长的可能性。当热力学准则起作用时，动力学将在实现选择性生长中发挥关键作用。因此，动力学提供了一条可确定实现热力学的概率事件的途径。因此，更好地理解热力学和动力学的关系使我们能够更准确地设计纳米结构的生长。

附录　研究组发表的纳米热力学理论论文目录

[1] Wang J B，Yang G W. Phase transformation between diamond and graphite in preparation of diamonds by pulsed-laser induced liquid-solid interface reaction[J]. Journal of Physics：Condensed Matter，1999，11（37）：7089-7094.

[2] Yang G W，Liu B X. Kinetic model for diamond nucleation upon chemical vapor deposition[J]. Diamond and Related Materials，2000，9（2）：156-161.

[3] Yang G W，Liu B X. Nucleation thermodynamics of quantum-dot formation in V-groove structures[J]. Physical Review B，2000，61（7）：4500.

[4] Liu Q X，Yang G W，Zhang J X. Phase transition between cubic-BN and hexagonal BN upon pulsed laser induced liquid-solid interfacial reaction[J]. Chemical Physics Letters，2003，373（1-2）：57-61.

[5] Wang C X，Liu Q X，Yang G W. A nanothermodynamic analysis of cubic boron nitride nucleation upon chemical vapor deposition[J]. Chemical Vapor Deposition，2004，10（5）：280-283.

[6] Liu Q X，Wang C X，Li S W，et al. Nucleation stability of diamond nanowires inside carbon nanotubes：A thermodynamic approach[J]. Carbon，2004，42（3）：629-633.

[7] Wang C X，Yang Y H，Liu Q X，et al. Nucleation thermodynamics of cubic boron nitride upon high-pressure and high-temperature supercritical fluid system in nanoscale[J]. The Journal of Physical Chemistry B，2004，108（2）：728-731.

[8] Zhang C Y，Wang C X，Yang Y H，et al. A nanoscaled thermodynamic approach in nucleation of CVD diamond on nondiamond surfaces[J]. The Journal of Physical Chemistry B，2004，108（8）：2589-2593.

[9] Wang C X，Yang Y H，Liu Q X，et al. Phase stability of diamond nanocrystals upon pulsed-laser-induced liquid-solid interfacial reaction：Experiments and ab initio calculations[J]. Applied Physics Letters，2004，84（9）：1471-1473.

[10] Wang C X，Yang Y H，Yang G W. Nanothermodynamic analysis of the low-threshold-pressure-synthesized cubic boron nitride in supercritical-fluid systems[J]. Applied Physics Letters，2004，84（16）：3034-3036.

[11] Liu Q X，Wang C X，Yang Y H，et al. One-dimensional nanostructures grown inside carbon nanotubes upon vapor deposition：A growth kinetic approach[J]. Applied Physics Letters，2004，84（22）：4568-4570.

[12] Wang C X，Yang Y H，Xu N S，et al. Thermodynamics of diamond nucleation on the nanoscale[J]. Journal of the American Chemical Society，2004，126（36）：11303-11306.

[13] Wang C X，Yang Y H，Yang G W. Thermodynamical predictions of nanodiamonds synthesized by pulsed-laser ablation in liquid[J]. Journal of Applied Physics，2005，97（6）：066104.
[14] Liu Q X，Wang C X，Yang G W. Nucleation thermodynamics of cubic boron nitride in pulsed-laser ablation in liquid[J]. Physical Review B，2005，71（15）：155422.
[15] Liu Q X，Wang C X，Xu N S，et al. Nanowire formation during catalyst assisted chemical vapor deposition[J]. Physical Review B，2005，72（8）：085417.
[16] Wang C X，Wang B，Yang Y H，et al. Thermodynamic and kinetic size limit of nanowire growth[J]. The Journal of Physical Chemistry B，2005，109（20）：9966-9969.
[17] Liang L H，Yang G W，Li B W. Size-dependent formation enthalpy of nanocompounds[J]. The Journal of Physical Chemistry B，2005，109（33）：16081-16083.
[18] Ouyang G，Wang C X，Yang G W. Anomalous interfacial diffusion in immiscible metallic multilayers：A size-dependent kinetic approach[J]. Applied Physics Letters，2005，86（17）：171914.
[19] Wang C X，Liu P，Cui H，et al. Nucleation and growth kinetics of nanocrystals formed upon pulsed-laser ablation in liquid[J]. Applied Physics Letters，2005，87（20）：201913.
[20] Wang C X，Chen J，Yang G W，et al. Thermodynamic stability and ultrasmall-size effect of nanodiamonds[J]. Angewandte Chemie-International Edition，2005，44（45）：7414-7418.
[21] Wang C X，Yang G W. Thermodynamics of metastable phase nucleation at the nanoscale[J]. Materials Science and Engineering：R：Reports，2005，49（6）：157-202.
[22] Ouyang G，Wang C X，Li S W，et al. Size-dependent thermodynamic criterion for the thermal stability of binary immiscible metallic multilayers[J]. Applied Surface Science，2006，252（11）：3993-3996.
[23] Ouyang G，Tan X，Wang C X，et al. Physical and chemical origin of size-dependent spontaneous interfacial alloying of core-shell nanostructures[J]. Chemical Physics Letters，2006，420（1-3）：65-70.
[24] Ouyang G，Tan X，Wang C X，et al. Charge-induced transition between miscible and immiscible in nanometer-sized alloying particles[J]. Chemical Physics Letters，2006，423（1-3）：143-146.
[25] Ouyang G，Tan X，Wang C X，et al. Solid solubility limit in alloying nanoparticles[J]. Nanotechnology，2006，17（16）：4257.
[26] Ouyang G，Tan X，Yang G W. Thermodynamic model of the surface energy of nanocrystals[J]. Physical Review B，2006，74（19）：195408.
[27] Wang B，Yang Y H，Xu N S，et al. Mechanisms of size-dependent shape evolution of one-dimensional nanostructure growth[J]. Physical Review B，2006，74（23）：235305.
[28] Ouyang G，Liang L H，Wang C X，et al. Size-dependent interface energy[J]. Applied Physics Letters，2006，88（9）：091914.
[29] Ouyang G，Li X L，Tan X，et al. Size-induced strain and stiffness of nanocrystals[J]. Applied Physics Letters，2006，89（3）：031904.
[30] Ouyang G，Tan X，Cai M Q，et al. Surface energy and shrinkage of a nanocavity[J]. Applied

Physics Letters，2006，89（18）：183104.
[31] Villain P，Goudeau P，Badawi F，et al. Physical origin of spontaneous interfacial alloying in immiscible W/Cu multilayers[J]. Journal of Materials Science，2007，42（17）：7446-7450.
[32] Li X L，Ouyang G，Yang G W. Thermodynamic theory of nucleation and shape transition of strained quantum dots[J]. Physical Review B，2007，75（24）：245428.
[33] Ouyang G，Li X L，Tan X，et al. Anomalous Young's modulus of a nanotube[J]. Physical Review B，2007，76（19）：193406.
[34] Ouyang G，Li X L，Yang G W. Sink-effect of nanocavities：Thermodynamic and kinetic approach[J]. Applied Physics Letters，2007，91（5）：051901.
[35] Li X L，Ouyang G，Yang G W. Thermodynamic model of metal-induced self-assembly of Ge quantum dots on Si substrates[J]. The European Physical Journal B，2008，62：295-298.
[36] Li X L，Ouyang G，Yang G W. A thermodynamic theory of the self-assembly of quantum dots[J]. New Journal of Physics，2008，10（4）：043007.
[37] Tan X，Li X L，Yang G W. Theoretical strategy for self-assembly of quantum rings[J]. Physical Review B，2008，77（24）：245322.
[38] Ouyang G，Li X L，Tan X，et al. Surface energy of nanowires[J]. Nanotechnology，2008，19（4）：045709.
[39] Li X L，Ouyang G，Yang G W. Surface alloying at the nanoscale：Mo on Au nanocrystalline films[J]. Nanotechnology，2008，19（50）：505303.
[40] Li X L，Yang G W. Growth mechanisms of quantum ring self-assembly upon droplet epitaxy[J]. The Journal of Physical Chemistry C，2008，112（20）：7693-7697.
[41] Ouyang G，Li X L，Yang G W. Superheating and melting of nanocavities[J]. Applied Physics Letters，2008，92（5）：051902.
[42] Li X L，Yang G W. Theoretical determination of contact angle in quantum dot self-assembly[J]. Applied Physics Letters，2008，92（17）：171902.
[43] Ouyang G，Yang G W，Sun C Q，et al. Nanoporous structures：Smaller is stronger[J]. Small，2008，4（9）：1359-1362.
[44] Li X L，Yang G W. Thermodynamic theory of shape evolution induced by Si capping in Ge quantum dot self-assembly[J]. Journal of Applied Physics，2009，105（1）：013510.
[45] Li X L，Yang G W. On the physical understanding of quantum rings self-assembly upon droplet epitaxy[J]. Journal of Applied Physics，2009，105（10）：103507.
[46] Li X L，Yang G W. Strain self-releasing mechanism in heteroepitaxy on nanowires[J]. The Journal of Physical Chemistry C，2009，113（28）：12402-12406.
[47] Cao Y Y，Li X L，Yang G W. Wetting layer evolution upon quantum dots self-assembly[J]. Applied Physics Letters，2009，95（23）：231902.
[48] Ouyang G，Wang C X，Yang G W. Surface energy of nanostructural materials with negative curvature and related size effects[J]. Chemical Reviews，2009，109（9）：4221-4247.
[49] Zhu Z M，Ouyang G，Yang G W. Bandgap shift in SnO_2 nanostructures induced by lattice strain

and coordination imperfection[J]. Journal of Applied Physics，2010，108（8）：083511.

[50] Li X L，Cao Y Y，Yang G W. Thermodynamic theory of two-dimensional to three-dimensional growth transition in quantum dots self-assembly[J]. Physical Chemistry Chemical Physics，2010，12（18）：4768-4772.

[51] Ouyang G，Zhu W G，Yang G W，et al. Vacancy formation energy in metallic nanoparticles under high temperature and high pressure[J]. The Journal of Physical Chemistry C，2010，114（11）：4929-4933.

[52] Li S，Yang G W. Phase transition of Ⅱ-Ⅵ semiconductor nanocrystals[J]. The Journal of Physical Chemistry C，2010，114（35）：15054-15060.

[53] Cao Y Y，Li X L，Yang G W. Physical mechanism of quantum dot to quantum ring transformation upon capping process[J]. Journal of Applied Physics，2011，109（8）：083542.

[54] Ouyang G，Zhang A，Zhu Z M，et al. Nanoporous silicon：Surface effect and bandgap blueshift[J]. Journal of Applied Physics，2011，110（3）：033507.

[55] Zhu Z M，Zhang A，Ouyang G，et al. Edge effect on band gap shift in Si nanowires with polygonal cross-sections[J]. Applied Physics Letters，2011，98（26）：263112.

[56] Zhu Z M，Zhang A，Ouyang G，et al. Band gap tunability in semiconductor nanocrystals by strain：Size and temperature effect[J]. The Journal of Physical Chemistry C，2011，115（14）：6462-6466.

[57] Zhu Z M，Zhang A，He Y，et al. Interface relaxation and band gap shift in epitaxial layers[J]. AIP Advances，2012，2（4）：042158.

[58] Tan X，Zhong J X，Yang G W. Growth mechanism of ring shaped nanostructures self-assembly upon droplet epitaxy[J]. Surface Review and Letters，2012，19（3）：1250029.

[59] Ouyang G，Yang G W. Band gap blueshift of hollow quantum dots[J]. IEEE Transactions on Nanotechnology，2012，11（5）：866-870.

[60] Ouyang G，Yang G W. ZnO hollow quantum dot：A promising deep-UV light emitter[J]. ACS Applied Materials & Interfaces，2012，4（1）：210-213.

[61] Cao Y Y，Yang G W. Thermal stability of wetting layer in quantum dot self-assembly[J]. Journal of Applied Physics，2012，111（9）：093526.

[62] Cao Y Y，Yang G W. Temperature-dependent preferential formation of quantum structures upon the droplet epitaxy[J]. Applied Physics Letters，2012，100（15）：151909.

[63] Cao Y Y，Yang G W. Vertical or horizontal：Understanding nanowire orientation and growth from substrates[J]. The Journal of Physical Chemistry C，2012，116（10）：6233-6238.

[64] Ouyang G，Yang G W，Zhou G H. A comprehensive understanding of melting temperature of nanowire，nanotube and bulk counterpart[J]. Nanoscale，2012，4（8）：2748-2753.

[65] Zhang A，Luo S，Ouyang G，et al. Strain-induced optical absorption properties of semiconductor nanocrystals[J]. The Journal of Chemical Physics，2013，138（24）：244702.

[66] Zhu Z M，Ouyang G，Yang G W. The interface effect on the band offset of semiconductor nanocrystals with type-I core-shell structure[J]. Physical Chemistry Chemical Physics，2013，

15（15）：5472-5476.

[67] He Y，Chen W F，Yu W B，et al. Anomalous interface adhesion of graphene membranes[J]. Scientific Reports，2013，3（1）：2660.

[68] Cao Y Y，Ouyang G，Wang C X，et al. Physical mechanism of surface roughening of the radial Ge-core/Si-shell nanowire heterostructure and thermodynamic prediction of surface stability of the InAs-core/GaAs-shell nanowire structure[J]. Nano Letters，2013，13（2）：436-443.

[69] Li X L，Yang G W. Modification of Stranski-Krastanov growth on the surface of nanowires[J]. Nanotechnology，2014，25（43）：435605.

[70] Xiao J，Li J L，Liu P，et al. A new phase transformation path from nanodiamond to new-diamond via an intermediate carbon onion[J]. Nanoscale，2014，6（24）：15098-15106.

[71] Xiao J，Ouyang G，Liu P，et al. Reversible nanodiamond-carbon onion phase transformations[J]. Nano Letters，2014，14（6）：3645-3652.

[72] Li X L，Wang C X，Yang G W. Thermodynamic theory of growth of nanostructures[J]. Progress in Materials Science，2014，64：121-199.

[73] Cao Y Y，Yang G W. A nanoscale temperature-dependent heterogeneous nucleation theory[J]. Journal of Applied Physics，2015，117（22）：224303.

[74] Xiao J，Liu P，Wang C X，et al. External field-assisted laser ablation in liquid：An efficient strategy for nanocrystal synthesis and nanostructure assembly[J]. Progress in Materials Science，2017，87：140-220.

[75] Yan B，He Y，Yang G W. Nanoscale self-wetting driven monatomization of Ag nanoparticle for excellent photocatalytic hydrogen evolution[J]. Small，2022，18（14）：2107840.

后　记

1924 年孙中山先生亲手创办中山大学，“博学、审问、慎思、明辨、笃行”的校训激励着一代代中大人严谨治学、探索求真。今年，中山大学迎来百年华诞。巧合的是，中山大学材料科学与工程学院筹建于 2014 年，今年也迎来十周年庆。作为学院的创院院长，我和同事们为学院的筹办和建设倾注了大量心血，十年筚路蓝缕，看着学院从无到有、从小到大，各项事业成绩斐然！材料科学与工程学科于 2016 年入选国家首批“双一流”建设学科。所以，在 2023 年初的时候我就考虑也许应该做些什么来纪念一下，很自然地就想到了将自己多年的研究积累集结成册作为学术专著出版，向中大百年华诞和材料科学与工程学院十周年庆献礼。机缘巧合，2023 年春节前夕，科学出版社的常诗尧编辑发邮件给我问候节日快乐并询问近期是否有出版学术书籍的意向，真是想什么来什么，我就欣然地答应了常编辑撰写学术专著。

出版中文学术专著对我来说是一件新鲜的事，我们发表的学术论文基本上都是英文的，首先需要将它们翻译成中文。我们研究组的刘宁博士在进行博士论文研究的同时，抽出宝贵的时间不辞辛苦地在论文翻译、数据和图片整理及文稿修订等方面为本书的撰写提供了极大的帮助，实在让人感激涕零！科学出版社的常诗尧编辑热情而专业，从专著的题目、章节结构到最后的成文都给予了耐心、细致的指导和帮助，尤其是在学术上的严谨给人留下了深刻的印象！可以说，没有常编辑的努力，本书可能不会如此顺利地出版。所以，我本人对此表示由衷的感谢。

需要说明的是，虽然这本学术专著是以我个人名义出版的，但是它所涵盖的研究成果是我和我的学生们合作取得的。所以，在本书出版之际，我向为本书内容作出重要贡献的王成新博士、欧阳钢博士、李心磊博士、曹媛媛博士等致以诚挚的感谢。

彩　图

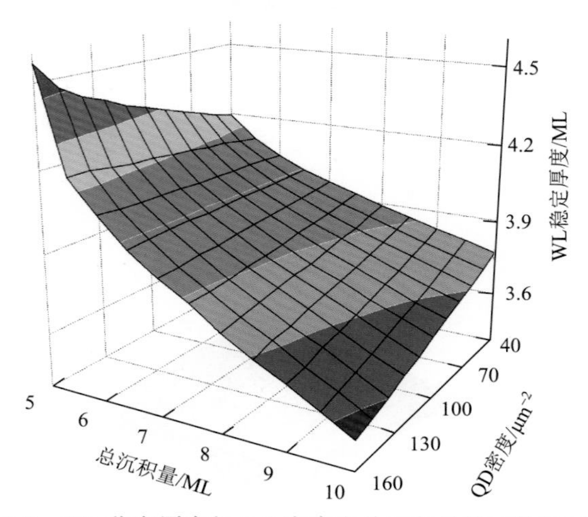

图 15-7　WL 稳定厚度与 QD 密度和总沉积量的函数的三维图

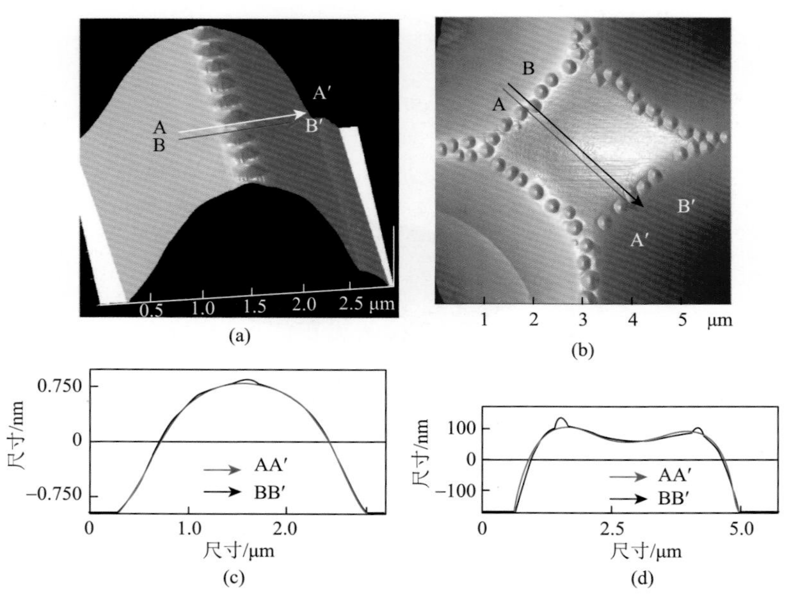

图 15-15　图案化 Si（001）结构上 Ge QD 排序的 AFM 图像

（a）条纹脊；（b）菱形条纹十字架；（c）和（d）分别是（a）和（b）的横截面

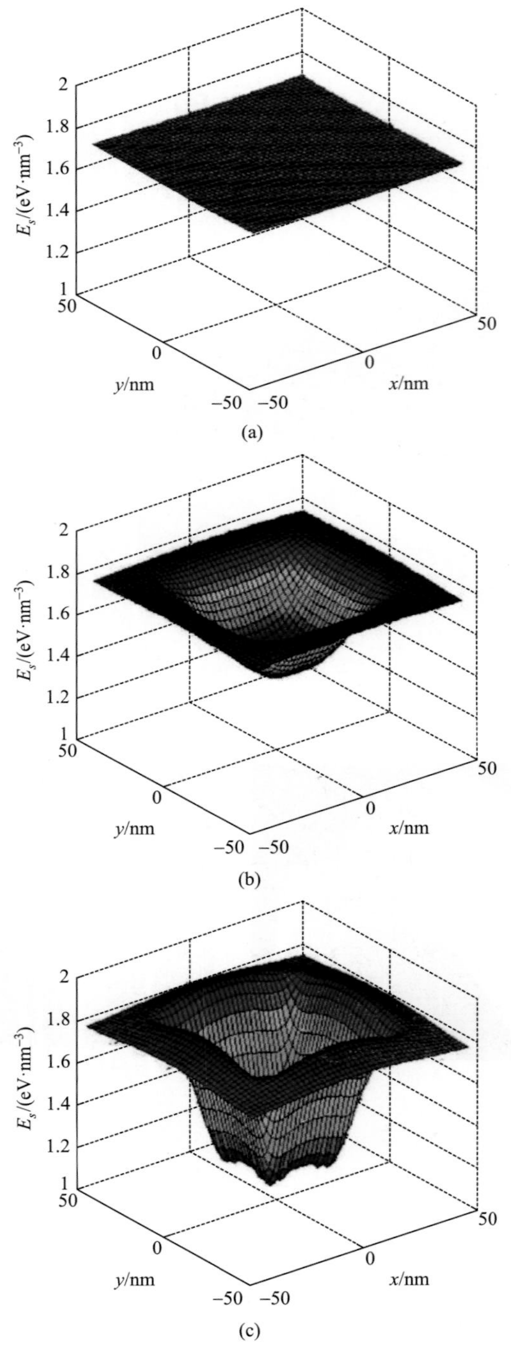

图 15-24　在 Ge/Si 系统中，不同掩埋 Ge QD 深度的 WL 应变能

（a）60 nm；（b）15 nm；（c）7.5 nm

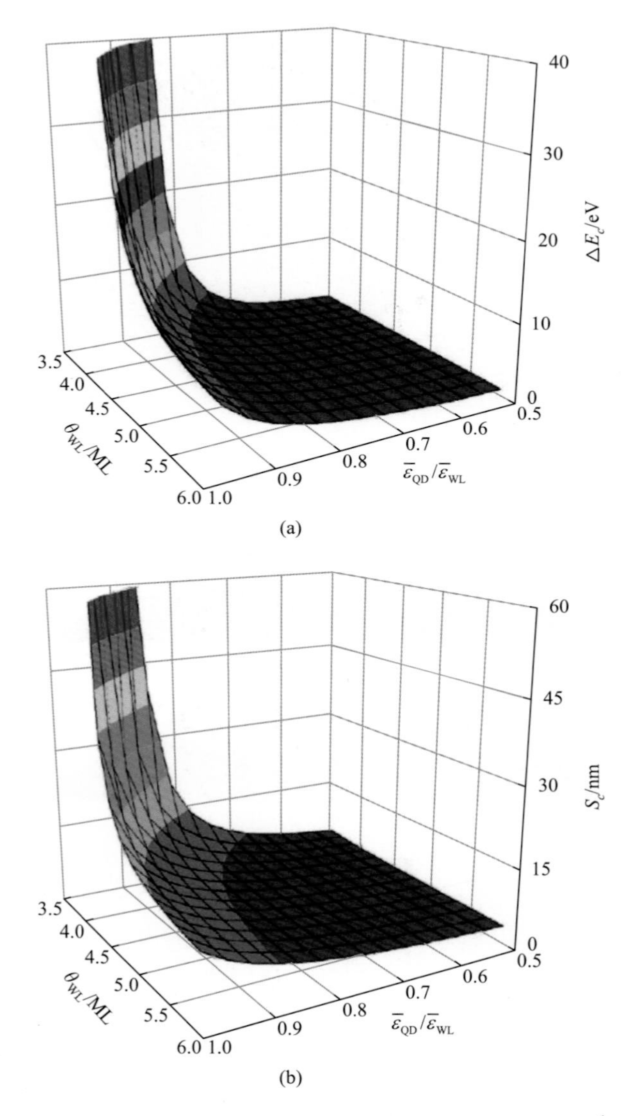

图 15-25　（a）能量势垒和（b）临界尺寸与 Ge/Si 体系应变$\left(\dfrac{\overline{\varepsilon}_{QD}}{\overline{\varepsilon}_{WL}}\right)$和 WL 厚度（$\theta_{WL}$）的函数

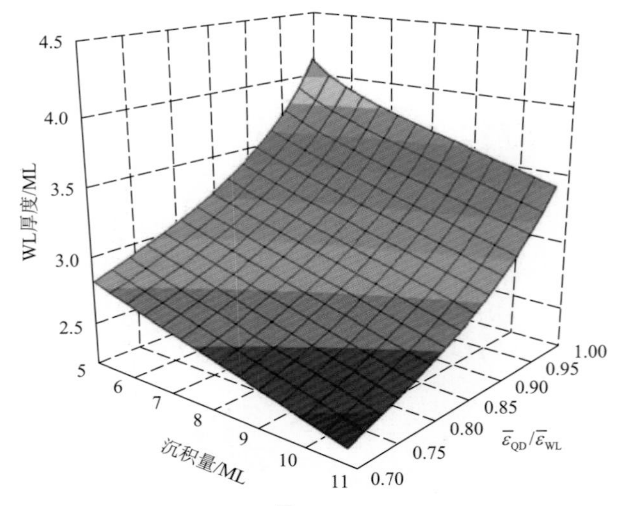

图 15-26　WL 厚度与 $\dfrac{\overline{\varepsilon}_{QD}}{\overline{\varepsilon}_{WL}}$ 和沉积量的函数的三维图

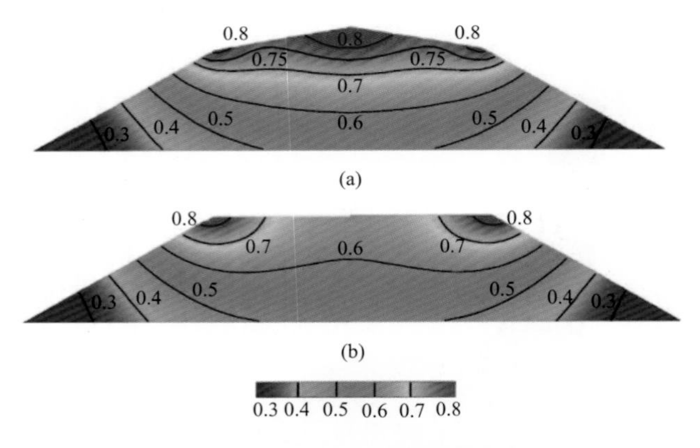

图 15-27　轴对称 QD 的平衡组分分布图

（a）圆顶形状，侧壁角度为 30°和 15°；（b）截锥形状，侧壁角度为 30°

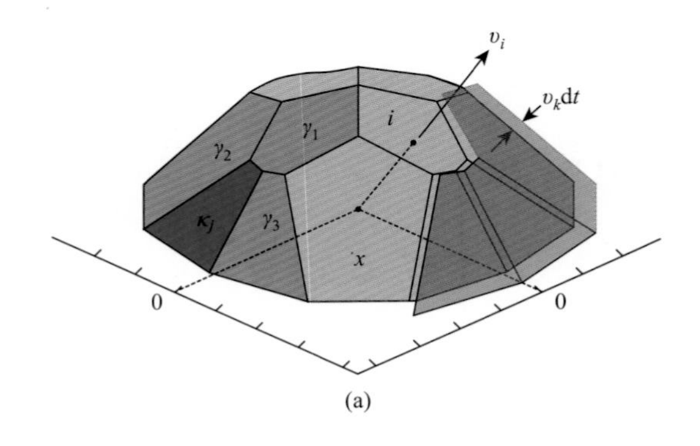

(a)

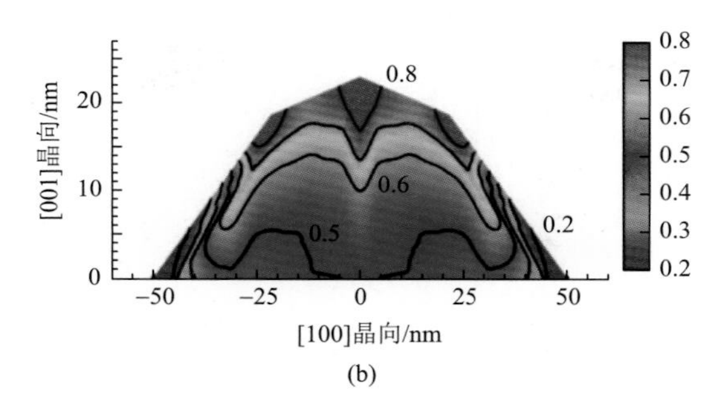

图 15-28 （a）典型点状 QD（Ge/Si 异质外延中的圆顶 QD）及其（b）横截面组分分布

（a）图中显示了其中一个面表面能 κ_j，与该表面及其周围面的表面能相关

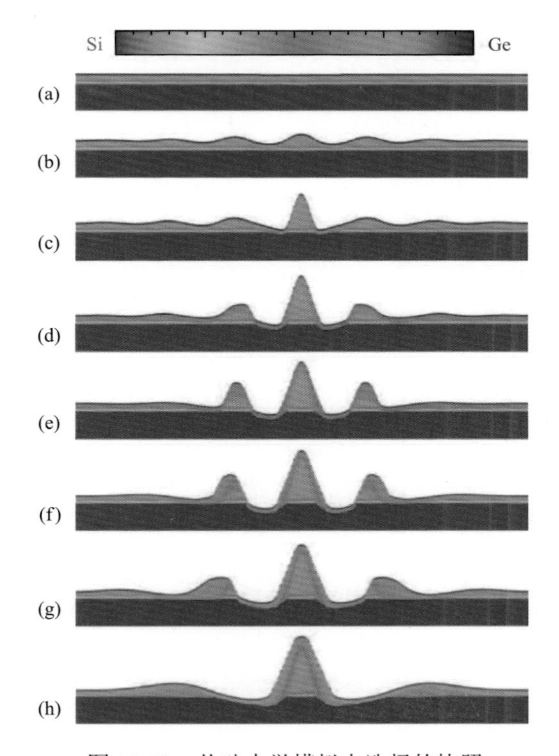

图 15-30 从动力学模拟中选择的快照

沉积开始于 $t=0$，图像（a）～（h）分别对应的相对沉积时间为 3s（沉积结束）、12s、14s、19s、23s、29s、35s 和 161s。图像的宽度为 410 nm，是该周期系统的一个晶胞

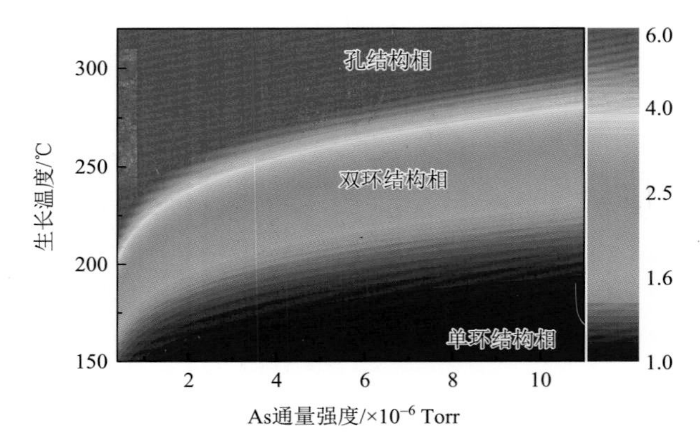

图 16-4 （T，P）平面上的二维相图表示生长温度和 As 通量强度对 GaAs 量子环结构最终形状的影响

右侧柱代表 $\frac{r_c}{r_{Ga}}$ 的计算值

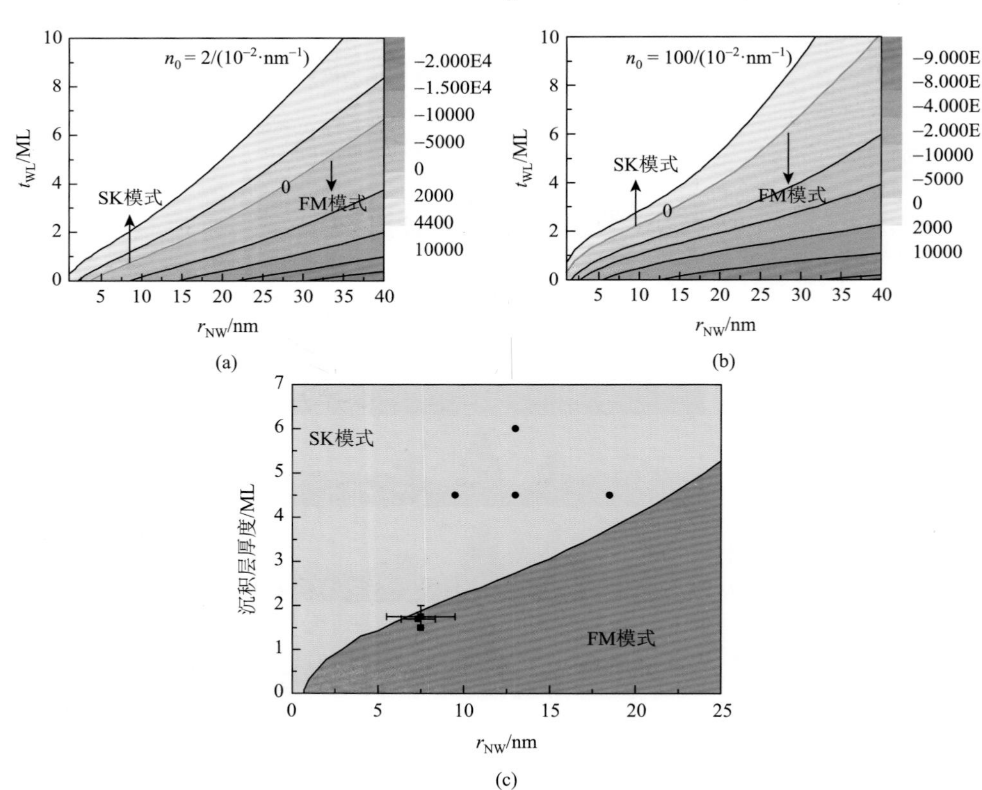

图 17-13 两种模式的能量差作为 NW 半径和 WL 厚度的函数

其中 QD 纵向密度分别为（a）$n_0=2$ 和（b）$n_0=100$。能量差用灰度表示。（c）基于 WL 临界厚度，核-壳 NW 表面粗糙化与 NW 半径和沉积层厚度的相图